Research on Smart Laboratory Risk Monitoring Technology

Based on International Trade Food

基于国际贸易食品的
智慧实验室风险监控技术研究

主　编　蔡伊娜　包先雨

副主编　郑文丽　林燕奎　吴志刚

编　委　熊贝贝　肖　锋　黄锦云　丁　晶　李　翔

宫本宁　牛　娜　邓　莎　吴绍精　李志勇

徐敦明　谢　文　章建方　杨余久　李俊杰

吴共庆　林培忠　曾岳峰　巴哈提古丽·马那提拜

冯格雅　纪　伟

中国科学技术大学出版社

内 容 简 介

本书针对现有实验室风险监控技术中普遍存在的多源数据分析困难、信息化程度不足等问题,提出了多种解决手段:通过卷积神经网络,结合文本分类技术对实验室文本进行自适应分类;基于改进CDC方法对实验室原始记录进行智能化匹配;采用Hadoop框架并行化命名实体识别技术自动识别实验室检测报告中的文本实体;在多源数据采集的场景下,提出基于MapReduce两阶分区的实验室系统负载均衡算法;针对国际贸易食品全流程的风险点,提出基于风险态势感知的捕捉技术;研究适用于智慧实验室三级SaaS云服务体系信息化标准体系;基于多源风险信息采集融合框架,构建食品实验室编码体系规则、国际贸易食品风险数据动态分析库以及国际贸易食品风险捕捉模型,实现了在口岸现场、实验室、互联网场景下的应用示范。

本书适合广大科研工作者、专家学者、学生朋友们阅读,既可作为实验室风险监控技术的参考资料,也可作为国际贸易食品信息化领域研究资料。

图书在版编目(CIP)数据

基于国际贸易食品的智慧实验室风险监控技术研究/蔡伊娜,包先雨主编. ––合肥:中国科学技术大学出版社,2024.6

ISBN 978-7-312-06004-5

Ⅰ.基…　Ⅱ.①蔡…　②包…　Ⅲ.国际贸易—食品安全—实验室管理—风险管理—研究
Ⅳ.TS201.6

中国国家版本馆CIP数据核字(2024)第112156号

基于国际贸易食品的智慧实验室风险监控技术研究

JIYU GUOJI MAOYI SHIPIN DE ZHIHUI SHIYANSHI FENGXIAN JIANKONG JISHU YANJIU

出版	中国科学技术大学出版社
	安徽省合肥市金寨路96号,230026
	http://press.ustc.edu.cn
	https://zgkxjsdxcbs.tmall.com
印刷	合肥市宏基印刷有限公司
发行	中国科学技术大学出版社
开本	787 mm×1092 mm　1/16
印张	27.25
字数	662千
版次	2024年6月第1版
印次	2024年6月第1次印刷
定价	168.00元

前　言

食品安全一直是各级政府、企业和民众关注的焦点。自2012年以来,我国已成为全球第一大食品进口国,且进口量连年持续增加。面对居高不下的进口食品贸易量,如何利用最新科技切实保障"来源可溯、过程可视、风险可控、责任可究",是当前国际贸易食品安全监管领域亟须解决的重大技术难题。而在传统实验室中,重复性、机械化的实验操作以及海量的实时数据处理分析,都直接导致人工成本的提高和实验效率的降低等问题。为解决这些问题,实验室一直以自动化、高通量、智能化为导向进行创新转型升级,因此,智慧实验室建设已成为国际贸易食品安全监管领域探索的重要方向。

本书参编人员核心骨干大多来自深圳海关食品检验检疫技术中心,该中心拥有11个重点实验室、1个海关总署国家级风险验评实验室以及2个国际基准实验室,是本书多项技术成果实现全国推广应用的重要依托和支持单位。为提供安全高效的实验环境,进而实现降本增效,本书编写团队联合高校和其他兄弟单位从2009年起在智慧实验室建设领域深耕,风险监控技术水平得到了快速提升,并迅速积累了很多研究成果。

本书分析了国内外食品贸易安全监管现状以及国内外智慧实验室风险监控形势,对现有实验室风险监控技术存在的问题进行了梳理和总结;对实验文本的智能分类、原始记录智能匹配、检测报告实体自动识别、实验室系统资源负载均衡、基于MapReduce两阶分区的实验室系统负载均衡等进行了研究,提升了实验室检测数据的处理速度和精度,并扩展其存储功效;通过风险点捕捉技术、风险数据动态分析库以及智慧实验室云服务体系的研究,为制定国际贸易食品风险监控预警措施提供了基础数据支持;通过智慧实验室信息化标准体系、国际贸易食品编码规范以及在口岸现场、实验室以及互联网场景下国际贸易食品风险捕捉模型与应用的研究,为在全国复制推广智慧实验室建设提供了标准支持,推动了国际贸易食品风险监控水平的持续提升。

在本书撰写过程中，我们参阅、借鉴并引用了相关文献、数据及资料等研究成果，在此对有关作者致以诚挚的感谢！

由于水平有限，书中难免存在疏漏和不足之处，恳请各位专家和读者批评指正！

蔡伊娜

2024年1月

目　录

第1章　国际贸易食品安全概述

1.1　国际贸易食品安全现状

食品安全一直是各级政府、企业和老百姓关注的焦点。习近平总书记历来高度重视食品安全工作,提出要用最严谨的标准、最严格的监管、最严厉的处罚、最严肃的问责,确保广大人民群众"舌尖上的安全"。《中华人民共和国食品安全法》(主席令第21号)第四十二条提出,食品生产经营者应当建立食品安全追溯体系,保证食品可追溯;2021年4月,海关总署发布《国际贸易食品安全管理办法》(海关总署第249号令),提出坚持安全第一、预防为主、风险管理、全程控制、国际共治的原则,实施国际贸易食品安全风险信息采集、应急评估、预警和处置等全链条监管。

自2012年以来,我国已成为全球第一大食品进口国,且进口量连年持续增加。据统计,2021年全国海关检验检疫食品国际贸易达1.15万亿元,增长10%,其中进口超过6 800亿元,增长19.7%。面对如此大规模的食品国际贸易,如何利用最新科技切实保障"来源可溯、过程可视、风险可控、责任可究",不允许任何带有质量安全风险的食品跨越国门,是当前国际贸易食品安全监管领域亟须解决的重大技术难题。

2021年11月4日,习近平总书记在第四届中国国际进口博览会的开幕式上,总结了中国国际贸易的伟大成就:(加入世界贸易组织)20年来,中国经济总量从世界第六位上升到第二位,货物贸易从世界第六位上升到第一位,服务贸易从世界第十一位上升到第二位,利用外资稳居发展中国家首位,对外直接投资从世界第二十六位上升到第一位。[1]2001年12月11日,中国正式加入世界贸易组织(简称WTO),这标志着中国正式成为世界市场经济贸易体系的一部分。自此,中国的对外开放转变为市场主导、体制开放型发展模式,中国的发展战略也随之进行了重大调整,进入了新的开放时代。宏观上,中国加入WTO,的确有助于加快经济发展的速度,还解决了当时我国二元经济结构发展的难题,但同时也增加了对外贸易的安全风险。

根据WTO发布的《2021年世界贸易报告》,全球经济产出(按市场汇率计算)在2021年增长5.3%,对这个数据的测算是建立在商品贸易强劲复苏的基础上的,图1.1中的相关数据也表明了货物贸易对全球经济的重要影响。因此在新冠肺炎疫情大流行期间,除了必要的关键医疗物资贸易,WTO也将促进食品国际贸易作为国际贸易复苏的重要门类写进了报告。尽管疫情在其发展初期严重扰乱了国际贸易秩序,但国际贸易相关供应链迅速调整并适应了新冠肺炎疫情下新的贸易形式,国际贸易商品继续有序地跨境流动,在此基础上,多个经济体逐渐开始复苏。由此,针对国际贸易食品开展风险监控,具有多方面的重要意义。

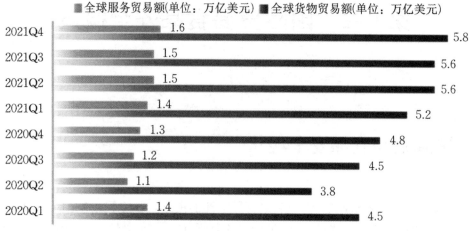

图1.1　2020年第一季度至2021年第四季度全球货物、服务贸易额数据统计
(数据来源:联合国贸易与发展会议数据UNCTADstat)

根据海关总署的相关统计数据(图1.2),2022年全国海关进口食品贸易额呈现逐月递增、平稳发展的态势,相较于去年同期的同步增长率保持在5%左右。因此,进口食品作为国际国内均高度重视且统筹推进的国际贸易门类,海关总署对新形势下的进口食品安全提出了高标准严要求的通关条件,通过制定相关法规、增强检疫力度、提升食品检验技术等确保进口食品安全。

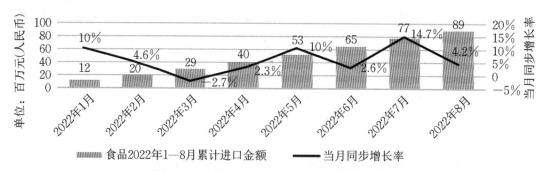

图1.2　2022年1—8月全国海关进口食品贸易额
(数据来源:海关总署公开数据平台)

进口食品安全领域风险无处不在,无时不有。海关人作为"舌尖上安全"的国门卫士,守卫在国门安全的"第一线",确保国际贸易食品安全是义不容辞的责任和义务。随着国际贸易食品供应链更加国际化,风险环节和责任主体日益复杂,急需改革的思维、创新的技术和高精尖的装备以提升食品安全风险鉴别能力,增强食品安全日常监管水平,强化制度执行的刚性约束效能。各地海关以实际行动把好关、守好门,如南宁吴圩机场海关开展"食品安全口岸行"活动,切实保障国际贸易食品安全;南京海关积极向企业推送海关优惠政策信息,发挥"企业问题清零"机制作用;杭州海关主动对接企业了解业务需求,运用海关物流智慧监控子系统的空港应用,压缩转关时间80%;哈尔滨海关对进口重点敏感产品和重点监管领域实施源头严管、过程严管、后续协同处置,从而科学制定抽检监测计划;福州海关建立商品质量安全源头管理机制,设立进口商品质量安全监测点,强化质量安全源头管控;深圳海关提升检测检疫技术水平,扩大农兽残留检测范围,使消费者体会到更多安全感。

1.2　国内外相关法律法规

1.2.1　国外相关法律法规

发达国家对食品安全法律法规的立法起步时间较早,经历不断更新迭代后,都建立了较完备的国际贸易食品安全的法律法规体系。现以美国、欧盟以及日本为例,剖析国外食品安全监管的相关政策体系,这对加强我国进出口食品安全监管有良好的参考和借鉴作用。

1.2.1.1　美国

美国在食品安全方面的监管及立法起步较早,主要由食品药品监督管理局(FDA)和农业部(USDA)负责,已形成严格的法规制度和监管政策。美国在1780年就在食品安全领域进行立法,并逐步完善;在一个世纪之前,为保障肉制品质量安全,制定了《联邦肉类检验法》;四十多年前,又针对食品化学品残留问题提出立法;1938年颁布的《食品、药品和化妆品法》是此后建立的所有与食品安全相关基本法律法规(如《蛋类产品检验法》《禽产品检验法》等)的基础法律框架,涵盖各种食品类别,为食品安全制定了详细的检测标准和监管程序。

2001年"9·11"事件后,美国又相应制定了《动物健康保护法》《公共卫生安全和生物恐怖应对法》以及一系列食品安全措施,如建立国内外食品厂商登记备案制度等。

从全世界范围来看,美国产品的召回制度是适用范围最广、最健全的制度。在食品行业,其召回制度是指食品的生产商、出口商或经销商在获悉其生产、进口或经销的食品存在可能危害消费者健康安全的缺陷时,依法向政府部门报告,及时通知消费者,并从市场和消费者手中回收有问题的产品,予以更换、赔偿并积极采取有效的补救措施,以消除有缺陷食品危害风险的制度。美国的食品召回分三个级别:第一级最为严重,消费者食用了此类产品一定会危害身体健康甚至导致死亡;第二级危害程度较轻,消费者食用后可能不利于身体健康;第三级一般不会产生危害,消费者食用后不会引起任何不利于健康的后果,例如贴错产品标签、产品标识有误或未能充分反映产品品质等。随着召回制度深入民心,食品召回呈现递增趋势,但这并不代表食品质量在下降,而是说明人民群众对食品质量有了更高标准的监督与管理要求。美国一般在两种情况下实施食品召回措施:一种是企业得知产品存在缺陷,主动从市场上撤回产品;另一种是美国农业部食品安全检验局(FSIS)和食品药品管理局强制要求企业召回缺陷食品批次。无论哪种情况,所有召回措施都应在官方的监督下进行,因此,美国农业部食品安全检验局和食品药品管理局的行政监管在食品召回制度中发挥着关键作用。

1.2.1.2 　欧盟

欧盟作为国家联盟体,食品监管主要以基础法律框架为主、各国食品安全具体措施为辅的模式进行。以1997年颁布的"食品法律绿皮书"作为食品安全法律的基本框架,其范围基本涵盖了"从农田到餐桌"整个食物链,包括农业生产和工业加工的各个环节。基于此,2000年颁布了"食品安全白皮书",建立健全欧盟食品安全监管体系。2002年,欧盟食品安全管理局(EFSA)颁布了第178/2002号法令,这是完善欧盟食品安全方面的法律法规。在欧盟食品的法律框架下,各成员国如英国、德国、荷兰、丹麦等也相继建立独具国情的法律法规,这些法律法规与欧盟的不尽相同,主要是针对本国实际而制定的。

此外,欧盟其他成员国制定的食品安全法律法规还有《通用食品法》《食品卫生法》《添加剂、调料、包装和放射性食物的法规》等。还有一些由欧洲议会、欧盟理事会、欧委会单独或联合批准,在《官方公报》公告的一系列EC、EEC指令,如有关动物饲料安全、动物卫生、化学品安全,食品添加剂与调味品、与食品接触材料、转基因食品与饲料、辐照食物等法律。

1.2.1.3 　日本

日本在食品安全管理方面的法律体系也比较健全,主要以《食品安全基本法》和《食品卫生法》为主。2003年,日本政府对《食品安全基本法》作了较大的调整,强调食品企业有义务采取措施确保"从农场到餐桌"全链条食品安全。在日本政府相关监管部门以日常检查和备案许可等措施对食品质量安全进行监督的同时,食品企业须以第一责任人坚持在原辅料的流通、使用,农产品、食品的加工、通关和流通等环节采取风险防控措施。《食品卫生法》也将立法宗旨从"确保公众卫生"转向"保障国民健康",即将以往"社会防护"的概念转向以人为本的"国民健康保护"。该法律除了明确政府部门责任义务外,还重点对食品企业的责任予以法律约束,保证食品原料安全、实施自主检查、建立食品生产记录等实现自我义务化。

与食品质量安全相关的法律法规众多,新日本法规出版社特意出版了一本《食品卫生小六法》,其中包含300多部法律,主要涉及食品质量卫生、农产品质量安全、原辅料质量安全、动物防疫、植物保护等5个方面。例如,《糕点卫生师法》《屠宰场法》《牛脑部海绵状病变对策措施法》《鸡肉加工限制及检查法》《食品制造过程管理高度化临时措施法》《健康增进法》《农药取缔法》《肥料取缔法》《家禽传染病预防法》《牧场法》《土壤污染防止法》《农林产品品质规格和正确标识法》《植物防疫法》《家畜传染病防治法》《农药管理法》《持续农业法》《饲料添加剂安全管理法》《转基因食品标识法》《包装容器法》等。

1.2.1.4 　东盟

由于东盟各国家法规、标准存在差异,且各国尚未形成统一、强制的食品质量管理及检验检疫体系,东盟成员国内部在食品和农产品贸易方面依然存在大量非关税壁垒和技术性贸易壁垒。为此,东盟已采取的对策包括成立负责食品标准协调与统一的机构及工作组以加强标准一致性,以确立东盟各国食品安全监管政策与标准相协调,并完善东盟各国相互认证的措施与程序[2]。

《东盟宪章》(ASEAN Charter)是东盟第一份具有明确的普遍法律意义的文件,规定了东盟最高决策机构为首脑会议。其中,包括经济部长、农业与林业部长、科技部长和卫生部长会议等,且各个部长会议在食品领域的合作也是东盟的一体化和共同体建设的组成部分。东盟标准和质量委员会(ACCSQ)成立的预制食品工作组(ACCSQ Prepared Foodstuff Product Working Group,ACCSQ PFPWG)是负责东盟加工食品安全标准协调统一、协助ACCSQ解决预制食品贸易技术壁垒问题的部门。此外,东盟食品安全专家组(ASEAN Expert Group on Food Safety,AEGFS)负责制定《东盟食品安全政策》和《东盟食品安全改进计划》,以提高东盟国家食品安全、促进食品贸易为主要工作目标,还为东盟各国政府提供协助,支持其处理与区域和国际贸易中食品安全和质量有关问题。

与此同时,亚洲粮食安全专家组、东盟标准和质量委员会预制食品工作组以及东盟秘书处等制定并通过了《东盟食品安全政策》《东盟食品安全监管框架协议》《东盟食品安全改进计划》《东盟食品相互认证协议》等东盟有关食品安全的一致性政策。

其中,《东盟食品安全政策》规定,东盟成员国的食品国际贸易要求应与《东盟货物贸易协定》以及世贸组织的SPS和TBT协定保持一致。各国相关监管部门或机构应致力于保持统一的食品标准及其要求,并确保食品质量安全控制政策法规均以国际标准为基础。东盟食品质量安全改善计划旨在通过统筹监管协调确保所有国家的食品质量安全监控体系保持同一水平,并强调区域间食品风险信息共享。《东盟食品安全监管框架协议》为东盟成员国实施的食品安全监管措施提供了一致的框架和工具。该协议明确且加强了东盟经济、卫生和农业部门及其附属机构有力、有效、有序的参与,并规定了其职责范围,还建立了相应的工作组。2021年,东盟标准和质量委员会预制食品工作组在互认协议中统筹关于东盟食品添加剂、污染物、营养标签、食品接触材料的系列标准的研制和发布实施,并由10个成员国确立该协议的相关细节。

1.2.2　国内相关法律法规

针对食品质量安全及其细分领域,我国法律体系经过几十年的发展,目前已较为完善。从国家大法《中华人民共和国食品安全法》,到海关总署颁布的《中华人民共和国进出口食品安全管理办法》《中华人民共和国进口食品境外生产企业注册管理规定》《中华人民共和国进出口商品检验法》《国务院关于加强食品等产品安全监督管理的特别规定》《食品生产经营监督检查管理办法》等,其目的都是实现对国际贸易食品全链条的监督管理。

2015年10月1日,《中华人民共和国食品安全法》正式实施,经过四次常委会、七次法律委审议,采纳了1万余条群众意见,替换了原先的《中华人民共和国食品卫生法》,将食品安全的重要性提升到了国家统一监管的层面,体现了国家对于广大人民群众"舌尖上的安全"的重视。在这部国家大法中,多项制度创新性地体现了我国在食品安全领域进行全面深化改革的决心:理顺监督管理体制,加强全程监管;建立风险监测制度,制定与实施国家食品安全风险监测计划;制定统一的国家标准,实现食品安全标准体系科学化、统一化、权威化,杜绝执法部门形成各自为政的现象;强化食品添加剂的监管,对违法添加非食用物质以及食品添加剂的情况重拳出击,施行食品添加剂生产许可制度等。

2022年1月1日,海关总署正式施行《中华人民共和国进出口食品安全管理办法》(以下简称《办法》)。该《办法》涉及的管理主体包括进出口食品生产经营者、进口食品的境外生产企业以及进口食品的国际贸易商,对涉及国际贸易中进出口食品链条上的相关主体进行了相应的规范管理。《办法》紧紧围绕进口食品安全风险全链条监管和出口食品安全全过程监管,通过"食品进口"和"食品出口"两个章节予以明确;将进出口食品安全信息管理、风险预警措施、风险监测等内容编入"监督管理"章节;新增了"风险预警控制措施""应急管理""监督检查措施""过境食品检疫""复验管理"等规定。除了规范进口食品经营主体,海关总署还针对新时期新形势新变化,对相关条款进行了修订,其中包括:

1. 引入了科技化监管手段

《办法》第六条规定:"海关运用信息化手段提升进出口食品安全监督管理水平。"随着我国经济开放程度的提高,人民生活水平提升且进口食品需求激增,坚持科技兴关战略,引入科技化监管手段,有利于海关降低监管成本,提升监管效能,同时也有助于联防联控,降低国际贸易食品安全风险。

2. 引入了"合格评定"概念

《办法》第十条规定:"海关依据进出口商品检验相关法律、行政法规的规定对进口食品实施合格评定。进口食品合格评定活动包括:向中国境内出口食品的境外国家(地区)〔以下简称境外国家(地区)〕食品安全管理体系评估和审查、境外生产企业注册、进出口商备案和合格保证、进境动植物检疫审批、随附合格证明检查、单证审核、现场查验、监督抽检、进口和销售记录检查以及各项的组合。""合格评定"通过全面且系统的监管方式,依法依规对国际贸易食品进行监管,提升了国际贸易食品安全检查的科学性与规范性。

3. 细化了评估和审查相关内容

《办法》第十二条到第十七条细化了海关总署对进口食品的评审条件、内容、方式、材料和要求,还包括了终止评估和审查的条件以及评审结果公布等内容。基于此,进口食品的生产、经营相关负责人可对照相关条例,对生产、经营的进口食品进行事先评估。评估内容的透明化与标准化,既降低了进口食品安全生产经营风险,也提升了各级海关对进口食品安全动态监管的效率。

4. 增设了风险食品的监管规定

《办法》第三十四条规定:"境外发生食品安全事件可能导致中国境内食品安全隐患,或者海关实施进口食品监督管理过程中发现不合格进口食品,或者发现其他食品安全问题的,海关总署和经授权的直属海关可以依据风险评估结果对相关进口食品实施提高监督抽检比例等控制措施。海关依照前款规定对进口食品采取提高监督抽检比例等控制措施后,再次发现不合格进口食品,或者有证据显示进口食品存在重大安全隐患的,海关总署和经授权的直属海关可以要求食品进口商逐批向海关提交有资质的检验机构出具的检验报告。海关应当对食品进口商提供的检验报告进行验核。"该条款在食品安全风险评估的基础之上,通过提高进口食品的监督抽检比例、要求进口食品经营方须提交具有资质的质检机构出具的检验报告等方法,加强了对存在安全隐患的进口食品的监管,减少了进出口食品安全风险。

5. 增加了暂停或者禁止进口的规定

根据《办法》第三十五条,海关总署依据风险评估结果,可以对相关食品采取暂停或禁止进口的控制措施。同时《办法》的第三十六条也规定,进口食品安全风险降低到可控水平时,海关总署及经授权的直属海关可依法依规解除相应的控制措施。

修订后的《办法》针对进口食品的安全检查,进一步提升了管理的科学性与规范性,同时对进口食品检验技术提出了新规范、新要求。

同时,根据中华人民共和国海关总署第248号令,2022年1月1日起,修订后的《中华人民共和国进口食品境外生产企业注册管理规定》针对国际贸易食品的境外生产企业进行了严格的监管,对于进口食品的安全监管进一步提高了相应的要求。

2022年3月15日起施行的国家市场监管总局第49号令《食品生产经营监督检查管理办法》第三章第十七条明确指出,对于进口食品的销售环节的监督检查要点应当包括食品销售者资质、一般规定执行、禁止性规定执行、经营场所环境卫生、经营过程控制、进货查验、食品贮存、食品召回、温度控制及记录、过期及其他不符合食品安全标准食品处置、标签和说明书、食品安全自查、从业人员管理、食品安全事故处置等情况。

1.2.3 主要贸易对象和食品种类

我国进口食品贸易正处于稳步发展阶段,与国际上多个国家、地区都存在较为紧密的贸易合作关系。由海关总署发布的贸易数据可见,在2022年,尽管深受疫情冲击,但我国进口食品贸易仍然保持着较大的市场份额。图1.3选取了2022年与我国进口食品贸易交易总额前几名的国家(地区),它们分别是美国、日本、德国、马来西亚、巴西、印度、荷兰、新加坡以及阿联酋。从统计数据可以看出,我国进口食品的主要贸易对象遍布各大洲,涉及东盟、RCEP等多个贸易合作组织,具有范围广、品种多、市场大等特点。

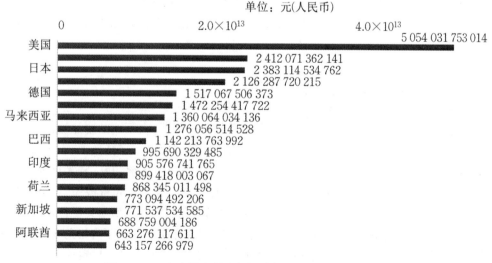

图1.3 2022年主要贸易国(地区)年度国际贸易贸易总额

2022年11月7日,中国进口食品行业峰会在国家会展中心(上海)举办。以"新起点,再出发,数字化引领未来"为主题,聚焦年度热点,创新科技成果,并首次发布"中国进口食品贸易指数",建立行业指数列表。《2022中国进口食品行业报告》(以下简称报告)连续第五年在中国国际贸易博览会上首发。报告指出,2012—2021年,中国进口食品总额年均复合增长率达13%。2021年,进口食品总额1 354.6亿美元,同比增长24.5%,创近10年的新高。中国进口食品行业的发展主要得益于四大要素:世界超大规模单一市场、关税的降低、进口食品来源地范围的扩大以及进口食品品种的增加。海外优质食品源源不断进入百姓家中,让中国百姓不出国门即可尽享全球美食。

报告指出,中国进口食品行业主要呈现以下特点:

在品类方面,中国食品进口种类结构发生了较大变化,2012年中国进口的前五大进口食品品类依次为植物油、水海产品及其制品、粮食及制品、乳品和肉类及制品。而在2021年,中国进口的前五大进口食品品类依次为肉类及制品、粮食及制品、水海产品及制品、乳品、水果及制品。肉类及制品10年年均复合增长率达25.3%,杂粮、水果及制品呈现快速增长趋势。

在来源地方面,2021年中国进口食品来源地依然保持多元和集中并存的特征,但受国际疫情影响,2021年,中国进口食品来源地为181个,与2020年的191个来源地相比略有减少。同时,中国的前十大来源地进口食品的进口额占总食品进口额的比例(CR10)在60%左右浮动,2021年该比例由上一年度的58%上升至62.2%。

2021年在中国各食品进口来源地中,进口额排名前三位的分别是亚洲(进口额368.4亿美元,同比增长31.6%,占比27.2%)、欧洲(进口额325.1亿美元,同比增长13.2%,占比24%)、南美洲(进口额244.8亿美元,同比增长19.6%,占比18.1%),进口额同比增长最快的为北美洲,进口额234.7亿美元,同比增长61.8%。

分省区市来看,进口额排名前三位的分别是广东(进口额257.6亿美元,同比增长21%,占比19%)、上海(进口额230.6亿美元,同比增长16.2%,占比17%)、北京(进口额173.6亿美元,同比增长55.8%,占比12.8%),前十大来源地进口额合计占比87.9%。在进口额排名前十位的省区市中,进口额同比增长最快的为北京,进口额173.6亿美元,同比增长55.8%。

1.2.4 国际贸易食品安全事件

国际贸易食品安全风险分布在食品生产流通的各个环节,在不同的食品流通环节,都会存在着相应的食品安全事件。例如,在生产环节,因原辅料存在农兽药残留、重金属超标、微生物污染、生物毒素等质量风险问题,会直接危及人体的神经系统和肝、肾等重要器官甚至引起急性中毒而致死;在食品加工环节,有可能会有不良商家使用超量或超范围的添加剂,甚至为了销量而加入违禁的添加剂,或在卫生条件不达标的加工场所对食品原料进行加工,偷工减料,使用低劣的加工工艺,都有可能导致国际贸易食品的性状不合格乃至产生严重后果;在食品销售环节,如果商家存在以次充好的不良经营行为,也可能导致原合格产品发生变质,严重的情况可能导致出现消费者致残、致死或大范围食物中毒等社会事件。

因此,针对进口食品安全,我国制定了检验监管流程规范和要求,其中主要包括以下几个方面：

①进口食品供应商应依法依规进行备案,在进口食品申报通关时要对供应商进行信息核查;

②进口食品境外生产企业应依照海关总署制定的《中华人民共和国进口食品境外生产企业注册管理规定》进行注册;

③进口食品的证单要求,主要包括但不限于进口食品输出国家(地区)官方的检疫证书或卫生证书、原产地证明以及是否含有转基因等相关证明材料,有预包装的进口食品应提供合格证明材料、标签原件、中文标签,上一批次的进口食品销售记录或风险预警通报等相关的报关材料;

④进口食品根据我国食品安全国家标准进行的检验要求;

⑤进口食品的检疫审批及准入要求。

对于进口食品,其安全侦查的规范性流程,在入境前,报关时以及进入市场流通的各个环节或关口,都进行了有效的全流程监管,为进口食品安全侦查提供了流程保障。

此外,根据海关总署数据统计,如图1.4所示,2018—2021年,未准入境的进口食品量逐年攀升,进口食品的不合格率在2020年及2021年都维持在0.14‰。一方面,这组数据表明了我国检验要求不断加强,对于进口食品的准入有着严格的把控标准,同时也应注意到,不得入境的进口食品来源产地和未准入原因呈现了多样化的态势。2021年,进口食品未准入的不合格原因排名前五的分别是:未按要求提供证书或合格证明材料、标签不合格、未获检验检疫准入、滥用食品添加剂以及微生物污染。因此,加强进口食品安全侦查与风险监控,是刻不容缓的。

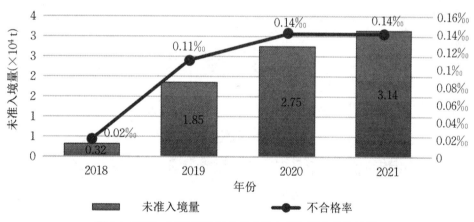

图1.4　2018—2021年进口食品未准入量与不合格率统计

(数据来源:海关总署数据共享平台)

1.2.5　国外进口食品安全监管

食品安全不仅是我国全体监管者不容小觑的行政管理的关键控制点,也是全球国际贸易食品安全体系所有参与者需要共同应对的挑战。因此,通过对国内外食品安全监管模式的研究,结合我国实际情况,以期在不同国家的进口食品安全监管的实践基础上进行监管方式的创新和应用[3]。

1.2.5.1 世界海关组织

2017年3月,世界海关组织刊出了大数据技术对海关风险管理应用研究报告。该报告从数据采集、数据处理、数据分析和数据共享等几种大数据技术出发对海关风险管理的应用研究进行阐述,并提供了加拿大边境服务局、新西兰海关、英国税务及海关总署以及美国海关和边境保护局的应用与示范。在这份报告中,根据风险管理理论,结合海关领域中的应用与实践,绘制了海关风险管理的大数据生态架构(图1.5)。如图所示,在海关风险管理的4个主要角色中,既有抽象的数字经济与社交媒体,也有具体的贸易主体与合作伙伴。其中,数字经济是影响海关工作风险数据源的关键要素,以信息网络为主要载体,以信息通信技术进行融合应用,以全要素数字化转型为催化剂,形成公平与效率协调统一的新经济形态,因其发展速度快、辐射范围广、影响程度深,推动生产方式、生活方式和治理方式等的深刻变革,成为重组全球要素资源、重塑全球经济结构、改变全球竞争格局的关键力量。社交媒体是指海关风险管理所涉及的安全事件舆情导向主体,例如在我国海关风险管理办法中对进口食品安全事件按风险等级进行了划分,其中决定风险等级的重要因素之一就包含舆情研判,由于进口食品与人民日常生活息息相关,及时并准确地向公众公开发布科学翔实的食品安全信息,是海关工作的重要组成部分。而在具体的参与角色中,贸易主体是指参与国际贸易的相关主体,其中包括但不限于产品供应商、产品加工商、产品运输商以及产品销售商等;而合作伙伴则是指围绕着海关风险管理的一系列支撑机构,如检疫检测机构、担保机构、技术支撑机构等。

图1.5　海关风险管理大数据生态架构

在该架构中,海关风险管理分为了5个主要部分:风险大数据分析、风险目标定位、风险态势预测、风险智慧决策和突出优势。每个部分的功能环环相扣,在层级分明的基础之上又有效地进行了管理与应用层面的交互,使得数据共享效率实现最大化,同时减少了"数据鸿沟""数据烟囱"等重点难点问题。

在海关风险管理中,风险大数据分析部分是海关风险综合管理的基础,其主要的要求包括:可靠性、及时性和安全性。

第一,风险大数据分析的可靠性主要依赖于其数据的来源,无论是贸易主体提供的产品数据,还是海关在每个流通环节采取的监管数据,包括通关后货物的抽样检验报告数据,都要求翔实,且这些源数据都需要一定的储存时间,在发生食品安全事件时可及时溯源,精准研判风险节点。

第二,数据分析的及时性是海关风险管理的基本要求。风险管理是社会组织或者个人用以降低风险的消极结果的决策过程,通过风险识别、风险评估、风险处置,并在此基础上选择与优化各种风险管理技术的组合,对风险实施有效控制和妥善处理,从而以最小的成本收获最大的安全保障。海关业务流程呈链式工作流,产品从原材料、生产加工、运输通关直至进入消费市场,每个环节都存在着不同层级的风险,在链式业务工作流中,每个环节的风险均影响下一个环节的成效,如果处理不及时,就会造成连锁反应,即使是一个细微的风险,也可能产生不可逆转的严重影响。海关的业务性质存在着高度的耦合性,因此,其业务流程对风险管理要求较高,对风险数据实时分析也是基本要求。

第三,海关风险数据分析必须具备安全性。这是因为海关的风险管理数据来源广而杂,不仅包括货物及其相关企业的基本信息,还有检测机构采样、制样、预处理和检测的数据、海关工作人员口岸现场的抽样查验数据、担保机构对企业的信用信息等等。这些信息的来源非常多元化,但都是海关业务不可或缺的重要数据,因此,这些数据汇聚、加工、处理过程的安全,也是确保数据分析结果可靠与及时的基础要求。一旦风险数据的来源被恶意篡改或传输中出现缺失等,则对国门安全带来严重影响。

在完成海关风险大数据基础分析后,就可以对风险防控的节点进行精准定位以及态势预测。在目标定位中,主要工作即将准确定位到海关工作流的风险节点,并进行相应的风险处置工作。风险处置工作通常以海关工作中历史风险处置事件为范例。首先,根据商品种类进行划分,再对其不同的商品制定相应的应急处置措施,以实现分门别类、条理清晰。而态势预测则是在风险处置的基础上,对海关风险产生的影响展开进一步的研判,其中包括短期预测和中长期预测。短期预测一般是以一周至一个月为周期进行风险态势研判,且对于货物种类的针对性更强,主要以货物的物流属性进行预测和分析,如该货物的产地是否存在风险,或近期该类货物在流通环节是否存在不良反馈。而长期预测则更多与历史重大安全事件建立强关联性,例如在公共卫生领域或在多个口岸都出现类似的安全事件,即范围广、影响大的安全事件,需要考虑长期的风险预测。长期的风险预测更多的是针对风险应急处置方案是否需要纠偏,风险评判标准是否需要调整,业务流程是否需要优化完善等方面进行风险研判。

风险智慧决策则是海关风险数据分析处理的一个关键节点,不仅是海关风险管理的重要输出,也是支撑下一步海关风险数据分析研判的基础支撑,即海关的风险管理形成了海关风险数据分析——风险目标定位(及处置)——风险态势预测(短期与中长期)——风险智慧决策(分析方向)的管理回环,保证了海关风险管理的严密性的同时又具有强大的迭代优化能力。同时,准确而有效地进行风险数据分析,为决策提供了可靠的信息源,从过去需要处理庞杂的信息量,到利用大数据技术对不同风险因子都有明确的判断与分析,不仅使一线工作与最高决策有机地结合起来,还提高了海关业务的工作效率。

在应用与示范中,加拿大边境服务局通过审查内部环境提升大数据技术在海关风险管理的支撑作用。其中包括,人力资源管理、数据管理及数据系统基础设施的构建。在人力资源管理中,加拿大边境服务局认为要释放大数据技术的潜力,就必须从战略上增加更多有能力的数据分析师以及业务专家。因为这些人才的引入可以为海关风险管理提供更高效的分析与应用。同时加拿大边境服务局也通过培训、考试等方式来对日常使用分析工具的工作人员以及业务人员进行考核,提高他们的技能与技术水平,以确保风险大数据分析的准确性。较低层级的数据分析师将提供基础的海关风险数据分析,而高级分析团队则加强深层次的预测分析,对自检自控数据的使用形成必要的指引,并实现了风险管理闭环式管控。

在数据管理与基础设施建设方面,加拿大边境服务局采用了数据仓库模式,以减少相关部门对数据重复开发的工作量,而把工作重点更多地放在对数据仓库的挖掘与使用。对于现有的数据仓库进行深度挖掘和使用,能够整合更多的信息来源与类型,从而提高评估风险的能效。如在海关旅客筛查的工作中,该数据仓库引入了生物识别、面部识别和自动测谎与预测模型,有效提高了海关风险数据分析的能力。除此之外,加拿大政府还对不同行政部门之间的数据集实施开源共享。对于风险层级较高的国际贸易货物与入境人员都进行了严密的监控以及风险数据的关联,以此提升海关数据分析的风险管理效应。

世界海关组织提出的海关风险数据管理框架[5],不仅总结了各国海关对于风险管理的大数据技术的应用,同时也为大数据技术在海关风险数据的发展指明了方向。各国海关在世界海关组织的引导下,都对风险数据进行了较好的分析与应用,同时提高了海关业务工作的风险管理能力。

1.2.5.2　美国

美国在进口商品管理制度中,针对重点商品都有专业领域的职能部门实行垂直管理,海关的作用主要是根据职能部门发放的"通行证"对申报通关的进口商品采取相应的措施,包括放行、扣押、销毁等处理手段。而对于进口食品,美国进行垂直管理的部门主要包括两个:一是食品药品监督管理局;二是食品安全检验局。FDA的主要工作职责是通过进口商品操作管理系统(OASIS)对进口食品的通关流程进行管理。在企业完成某批进口食品的通关手续后,由OASIS生成"FDA措施通知",其中的结果类型包括5种:样本采集、抽样送检、货物扣留、通关放行、拒绝入境。通知中的结果类型将指引海关相关部门对已申报的进口食品进行下一步处理。而FSIS主要是在入境口岸进行复检工作,通过复检后,进口食品将被贴上美国特制的已检验标志,则准许其进入境内流通市场。当复检不合格,FSIS将会根据实际情况对该批进口食品采取拒绝入境或退货、销毁等处置措施。FSIS负责监管的食品种类仅占所有进口食品的20%左右,包括肉类、禽类和部分蛋制品,剩下80%的进口食品则由FDA进行监管。FDA对进口食品风险监控主要基于检验数据的信息化管理,通过该系统,可定期对进口食品检验数据中的不合格原因进行分类评估其风险点。再按不合格项目发生频率进行排序,方便企业和监管人员及时研判风险节点及其概率,并及时追溯其风险关键控制点,以便及时纠偏和规避风险产生。此外,由于FDA与FSIS是协同工作的,他们通过签署合作谅解备忘录,保持检查信息的良性互动,在必要时可以申请并展开联合调查[6]。

在进口食品的海关风险管理制度方面,美国海关主要采取的是"担保"制度,即申报当事人向美国海关申办某项手续时,须委托第三方(经过财政部审查认定的非银行的金融保险机构)提供担保,向海关承诺承担相应的责任与义务的管理制度。该制度是美国海关信用管理和风险管理体系的核心,其促进了国际贸易便利化,强化了海关风险防控机制并保障了海关的监督的高效性。其中,担保制度就分成单一担保和持续担保,其分类的主要依据是申请业务的频次与时长。单一担保主要针对单次进口商品价值较高的情况,持续担保则通常为国际贸易额高且批次多的贸易主体(包括国际贸易企业和运输企业等)、公共检测机构、具备实验室的经营主体等。担保制度的主要工作流程包括担保申请、担保管理和担保审核。与美国海关相关的担保申请均由保险担保与账目部进行统一管理,该部门会根据被担保人的历史记录(包括信用、缴税等)进行审核,然后形成担保记录。该制度具有强制性,将美国海关的管理单元由进口申报单位转化为企业账户,这样不仅提高了进口食品的通关效率,同时也减少了各级海关部门的工作量。由于担保制度具有极强的契约性,当企业违反了海关的某些规定后,将随即对其担保信用体系产生相应的影响,从而将责任与风险下沉到国际贸易企业主体,在降低海关监管压力的同时,也提升了企业的承担责任的主观能动性。同时,美国发达的征信市场确保了担保制度的普适性,国际贸易主体可以通过较低的成本以及简便的流程进行形式丰富的担保[7]。

1.2.5.3　欧盟

欧盟作为世界最大的经济联合体,其对国际贸易食品的安全监管采取了自上而下的监管模式,即由欧盟委员会、欧盟理事会、欧盟议会、消费者保护总司、欧盟食品安全局等主要部门颁布欧盟进口食品安全监管的统一法案,各个国家再根据具体国情设立统一或独立的监管部门,如德国的德联邦消费者保护与食品安全办公室,法国的农业、食品及林业食品司和荷兰的经济部食品与消费品安全监管局等。利用食品和饲料快速预警系统,广泛收集来自边境管控、境内监管、公司自检、消费者投诉、食物中毒和媒体监测等信息,定时定点通报来自数百个国家和地区的输欧食品安全情况,并总结各国被通报涉及的食品种类和风险因素。

除了食品安全监管方式,在技术框架上,面对庞大的贸易规模和复杂的贸易情况,欧盟海关当局也越来越依赖于信息技术与风险评估的运用,以期降低贸易规模扩张带来的更高强度的工作。针对这些问题,欧盟海关当局提出了VDAGS(Value of Data Analytics in Government Supervision)框架[8],基于政府监管的模式,对国际贸易贸易大数据进行统计分析,并在海关领域进行推广应用。如图1.6所示,该框架提供的政府战略流程维度、单个组织依赖分析维度以及集体能力建设维度,都为海关风险数据的深入分析提供了更丰富可靠的支撑。在战略流程维度,该框架通过多层次模型对海关风险大数据进行价值识别、战略流程可视化以及收益计算三个步骤,最终得到对海关智慧决策的预判信息。而在单个组织依赖分析维度,其数据分析的来源不止各级海关实时风险数据,同时还包括整体组织层面的数据,例如,政策与法规,组织外部数据源及其评估结果,都共同支撑了该框架下的数据分析模型。除此之外,该框架并不是一成不变的,而是根据分析结论不断对框架进行持续性更新。由于该框架所使用的数据价值分析模型、战略流程分析模型和收益计算模型都有丰富的自适应数据,因此可以通过学习不断推进模型的更新迭代,从而提高整体框架的适用性。在集体能力建设维度,提高了该框架的泛化性,不仅在特定领域能够进行使用,还能供给更多的政府业务部门进行有针对性的功能开发应用,因此VDAGS是一个实用性强,泛化性高,具有较好借鉴意义的海关风险监控大数据分析框架。

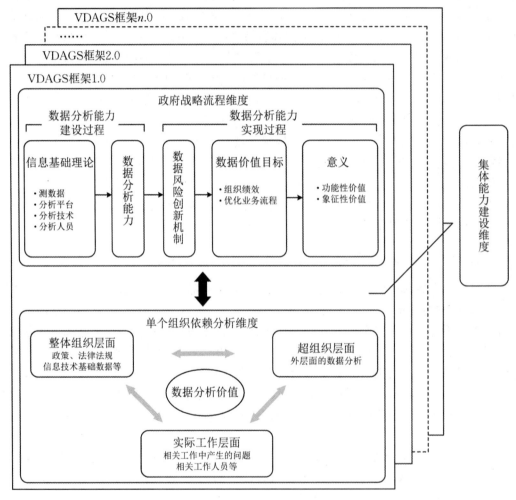

图1.6　VDAGS架构

1.2.5.4　日本

日本海关对于进口食品的监管以"安全"为基本原则,主要防范任何可能危害社会安全及人体健康的食品以走私方式进入日本。为了加强安全监管,日本海关创建了海关执法平台,力求与国内外相关机构、食品行业与各国海关联防联控。日本海关与消费者安全协会基本按照HS编码对进口食品作为监管对象进行分级认证监管。例如,如果进口食品是日本境内常用的大宗原辅料,则使用日本农林水产省的JAS强制性认证。日本海关对进口加工食品的管理主要包括目标明确、法规依据、措施确认、召回与销毁等。

在日本,进口货物及其企业的信用是官方安全监管的基础信息,其信用主要通过以下三种方式获取:

① 第三方协会出具的安全标志;

② 以知识产权作为质押的信用担保;

③ 第三方检验机构的检测报告。

与美国类似,企业的信用信息通常使用AEO制度进行担保。此外,进口食品企业还可以通过加入行业协会等方式取得会员资格。该协会每年定期审查评估会员企业的信用水平,如发现会员企业出现失信行为,就将评估结果在行业协会内及其他会员企业范围内进行通报,并采取联合抵制等方式对失信企业进行惩戒,从而有助于对企业进行自我约束与管控。

1.2.5.5　韩国

韩国作为曾经的亚洲四小龙之一,其当年的国际贸易及其经济发展形势堪称亚洲奇迹。但进入21世纪后,为了弥补在国际贸易政策演变过程中发生的轻视科学技术投资、轻视基础科学、政策以大型企业为中心、政策的统一性以及政府间协调的问题等,其施行了长期的、稳定的外贸技术政策,制定了“科学技术基本法”。例如,在韩国海关的风险管理的“技术基本法”中,韩国海关数字化工程采用的通信技术模型,是以风险管理理论结合实践研发的数字化系统,其提供了海关实务与风险管理相结合的量化数据[9]。

该通信技术实施模型架构如图1.7所示,一共分为了7个阶段。在启动阶段,该模型主要是根据海关日常工作以及创新型技术来进行数据功能需求的分析、研判,并提出初步的解决方案。在该方案的基础上进行下一阶段的分析预判,该阶段主要是进行可行性的分析,如可行的话,则采纳解决方案,并对该方案进行详尽的设计,主要是对各种资源的分配与处置。

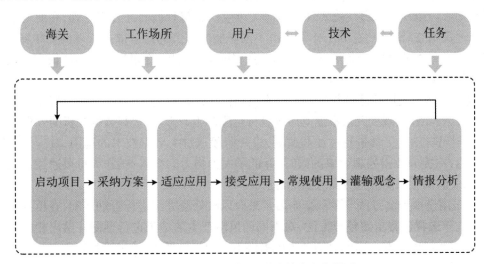

图1.7　韩国数字化海关–通信技术实施模型

当解决方案完成后,即ICT应用已被开发、采用和维护,那么相应的海关业务和规则将进行调整。与该业务相关的海关内外部人员也将根据这些新应用方案进行调适,并同时组织相应的教育培训计划,实施相应的技术服务。接受应用阶段之后则是常规使用阶段,此后的操作与情报分析阶段都是在常规使用阶段的基础上构建的,进一步对ICT应用进行数据挖掘与理论构建,与世界海关组织提出的风险管理体系高度吻合,该ICT应用也是循环往复,不断迭代更新的。

同时该模型还考虑了5个影响因素,主要包括组织机构(海关)、环境(海关工作场所)、用户群体(海关工作人员与受众)、采用的技术(大数据、云计算、人工智能和物联网等)以及任务:其中组织机构与外部环境是该模型实施的基础条件;用户、技术以及任务是相互影响的内在因素,其相互关系是密不可分的;用户的需求(包括功能性需求与非功能性需求)影响了技术的使用,而技术影响了任务的解决效果。这些因素互相影响,并不断推动技术在更新迭代中演进和发展,新的特性与功能会持续出现,赋能食品风险监管技术创新变革,为该模型支撑海关风险数据管理的能力起到了较强的作用。

韩国海关是全世界第一个通过互联网形式向公众发布决策过程的中央政府机构。通过此途径,韩国海关各项政策更加透明、便捷,也方便了国际贸易货物的有效流动。因此,韩国现代海关国际贸易监管的科技发展主要经历了两个阶段,首先是2000—2006年的电子化海关阶段,其次是2009年开始进行的数字化海关阶段。

在电子化海关阶段,韩国海关的风险管理主要是采用了CDW综合信息系统,结合了多源数据,增强了自我搜索功能,便于风险数据分析,如非法外汇和偷税逃税、非法进口毒品与枪支的活动,都可以通过该综合信息系统及时识别与预警。此技术运用了数据仓库,由海关日常业务的国际贸易清关数据、货物数据、关税数据、旅客信息数据、企业数据以及其他组织的外汇税收等构成。这些数据在税收等其他领域的管理上也有一定的辅助作用,例如,对非法外汇的系统分析时长从2天缩短至10分钟,但在实质性的风险管理中,还未能实现其他大数据特有的挖掘管理功能。

在数字化海关阶段,韩国海关构建了IRM-PASS系统、数字化海关系统和海关边境风险管理中心。IRM-PASS系统实现了对海关风险信息与数据的综合性管理,在此之前这些信息如通关稽查、清关核查等工作都是由不同职能的海关部门分散式管理的。IRM-PASS系统统一了海关风险管理流程,通过对海关数据的实时监控,在事后审查与纠偏方面进行预测,如图1.8所示,其管理循环包括:

① 对前期海关风险管理数据和工作人员岗位记录进行初步筛选,这一阶段主要是对风险管理数据的清洗,减少冗余数据对后续分析阶段产生的影响,提高数据分析的效率;

② 利用自动化工具进行过滤与监测,这一阶段通过大数据技术的运用,减少了人工的工作节点,在提升数据处理效率的同时,降低了人力物力的投入,工作人员可通过自动化监控工具,及时调整风险监控数据分析的态势;

③ 采用模拟推演方法与多种影响因素来对风险处置方案进行自动匹配,在模拟推演方法上偏向于选择蒙特卡罗模拟方法,对不同的风险产生的结果进行预测并给出相应的处置方案,并在相应的处置方案产生的效果中提供不同的效果展示,该风险处置方案相较于人工处理方式将提供更多的可能性,其优势在于可以为风险处置提供更周全的方案;

④ 对风险处理结果进行再评估,这一阶段主要是对于第③部分产生的处理方案进行人工评估,这样可以确保最后的行政决策是正确且有效的。

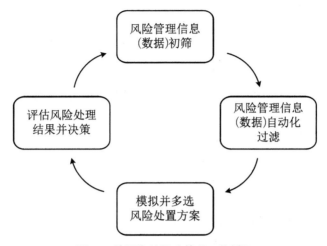

图1.8　韩国海关风险管理工作循环

通过对比不同国家(地区)的进口食品安全监管的工作模式可以发现,发达国家如美国、日本,都采取了对进口食品使用专业领域部门垂直管理的安全监管模式,通过设立食品管理行政部门,与保护消费者相关部门或具有验证资质的第三方认证机构共同协同工作。在进口环节,对进口食品进行专业化的检疫检验,根据检疫检验结果发放许可证或销毁、禁止入境等指令,各口岸海关则通过其许可证或相关文件执行接下来的措施。

1.2.5.6　新加坡

"一带一路"是"丝绸之路经济带"和"21世纪海上丝绸之路"的简称,2013年9月和10月由中国国家主席习近平提出倡议。作为国家级顶层合作倡议,"一带一路"自发起以来就获得了广大国家(地区)的响应,截至2022年5月,中国已与150个国家、30多个国际组织签署200多份共建"一带一路"合作文件。其中,食品贸易是"一带一路"重要的经济组成部分,其中包括但不限于农产品交易、加工食品交易等。在食品安全监管方面,各国除了应遵守各国的标准规范、法律法规外,还必须遵循与"一带一路"倡议相符的合作条款。新加坡不仅是我国"一带一路"倡议的重要参与国家,也是东盟的主要参与国。对于国际贸易食品安全,新加坡作为主要贸易国,其风险管理经验已经跻身世界前列。

新加坡海关合规管理司风险评估处作为其风险管理部门,主要职责是对新加坡国际贸易业务流程进行风险评估并予以管理,对相关商品与企业进行检查,其管理模式以企业为基本单元,将风险防控管理与海关业务管理深度融合,侧重点为供应链管理,加强源头治理、降低事中检查,对企业信用认证采取分级管理办法。

支持新加坡海关的风险监控管理的数据源包括:其国家级贸易平台的各类信息、海关内部信息、情报信息、其他政府部门官方信息和媒体报道等,与其他发达国家一样,也是采取多源信息管理方式,对国际贸易风险均实施实时研判与布控,通过风险作业系统将风险管理布控指令直接送达,推进海关业务风险防控更加精准有效。

新加坡海关的风险监控管理特点呈"多部门,分层次,统一处置"。

"多部门"是指新加坡海关协同其他政府部门合作治理,如新加坡移民与卡口局、新加坡国家环境局、新加坡食品局、新加坡卫生科学局以及新加坡公园局。其他政府部门为新加坡海关提供了不同种类的进口商品检验结果,方便海关对不同种类的进口商品进行风险研判,并做出行政决策。

"分层次"是指新加坡海关严格的6层级国际贸易商品监管方法,如图1.9所示。其中每个层级采取的是国际贸易商品许可证制度,未经审批的国际贸易商品都不允许入境或出境,除了特殊规定的商品,对于获得许可的货物,海关部门会根据实际提供相应的风险评估,对风险等级较高的货物则实施进一步的审查。其审查内容包括但不限于抽样、预申报等。最后为了保障国际贸易商品的信用体系建设,新加坡海关严格执行国际性追溯制度,即在供应链多个节点加强国际合作,打击跨境非法交易。

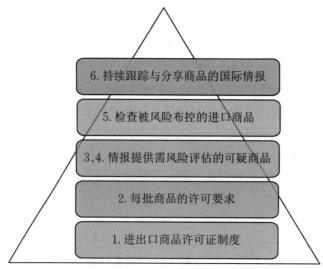

图1.9　新加坡海关6层商品国际贸易监管方式

"统一处置"则是指新加坡海关各级部门使用同一风险管理系统进行统一的风险处置。该风险管理系统也是多部门协同工作平台,其中包括风险评估处与风险情报处,这两个部门都可以将数据上传至平台共享,包括风险布控信息和风险案件办理信息等。该系统将汇聚风险管理部门以及其他相关部门的布控指令,统一实施风险处置。当然,风险管理部门在紧急事件的突发现场也有权立即布控、自主查验。这种管理方式既予以风险管理部门紧急处置权限,也确保海关系统行政执法指令的统一性。

1.2.5.7　东盟主要贸易国

随着东盟贸易服务协定的签订以及东盟国家间贸易政策的推行,不断助力中国与东盟各成员国的贸易高质量发展。东盟在出口食品领域充分发挥了区域优势与产品特色,与我国结为最大的国际贸易食品合作伙伴。其中,马来西亚、泰国与越南在国际贸易食品监管方面具有鲜明的区域特点,对这些东盟主要贸易国战略性贸易政策理论研究,也是对我国国际贸易食品安全研究有益的补充。

1.2.5.7.1 马来西亚

根据海关总署网站公布的统计数据,马来西亚是我国在东盟地区的食品贸易额最高的国家。作为一个以传统农业为国民经济支柱型产业的国家,马来西亚政府历来非常重视国际贸易食品质量与安全,在体制上建立健全跨部门、跨区域联合执法和协同合作机制,在法律法规和相应的国家标准方面形成了独具特色的规范体系,在供应链上明确了政府、生产者、消费者三方的职能和作用,在监管方式上设立了分级查验制度和产品许可制度,多方面保障了马来西亚国际贸易食品安全[10,11]。

1. 分级查验

马来西亚国际贸易食品的基本管理政策是基于风险管理的分级查验法,即根据进口食品安全风险的不同情况分为6个级别,其中风险等级1级为最高级别,获得1级食品安全等级认证认可的产品可以执行自动放行通关;而风险等级6级则通常被视为风险较高,入境时会被马来西亚海关拒绝通关放行。采用风险分级管理制度,在减少相关部门行政成本的基础上也可以加快通关速度,同时也有利于对食品安全制定更具体更有效的监管措施。

2. 许可证制度

对于特殊食品种类,马来西亚设定了国际贸易食品许可证制度与强制贴标制度。其中,包括肉类、奶类及其相关产品需要办理进口许可证,力保强制监管执行的有效性与及时性。如果是药食同源类产品,则按照药类严格管制,须取得相应的进口许可证方可进行国际贸易。

在销售环节,进口的谷物制品及面包、乳制品、面糖制品、罐装肉、鱼和蔬菜、罐装水果和果汁、色拉调料和蛋黄酱、软饮料这七类必须强制加贴营养标签,以保障进口食品质量。马来西亚也是继美国、加拿大、澳大利亚、新西兰和日本之后第六个实行强制标示营养标签的国家。

3. 信息系统

马来西亚于2003年启用了食品信息安全系统(Food Safety Information System of Malaysia for Domestic, FoSIM),该系统汇聚了马来西亚境内所有食品安全数据,并与马来西亚海关的信息管理系统相连接。通过国家级食品检测实验室与海关部门进行互联互通,实现了食品进口商和相关监管部门对国际贸易食品的数字化联合监管,并同时对马来西亚国内共计36个陆海空口岸的国际贸易食品进行统一监管,大大加强了进口食品安全的监管力度。

1.2.5.7.2 泰国

泰国一直以来是我国食品贸易份额较重的国家,也很重视食品安全监管体系建设。其参与食品安全监管部门是由泰国卫生部牵头,农业部、商务部和科技部协同管理,分工明确。法律法规上,泰国的食品安全法律体系覆盖进口食品产业的供应链全过程,其食品标准与国际接轨,以便开展国际贸易[12]。

1. 监管机构

泰国国际贸易食品安全的主要监管部门是以泰国卫生部为首,协调其他部门共同治理,食品安全风险监管技术开发与应用则由泰国食品安全风险分析机构、食品安全研究所和各类食品检测机构共同承担。

为确保国际贸易食品安全,泰国卫生部针对食品行业领域设立了国家食品委员会、食品药品局、医学科技局以及卫生局等,分别负责管理和监管国际贸易食品的生产、销售、进口标准、食品许可和合格评定等工作。其中,国际贸易食品风险信息汇总之后交由医学科技局进行食品风险分析工作,同时该机构还负责对泰国国内食品分析实验室进行认证认可。与其协同工作的是泰国食品安全实验中心,该中心负责搜集国内外食品安全信息并进行分析评估,在分类总结之后进行公开发布,建立健全食品质量风险信息披露制度。

2. 监管方式

泰国政府针对国际贸易食品,力求其生产、销售和进口都符合国际标准,并全程保持在卫生部的监管之下。

在国际贸易食品上市前,需要通过流通许可制度、制定年度定期检查计划以及日常不定期的监督抽查日程表,以期实现食品安全风险的事前控制,上市后能在定期检查和不定期抽查的过程中及时发现问题并进行整改,消除国际贸易食品在流通市场上的安全隐患。

与马来西亚相似的是,泰国政府也对特殊食品,即消费市场较大或风险较高的国际贸易食品种类进行重点监管,主要包括婴幼儿食品、乳及乳制品、儿童食品、高脂肪食品等。在国际贸易食品进入国内流通领域后,泰国的定期检查分为常规检查和举报核查,常规检查是针对食品生产企业的设施设备、原辅料及其生产过程等进行检查;举报核查则是接收举报后对问题企业展开排查,一旦违反食品安全规定的证据属实,则进行查封、吊销食品营业许可证的处罚。

1.2.5.7.3　越南

越南的食品安全监管是本国政府主导,各个监管部门分段监管的模式,没有统一的监管部门。越南农业与农村发展部门主要负责对初级农产品的生产环节进行监管;质量检测部门主要负责对食品的生产加工和卫生领域进行监管;卫生部门则针对国家餐饮业和食堂一类公共食品卫生场所实施监管。这些部门有权采取监管措施,对违反食品法的行为进行处罚[13]。

为进一步明确各职能部门在食品安全监管工作中承担的责任和义务,也为了各级机构能够有效行使其行政职权以维护本国食品安全,避免出现监管漏洞,越南政府于2010年对本国的食品安全监管体系进行了一系列的改革并颁布了《食品安全法》。

尤其值得肯定的是,从2013年开始,越南重视并制定了农产品的最大农兽药物残留限量标准,还制定了与国情和国际相适应的食品重金属和添加剂含量的使用规范,在东盟成员国家中树立了从源头控制食品安全的范例。

东盟各国在食品安全监管方面,随着产业规模不断扩大,智能制造技术迅速推广,科技迭代升级不断加快。在加入东盟之前,各国的进口食品安全主要强调对本国国民健康负责。而在加入东盟后,各国对于国际贸易食品安全达成一致的目标则是积极与其他国家、地区增加沟通交流,增强合作伙伴之间的互认互信。其中,马来西亚、泰国与越南作为国际贸易食品体量较大的几个国家,在体制建设等方面都有不同程度的成效,值得深入研究和学习。

1.2.6 国内进口食品安全监管

随着贸易全球化和我国经济社会发展水平不断提高,进口食品已经成为我国消费者重要的食品来源。海关总署全面贯彻习近平总书记食品安全战略思想和"四个最严"要求,坚定落实党中央国务院的决策部署,坚持"预防为主、风险管理、全程控制、社会共治"的基本原则,紧扣落实各方责任的这一主线,持续完善食品安全的全过程治理体系,不断提升治理能力,积极推进国际共治,在促进经济社会高质量发展、维护贸易自由便利化、满足人民日益增长的美好生活需要等方面作出了积极努力。近年来,我国进口食品质量安全状况总体稳定,没有发生区域性、行业性、系统性食品安全问题。

1.2.6.1 总体规划

经过多年努力,海关总署按照"预防在先、风险管理、全程管控、国际共治"的原则,建立了符合国际惯例、覆盖"进口前、进口时、进口后"各个环节的进口食品安全"全过程"治理体系,有力保障了进口食品安全。

1. 进口前严格准入

按照国际惯例,将进口食品的市场准入和风险分析前置于境外监管环节,并将出口企业的社会信用制度与政府强制性规制嵌入食品安全标准,以实现全程监管,从根本上保障进口食品安全。

一是设立输华食品国家(地区)食品安全管理体系审查制度:对输华食品国家(地区)的安全管理体系进行评估和审查,"符合评估审查要求及有传统贸易的国家或地区输华食品目录"的产品方可准许进口,对近200个国家(地区)8大类2 000多种进口食品准入名单实行动态管理。

二是设立输华食品随附官方证书制度:要求出口方按照我国的食品安全标准及相关要求对每批输华食品实施监管、产品风险管理、出口产品证书及输华食品随附官方证书,即出口方政府须对每批输华食品质量安全情况进行"背书"。

三是制定输华食品生产企业注册管理制度:对境外输华食品生产加工企业质量控制体系进行评估和审查,符合我国法律法规要求的方可准予注册备案。

四是健全输华食品企业备案管理制度:对输华食品境外出口商和境内进口商实施备案,落实国际贸易商主体责任,备案信息在"进口食品化妆品国际贸易商备案系统"中公开发布。

五是设立进境动植物源性食品检疫审批制度:依据《中华人民共和国进出境动植物检疫法》,对进境动植物源性食品实施检疫审批。此外,还将设立输华食品进口商对境外食品生产企业审核制度、输华食品境外预先检验制度和进口食品优良进口商认证制度。

2. 进口时严格检验检疫

建立科学、严密的进口食品安全检验制度,使各级海关有法可依地承担相应的监管职能,回归"监管者"角色,有效防范并杜绝风险流入境内。

一是设立输华食品口岸检验检疫管理制度:对进口食品严格实施口岸检验检疫,符合国家标准和法律法规要求的,准予进口;不符合要求的,依法采取整改、退运或销毁等措施,并在海关总署网站同步发布不合格食品信息。

二是设立输华食品安全风险监测制度:利用各大平台持续性地收集不合格食品的监测数据及相关信息,并进行综合性评估处置,实现进口食品安全风险"早排查、早发现、早预警、早处置"。

三是设立输华食品检验检疫风险预警及快速反应制度:对进口食品严格实行风险预警,对口岸检验检疫中发现的问题,及时有效地采取控制措施,并发布风险警示通报。

四是设立输华食品进境检疫指定口岸管理制度:依据《中华人民共和国进出境动植物检疫法》,对于肉类、水产品等有特殊存储要求的产品,须在具备相关检疫防疫条件的指定口岸才能进境。此外,还设立了进口商随附合格证明材料制度、输华食品检验检疫申报制度,并将设立输华食品合格第三方检验认证机构认定制度。

3. 进口后严格后续监管

通过对各相关方的责任进行科学界定,以建立完善的进口食品追溯体系和质量安全责任追究制度。

一是设立输华食品国家(地区)及生产企业食品安全管理体系回顾性检查制度:对已获准入的输华食品国家(地区)的食品安全管理体系是否持续符合我国要求情况进行监督检查。

二是设立输华食品进口和销售记录制度:要求进口商建立健全完备的进口食品的通关与销售记录,完善进口食品追溯体系,对不合格进口食品及时召回。

三是设立输华食品国际贸易商和生产企业不良记录制度:加大对违规企业处罚力度。

四是设立输华食品进口商或代理商约谈制度:对发生重大食品安全事故、存在严重违法违规行为、存在重大风险隐患的进口商或代理商的法人代表或负责人进行约谈,督促其履行食品安全主体责任。

五是设立输华食品召回制度:要求进口商或代理商根据风险实际情况对其进口全部产品或该批次产品主动召回,及时控制或减少危害,以履行进口商的主体责任。

同时,我国持续加强国际合作以保障进口食品安全。当前食品安全问题是全球性问题,只有加强各国(地区)之间的合作,构建国际共治格局,才能保障全球食品供应链安全。

一是加强与国际组织的合作,自2005年起,我国主持APEC食品安全合作论坛,积极参与WTO、CAC、OIE、IPPC等国际组织活动,引领食品安全国际规则的话语权,推动食品安全多边合作,共同遵守国际规则。

二是加强政府之间的合作,与全球主要贸易伙伴共同签署进口食品安全合作协议,积极推进并妥善解决一系列输华食品检验检疫问题,从根本上保障进口食品安全,形成国际贸易方相互协作、各司其职的共治格局,促进全球食品贸易发展。

1.2.6.2　监管现状

我国对于国际贸易食品的安全监管贯穿全链条,着力打造全方位的监管体系。从国际贸易食品的生产源头开始,按照《中华人民共和国进口食品境外生产企业注册管理规定》的要求,从进口食品源头开始严格管控。由海关总署发布《中华人民共和国进出口食品安全管理办法》(第 249 号令),强化全过程、全链条、全方位精准监管。由国家市场监督管理总局颁布的《食品生产经营监督检查管理办法》(第 49 号令)则针对国际贸易食品的销售环节进行监督管理。在日常食品安全监管过程中,各级监管部门则因地制宜采取了不同的监管模式。

1.2.6.2.1　冷链食品监管

为确保国际贸易食品的安全、营养和质量以及人民群众的身体健康和生命安全,各地海关和相关监管机构应依法依规强制采取管理措施,保证国际贸易食品符合相应的国家安全标准以及各项行政法律法规的要求。为保证国际贸易食品的安全性和消费者的知情权,进口预包装食品标签作为重要的检验项目之一,进口商须确保其预包装食品的中文标签符合《GB 28050—2011 食品安全国家标准——预包装食品营养标签通则》的规定,同时还应需要严格按照国际贸易商品检验相关法律以及行政法规落实各项检验工作。在进口食品添加剂方面,我国则推行《GB 2760—2014 食品安全国家标准——食品添加剂使用标准》,该标准规定了食品添加剂的使用原则、允许使用的食品添加剂品种、使用范围及最大使用量或残留量。同时,对于蔬果等农副产品的进口监管,我国的食品追溯技术已经趋于完善,建立健全"追踪食品在整个生产、加工和分销的特定阶段流动"的食品追溯体系。当前应用较多的食品追溯技术包括无线射频识别技术(Radio Frequency Identification, RFID)、条形码技术、DNA 指纹技术、虹膜识别技术以及同位素指纹技术,这些技术覆盖了畜禽水产等活体、加工食品、酒类、肉类、谷物等绝大多数农产品的溯源管理流程。

在进口冷链食品方面,深圳市市场监督管理局创新性建设了"集中监管仓",进口冷链物流食品在通过海关检验检疫后、流入市场前,进行了集中式管理。2020 年 8 月 18 日起,深圳市市场监督管理局设立了全国第一个进口冷冻肉制品和水产品集中监管仓,从深圳口岸入境的进口冻品,须进入集中监管仓进行全面的消毒及核酸检测,且核酸检测合格后,深圳市市场监督管理局出具《深圳市进口冷冻肉制品和水产品集中监管仓出库证明》,该进口冻品才能在市场上进行流通。该模式保证了新冠肺炎疫情肆虐的特殊时期,消费者能吃上安心放心的进口冷链食品,保障了广大群众的人身安全。2022 年 12 月,随着国家宣布新冠疫情的基本结束,深圳市的集中监管仓制度也相应调整,但是该制度形成的集中抽检成效明显,因此进口冷链食品监管溯源机制得到继续沿用,并逐步向全国推广。

截至 2020 年底,全国已有 31 个省(自治区、直辖市)建成并上线运行全国进口冷链食品追溯管理平台,如表 1.1 所示,并实现与市场监管总局平台数据对接以及跨区域平台数据互通互认。该平台利用追溯码实现进口冷链食品的溯源,消费者可使用智能移动设备扫描追溯二维码(由系统自动生成),或扫描外包装标签查询追溯信息,满足了消费者对国际贸易食品的溯源知情权。

表1.1　全国省级食品安全追溯平台(部分)

省级行政区	省级食品安全追溯平台	省级行政区	省级食品安全追溯平台
内蒙古	食品药品"智慧监管"系统	青海	"食安宝"软件
河北	农产品质量安全监管追溯平台	浙江	"码上食安"
上海	智慧监管·云中心	福建	"e福州"、社会共治智慧监管平台
辽宁	食品安全信用监管系统	云南	"云智溯"平台
北京	冷链食品追溯平台	天津	阳光食品平台
山东	食安聊城智慧监管平台	贵州	1+2+4系统、智慧食安追溯平台
安徽	亿信BI	广西	智慧监管平台、食品安全追溯平台
江苏	农产品质量追溯平台	湖南	食品安全数据库、食品安全追溯体系、湘冷链
重庆	智慧监管平台	海南	进口冷链食品追溯平台
甘肃	"陇上食安"智慧平台	浙江	"码上食安"
吉林	"智慧食安"智慧中心	广东	食品安全智慧监管云平台、进口冷冻食品溯源管理平台、食用农产品市场销售监管平台
陕西	食品安全监管综合业务平台		
湖北	"食安封签"、"阳光厨房"	新疆	食品安全政务服务APP、阳光农安、食盐电子追溯体系、学校食堂"阴厨亮灶"
西藏	"智慧食安"鲜肉溯源平台		
江西	农产品质量安全大数据智慧监管平台	四川	"网上库房"、"网上车间"、"互联网+明厨亮灶"、食品安全物联网智能管理平台、智慧追溯监管系统

当前,全国的食品安全防控工作已经实现从点到面,从试点城市向全国重点进口食品省市全面推广应用。如深圳市率先提出的进口冷链食品"集中监管仓"管理制度,目前已有广东、浙江、山东、江苏、上海、天津、甘肃、江西、福建、河南、广西等省(自治区、直辖市)参加全国出仓证明互认。上述省市之间实现互认以及跨省"免检",降低了冷链食品检测成本,包括直接费用以及物流、人工等间接费用,还有时间成本等其他成本。同时,随着其他省份进口食品安全检测的硬、软件的不断升级,将有更多的省市加入互认行列之中,最终形成"一次消杀、全国互认"的格局,构建进口食品安全"全国一盘棋"的统一监管模式。

1.2.6.2.2　供港模式

在香港食品安全监管领域,内地供港食品的安全满意度已达到99.999%,是举世瞩目的成就之一,其食品安全保障模式也被称为"供港模式"[14],是食品安全保证的成功典范。通过"政府+企业+基地+农户+标准化+监管+市场"的各方联动,以全流程、全链条、全方位的食品安全保障模式,提升食品安全水平。具体流程如图1.10所示,在基地农户、种植养殖企业、食品生产加工企业、运输销售企业和香港消费者之间,在食品链上构成了互动式产业链。例如,基地农户可以给种植养殖企业提供优质土地,而种植养殖企业可为农业基地农户提供工作机会,支付土地开发资金。在检验检疫监督方面,主要由内地海关和香港食物安全中心展开联合监管,其监管的环节涉及产业链上的种植养殖方、食品生产加工方、销售方和消费方。其中,内地海关主要监管种植养殖、食品生产加工环节。对于种植养殖企业,内地海关主要的监管任务包括食品原料的批准备案、核实备案食品原料的档案。而对于"第一责任人"的食品生产加工方,内地海关承担着"守门员"作用,监管任务更繁重,不仅需要审批备案食品的申请,在食品预出口封装时进行监管、抽检检验和铅封,此外,还要在食品流通口岸的环节进行查验,以保证在销售之前,最大程度确保供港食品的安全性。当供港食品抵达香港后,香港食品安全中心接过守护食品安全的"接力棒",首先在销售环节对进口食品安全标注进行严格管制和检验,其次在市场流通环节,需要向食品消费的公众提供食品的风险信息,同时积极接受公众监督,通过投诉维权等方式,共同维护内地供港食品的安全。

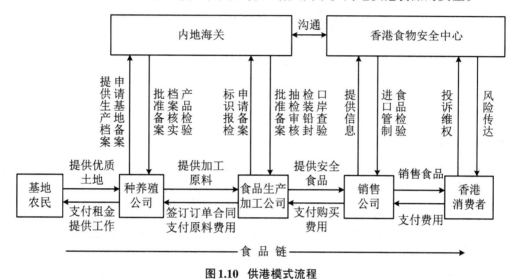

图1.10　供港模式流程

基于此,参与供港产业链的相关企业也按照"政府主导、部门联动、企业主体、海关监管、市场运作"的模式,聚焦深圳农产品食品供港及食品贸易监管与服务,打造了全国首创的国际贸易农产品食品监管服务平台,探索一站式、规范化的供港模式。在供港模式的应用场景之下,打通食品产业供应链。同时,深圳海关也对供港食品"源头+属地+口岸"全链条实现了检验检疫监管,实施优先查验、优先检测,不断优化供港模式的"绿色通道",保证供港食品的快速通关,保证了供港产品的品质。

1.2.6.2.3　其他食品

以乳制品为例,因其作为老百姓生活必需品,经过几年制度的不断完善,我国乳制品的安全监管模式趋于成熟。如图1.11所示,对于乳制品的安全监管主要评价指标分为内部服务质量和外部服务质量,分别覆盖了乳制品的原料养殖、原奶生产和加工等基础环节,以及市场流通的外部环节。通过全流程的乳制品安全监管模式,形成养殖场—生产方—加工商—销售商的多方联动,保证了每个环节环环相扣的质量保障和安全监管到位。

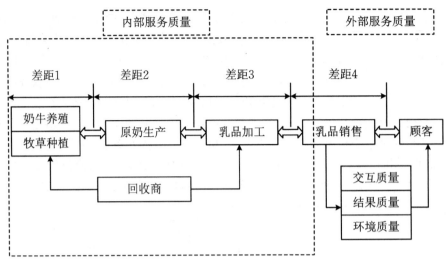

图1.11　我国乳制品安全监管模式

1.2.6.3　总结

我国食品安全领域具有用户基数大、覆盖面广、产业链长、风险点多等特点。传统监管方式方法对监管执法单位的依赖性较高,长此以往,势必面临监管业务量大、监管人员少、监管机制失衡等困境。因此,最新修订的《中华人民共和国食品安全法》提出了社会共治模式,要求充分调动食品生产经营者、政府监管部门、食品行业等6类主体的力量开展食品安全治理。其中,包括协会、新闻媒体、检验检测机构、科研机构等组织和个人共同构建社会共治的大环境,实践证明,只有共同治理才能从根本上解决我国食品安全治理面临的矛盾。基于食品安全专业化强、数据采集成本高、数据采集难度大、覆盖面广、规律性强、数据价值密度高等特点,借助大数据技术,可以充分利用现有数据库,拓展现有的数据库规模。降低数据采集成本,从而减少食品安全治理的整体成本。实现数据开放共享,分析挖掘数据潜在价值,以增强数据使用量,加大数据利用效率,提高6类社会主体参与食品安全治理的能力。

从农田到餐桌的全产业链中,社会各主体均能发挥相应的职责和作用,构建食品安全社会共治大数据网络,形成数据采集、共享、应用全链条建设与推广,其优势与福祉能够惠及整个社会,是有效解决进口食品安全监管问题的重要对策[15]。

小结

近年来,我国食品国际贸易呈贸易额快速增长、来源更加广泛、品种覆盖齐全、进境口岸相对集中等特点,部分进口食品已成为国内市场重要的供应来源。我国从187个国家(地区)进口食品,其中贸易额列前十位的分布于美洲、亚洲等。

在国际贸易食品行业发展迅猛的同时,日渐严重的食品安全问题不容忽视。目前,不合格的进口食品原因主要集中在品质不合格、证书不合格、标签不合格、食品添加剂超范围或超限量使用、微生物污染等方面。食品安全问题会动摇消费者对产品品牌、购买平台乃至整个食品行业的信任,因此亟须加大食品的监管力度。我国对于国际贸易食品的监管方式主要按照"预防在先、风险管理、全程管控、国际共治"的原则,建立了符合国际惯例、覆盖"进口前、进口时、进口后"各个环节的进口食品生产管理全过程治理体系,全方位保障国际贸易食品在进入市场流通环节之前做到"全监控、可追溯、快定位"的治理目标。但与此同时,我国对于进口食品的监管还未完全达到国际先进水平,如进口食品监控的数字化、基于风险感知的模型应用领域垂直化等问题也需要进一步完善。因此,结合新一代信息技术与国际贸易食品业务流程深入融合,是当前研究的热点方向,也是进口食品行业向纵深研究和发展的根本要求。

参考文献

[1]　习近平在第四届中国国际进口博览会开幕式上的主旨演讲(全文)[N].新华社,2021-11-04.

[2]　李笑曼,臧明伍,李丹,等.东盟食品安全标准协调与监管一体化现状研究[J].食品科学,2022,43(11):320-329.

[3]　黄诗琳,方泳华,胡葳,等.粤港澳大湾区冷链物流标准比对研究[J].标准科学,2022,576(5):108-113.

[4]　王泽宇,陈童,李美娜.进口商品质量安全管控模式国际比较研究:基于世界主要进口国与地区的经验证据[J].宏观质量研究,2021,9(4):99-109.

[5]　OKAZAKI Y. Implications of big data for customs: How it can support risk management capabilities [R]. WCO Research Paper, 2017:39.

[6]　元延芳,张瑞,赵忠学.美国FDA食品检查制度对中国的启示[J].中国食物与营养,2021,27(11):10-13.DOI:10.19870/j.cnki.11-3716/ts.20210716.002.

[7]　李童.美国海关担保制度浅析[J].中国海关,2022(9):80-81.

[8]　RUKANOVA B, TAN Y H, SLEGT M, et al. Identifying the value of data analytics in the context of government supervision: Insights from the customs domain[R]. Government Information Quarterly, 2020.

[9]　KIM S B, KIM D. ICT implementation and its effect on public organizations: The case of digital customs and risk management in Korea[J]. Sustainability, 2020,12(8):3421.

[10]　席静,曹晓钢,王君,等.马来西亚农食产品监管体系及法规标准体系研究[J].现代农业科技,2019,755(21):216-218,220.

[11]　边红彪.马来西亚食品安全监管体系分析[J].食品安全质量检测学报,2020,11(20):7617-7621.

[12]　边红彪.泰国食品安全监管体系研究[J].食品安全质量检测学报,2019,10(15):5202-5205.

[13]　边红彪.越南食品安全监管体系分析[J].标准科学,2020,555(8):125-128.

[14]　刘杨,张建方.供港食品模式探究[J].世界农业,2013(11):158-162.DOI:10.13856/j.cn11-1097/s.2013.11.037.

[15]　陶光灿,谭红,林丹,等.基于大数据的食品安全社会共治模式探索与实践[J].食品科学,2018,39(9):272-279.DOI:10.7506/spkx1002-6630-201809041.

第2章　国内外智慧实验室风险监控形势

2.1　智慧实验室建设技术发展

近年来,智慧实验室建设已成为科研机构、产业领域、检验检测行业关注的热点领域。我国实验室智慧化建设起步较晚,但发展速度较快。在智慧实验室建设初期,我国通过大力购买仪器、招募优秀人才、学习外国先进经验等方式蓄积科研力量。随着政府投入力度不断加大,各级实验室基础建设逐渐完善,创新型检验检测机构也随之不断涌现,国内各大实验室开始向数字化、智能化迭代升级,逐渐从野蛮生长向精耕细作进化,从劳动密集型向脑力密集型转变。

2.1.1　国外智慧实验室建设现状

2011年发布实施的《美国FDA食品安全现代化法案》强调了食品安全检测的实验室网络联盟(Integrated Consortium of Laboratory Networks,ICLN)的协同工作,并明确由国土安全部(Department of Homeland Security,DHS)牵头负责。如图2.1所示,ICLN由5个实验室网络构成,分别是:CDC实验室应急网络系统(Laboratory Response Networks,LRN)、FDA-FSIS食品应急反应网络(Food Emergency Response Network,FERN)、农业部国家动物健康实验室网络(National Animal Health Laboratory Network,NAHLN)、国家植物诊断网络(National Plant Diagnostic Network,NPDN)、环保部环境实验室响应网络(Environmental Response Laboratory Network,ERLN)。ICLN对其成员单位就通用的实验室检测方法达成一致,从而减少检测和食源性疾病暴发的应急处置时间,也促进与动物健康、农业和人类健康相关的知识和信息共享。由ICLN的成员单位可以看出,ICLN实验室的网络联盟涉及了环境、动物健康、农作物诊断、肉禽蛋类食品安全以及其他食品的安全防御,基本贯穿于"从农田到餐桌"全链条的食品安全体系,形成了数据多源、层次丰富、类型繁杂的数据库,有效提升了美国政府的食品安全检验检测水平[1],可作为我国智慧实验室建设的范例之一。

例如,美国某业内知名智慧实验室设备供应商对当前智慧实验室系统建设现状做出了评述:当今,以实验室自动化为导向,主要是通过减少每个实验样本的人为操作时间来提升样本的高通量;而且自动化的重现性可以实现最小样本量的定量检测,尤其在样本量非常有限时更弥足珍贵。随着国际贸易食品快速检测领域的蓬勃发展,单个样本的分析总量也呈上升态势,这将大大减少每次分析所需的样本量。在下游技术方面,由劳动密集型的样品前处理工作常常导致的实验室高速运营的瓶颈,可通过提升数据自动分析处理技术予以解决。随着人工智能技术在食品检测实验室自动化领域的不断深耕,将科学地解决在食品实验室风险监控的人力投入和实验效益的不平衡。例如,在COVID大流行刚开始时,该公司为实验室客户提供的仪器设备故障解决方案中AR技术得到迅速且广泛的应用,尤其是技术团队采用AR技术实现远程协助客户成功地解决仪器或工作流程的众多疑难杂症,得到客户的一致好评。

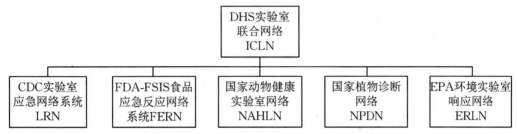

图2.1　美国食品安全检测综合实验室网络联盟

现阶段,远程访问、自动化控制实验室工作流程及其相关实验数据的技术开发和应用具有举足轻重的重要性。因此,以监管获得感为导向,不断优化和完善智慧实验室自动化和数字化水平,有助于提升企业发展动力,释放企业发展活力。尤其是当实验室基础设施闲置时,混合式和远程式工作模式已经得到很好的发展;自动化检测技术、数字化信息技术和更新迭代的软件系统对智慧化实验的持续完善都至关重要。尤其是为响应复杂的检测实验流程和数据整合分析的需求,新的检测方法、仪器设备和专业技术必须紧跟技术更新的步伐而推陈出新。实验室检测数据集庞大且复杂,通常需要自动化的数据采集、处理和分析。另外,系统软件用户界面的智能化、仪器操作流程化,也将大大减少专家资源的投入。在确保实验室生产力的同时,可将从日常的重复性实验中解放一定的人力物力来处理其他优先事项[2]。

随着时代的变迁,数据的属性已发生了极大的改变,从传统的小批量数据扩展成大规模且高价值的大数据,从静态数据转变为即时的动态数据,由此也对数据存储技术提出了新要求。目前,最常见的存储方式多采用分布式存储,在增加存储规模的同时,也使得数据的采集与处理更加便捷。

为了批处理实验室数据,David F Parks等[3]人利用云计算技术,面向细胞生物学构建了一个基于物联网的智慧云实验室系统,其架构如图2.2所示,该模型共包括4层:实验设备层、IT基础设施层、控制层以及数据分析层。其中,实验设备层主要工作为自动采集不同实验仪器设备的检测数据,采集后的实验数据交由IT基础设施层进行存储,在控制层可对这些存储数据进行查询,而在数据分析层,则可针对实验检测数据种类采用不同的分析方式,且所应用的方式也可以根据用户需求进行针对性调整和优化,给用户提供了极大便利的同时提升了数据共享水平。

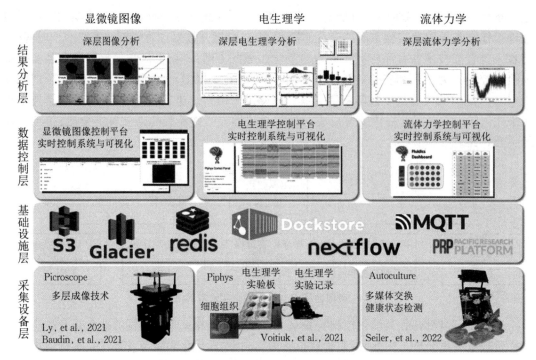

图 2.2　基于物联网技术的云智慧实验室架构

2.1.2　国内智慧实验室建设现状

在传统实验室中,重复性、机械化的实验操作以及海量的实时数据处理分析,提高了人工成本,也降低了实验效率。因此,传统的实验室管理模式既增加检测数据质量不可控的风险因素,也会带来极大的自然或非自然、主观或非主观因素导致的检测风险。为解决上述问题,实验室的创新发展一直以自动化、高通量、智能化为导向进行转型升级,因此,基于数字化、自动化技术及其方案、产品应运而生。截至2021年末,正常运作的国家重点实验室533个,纳入新序列管理的国家工程研究中心191个,国家企业技术中心1 636家,大众创业万众创新示范基地212家。国家科技成果转化引导基金累计设立36支子基金,资金总规模624亿元人民币。国家级科技企业孵化器1 287家,国家备案众创空间2 551家。作为新时代科技变革的重要场景,实验室在科学基础建设和应用研究等多个领域孕育新变革,其智慧化研究具有现实意义。

随着数字化、智能化、自动化等新一代信息技术赋能智慧实验室建设,以期最大限度地解放实验室有限的人力物力,并激发研究人员的创新活力,为实验人员提供一个安全高效的实验环境,进而实现降本增效的作用。

2.1.2.1　智慧实验室技术发展

随着科技的发展与技术的更新迭代,智慧实验室中所需采集的数据种类与数据数量都激增,因此,现阶段大多数实验室的数据采集工作均已从手工录入升级为自动化采集方式。

在不同类型的智慧实验室中,采用的专业化数据采集方法各有不同。如在材料力学领域,智慧实验室的业务数据主要包括分析方法数据和检测项目数据,其中,检测项目的数据管理是核心任务,实验室仪器数据是重要基础。通常来说,仪器设备的数据通过一体化工作站、串口和 USB 等进行采集,因此在该实验室中,提出了两种设备采集模式,与 LIMS(实验室信息管理系统)的单向传输和双向传输。使用这样的方法,实现实验数据自动采集,减少人为出错率,提升检测效率[4]。

智慧实验室的数字化建设技术旨在对海量数据和信息进行更多、更好、更快地获取和分析。当检测数据中出现异常样本时,对异常样本进行进一步检测与分析则是必要的。智慧实验室的异常数据检测预处理方法通常包括降维、采样和增强数据特征等操作。数据降维方法有主成分分析法(Principal Component Analysis,PCA)、随机森林和低秩表示等;采样方法旨在缩小正常样本和异常样本数量之间的差距,以期模型拥有更好的学习效果。增强数据特征方法,如小波变换等局域波分解方法,通过分解输入数据,去除噪声后再合成得到重构数据,从而增强数据的重要特征予以识别。

许多科技企业翘楚所构建的智慧实验室在异常检测技术方面具有卓有成效的应用效能,也为其他业界的实验室建设提供了可行性范例。例如,华为云数据库创新实验室针对多维数时序数据的异常检测问题,提出基于 GAN 和 AE 的对抗性自动编码器异常检测解释方法;阿里云计算平台和阿里云达摩院共同提出具有鲁棒性且通用的多周期检测框架,解决了现有算法无法有效处理长周期或多周期的情况以及易受到趋势、噪声和异常值影响等问题。该框架支撑了阿里云计算平台的多个业务场景,比如智能化运维、智能洞察和数据质量异常检测等;腾讯优图实验室则采用预训练模型方法,即运用其在大规模数据集上强大的特征提取能力,实现异常实验室数据的复检。该算法将腾讯优图实验室的 AI 能力、数字化技术进行开源,不仅能更广泛地为社会提供解决方案,也能够为其他智慧实验室建设提供可复制的案例。

显然,通过人工智能、自动化等新兴技术,为智慧实验室的建设提供智慧解决方案,可以有效解决传统实验室信息管理系统的"孤岛"现象,同时能进一步对实验室多源复杂数据进行批处理。

2.1.2.2　智慧实验室建设现状

当前,我国各个海关口岸都积极响应"三智"建设的号召,建立健全一批利用云计算、大数据技术的智慧实验室,对风险监管模式进行革新。根据各海关各口岸的具体情况,智慧实验室的建设各具特色。

例如,中国海关科学技术研究中心提出的三层智慧实验室架构,在数据层使用区块链与云计算的技术,在网络层使用物联网与 5G 技术,在应用层使用 WEB 技术且集成了其他应用系统,集中解决了当前报检系统的互动性弱、样品管理智能化程度低以及试剂耗材使用率评估难等问题,并提出了智慧实验室原辅料备案管理机制、检验全流程溯源追踪模式以及实验室环境全生命周期检测模式,实现海关通关的数字化、智能化[5]。

深圳海关在进口食品安全风险检测方面构建了一个科学抽样模型,主要适用于性状差异性较大的进口食品的抽样场景,通过不等概率的分层抽样方法,结合专家打分法对各项指标权重进行科学调整与确定。实践表明,与传统方法相比较,该抽样方法可获得更好的评价效果[6]。

杭州海关创新性地引入了"两数一移"的思想即"数字孪生扎根,数据智能滋养,移动应用开花",构建了新一代海关智慧实验室的5层架构,如图2.3所示。

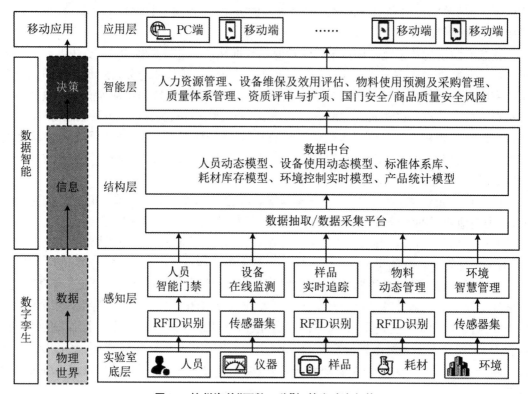

图2.3　杭州海关"两数一移"智慧实验室架构

该框架中的数字孪生部分代表了物理世界向数据的映射,包括5层架构中的实验室底层与感知层,是框架的基础。基于该框架,其智慧实验室的"人、机、料、法、环"通过RFID识别和传感器分别在门禁系统、设备检测系统、样品追踪系统、物料管理系统和环境控制系统进行数据采集。数据智能部分则对数字孪生映射所得数据进行加工、处理、分析,形成5层架构中的结构层与智能层,通过引入数据中台和人工智能技术,将数据映射至信息层和决策层。因此,所得数据可实现信息抽取、分析,且经过层层处理的数据集为智慧实验室的未来决策提供了技术支撑,同时决策层也反作用于数据的处理,促进数据高质量提升,形成"数据—信息—决策"反馈机制。移动应用部分是该框架的应用层,将数据孪生和数据智能处理结果向公众或者智慧实验室用户进行信息公开,同时引入外部监督,对框架进行持续性更新,在确保数据安全性和保密性的情况下,将智慧实验室的研究成果在一定程度上进行开源使用,促进行业发展。结合智慧大屏技术,该框架的数字孪生支持了智慧实验室的运行情况进行实时显示,多维度呈现智慧实验室的整体运行,保证了对实验室全面、实时的管理。同时,数据智能赋能了实验室风险管理,在对海量数据进行结构化处理的基础上,为风险评估工作提供了精确的数据支撑,克服了传统风险管理模式中风险来源狭窄等问题。该框架结合LIMS技术,杭州海关智慧实验室基本实现了无纸化办公的目标,有效提升了工作效率,节省了运行开支,响应了"双碳"号召[7]。

2.1.2.3　智慧实验室监管现状

中国幅员辽阔、人口密集、食品市场较大,人民群众对舌尖上的安全的舆论燃点更低,要求更高,不断助推国际贸易食品监管快速发展。上海市、杭州市、宁波市等地都对智慧实验室监管有较好的基础研究与应用示范,给其他省市提供了良好的借鉴经验。

2019年,上海市金山区市场监督管理局成立食品生产企业实验室标准化体系建设课题攻关小组,开展辖区食品生产企业实验室标准化体系建设的试点工作。试点工作从"建章立制""明确企业责任主体""智慧监管"和"'放管服'改革"四个方面展开,对于建立规范化、标准化的食品生产企业实验室起到了示范性作用。如图2.4所示,上海市金山区市场监督管理局对于食品生产企业实验室实现了全方位的有效监管,督促食品生产企业实验室持续性向标准化推进[8]。

浙江省杭州市食品药品检验研究院从2014年开始筹建LIMS和ELN项目,委托具有资质的专业软件公司根据该研究院发展需求和工作实际开展软件开发。2015年,推行多检测设备网络版色谱数据系统(Chromatography Data System,CDS),覆盖全院100多套气/液相色谱仪以及部分紫外可见分光光度计、红外分光光度计等仪器设备,实现网络环境下的数据安全与共享。2016年,正式推广运行的LIMS系统涵盖了业务受理、仪器数据采集、信息安全保障、报告审批与流转等各个环节,实现食品、药品、化妆品、保健品、药包材等实验业务的全业务信息化支撑,极大地提高了工作效率。2017年,利用互联网+手段,搭建公众检测服务平台,打破客户无法直观了解和查询相关检验检测标准和政策的局面。2018年,正式上线的公众检测服务平台具有药品、保健食品、化妆品、药品包装材料等业务的在线委托协议签订、样品状态查询、收费通知开具、缴费确认等功能,有效降低了委托单位、公众用户的时间成本,解决送检单位和食品药品检验机构双方信息交互不足、业务冗余等问题,提高企业送检效率,创新了政府机构事业单位的服务模式[9]。整体框架如图2.5所示。

2017年,浙江省食品药品检验研究院利用互联网+检验检测,创建了公众智能检测服务平台,更好地践行"最多跑一次"服务,公众也可以随时随地了解和查询最新检验检测标准和政策,解决送检单位和检验机构双方信息交互不足、程序冗余等问题,提高企业送检效率。2018年正式上线的公众智能检测服务平台具有检测业务的在线委托协议签订、样品检测状态查询、收费通知开具、缴费确认等功能,有效降低了委托单位、公众用户的时间成本,创新了检验检测实验室的服务模式[9]。

宁波农副产品物流中心是浙江省流通领域重要食品集散地,包括宁波市80%以上的输入性农产品。由于该地具有食品来源多渠道、多样性,食品销路扩散性、变动性,参与主体的复杂性、多层次性等特点使得其食品安全问题显得尤为重要。作为宁波市的"菜篮子",农副产品物流中心的食品安全监管效能直接关系到人民群众的"舌尖安全"。目前,宁波农副产品物流中心快检流程多以人工操作,数据结果较为分散且质量不一,而繁杂且巨量的信息数据沉淀于不同下属机构的"孤岛"系统中、报表中、数据库中,很难实现共享,更谈不上数据分析应用。因此,这就是目前食品安全监管存在的难点和痛点,也是社会关注的焦点,更是亟

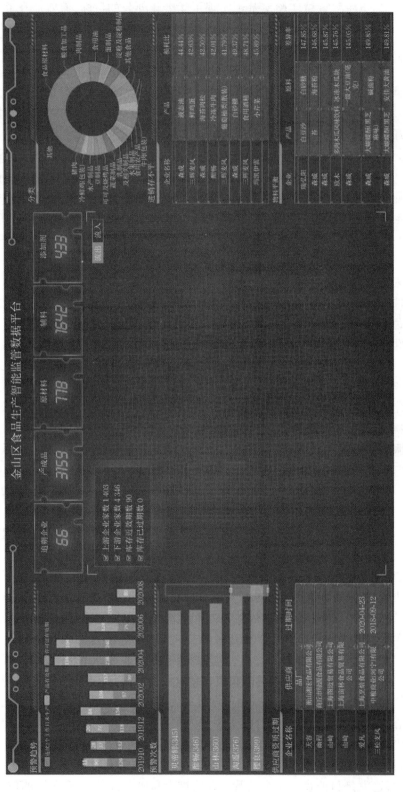

图 2.4　金山区食品生产智慧监管数据平台

待解决的问题。

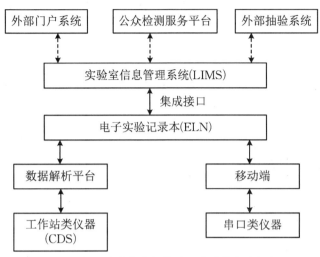

图 2.5 浙江省食品药品检验研究院信息化框架

由此,宁波农副产品数字化实验室智慧管理系统的创建,实现信息共享、细化数据管理、规范市场运行,进而有效保障食品安全,并以此为契机,作为数字化转型的重要助力,持续推进管理效率提升和优化经济结构[10]。"宁波商贸食品安全风险预警中心"是农副物流中心与宁波市产品食品质量检验研究院多跨协同的典范,该系统数据库集成了宁波市区各农产品检测实验室发布的定量检测数据以及各大批发市场、批发市场、集贸市场、商场、超市等流通领域的快检数据,通过"一摊一码"平台,将大量农产品信息与经营者、消费者建立网络映射,形成食品安全监管合力。该套系统有效实现事前风险预警、事中风险研判、事后风险处置,及时精准优化风险管理工作机制。

2.1.2.4 第三方检测实验室建设

我国第三方检测机构由于市场兴起晚、准入门槛高,所以,在风险管理的发展历程上都尤为短暂。目前,风险评估管理是所有CMA、CNAS认证检测机构的质量体系文件的必要章节,且必须保障其有效运行。各级第三方检测机构已开展风险管控工作,但大多仍停留在检测方法分析、不良风险管控方面较多,未能全面贯彻和及时应用全风险管理理论,与其他行业的全风险管理存在较大的差距。同时,各级第三方检验检测机构对于风险管控价值的理解也是差异性较大,其第一目的往往不是为了盈利,可能更多的是为社会效益、公益效能,以及检测技术的进步、检验结果的公正准确[11]。

为保障食品安全,从行业分工角度出发,加强第三方机构实验室食品检测技术的研发创新,以检测流程为主,持续加强实验室食品检测质量管理。结合以上分析,利用新技术革新思维转变质量管理思路,通过完善质量管理体系、推进方法创新、指标细化等措施,强化内部管理评审、扩增质量管理效用,从整体上提升食品检测质量管理水平[12](表2.1)。

表 2.1　第三方机构实验室食品检测常见风险管理问题及 LIMS 应用情况

管理环节	识别风险点的行为描述	A:风险点发生评分（1很少；2会；3经常）	B:对检测影响评分（1无；2不严重；3严重）	C:风险发现难易评分（1容易；2较难；3难）	Σ:风险范围（1~6可接受；7~11中等；12以上重大）	LIMS 的应用
业务受理	匹配度	2	3	2	12	正常应用
	检测规范性	3	3	1	9	
抽样环节	方法规范性	3	3	1	9	LIMS 与抽样平台对接
	信息完整性	3	3	1	9	
	运输、时效性	3	3	1	9	
样品管理	接收、传递、保存	3	3	2	18	正常应用
	样品储存监控	3	3	1	18	
样品制备	方法规范性	3	3	1	9	正常应用
	信息完整性	3	3	2	9	
	储存条件	2	3	1	18	
样品前处理	方法规范性	3	3	1	6	正常应用
	环境完善性	3	3	1	9	
样品分析	人	3	3	2	9	正常应用
	机	3	3	1	18	
	料	3	3	1	9	
	法	3	3	2	18	
	环	3	3	1	9	
	测	3	3	2	9	
检测报告	是否审核	1	3	1	3	人员处理
	CMA/CNAS	1	3	2	6	正常应用

2.2　智慧实验室风险监控技术发展

　　"十四五"时期,公众安全健康诉求提升、产业创新调整变化,现代化治理对食品安全标准、风险监测评估等工作提出了新任务、新要求。为进一步贯彻《中华人民共和国食品安全法》,落实推进健康中国建设和实施食品安全战略整体要求,切实保障公众饮食安全健康,促进社会经济健康发展,根据《中共中央、国务院关于深化改革加强食品安全工作的意见》《中华人民共和国国民经济和社会发展第十四个五年规划和2035年远景目标纲要》《"十四五"国民健康规划》,结合形势分析,国家卫生健康委研究编制了《食品安全标准与监测评估"十四五"规划》(简称《规划》)。规划明确了"十四五"期间食品安全标准、风险评估与营养健康工作的指导思想、基本原则和发展目标,提出了以提升卫生健康系统基层食品安全风险防范能力为重点,发挥好食品安全标准与风险监测评估工作在"预防为主、风险管理、全程控制、社会共治"的食品安全治理体系中的基础性作用。针对这一系列主要任务,近期立项的食品安全国家标准以理化检验方法与规程标准居多,强调了智慧实验室检验检测技术在保障食品安全方面的重要作用,以及智慧实验室在落实食品安全风险监控方面的突出地位。由此,本节从国外、国内两个方面,通过探究实验室风险监控的技术发展历程,发掘进口食品安全风险问题,并进行相应分析。

2.2.1 国外风险监控技术发展

目前,众多发达国家在食品风险监控技术的研究上仍处于国际领先地位,现对美国、欧盟和日本等发达国家在该领域的应用范例进行研究,对我国的风险监控技术的创新性探索和实践具有一定的意义。

2.2.1.1 美国

FDA-iRISK[13]是由美国食品药品监督管理局的食品安全与应用营养研究所与国际风险科学研究所联合研发的风险评估模型,该模型在2012年首次推出,目前已经更新到4.2版本并完全向公众开放,只要在网络端注册账号便能免费使用,其设置的风险因子如图2.6所示。

图 2.6 FDA-iRISK 4.2 版本的风险评估影响因子

FDA-iRISK 主要可对下面4类风险提供评估及其干预措施:
① 不同品种进口食品中的同类型安全风险;
② 单一品种进口食品中的多类型安全风险;
③ 多品种进口食品的安全风险组合;
④ 当公众暴露于某种急性危害或慢性危害的风险时。

该风险评估模型是通过基于二阶蒙特卡罗模拟的自动化建模方式对进口食品安全风险进行量化评估,并通过算法测算其风险可能造成的公共卫生事件概率。例如,该模型利用一些病原体的存活态势,结合不同进口食品中的安全风险信息列表,使风险评估结果更精准可靠。该框架主要包括7大风险安全因素:食品种类、污染物(微生物或其他)、影响规模(人口数量)、食品生产/加工模式、人群消费模式、添加剂剂量–反应模型和健康影响结果。在最新的版本中,用户可以对已创建的食品安全风险评估模型进行部分个性化调整,而无需重复创建新模型。FDA-iRISK输出的结果通常以表格形式展现,简洁明了,并后附完整详细的报告以供用户参考。该风险评估模型具有非常多元的评价指标,主要的评价指标为各类人群的平均发病风险水平和食品污染物映射列表,从而推测每年食品安全风险的致病率,此外还有一些非常规的评价指标如伤残调整寿命年(Disability Adjusted Life Year,DALY)以供公共卫生风险管理者科学参考。该指标是指从发病到死亡所损耗的健康寿命年,包括因夭折所致的寿命损失年(YLL)和疾病伤残引起的健康寿命损失年(YLD)两部分,是生命数量和生命质量以时间为单位的综合度量;疾病成本(Cost of Illness,COI),即计算所有由疾病引起的公共治理成本,以损害函数为计算的基础,将人们日常或非日常所接触到的污染物与其对健康的影响联系起来,具体包括以下几个步骤:

① 确定污染物的含量;

② 确定污染水平致病的极限量;

③ 以治疗成本、工资损失和生命损失测算患病和早亡的成本。

质量调整寿命年(Quality-Adjusted Life Years,QALYs),指一种通过外部干预并调整期望寿命,旨在评价或比较综合治疗干预的成效。例如,经测算,某位患者保持现状态下仅能存活2年,但如采取医疗干预则可以存活10年,则该患者的质量调整寿命年为8年。通过这些评价指标,无论普通用户还是风险管理决策者,都可以通过由模型获得的科学数据对食品安全风险进行评估预警。在新版本中,FDA-iRISK简化了模型的分析参数,还提供食品微生物学预测模型,以及在急性或慢性的危害风险状态下食品污染物浓度阈值超标等多场景,这些模型改进措施与应用成效可为食品安全风险评价体系提供更多元的信息。

此外,FDA-iRISK的数据共享功能也为用户提供了丰富的资源,用户可以分享自己的数据或使用其他人共享的数据,同时还能通过其他公共数据库以及其他开源工具,进一步增强了风险评估结果的可靠性。

Yuhuan Chen等[14]在2018年使用该风险评估模型,分析了美国芽菜–沙门氏菌组合的风险评估,并就废水灌溉美国芽菜的食品安全风险引发的公共卫生事件做出了预测。在FDA-iRISK提供的主要影响因子中,输入了食品种类(芽菜)、污染物种类(沙门氏菌)、食品生产/加工模式(基于Montville和Haffner的芽菜生产过程模型的优化模型)、人群消费方式和剂量–反应模型(芽菜消费与沙门氏菌剂量的映射关系)、健康影响结果(更新的美国流行病学数据而非传统使用的数据)。同时,该模型也引入了新参数以期更高的适用性,其中包括使用与美国芽菜生产操作相关的沙门氏菌的流行病学数据、每个灌溉周期的水与加工中的芽菜的体积/质量比和加工中的病原体传播倍数与收割后芽菜病原体传播范围等。实验表明,这些新参数都是风险评估的关键要素。通过与2013年的FDA-iRISK版本测算结果进行比对研究,该研究团队不难发现使用新版的风险评估模型的风险因子更丰富、更具象,其风险预测的结果也就越科学越精准。

2.2.1.2 欧盟

欧盟某著名食品公司技术人员 John A Donaghy 等[15]基于国际食品微生物规范委员会（ICMSF）的背景，从微生物安全的角度深入探讨了大数据在动态风险管理中的试点应用，并展示了如何实时使用动态风险管理系统（Dynamic Risk Management System，DRMS）来识别和控制食品安全风险的示例。该模型采用加权定量评估风险的方法，包括食品安全目标（Food Safety Objectives，FSO）和绩效目标（Performance Objectives，PO）等指标，并融合了食品全产业供应链各个阶段的定量风险管理策略。

如图 2.7 所示，该模型以 A 至 D 描述 4 种风险递增程度，在示例中，以 DRMS 识别和控制与绿叶蔬菜相关的产志贺毒素大肠杆菌等危害风险。

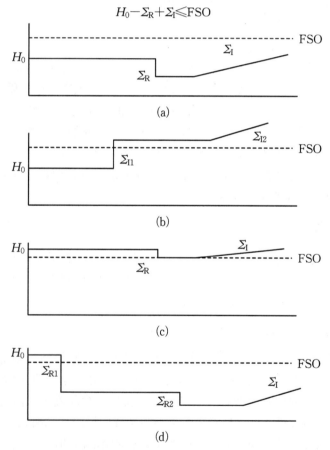

图 2.7　DRMS 的 4 阶段风险监控过程

A 阶段的风险水平代表鲜切绿叶蔬菜作业中的基础风险管理，要求在生产过程中通过预防措施控制初始危害水平低于食品安全目标（FSO），此外，还必须包括：

① 绿叶蔬菜在收获期间没有引入或存在交叉污染；

② 产志贺毒素大肠杆菌群在蔬菜洗涤过程中略有减少；

③ 冷链温度控制了该菌群的潜在增加的概率。

B阶段的风险水平代表鲜切绿叶蔬菜在加工过程中受到产志贺毒素大肠杆菌群的污染具有潜在风险的可能性,由生产过程中的预防措施控制,此阶段中的初始危险水平包括:

① 在绿叶蔬菜收获期间没有引入或存在交叉污染;

② 在洗涤步骤中使用的未经处理的水引入了高水平的产志贺毒素大肠杆菌群;

③ 使用冷链技术控制了产志贺毒素大肠杆菌群种群的潜在增加。

在这种情况下,DRMS将根据对蔬菜进行风险评估的实时数据,标记其在加工环节的食品风险安全问题,并允许DRMS对供应链流程进行风险管理决策,有可能会阻止该产品进入供应链。

C阶段的风险水平代表产志贺毒素大肠杆菌群在生产过程中对鲜切绿叶蔬菜的污染。这是由于在蔬菜收获前的预防措施失效,使得初始危险水平高于基线水准(即A阶段)。造成该风险水平可能是由于多种因素的综合作用,包括:

① 蔬菜产地周围有畜牧业存在;

② 种植期间遭遇异常天气;

③ 在加工洗涤环节使用了受污染的水源。在这种情况下,DRMS将根据生产实践的实时数据进行风险管理,并允许强制采取风险管理决策以防止该产品进入供应链的下一环节。

D阶段的风险管理是对C阶段使用DRMS提供的策略的潜在响应。当DRMS标记出生产用水受污染的风险因素时,风险管理决策是在施用之前处理接触绿叶蔬菜可收获部分(即高架灌溉、叶面喷洒和空中喷洒)的水进行处理(例如,化学处理、紫外线),以减少从该来源引入产志贺毒素大肠杆菌群,使得总体的产志贺毒素大肠杆菌群水平降低到FSO以下,达到总体供应链风险管理的基本要求。

2.2.1.3　日本

日本食品安全风险规制模式主要建立在风险评估机制、风险管理机制、风险交流机制的基础上,推动食品安全规制结构转型、主体多元、机制优化、体制创新和制度重构,探索一种基于反思型法理论的食品安全风险规制模式[16]。

2.2.1.3.1　食品安全风险评估

风险评估是食品安全风险规制的前提,日本食品安全风险评估机制富有较强的层次性和多样性。自2003年日本在《食品安全基本法》中确立食品安全风险评估制度以来,分别从国家层面、职能部门层面以及消费者层面形成独具特色的食品安全风险规制机制。在国家层面的授权型策略方面,建立以食品安全委员会为主要的风险评估机构,负责全国食品安全风险的评估和分析;在消费者层面,加强对食品安全规制部门的监督,增强监管部门与消费者之间以及食品经营者食品安全信息沟通和风险交流,宣传食品安全法规政策;在法治化保障机制层面,日本在《食品安全基本法》中建立了"消费者至上"的价值取向和"科学风险评估"的基本原则,并对食品安全委员会在食品安全风险规制中的地位、功能、职权、职责进行了明确,从立法上强调了风险规章制度的科学性、中立性、权威性、民主性、开放性以及参与性,为日本食品安全风险规制奠定了法律基础和基本原则。

2.2.1.3.2　食品安全风险管理

日本食品安全风险管理主要通过厚生劳动省、农林水产省和消费者厅分别在各自的职责范围内开展食品安全风险管理事宜。通过组织机构的创新提升风险管理的地位和功能，把厚生劳动省原医药局升级为医药食品局，增设食品风险信息官和食品药品健康影响对策决议官等职位，强化对食品安全风险规制职能的拓展和职责的细化；尤其是专设风险信息官制度，专职负责食品安全风险信息的监测、预警、防控。

随着新兴信息技术的发展，日本强化运用信息技术推动食品安全风险规制的能力，以大数据、云计算、物联网和人工智能为依托的新兴信息技术，为日本食品安全风险信息性规制提供新的技术支持。所以，日本先后引入 HACCP 体系、可追溯技术、食品流通身份证制度、实施良好农业规范。

2.2.1.3.3　食品安全风险沟通

基于协商规制的理论，日本建立了独特的食品安全风险沟通机制，该机制兼顾"教育型"和"参与型"风险沟通机制的优点，既注重与专家、企业、消费者、媒体的直接交流，也强化多主体的双向互动。双向沟通机制则打破传统的单向信息传播或以宣传为主的食品安全风险交流机制，更加偏重食品安全风险评估机构与企业、消费者、媒体的互动交流，使消费者和媒体不再单纯依靠政府或者媒体宣传，而能够更加直观和快速地共享食品安全风险信息，全面提升消费者的获得感和满意度。

总结国外风险监控技术及其范例可以看出，当前国际领先使用的风险监控技术都已经采用了多模型、多因素、多环节的方式，结合当前新一代信息技术——大数据、云计算等，完善风险识别监控体系，从而达到覆盖食品供应链全流程的全方位风险管理模式，也为当前我国智慧实验室风险监控技术的研究探索提供了有益的经验。

2.2.2　国内风险监控技术发展

2.2.2.1　发展沿革

相较于国际上很早就将风险监控技术引入智慧实验室，我国对风险管理的研究起步比较晚，2008年国务院国有资产监督管理委员会办公厅关于开展编报《2008年中央企业全面风险管理报告》试点工作有关事项的通知，促进了中央企业全面构建风险管理体系。2013年后，以央企为试点展开的各行业各领域，如证券领域、IT 行业、工程领域，实施风险管理。智慧实验室的风险监控技术也在此时段得到了快速的发展，虽起步较晚，但由于我国风险监控市场广阔、研究内容丰富，因此在短时间内也积累了很多研究成果。

截至2021年底，我国获得资质认定的各类检验检测机构共有 51 949 家，其中食品相关的检验检测机构有 3 495 家[17]。

中国合格评定国家认可委员会对于检测实验室的要求 CNAS-CL01：2018《检测和校准实验室能力认可准则》（以下简称"CL01"）引入了风险管理要求，以期对智慧实验室能够通过风险评估来增加目标实现的可能性、减少不良结果产生的可能性，进而达到体系持续改善、不断提高智慧实验室质量水平的目的[18]。

首先,CL01强调了智慧实验室应对风险的主动性,其在前言中指出,"本准则要求实验室策划并采取措施应对风险和机遇。应对风险和机遇是提升管理体系有效性、取得改进效果以及预防负面影响的基础。实验室有责任确定要应对哪些风险和机遇"。

其次,针对性地增设了应对风险和机遇的措施:

①"实验室应考虑与实验室活动相关的风险和机遇",以确保管理体系能够实现其预期结果"增强实现实验室目的和目标的机遇""预防或减少实验室活动中的不利影响和可能的失败""实现改进";

② 实验室应对这些风险和机遇的措施以及如何在管理体系中整合并实施这些措施,并评价这些措施的有效性;

③ 应对风险和机遇的措施,须与实验室检测结果有效性的潜在影响相适应。

最后,对其具体活动及流程也提出相关要求:

① 公正性方面:实验室应持续识别影响公正性的风险,这些风险应包括实验室活动、人员及其各种关系引发的风险。然而,这些关系并非一定会对实验室的公正性产生风险,"如果识别出公正性风险,实验室应能够证明如何消除或最大程度降低这种风险"。

② 报告符合性声明方面:"当形成与规范或标准相符的符合性声明时,实验室应考虑与所用判定规则相关的风险水平(如错误接受、错误拒绝以及统计假设),将所使用的判定规则制定成文件,并应用判定规则","如果客户、法规或规范性文件规定了判定规则,无须进一步考虑风险水平"。

③ 无法正常工作方面:应"基于实验室建立的风险水平所须采取的措施(包括必要时暂停分发报告或复测工作)"。

④ 改进方面:实验室可通过"风险评估"来识别改进风险机遇。

⑤ 纠正措施方面:对于发生的不符合,"必要时,在策划期间更新所确定的风险和机遇"。

⑥ 管理评审方面:"风险识别的结果"是管理评审的一个输入,以保证管理评审的可靠性与及时性。

上述准则就是要求智慧实验室管理过程中要贯彻风险管理理念,将影响实验室活动结果的因素纳入风险管理范围,对风险因素进行有效的管理与控制。

2.2.2.2　理论模型

在理论研究方面,Liu等[19]提出了基于多元回归的食品供应链风险管理态势评价模型。通过对某食品生产加工企业采取的多维度问卷调查的方式,对问卷结果进行了多元回归分析,揭示了对于食品供应链风险管理来说,最重要的是企业风险管理制度的健全和有效,特别是企业管理者和普通员工的经常性培训,定期的风险识别和评估,以及风险管理部门的建立。从企业的基本特征来看,随着企业的集团化扩张和发展,企业制度会越来越健全,风险管理水平自然也会提高。虽然企业员工特征的因素影响较弱,但从制度因素来看,管理者既是管理制度的制定者、监督者,又是执行者。而普通员工主要是执行者,所以管理者要充分认识到食品供应链管理的重要性,要有果敢的决策能力和严格的监督能力,普通员工要有高度的自律性。这样才能保证处于食品供应链上的企业建立正确的风险管理体系并有效地实施。

Shi等[20]则提出了基于异质图注意力网络的食品安全风险识别和预警技术。首先,该技术分析了食品安全风险异质性指标(如食品类别、危害、地区等)的选择,这些都是影响风险水平的有效因素。其次,基于这些因素构建了食品安全评估指标体系,并提出了一种异质图注意力网络将各项异质风险指标充分融合,从而产生新的食品安全风险图谱。最后,将所提出的异质图注意力网络应用于食品安全风险预警问题,为风险管理决策提供科学依据。使用该技术所得到食品检测数据训练集结果,有力验证了其可行性。

2.2.2.3　应用落地

在实际场景应用方面,广州、上海、深圳、香港等地都在食品风险监控技术上提出了有益的创新,也取得了较好的应用效果。

2.2.2.3.1　广州

如图2.8所示,广州疾控中心提出了面向食品检测实验室的风险管理模型,系统性讨论了检测实验室风险管理的总体要求及主要风险类型。其中风险类型包括检测结果风险、实验室安全风险、偏离监管部门要求的风险和法律风险等。

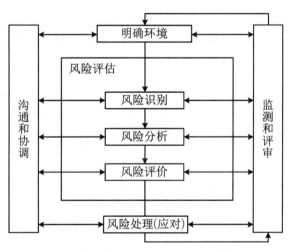

图2.8　广州疾控中心检测实验室风险管理模型

同时,该模型详细阐述了检测实验室实现风险管理过程,包括明确环境风险的识别、分析、评价和应对,机遇评估与应对,监督检查、评估、沟通和记录,具体来说包括:

① 明确智慧实验室内外部环境对于风险管理的要求;

② 在风险识别时,实验室不能忽略外部来源的风险和机遇,应重点考虑其风险的时效性;

③ 在风险分析与评价时,宜采用定性分析为主的方法并采取适宜的风险应对措施,实现实验室的风险点识别,并严格遵循《风险评估与应对措施表》进行持续改进;

④ 在风险应对环节时,则需根据上述风险识别、分析、评价的结果明确相应的措施;

⑤ 在机遇评估与应对环节中,则采用《机遇评估与应对措施表》进行评估应对;

⑥ 监督检查和评估环节则在《风险评估与应对措施表》与《机遇评估与应对措施表》的

基础上对实验室体系运作进行定期检查,以保证风险管理的有效性与连续性;

⑦ 沟通和记录环节则是贯穿整个风险管理的全流程,确保其标准化管理的可行性。

通过智慧实验室内外部风险监督相结合,该模型[21]在实际应用场景中提供了良好的使用体验以及及时的风险处置,对于风险管理决策提供了科学基础。

2.2.2.3.2 上海

程虹等[22]提出了以信用评价体系为核心的进口商品质量安全风险管理理论模型,结合大数据等信息技术,在我国的各个海关都得到较好的应用与示范。如图2.9所示,该模型主要分为4个部分:信用信息收集、信用识别、信用等级划分以及信用处置。

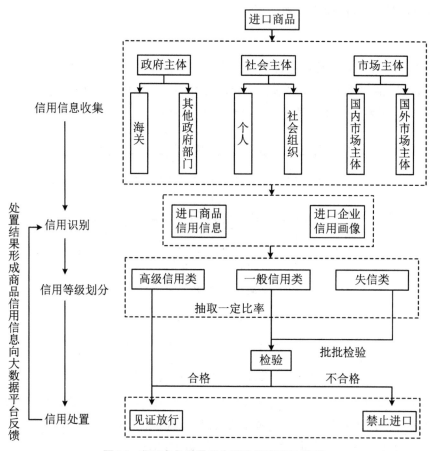

图2.9 进口商品质量安全风险管理理论模型

在信用信息收集环节,进口商品的信息内容丰富,包括政府主体、社会主体以及市场主体等相关信息。在政府主体中主要包括海关市场监督管理局以及其他政府监管部门。其中涉及的信用信息包括但不限于:企业经营情况以及工作人员的基本信息、企业进口申报信用记录信息与AEO制度互认信息、强制性认证及行政许可信息、进口商品与企业免检名单信息、实验室检验信息、国内外商品舆情监测信息以及各级海关与其他部门实施联合评价评级政策信息。上述信息通常由政府综合统计或协调整合,其信息挖掘的深度与广度都不限于市场主体与社会主体,是海关风险管理信息数据的重要来源。其中,社会组织是重要的社会主体风险信息提供者,他们所能提供的信息主要包括:举报信息、消费者及其组织(包括消费者协会)对进口商品及其相关企业的评价信息、医疗系统关于进口商品质量危害的病例信息记录等。上述信用信息密度较低且很难进行结构化处理,因此,通常是通过新闻文本处理技术对风险管理信息进行加工、整合。市场主体则分为国内与国外两大类贸易主体,其中包括国际贸易产品的生产商、加工厂、经销商以及运输平台等。国内与国外的市场主体在检测验证方面有所不同,其中国内主体主要依赖于官方检测机构的检测结论,而国外的市场主体则可采用以下方式进行验证:第三方检测认证报告、第三方担保保险、第三方信用调查报告或行业协会出具的企业信用评估报告等。其中,前三种方式常见于各个发达国家,如美国、欧盟、韩国等海关普遍使用的验证方式,最后一种则是日本海关特有的验证方式。

在进口商品的信用信息采集完毕后,则进入信用识别环节,这也是进口商品质量安全风险管理理论模型部署的第一步。这一环节主要是将收集的信用信息按商品与企业信用等级信息列表进行排序与整理。其中,进口商品所涉及的信用信息,包括来源国家或地区、商品的基本属性以及该商品的上一批次进口信用水平。企业信用信息,又称为进口企业信用画像,其信息的主要来源是政府主体构建的企业基本信用信息库、市场主体的第三方检测与担保信用调查报告等。

进口商品的信用等级从高到低被分为3个水平:高级别信用类、普通级别信用类以及失信级别类。

高级别信用类企业,是指拥有高级信用认证或拥有第三方检测认证合格报告,或拥有行业协会出具的行业会员企业内部信用“良好”报告,或拥有高等院校或科研机构出具的分析报告,且商品的抽检不合格率为零。

普通级别信用类企业,是指企业进口AEO信用评级为“一般信用”或“一般认证”,或有人提供了该企业的不安全信息举报信息,或医疗机构记录了该企业提供的商品质量造成伤害的病例信息,或消费者及其组织对该企业存在负面评价信息。当商品抽检不合格率高于零,但低于基准水平时,该企业也属于普通级别信用类企业。

失信级别的企业的风险最为严重,其中包括但不限于:企业拥有经营不良记录或相关负责人行政处罚和刑事处罚等记录,或第三方检测不合格报告,或重大商品安全隐患举报信息,企业进口AEO信用评级为“失信企业”。此外,当国际贸易商品存在危害国家安全或消费品质量安全且抽检不合格率超过5%的基准水平,则其相关企业均被认定为失信级别企业。

针对不同信用等级的企业,各地海关采取不同的信用处置方式。对于高级别信用类企业,海关可使用凭证放行方式对此类企业的商品进行清关。对于普通级别信用的企业,则采取抽批检验的方式,其抽检比率也根据信用程度进行科学调整,从0.5%～10%不等,当样品检验合格后,也可采取凭证放行的方式,若检验结果不合格,则禁止该企业的此批商品进口或返工整改。对于失信级别的企业,则采取批批检验的方式,只要某一批次的检验结果合格,则该批次实行凭证放行的方式进行清关,若其结果不合格则禁止本批次商品进口或要求返工整改。

采用基于信用体系的安全风险管理模型,可提高进口商品的安全管控,提升进口商品的通关效率。

上海海关在第三方采信制度上进行研究和探索,不断提高通关效率。在该制度执行方面,上海拥有得天独厚的区位优势:首先是有实力的国际贸易企业总部大多设在上海,其次上海拥有大量国际知名的检测检验机构,为进口商品的第三方采信方式提供了良好的技术基础与贸易环境。目前在上海进口机动车已完全实行了第三方采信监管制度,其效果显著。进口汽车的通关时间减少了约83%,但其安全风险控制效果良好,为智慧化实验室风险监控技术研究提供了另一种独特的思路。

2.2.2.3.3 深圳

深圳市为了实施食品安全战略、提升社区居民食品安全技术保障,在进入国门前和走入国门后均对食品安全风险采取严格的把控手段。

在进入国门前,深圳海关缉私局联合深圳市公安局不定期开展走私食品查缉行动,全面履行严防、严管、严控食品安全风险,对进口食品全链条把关;深圳海关严格落实海关总署的安全监督抽检及食品安全风险监控计划,严防不合格的进口食品进入市场,杜绝任何安全隐患;同时,针对国际贸易企业,深圳海关也进行了有力监管,对国际贸易食品行业相关的法律法规进行及时的食品安全科普教育,规范企业生产经营行为,进一步提高进口食品企业第一责任人的防范意识和众多从业人员的食品安全意识,切实保障消费者"舌尖上的安全"。

在走入国门后,深圳市开展食品安全网格化智慧监管,实行了"一街一车一室"政策,即每个街道建设一个标准化快速检测室、配备一辆快速检测车,这是深圳市政府向市民推出的一项重大民生工程。在进口食品的售后领域也完善了政府风险监管的具体措施,保障了进口食品安全的"最后一公里"。该检测工作主要针对食用农产品、散装食品、餐饮食品、现场制售食品,检测项目包括农兽药残留、真菌毒素、非法添加物等定性检测。市民们也可将安全质量问题食品送到就近的快检室进行免费检测,最快半小时内能出具检测结果。同时,消费者可利用小程序"立码查"查看实时检测结果,以此作为采购消费的参考依据。如快检平台系统识别食品安全隐患事件发生,则通过智慧网格管控平台立即上报,实现"第一时间发现、第一时间处置、第一时间解决",起到前哨"侦察兵"作用。其具体措施如下:

① 通过小程序可以获取各个街道快检室的位置,有助于市民就近进行免费食品安全快速检测,检测结果也会通过电话或短信的形式第一时间反馈给市民,同时作为食品安全科普教育基地,市民能够及时获取更多食品安全的相关知识,发挥科普宣传的作用。

② 通过快检车和快检室,利用快检技术检测区域内贸易食品,其最快能在半小时内得到具体的检测结果,同时可以通过小程序实时推送检测结果,一旦发现不合格、非法添加等食品,将联通智慧平台进行预警,实现有效快速的风险处置。

③ 在人流量大的贸易食品消费重点区域,比如商场、农贸市场等,部署大量身穿"蓝马甲"的快检员,对重点区域进行检查,如在农贸市场对蔬菜、禽畜肉和水产品进行抽样送检,及时排查违规违法的活禽和野生动物的交易和屠宰点,并对农贸市场场所消杀消毒进行必要的检查、提醒。与此同时,辖区的监管人员也会和区域快检员联动执法,对任何安全隐患及时排查治理,确保辖区内的全局性安全。

自2018—2022年在深圳全市建设"一街一车一室"以来,该食品安全风险监控便民项目已经覆盖74个街道和深汕合作区,并完成快检319万批次,免费接受市民送检15万批次,销毁问题样品$6.2×10^4$ kg以上。

2.2.2.3.4　香港

中国香港海关走在将大数据技术运用于海关风险管理领域的前列。自 2012 年以来,中国香港政府建立了香港区域信息库系统,其数据仓库主要存储与处理具有高速、高吞吐量、高容量、高内容等特点的大数据。在数据治理方面,香港特区政府的各个行政部门采用统一的数据管理方法,使各个行政部门的系统接口具有很强的共享数据能力。同时,该系统还提供了统一平台,以便用户通过跨系统的数据分析发现多个相关联领域的市场状况与趋势洞察,由于数据存储时限为 7 年,因此非常有利于用户制定长期的业务规划与风险管理预测。

香港区域信息库系统的主体数据除了由中国香港海关提供,还吸收容纳了其他政府监管部门的数据,如税务局的企业登记资料和运输署的封闭道路许可证等,这些数据都能有效为香港海关对进口商品进行核验提供技术支持。丰富的数据资料可为不同层次用户提供多维度的数据信息,提高用户的使用数据的高效性和体验感。同时,香港区域信息库系统还会定期发布生产数据统计报告,为用户提供最新的信息参考。上述报告均以不同目标格式生成,如表格文档等,以供用户对数据进行进一步分析。通过该平台提供的数据分析信息,行政部门除了可得到执法的实时风险决策的数据支撑,还获得了中长期风险组织管理与风险战略计划的技术分析。

2.3　风险监控问题分析

在国际贸易的大背景之下,进口食品行业已经走在了发展的快车道上,性能日趋完善的跨境物联网技术,蓬勃发展的国产快速检测技术以及各国家(地区)间日益紧密的经济联系和不断扩张的贸易规模,都让进口食品行业呈现出了贸易主体多元化、贸易方式虚拟化、贸易规模扩大化的发展态势。尤其过去三年虽受到全球性新冠肺炎疫情的影响,但具有强大韧性的全球经济仍然保持着平稳发展的趋势。在这样的国际贸易环境中,进口食品风险也随着环境改变而有了很大的变化。

2.3.1　进口食品安全风险点分析

2.3.1.1　进口食品安全监管风险

随着时代的发展,国际贸易主体已经从最初的国有大型企业、跨国垄断企业,逐步演变为具备国际贸易资质的中小型企业也纷纷加入国际贸易市场中。贸易主体变化的新形势,也给监管部门带来了新的监管挑战,即如何应对不同规模、不同品类的国际贸易主体,提供高效精准的监管以及如何处理不同层级风险环境下国际贸易货物的监察与管控等。

贸易全球化和区域一体化使得国际贸易食品供应链更具国际化,新业态、新需求的不断变化使得国际贸易日益个性化、碎片化,新技术、新工艺的不断发展使得食品新产品不断涌现,经济、技术和管理能力不足导致部分贸易伙伴食品安全水平低下,给进口食品安全治理提出了更严峻的挑战。

同时,国际疫情疫病频发导致进口食品安全风险更加复杂。2020年伊始的新冠肺炎疫情对国际经济贸易环境造成巨大影响,虽然全球经济缓慢复苏,但是更多的国际贸易不确定性也在不断增加。单边主义、贸易保护主义抬头,多边贸易体系不断受到挑战,贸易摩擦频频出现,国际贸易壁垒不断提升,经济全球化程度不断加深,给进口食品安全治理造成新的冲击。

2.3.1.2　进口食品数据安全风险

在信息化时代以及数字信息技术的加速迭代的情况下,国际贸易方式已由原有的国际邮政、电话、邮件等传统通信手段升级成为互联网,国际贸易主体不仅通过互联网进行贸易往来,还通过互联网进行产品的营销与销售,大大提升了贸易的虚拟化应用。在此基础之上,消费者早已习惯使用互联网方式进行进口食品的选购。

贸易方式的转变也造成了进口食品贸易数据共享与数据安全的风险。其中,数据共享风险,是指在进口食品经过生产、加工、跨境运输、申报通关以及市场流通的几个主要阶段中,其品名标签、添加剂、证书和检验检疫许可等重要数据的更新与传递是否及时、透明。如果数据更新不及时,将会给进口食品流通的下一个环节带来阻碍及风险。数据安全风险,指在数据共享时存在被无端篡改、删除或非法入侵等风险,如果不能保证进口食品相关数据共享时是安全的,就会削弱进口食品的来源可信度以及质量的安全性,对于进口食品的流通势必造成较大的隐患。

此外,国际贸易食品安全风险评估技术、基础数据处理技术等方面建设仍显不足,与食品安全法"预防在先"的要求有一定距离;尤其是国际贸易食品安全风险评估能力仍需提升,食品安全隐患识别能力需进一步加强,系统性风险防范能力有待加强;国际贸易食品安全事件应急处置中信息报送发布不畅、协调联动不够等问题依然存在,快速反应能力有待进一步提高。

海关系统与其他监管部门之间监管信息共享不足,多部门协同监管和联防联控能力有待进一步加强,尤其在互联互通、统一高效的国际贸易食品安全智慧监管信息化平台亟须建立健全;全国各级海关之间检验监管数据的实时联通、业务协同能力仍待加强,信息碎片化、孤岛化现象依然存在;国际贸易食品安全监管信息化子系统间整合升级要求有待提高,基础数据共享存在障碍,数据壁垒仍然存在。

2.3.1.3　进口食品检验检疫风险

早期的进口食品的产地来源集中在发达国家,随着国际贸易的不断扩张和消费者需求的不断发展,具有庞大市场规模的国内市场吸引了越来越多的国家(地区)输入进口食品,在丰富国内消费者餐桌选择的同时,也卓有成效地降低了对于个别发达国家外贸的依赖性。但是,不断增加的进口食品产地,也给口岸检验检疫工作增加不小的工作量。此外,在新冠病毒流行肆虐期间,各国对于国际贸易防疫方案的差异化,也给进口食品增加了不小检疫压力。国务院在《优化口岸营商环境促进跨境贸易便利化工作方案》中提出,要坚持新发展理念,深入推进"放管服"改革,创新监管方式,优化通关流程,提高通关效率,降低通关成本。

随着我国对外开放的大门"越开越大",食品国际贸易贸易体量更加庞大,在把好国际贸易食品检验检疫关的同时,最大限度提高通关便利化水平,对国际贸易食品安全治理提出了更高的要求。

新形势下,国际贸易食品检测技术服务能力不能满足口岸现实需要、口岸食品安全监管人力不足、人员结构不合理等问题凸显出来。此外,不少国家食品检验检测实验室专业技术人员不足,部分仪器设备利用率不高,各隶属海关之间实验室检测信息难以共享,无法更好地实现贸易便利化。

当前我国针对国际贸易检验检疫货物的风险研判主要依据货物本身或其来源地的风险级别,未综合考虑其生产贸易企业信用、货物用途、贸易数量等多种因素。因此,对国际贸易检验检疫货物的风险综合研判、分类施策和精准监管布控机制亟待进一步完善。

2.3.1.4　国内外政策差异化风险

卫生和植物检疫(SPS)措施是与食品安全、动植物健康以及环境安全风险密切相关的技术性贸易措施,也是WTO框架下规范成员国动植物检疫措施和国际贸易行为准则。其本质是在控制风险传播的前提下,促进食品安全和动植物产品国际贸易健康发展,其功能效应是一道"(如同)双刃剑的'防火墙'",其中蕴涵着诸多理论和实际问题。近年来,由于技术性贸易措施,国内外食品安全监管标准不同带来的差异,造成了处罚、退运甚至索赔的风险。在WTO/TBT通报中,我国食品遭遇技术性贸易壁垒的主要原因是我国主要标准与国际标准存在差距等。

我国现行的食品安全卫生标准与国际标准存在一定的差异化[23],例如,我国现行的食品健康卫生标准约300种,而世界卫生组织(WHO)与国际粮农组织(FAO)协同制定的食品法典规定了上千条食品检验方法,包括对国际贸易食品的包装、标识、重量、规格等项目的感官检验以及微生物、有毒有害物质、药物残留等项目的检验方法和检验结果的判定。而日本在农产品和兽药商品的有害物质残留方面的标准就有约6 000条。此外,食品法典还包含了转基因食品、国际贸易检验与认证等内容,然而这些内容不属于我国的食品安全国家强制执行标准范畴。另外,我国在某些食品标准与国际标准存在较大的偏差,例如,国际上很多国家已经将绿色环保概念列为食品安全的强制性标准。比如早在1981年的丹麦,就要求全部进口酒水、饮料采用可循环使用的容器,否则将被禁止进口,然而我国目前仍未出台相关绿色食品的强制性国家安全标准,这将不利于我国国产食品冲破国际食品贸易壁垒。

2.3.1.5　食品储运风险

与我国国际贸易食品贸易蓬勃发展态势形成落差的是,我国国际贸易食品储运相关的标准也不健全、不完善,数量严重不足且主要集中体现在国际贸易食品冷链运输方面。而在质量安全指导性标准中,目前发布实施的只有3项,分别是GB/Z 21701—2008《出口禽肉及制品质量安全控制规范》、GB/Z 21702—2008《出口水产品质量安全控制规范》和GB/Z 21724—2008《出口蔬菜质量安全控制规范》。这类标准均是从供应链的角度出发,对国际贸易食品从生产、加工、包装,到储存、运输、销售、召回各个环节的作业要求进行了规定,但对作为其中的环节之一冷链运输作业的要求则相对比较笼统、不够具体,有的甚至与当前的技术发展脱节,不利于相关企业的实际操作。同时,国际贸易食品的冷链运输中的温度控制和食品安全监管时长均对储运客观条件造成不同程度的风险[24]。2020—2023年在新冠肺炎疫情肆虐全球期间,由于新冠病毒在较低温环境下能保持较高的活性,在进口冷链食品产业中导致"人—食品—人"的传播路径,冷链食品的储运也要面对新冠病毒感染的风险,须对此进行风险监控,这为后续发生重大防疫事件的处理提供了参考范本。

2.3.2　进口食品安全风险监控建议

进口食品与其他国际贸易产品的主要区别在于,一旦出现安全风险,其舆论燃点较低,不仅会造成消费者财产上的经济损失,还会给人体健康带来不可逆的损害,同时也会影响相关监管部门的公信力。由于进口食品与消费者的生活息息相关,因此一旦产生风险与伤害,其舆论压力不仅影响持续时间长,同时还会对同品种的食品产业造成巨大的冲击。综上,对于进口食品安全风险的监控存在着重要的现实意义,同时也是我国实现中华民族伟大复兴的中国梦的具体要求之一。

2.3.2.1　加快数字化监控平台构建

随着数字化转型工作的全面推进以及云计算、大数据、人工智能等信息化技术的广泛使用,海关总署也积极推进智慧口岸的建设与发展。在2021年6月发布的《"十四五"海关发展规划》中,"科技兴关"作为主要发展目标,要求在2025年之前,海关业务信息化达到100%的覆盖率。进口食品安全风险监管,作为海关总体风险防控的重要部分,应积极响应信息化号召,对进口食品安全进行特性分析和业务抽象,有针对性、有目标性地进行深度风险排查,按照"事先、事中、事后"的风险处理逻辑对进口食品安全风险进行多层次的梳理,从而建立健全国际贸易食品风险管理机制。在进行国际贸易食品风险日常监控时,要确保其数据透明度高,可信度强,并更新及时。

目前我国海关的风险布控方式由政策性布控、惩戒性布控、随机性布控和人工分析布控。人工分析和随机性布控由总署风险司组织各级隶属海关风险防控部门实施,政策性和惩戒性布控由总署各业务司局提出布控建议,由风险管理司下达。2020年上半年的统计数据显示,海关共布控查验121.12万票,查获率为3.33%;其中人工分析布控26.5万票,查获27 808票,查获率为10.56%;随机布控、政策性布控的查获率分别为1.36%和3.84%;国际贸易人工分析查获率分别为随机布控、政策性布控查获率的7.76倍、2.75倍。

人工分析布控虽然占比较低,仅为查验占比的21.5%,但查获效能很高,查获占比68.87%,说明了人工分析有效提升了布控精度,也说明目前其他布控方式特别是随机性布控的科学性、准确性有待提升,以进一步提升风险防控效能。

2.3.2.2　完善监控标准化建设

2022年1月1日起施行的《中华人民共和国进出口食品安全管理办法》中,海关总署在上一版管理办法的基础上,对国际贸易食品安全进行了新要求,对进口食品的贸易主体(生产商、销售商等)建立了新的评价信用体系,极大提升了进口食品安全的监管能力。但新的管理办法仍需要标准化工作对其进行协同运作,加大管理办法的执行力度及其执法的透明度。对于进口食品安全标准的发布实施,可以让进口食品的贸易主体在进行食品贸易之前就规范企业生产及其食品品质,也能让贸易主体在选择跨境运输方式上更加谨慎,避免涉疫带来的退运风险。对于海关等监管部门而言,进口食品安全标准的建立健全,也能有效降低监管不当的人为风险,提升监管效率,同时给风险监控提供依据。

2.3.2.3 健全监控流程

对于进口食品这类来源广、运输环节长、安全风险在多节点都有可能出现的特殊贸易品类,其风险监控要求全流程覆盖。如表2.2所示,我国进口食品风险的主要原因除了贸易企业的申报流程不严谨外,添加剂超量使用和包装标识问题也是近几年经常发生的主要风险。在减少贸易摩擦维护正常国际贸易秩序的前提下,基于上述风险因素,在生产环节,要通过风险国家"白名单"来提高风险食品生产国或来源国的贸易货物抽查比例。在运输环节,需要监控其物流链条是否具有食品运输的资质或是否具有食品运输能力,对存在安全风险的运输物流及时进行管控,以此降低国际贸易食品在运输阶段的安全风险。在通关环节,需要监控国际贸易食品的标准是否符合我国准入标准,同时进行严格的检验检疫,对安全风险高的进口食品未来批次执行暂停准入。在市场流通环节,则要对进口食品进行消费安全风险监控,对国外通报不合格产品要及时进行抽检并溯源,保证消费者采购的进口食品是安全的、放心的。

表2.2 2019—2021年未准入境食品不合格占比前五的原因

年　份	未准入境食品不合格原因(前五)	原因占比
2019	未按要求提供证书或合格证明材料	15.4%
	标签不合格	12.11%
	滥用食品添加剂	9.6%
	未获检验检疫准入	9.32%
	货证不符	8.48%
2020	标签不合格	16.59%
	检出动物疫病	11.89%
	未按要求提供证书或合格证明材料	11.39%
	滥用食品添加剂	8.5%
	货证不符	8.15%
2021	未按要求提供证书或合格证明材料	13.45%
	标签不合格	13.31%
	未获检验检疫准入	12.82%
	滥用食品添加剂	11.89%
	微生物污染	9.89%

数据来源:中国海关总署。

2.3.2.4　完善监控溯源体系建设

由于国际贸易食品产地多源、食品种类多样、运输距离长,因此进口食品溯源体系有效性和完整性很难得到保证。此外,由于不同的溯源系统存在大量重复性的数据采集、录入现象,并且溯源系统之间无法有效的互联互通,导致不同的溯源系统的资源无法实现累积汇聚和共管共享,也提高了采集和管控成本。随着大数据技术、区块链技术等信息技术的发展,将其应用于溯源体系的搭建,不仅能够最大限度发挥溯源系统的性能,保障进口食品的质量和安全,也能够便利国际贸易的进程。

溯源技术分为信息溯源技术和检测溯源技术。其中,信息溯源技术就是充分利用多种现代新技术协同采集并汇聚国际贸易食品信息,通过溯源智慧平台分析应用,达到国际贸易食品从产地到消费者全过程监控的目的。在这个过程中,国际贸易食品信息的采集是信息溯源技术非常关键的一环,然而,溯源定位技术和传感器技术也为其提供了技术的革新。例如,中国检验认证(集团)有限公司采用北斗定位技术,实时在线跟踪货物的具体位置,同时通过传感器技术获取货箱内部的动态数据,将所采集的非结构化的数据进行存储,再通过无线技术上传到云端。一旦进口食品发生腐败变质,其产生的异常气体将被气体传感器捕获,则该异常信息上传到云端,进而实现国际贸易食品在运输过程的实时在线监控。检测溯源技术是指通过分析国际贸易食品的特征图谱,进而与数据库比对进行识别。例如,利用稳定同位素技术对进口食品进行检测溯源,如采用固相微萃取-气相色谱串联质谱法对红酒的图谱特征进行比对,达到红酒的品质、产地的溯源目的。

区块链技术是信息时代不可忽视的新技术之一,也是一项分布式共享记账技术,其作用是通过去中心化的数据储存方式。将其应用在溯源系统中,可以更好地实现数据共享。通过区块链技术,结合溯源体系和口岸监管执法系统,可助力保障溯源系统的数据真实性,为口岸执法提供可靠的进口食品信息,将有助于口岸监管的效率。

2.3.2.5　加强风险监控的处理措施

面对国际贸易食品的安全风险,应以"快速、准确"为基本原则。由于国际贸易食品是以链式贯穿其流通的始终,因此极易产生连锁反应,一旦风险处理不及时或不恰当,则可能造成巨大的经济损失甚至人身伤害。同时,准确研判进口食品的风险节点是国际贸易食品安全监控的重要工作,只有精准定位问题关键控制点,才能够快速通过风险态势感知识别进行有效处置,从而消除风险隐患。另外,应不断提升风险监控技术水平,推进国际贸易食品安全风险监控数字化转型,也是我们研究的方向之一。以食品安全风险业务全流程监控为研究导向,充分考虑团队成员各自在不同技术研究领域的优势结合实际工作特性,重点在多场景风险点捕捉技术、智慧实验室的云服务体系架构研究及其智慧实验室管理系统资源负载均衡技术、文本分类技术、实验室原始记录匹配技术以及检测报告实体自动识别技术等领域进行研究,以期实现国际贸易食品安全风险技术突破,创新性推动岗位工作。

小结

我国智慧实验室风险监控技术的发展方向,可以归纳为:

① 安全性:智慧实验室的安全性要求进一步提升,包括实验室建立的智能化规划与设计安全、内部环境安全与控制、数字化管理平台安全与人员安全等;

② 高效性:智慧实验室的高效性运行,包括实验室空间的高效利用、实验室运维成本控制或降低、实验室仪器设备的自动化、数字化、智慧化管控与共享;

③ 可持续发展性:智慧实验室的可持续发展,包括在新一代信息技术支撑下,人与实验室环境和谐共处以及智慧实验室标准建立等。

就垂直领域的研究方向而言,基于国际贸易智慧实验室风险监控技术可以分为具体实验室业务流程的风控技术研究和系统性的口岸风险管控应对策略研究。在实验室业务流程的风控技术研究方面,其具体业务流程分为前、中、后阶段,其对应的实验业务流程数据分别为实验室文本、仪器设备的原始记录以及实验检测报告,因此,在文本分类、文本匹配以及实体识别技术方面逐一进行研究,助力实验室数字化与智能化水平的提升。而在系统性的口岸风险管控应对策略研究方面,从信息化系统实现角度出发,逐步构建平台系统建设的标准体系框架,统一平台系统框架和形式化模型表达方式,确实需要对实验室数字化管理系统进行针对性深入研究。在基础设施层面,实验室数据存储系统的负荷容易过载以及实验数据存储不规范,导致数据的安全保障性不足和扩展性不够等问题亟待解决;在实验室规范化建设方面,亟须构建实验室信息化标准体系,并编制一套行之有效的国际贸易食品编码规范;在构建信息化平台时,则应充分考虑实验室数据架构与公开决策信息的关系,通过引入新一代信息技术,为国际贸易食品安全风险监控赋能。

参考文献

[1] 何欢,陈巧玲,胡康,等.大数据在美国食品安全监管中的应用研究及对我国的启示[J].食品安全质量检测学报,2018,9(10):2541-2548.

[2] 经济日报.进口年货"保鲜护航"[N/OL].[2022-01-27].http://www.customs.gov.cn/shenzhen_customs/511680/511681/4160266/index.html.

[3] 安捷伦. AI 和自动化:安捷伦 CTO 展望 2050 年的分析实验室[EB/OL].[2023-02-17].https://www.instrument.com.cn/news/20230210/651025.shtml.

[4] 刘洁,余小鸽,吴博.LIMS 系统在实验室仪器设备数据自动化采集中的应用[J].中国检验检测,2020,28(6):91-93.

[5] 黄建宇,谷玥婵,杨廷,等.海关系统智慧实验室建设的研究[J].质量安全与检验检测,2021,31(3):66-67.

[6] 邢军,李萱,黄孙杰,等.基于安全风险监测的进口食品抽样方法研究[J].中国口岸科学技术,2021(3):10-15.

[7] 杜进,徐进,万旺军,等.海关智慧实验室建设及关键技术探索[J].实验室研究与探索,2022,41(10): 260-264.

[8] 王晓磊,陈坚,薛峰.上海市金山区食品生产企业实验室标准化体系建设监管概述[J].中国食品药品 监管,2020(8):42-45.

[9] 李樱红,周霖,徐涛,等."数字药监"改革背景下食品药品检验机构数字化转型的探索及思考[J].药 学研究,2020,39(3):184-186.

[10] 徐超盈.基于数字化改革背景下食品安全监管的探索与实践:以宁波农副产品数字化实验室智慧管 理系统建设为例[J].经济师,2022(1):294-295.

[11] 王鑫焱,冯冬,张渤,等.全面风险管理在第三方检测机构的应用[J].中国检验检测,2022,30(5): 79-81.

[12] 姜美勤.第三方机构实验室食品检测质量管理研究[J].食品安全导刊,2022(4):58-60.DOI: 10.16043/j.cnki.cfs.2022.04.047.

[13] Food and Drug Administration Center for Food Safety and Applied Nutrition (FDA/CFSAN). Joint Institute for Food Safety and Applied Nutrition (JIFSAN) and Risk Sciences International (RSI). 2017. FDA-iRISK® version 4.0i. FDA CFSAN. College Park, Maryland. https://irisk.foodrisk.org/.

[14] CHEN Y H. Risk assessment of salmonellosis from consumption of alfalfa sprouts and evaluation of the public health impact of sprout seed treatment and spent irrigation water testing[J]. Risk Analysis: An Official Publication of the Society for Risk Analysis, 2018, 38(8) : 1738-1757.

[15] DONAGHY J A, DANYLUK M D, ROSS T, et al. Big data impacting dynamic food safety risk management in the food Chain[J]. Frontiers in Microbiology, 2021, 12:668196.

[16] 国实传媒.2021年全国检验检测服务业统计报告:区域分布和结构分布[R/OL].[2022-07-25]. https://mp.weixin.qq.com/s?__biz=MzI1NzM4MTE3OA==&mid=2247520665&idx=1&sn= 1bae125085d851d6f826336a70e1237d&chksm=ea1a97ccdd6d1eda6287c06ba59d69aa077f32a788ca05 229efd3c144dc8892975ee848f7c26e&scene=27.

[17] 苏志明,孙晓辰,闫爽,等.获得CNAS认可的检测实验室的风险分析与应对措施[J].塑料工业, 2022,50(11):18-22.

[18] LIU Y, WEI X. Food supply chain risk management situation evaluation model based on factor analysis [J]. International Business and Management, 2016, 12(2): 40-46.

[19] SHI Y, ZHOU K, LI S, et al. Heterogeneous graph attention network for food safety risk prediction [J]. Journal of food engineering, 2022(6):323.

[20] 庞杏林,白志军,黄愈玲,等.检测实验室的风险管理初探[J].中国检验检测,2022,30(3):56-59. DOI:10.16428/j.cnki.cn10-1469/tb.2022.03.017.

[21] 程虹,袁璐雯,陈天一,等.安全与效率:以信用为核心的进口商品质量安全风险管控理论研究[J].宏 观质量研究,2020,8(6):1-15.

[22] 李继强.国际贸易食品安全标准化研究:《国际贸易食品安全标准的争端研究》评述[J].食品与机械, 2021,37(3):237-238.

[23] 李振良.跨境生鲜农产品冷链运输质量控制要求[J].标准科学,2019,536(1):137-140,148.

[24] 王虹,王成杰,杨旭,等.进口食品追溯体系的现状及发展趋势[J].食品与发酵工业,2021,47(13): 303-309.

第3章 实验文本智能分类技术

3.1 研究背景

文本分类技术的研究可以追溯到20世纪60年代,最早是通过专家设计规则进行分类的,主要是基于知识工程(Knowledge Engineering)的传统专家系统,通过专业领域专家人工定义一些规则来对文本进行分类,并通过所设定的规则来匹配和判断文本的类别。因为基于规则的分类方法比较容易理解,虽然这种方法能够比较直观地解决问题,但这种方法高度依赖专家知识、经验的决策,所构建系统的成本高且可移植性差,还费时费力,且往往容易因决策人的情绪情感、价值偏好、思维惯性等主观因素产生失误。

到20世纪90年代,随着在线网络文本的大量涌现和机器学习的兴起,大规模的文本(包括网页)分类再次引起研究者的兴趣。

文本分类(Text Classification,TC),又称自动文本分类(Automatic Text Classification),是指计算机将载有信息的文本映射到预先指定的某一类别或者某几类类别文本集的过程。

典型的文本分类任务包括情绪分析(Sentiment Analysis)、新闻分类(News Categorization)和主题分类(Topic Analysis)。研究人员表明,当文本通过基于深度学习的文本分类器输入时,问答(Question Answering)任务和自然语言推理(Natural Language Inference)任务这两个自然语言处理任务通常也被视为文本分类任务。具体描述如下:

① 情绪分析任务[1]通过分析人们在文本数据(比如产品评论、电影评论、推特等)的属性来识别他们的情感类别和主体观点;

② 新闻分类任务旨在帮助用户实时获取感兴趣的信息(比如新兴新闻标题),或者根据用户信息推荐相关新闻;

③ 主题分析任务也称为主题分类任务,其作用是对识别文本的主题进行分类;

④ 问答任务分为两种类型:提取型问答任务和生成型问答任务,提取型问答任务是一个文本分类任务,即给定一个问题和一组候选答案,将每个候选答案分类为正确答案或错误答案,而生成型问答任务是一个文本生成任务,因为它需要动态生成答案;

⑤ 自然语言推理任务也被称为文本蕴涵识别(Recognizing Textual Entailment,RTE)任务,旨在从一个文本中推断且获得另一个文本的含义。

在智能分类的框架下,文本分类是指从原始文本数据中提取特征,并根据这些特征预测文本数据的类别,实现这一过程的算法模型叫作分类器。文本分类的一般流程[2]如图3.1所示,该流程大致可以表述为:首先将各种文本进行文本预处理,再进行特征提取得到文本表示,输入到分类器中,最后通过分类算法得到分类结果。

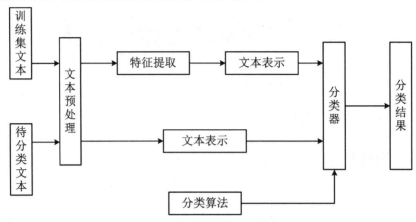

图3.1　文本分类的一般流程

文本分类问题是自然语言处理领域中一个非常经典且基础的问题。整个文本分类的过程一般可以概述为4个步骤,其中可以概括为文本预处理、文本表示、分类器选择、分类效果的评估,它们的作用可以分别描述如下:

① 文本预处理是指通过从文本中提取关键词来表示文本的过程,即将训练集非结构化文本处理成为结构化文本表示模型所需要的形式。文本预处理根据语言不同分为英文文本预处理和中文文本预处理。英文文本预处理主要是对英文进行分词,但是受英文的语言学特征的影响,通常还要进行词干提取等操作。而中文文本由于词语之间没有明确的分隔符,所以首先要对中文文本进行分词处理,现有的分词方法主要有基于字符串匹配的分词方法、基于理解的分词方法和基于统计的分词方法。此外,中文文本预处理过程还包括去除停用词和低频词过滤。

② 文本表示是指对文本进行形式化描述,其结果称为文本表示。传统的文本表示模型有概率模型、潜在语义索引模型和空间向量模型以及图空间模型[3],但是这些传统的文本表示模型缺乏语义表征能力,忽略了词间的语义关系,存在数据稀疏高维的问题。如今词向量是文本表示的主要形式。

③ 研究文本分类的核心问题是如何选择分类器,而分类器是需要通过某种算法进行学习得到的。换而言之,分类器选择是指根据文本的表示模型,选取最合适的分类算法,利用训练样本对分类器进行训练,以此得到分类模型。

④ 分类效果的评估:根据给定的性能评价指标得到分类效果的情况,同时判断分类器的效能。

3.2　传统文本分类

随着传统文本分类技术即基于机器学习的文本分类技术逐渐走向成熟,大量实验结果表明传统文本分类方法的分类精度远胜于专家人工分类的结果,并且机器学习不需要专家情感干预,而且能适用于任何领域的学习,这使得它成为文本分类的主流方法。

传统文本分类方法采用词袋(Bag of Words,BOW)模型表示文本,这将导致文本特征数据出现稀疏高维的问题,进而影响文本分析的效率和性能。目前,传统机器学习表现出的分类效果不佳,这是因为传统机器学习是浅层次的特征提取[4],而对于文本背后的语义、结构、序列和上下文理解等特征的提取仍然不够,使得模型的表征能力有限,并且机器学习算法在构建文本分类器的准备工作通常需要繁杂的人工特征工程,而人工特征工程是一项艰巨的工作,因此也极大地限制了该工程进一步的发展。

实际上,传统文本分类的思想是指从文本数据中学习,这些文本数据是预定义的特征,在对分类器进行训练之前,需收集知识或经验,从原始文本中提取特征,然后通过原始文本提取的各种文本特征进行训练初始分类器。对于小数据集,这些模型在计算复杂度的限制下,容易表现出比深度学习模型更好的性能。

传统的文本分类算法[3]主要有朴素贝叶斯、K 最近邻、支持向量机、决策树、Rocchio 算法等。朴素贝叶斯算法是基于特征条件独立假设与贝叶斯定理,以预测待分类文本所属类别的概率,然后根据预测的概率结果,当某类别的概率最大时,则该文本即属于目标类别,这个算法不但原理简单,而且分类性能稳定;K 最近邻算法是依据特征空间中最邻近的一个或多个样本的类别来判断待分样本类别的一个算法,其训练代价低,可适用于样本量较大的文本集合;支持向量机算法通过自适应计算的方法,旨在寻找间隔最大化的超平面,进而对样本进行分割,适用于高维稀疏、小样本的数据集,有良好的适应性和较高的准确率,可解决非线性问题,但其训练速度不够;决策树算法的原理是在各种情况发生的已知概率基础上,将样本所有特征判断级关联起来,形成一套系统化规则对数据进行分类,这种算法易于理解和解释,而且计算复杂度不高,能较好地根据分类规则得到相应的逻辑表达式,但在处理连续型、时序型样本时,存在多次拟合问题;简单向量距离算法(Rocchio)使用训练语料为每个分类构造一个原型向量,通过计算待分类文本与原型向量的相似度来划分类别,该算法简单易实现,训练和分类效率高,但容易受样本分布的影响。以下将具体介绍上述提到的传统的文本分类算法。

3.2.1　朴素贝叶斯算法

朴素贝叶斯(Naive Bayes,NB)分类算法[2]是一种典型的概率模型算法,通过贝叶斯公式,计算出文本属于某特定类别的概率。其主要思想是利用贝叶斯公式计算各样本属于每一个类的后验概率,然后判定样本属于后验概率最大的那个类,而每个词属于该类别的概率实际上在一定程度上可以通过这个词在该类别的训练样本中出现的次数(词频信息)来粗略估计。

假设文本集中每一个样本用一个 n 维特征向量 $\boldsymbol{d}_i = \{t_{i1}, t_{i2}, t_{i3}, t_{i4}, t_{i5}, \cdots, t_{ik}\}$ 表示,用 $P(c_j|\boldsymbol{d}_i)$ 表示利用贝叶斯理论计算待定新文本 $\boldsymbol{d}_i$ 的后验概率:

$$P(c_j|\boldsymbol{d}_i) = \frac{P(c_j)P(\boldsymbol{d}_i|c_j)}{P(\boldsymbol{d}_i)} \tag{3.1}$$

其中,$P(\boldsymbol{d}_i)$为固定值,即对计算结果没有影响,因此可以不对其进行计算。贝叶斯方法的基本假设是样本的各个类别之间相互独立,即词项之间相互独立,于是:

$$P(\boldsymbol{d}_i|c_j) = P(t_{i1}, \cdots, t_{ik}|c_j) = \prod_{k=1}^{n} P(t_{ik}|c_j) \tag{3.2}$$

类别的先验概率$P(c_j)$和条件概率$P(t_{ik}|c_j)$在文本训练集用下面的公式来估算:

$$P(c = c_j) = \frac{n_j}{N} \tag{3.3}$$

$$P(t_{ik}|c_j) = \frac{n_{jk}+1}{n_j+r} \tag{3.4}$$

其中,n_j表示属于类c_j训练文本数目;N表示训练文本总数;n_{jk}表示类c_j中出现特征词t_k的词频总数;r表示固定参数。

朴素贝叶斯算法的优点是逻辑简单、易实现、算法稳定,且分类过程中时空开销小。采用该算法的前提条件是数据的特征属性[5]之间相互独立,然而在现实分析中,如果数据量偏大,那么可能会导致特征属性的个数多且属性相关性大,这时分类效果会不理想。此外,该算法没有区分文本词汇特征属性在分类时的权重区别,即如果对于出现频次差异大的特征采用同权处理,将导致分类精度下降。总之,由于朴素贝叶斯模型的结构简单,因此被广泛应用于文本分类任务,虽然特征独立的假设有时并不实际,但它极大地简化了计算过程,并且性能良好。

3.2.2　K最近邻算法

K最近邻(K-Nearest Neighbor, KNN)分类算法[6]是传统的基于统计的模式识别方法,在文本分类领域使用较多,是一种将文本转化为向量空间模型的算法。该算法的思想是对于待分类文本,在训练集中找到K个最相近的邻居,取这K个邻居的类别为该文本的候选类别,该文本与K个邻居之间的相似度为候选类别的权重,然后使用设定的相似度阈值,就可以得到该文本的最终分类。具体的算法步骤如下:

① 根据特征项集合重新描述训练文本向量。

② 在新文本到达后,根据特征词分词新文本同时确定新文本的向量表示。

③ 选出在训练文本集中与新文本最相似的K个文本,计算公式为

$$Sim(\boldsymbol{d}_i, \boldsymbol{d}_j) = \frac{\sum_{k=1}^{K} W_{ik} \times W_{jk}}{\sqrt{\left(\sum_{k=1}^{K} W_{ik}^2\right)\left(\sum_{k=1}^{K} W_{jk}^2\right)}} \tag{3.5}$$

目前还没有很好的方法来确定K值,一般采用的方法是先定一个初始值,然后根据实验测试的结果调整K值,通常初始值设定为几百到几千之间。

④ 依次计算在新文本的K个邻居中每类的权重计算公式为

$$P(\boldsymbol{x}|C_j) = \sum_{\boldsymbol{d} \in \text{KNN}} Sim(\boldsymbol{x}, \boldsymbol{d}) y(\boldsymbol{d}, C_j) \tag{3.6}$$

其中，x 为新文本的特征向量；$Sim(x, d)$ 为相似度计算公式与上一步骤的计算公式相同；而 $y(d, C_j)$ 为类别属性函数，即如果 d 属于类 C_j，那么函数值为1，否则为0。

⑤ 比较类的权重并且将文本分到权重最大的那个类别中。

KNN算法是一种基于实例的有监督学习方法，通过获取与待分类文本最相近的 K 个训练样本的类别来判断待分类文本的类别，其简单、直观的特点使其成为非参数分类的一个重要算法。然而，KNN有两个缺陷：第一个缺陷是在判断一篇新文本的类别时，需要把它与现存所有训练文本都比较一遍，消耗的时间较长。另一个缺陷是当样本不平衡时，即如果某一个类的样本容量[2]很大而其他类的样本容量很小时，可能导致输入一个新样本时，该样本的 K 个邻居中以大容量样本占多数。

3.2.3　支持向量机算法

支持向量机（Support Vector Machine，SVM）算法是Vapnik和其领导的贝尔实验室小组在1995年提出的一种基于统计学习理论的通用学习方法，该算法是在统计学习理论的VC理论和结构风险最小化原理的基础上发展起来的，用来解决模式识别的二分类问题。SVM的基本原理[7]为：假设存在训练样本 $\{(x_i, y_j)\}$，且 $i = 1, 2, \cdots, m$，可以被某个超平面 $w \cdot x + b = 0$ 无差错地分开，其中，$x_i \in \mathbf{R}^n$，$y_j \in \{-1, 1\}$，m 为样本个数，$\mathbf{R}^n$ 为 n 维实数空间。因此和两类最近的样本点距离最大的分类超平面称为最优超平面。最优超平面只和离它最近的少量样本点即支持向量确定。如图3.2所示，H 为最优超平面。

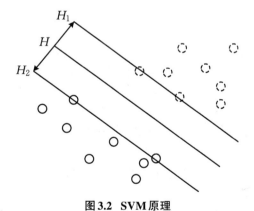

图3.2　SVM原理

图3.2中，实线圆和虚线圆分别为两个类别的样本；H 为分类线；H_1 和 H_2 都是平行于 H 线的，且两者之间的距离称为分类间隔，该算法的目的是使这个分类间隔最大化。

显然，基于统计学习方法的SVM文本分类算法旨在寻求能将文本训练样本无差错划分的最优超平面。具体地讲，基于SVM的方法将文本分类任务转化为多个二分类任务，在这种情况下，SVM在一维输入空间或特征空间中构建一个最优超平面，使超平面与两类训练集之间的距离最大化，从而获得最佳的泛化能力。其目标是使类边界沿垂直于超平面方向的距离最大，以此使得分类错误率最低。其中构造最优超平面问题可转化为二次规划问题,进而得到全局最优解。利用SVM算法对文本进行分类时,大致的流程是首先从具体问题中获取文本训练数据进行预处理,即利用向量空间模型把文本表示成向量形式,然后根据具体的需要选择恰当的核函数及核函数参数。SVM文本分类算法具体步骤可以表述如下:

① 利用向量空间模型处理方法把文本数据转化为SVM分类算法能处理的形式;

② 选择合适核函数,众多实验表明,一般情况下选择高斯核(Radial Basis Function Kernel)作为核函数时所得结果最好;

③ 利用最优化算法找出SVM分类器的最优参数;

④ 利用③所得到的最优参数应用SVM算法分类器来对文本样本数据进行训练并用测试集进行分类预测实验。

支持向量机算法是建立在坚实的统计学习理论[8]基础上的,虽然其具有理论的完备性,但是在应用上仍然存在一些问题,典型的问题就是模型参数的选择。在具体使用中,对分类精度有重要影响的因素是:惩罚因子C、核函数及其参数的选取。因为惩罚因子C用于控制模型复杂度和逼近误差的折中,其值越大则对数据的拟合程度越高,然而泛化能力将降低;对不同的类型的核函数,所产生的支持向量的个数变化不大,但是核函数的相关参数,如多项式核函数的多项式次数,对高斯核函数的值和模型的分类精度均有重要影响。因此,选择合适的核函数和参数不仅保证支持向量机能够处理非线性问题,而且其是否能成为一个具有鲁棒性的非线性分类器至关重要。

虽然SVM存在一些不足,但是SVM之所以能够取得广泛应用,一个重要原因正是SVM自身的特性适用于文本分类,即它可以解决高维和非线性问题,具有较高的泛化能力。

3.2.4　决策树算法

决策树(Decision Tree,DT)算法的基本思路是建立一个树形结构,其中每个节点表示特征,从节点引出的每个分支为在该特征上的测试输出,而每个叶节点表示类别。实际上,决策树一般可以分为两个不同的阶段:树的构建和树的剪枝[2]。它从根节点开始测试数据样本(由实例集组成,具有多个属性),并根据不同的结果将数据集划分为不同的子集。数据集的子集构成一个子节点,决策树中的每个叶节点代表一个类。构建决策树是为了确定类和属性之间的相关性,进一步利用决策树预测未知类型的类。

决策树算法主要有以下几个步骤:

① 在特征集中根据信息增益法选取信息增益最高特征项,使其作为当前节点的测试属性(特征权重);

② 通过测试属性的不同取值以此建立分支;

③ 对各子集递归进行以上2步操作建立决策树节点的分支,直到所有子集仅包含同一类别的数据为止;

④ 对决策树进行剪枝并生成更紧凑的决策树。

决策树算法的核心问题有两个,一个是选择测试属性,另一个是决策树的剪枝。选择测试属性的方法除了常用的信息增益法,还有距离度量、熵、卡方统计、G统计和相关度等度量方法。从决策树的根节点到每个叶节点的每一条路径形成类别归属初步规则,然而其中一些规则准确率较低,因此需要对此决策树进行剪枝。

决策树实际上是一种基于规则的分类器,其含义明确、容易理解,当给定一个观测模型时,很容易根据生成的决策树推导出相应的逻辑表达式,因此它适合采用二值形式的文本描述方法。但当文本集合较大时,不仅规则库会变得非常大,而且数据敏感性会增强,这时很容易造成过分适应问题。另外,在文本分类中,与其他方法相比基于规则的分类器性能相对较弱。

3.2.5　Rocchio 算法

Rocchio 算法又称类中心最近距离判别算法,在 1994 年 Hull 最早将其应用到文本分类,是一种基于向量空间模型和最小距离的算法。Rocchio 分类器是一种典型的应用于文本信息分类[9]领域的分类器,且 Rocchio 算法属于一个线性分类器,其通过为每个类别 c_i 构造原型向量[2],然后通过计算文本向量与每个原型向量间的距离来进行分类。类别 c_i 的原型向量实际上是通过属于类别 c_i 的所有文本向量加权平均得到的。对于输入的未知类别的样本,Rocchio 分类器根据比较输入样本与每类原型向量的最小距离来对该未知类别的样本进行分类。该算法的基本思路是用简单的算术平均为每类中的训练集生成一个代表该类向量的中心向量,然后计算测试新向量与每类中心向量之间的相似度,最后判断文本属于与它最相似的类别。向量相似性的度量一般常采用:

① 夹角余弦,公式如式(3.5)所示;

② 向量内积:

$$Sim(\boldsymbol{d}_i, \boldsymbol{d}_j) = \boldsymbol{d}_i \cdot \boldsymbol{d}_j = \sum_{k=1}^{n} w_{ik} w_{jk} \tag{3.7}$$

③ 欧氏距离:

$$D(\boldsymbol{d}_i, \boldsymbol{d}_j) = \sqrt{\frac{1}{N}\left[\sum_{k=1}^{n}(w_{ik} - w_{jk})^2\right]} \tag{3.8}$$

其中,距离越小,两篇文本的相关程度越高,反之,相关程度就越低。

在 Rocchio 算法中,训练过程是为了生成所有类别的中心向量,而在分类阶段中采用最近距离判别法把文本分配到与其最相似的类别中从而判别文本的类别。因此,如果存在类间距离比较大而类内距离比较小的类别分布情况时,该算法能达到较好的分类效果。但由于其计算简单、迅速、易实现的特点,因此 Rocchio 算法通常用来实现衡量分类系统性能的基准系统,而很少采用这种算法解决具体的分类问题。

3.3　基于深度学习的文本分类

在 2012 年之后,深度学习算法引起了研究者们的广泛关注。同时,随着深度学习算法的发展,在NLP领域出现了更为有效的文本分类方法。此前,虽然传统机器学习的文本分类方法已经取得了不错的效果,但是深度学习为机器学习建模提供了一种直接端到端的解决方案,该解决方案能够避免复杂的人工特征工程[10]。实际上,Word2Vec和GloVe等词向量模型的提出,通过训练得到低维连续的词向量,进而高效准确地计算词语之间相似度,实现了词向量的高效计算,因此词向量模型被广泛应用在NLP领域,而这种词向量模型是一种浅层的神经网络语言模型,使得深度学习算法成功地应用到文本处理领域。

随后在NLP领域出现了各种基于神经网络的文本分类方法,通过词向量模型对词语进行语义表示,然后利用语义组合的方法将词级别的语义组合到短语、句子等更大粒度的语言单元以此获得语义表示。这些方法主要是卷积神经网络、循环神经网络和注意力机制等深度学习算法,并取得了出色的性能。

由于深度学习模型摒弃了机器学习模型中复杂的人工特征工程,改用端到端的方法学习特征表示,这使得深度学习模型具备端到端的学习能力。随着计算机硬件技术的不断进步,成本不断下降,深度学习模型愈发强大,在各种文本分类任务中深度学习模型已经超过了机器学习模型,而且比机器学习模型有着更广泛的应用。

3.3.1　卷积神经网络

1984年,研究人员Fukushima基于感受野的概念提出神经认知机(Neocognitron)模型,该模型能够看作是卷积神经网络(Convolution Neural Network,CNN)的第一个实现网络。顾名思义,CNN是一种带有卷积结构的深度神经网络。卷积结构[11]能够减少网络的参数数量,进而缓解模型的过拟合问题。CNN最早将其应用在图像处理领域,其本质是一个多层的神经网络,即每一层的输出作为下一层神经元的输入。CNN由输入层、卷积层、池化层和输出层构成,并通过反向传播算法进行参数优化,其核心思想是采用局部连接方法和参数共享方法。

KIM[12]最先提出运用CNN进行文本分类,如图3.3所示为CNN文本分类模型。

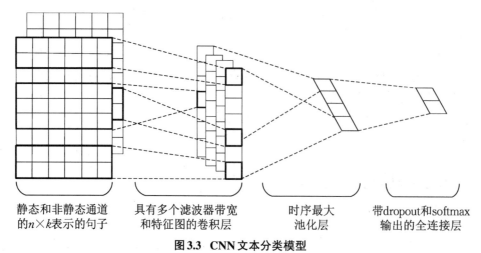

静态和非静态通道　　　具有多个滤波器带宽　　　时序最大　　　带dropout和softmax
的$n\times k$表示的句子　　和特征图的卷积层　　　池化层　　　输出的全连接层

图3.3　CNN文本分类模型

输入层为向量化的文本矩阵,即词向量矩阵,如图 3.3 所示,词向量矩阵每一行为句子中一个单词的词向量,通过一个句子中的所有单词的词向量拼接得到该矩阵;第二层为卷积层,该层使用卷积核对文本数据进行特征提取,而特征提取的数量与卷积核的大小有关。具体地讲,在卷积层中,通过一组不同大小的卷积核[3]对文本进行从前向后的卷积计算,且每个卷积核的计算结果就是 1 个列向量,这是一种更高级的特征表示,即通过卷积窗口能够提取到若干个卷积窗口中的局部特征,其特征总数就是卷积核的个数。卷积层中的计算如下:

$$c_i = f(W \otimes x_{i:(i+h-1)} + b) \tag{3.9}$$

其中,权值矩阵和偏置分别为 $W \in \mathbf{R}^{h \times k}$ 和 $b \in \mathbf{R}$;卷积核大小为 h;$x_{i:(i+h-1)}$ 为第 i 步时卷积核窗口内的信息;f 为非线性激活函数;c_i 为特征属性值。

通过将卷积运算得到的特征向量经过非线性激活函数 f,就能够产生卷积层要输出的特征,常用的非线性激活函数有 Sigmoid 或 ReLU 等。为了加快模型收敛速度,降低其学习周期,采用 ReLU 函数与采用 Sigmoid 等激活函数进行对比,会发现明显减少了整个学习过程中的计算量。ReLU 函数将输入的负值变为 0,而正值不变,通过这种操作使得神经网络具有稀疏性,减少了参数间的依存关系,以此缓解过拟合问题。然而,与图像处理领域中的卷积层不同的是图像处理领域通常使用的是正方形卷积核,而文本分类领域使用的是矩形卷积核,卷积核横向长度一般是词向量的维度,卷积核纵向长度是单词个数;池化层通过对特征向量进行下采样并保留其最重要的部分,即通过压缩特征并且对主要特征进行提取,以此为下一层的计算减小数据的运算量,加快了模型的训练速度。池化(Pooling)[3]操作是指通过对卷积网络提取到的特征映射向量取最大值(Max Pooling)或者平均值(Mean Pooling)的方法,其中图 3.3 采用的是最大池化法,即对卷积运算所得到的列向量中的最大值进行提取,然后将每一列向量的最大值连接成一行向量,实现局部最重要信息的选择。池化操作的两种方法都能使 CNN 接受变长的文本输入;输出层包括全连接和 Softmax 分类,全连接的作用是将样本从特征空间映射到标记空间,而 Softmax 分类旨在通过计算文本在各个类别下的概率,即归一化的分类概率,从而输出最终的分类结果。

CNN 采用共享参数机制能够更好地处理高维数据,并且在建模过程中不需要人为选择特征。此外,对于更加复杂的数据集,可以通过卷积层和池化层的反复堆叠,使得 CNN 模型能够提取更丰富的语义特征。在 KIM 之后,Zhang 也提出了应用于文本分类的 CNN 模型,不同之处在于其是按照句子矩阵的形式排列而不是将句子转化为词向量,但是该方法只适用于包含相似属性句子的数据集,因此该方法将受限于其他数据集的实验中,此外,该方法只关注单层 CNN,没有探讨更复杂的模型;Kalchbrenner 等提出基于两层 CNN 的分类模型动态卷积网络 DCNN,通过一维卷积和动态池化,使得 DCNN 模型可以实现连续多层卷积,然而该方法需要大量的训练数据和计算资源才能实现最佳性能;Johnson 等提出深度金字塔 CNN(DPCNN)[13],虽然该模型复杂度低且分类性能出色,但是其在卷积过程中卷积核数目是固定的,无法保证模型的自适应性和鲁棒性,这为我们的后续工作带来了启发性的思考。

3.3.2　循环神经网络

虽然CNN在很多任务中都有不错的表现,但是因为其卷积窗口的大小是固定的,所以面对更长的序列信息时无法进行建模,而循环神经网络(Recurrent Neural Network,RNN)正好可以避免这个问题。

3.3.2.1　RNN

RNN是由Jordan等[14]提出的一种神经网络,RNN与CNN相比,既不需要固定卷积核窗口的大小,也不需要繁琐地调节卷积核大小的参数,其是深度学习领域中一种在模型内部具有特殊的自连接结构的神经网络,是文本信息处理中常用的深度学习模型。RNN之所以被称为循环神经网络,即"一个序列的当前输出与前面时刻的输出也是有关的",具体是因为后面层的输入值要加入前面层的输出值,即隐藏层之间不再是相互独立的而是有连接的,这种串联的网络结构十分适合时间序列数据,因为数据之间需要保持依赖关系,如图3.4所示是RNN的基本结构[15]。

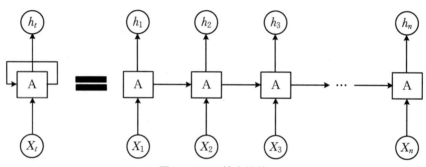

图3.4　RNN基本结构

RNN由输入层、隐藏层和输出层组成,该模型的结构是一种浅层、不断重复的结构。如图3.4所示,通过网络模块A,开始读出某个输入X_t,然后产生某个值h_t,即通过隐藏层上的回路连接,使得前一时刻的网络状态能够传递给当前时刻,当前时刻的状态也可以传递给下一时刻。循环机制可以让信息在当前步中传送到下一步,因此RNN也可以看作是一种神经网络的多次重复,因为每个神经网络组都会将消息传递给下一次。因此,RNN擅长处理序列数据,并且具备变长输入和发掘长期依赖的能力。

实际上,基于RNN的文本分类可以解决传统机器学习的文本分类和传统CNN的文本分类在文本分类任务中忽略上下文信息的问题,显然其对于文本建模具有先天优势。将文本视为单词序列,在训练的过程中捕获序列元素之间的语义依赖关系,虽然其适用于处理序列的文本信息,但容易出现"梯度消失"和"梯度爆炸"的现象。简单循环网络尽管理论上可以建立长期状态之间的依赖关系,但是由于梯度消失或爆炸问题,这些现象的发生不仅导致模型的收敛速度变慢,而且也影响文本分类的性能,因此事实上只能学习到短期的依赖关系,换言之,RNN只擅长捕捉单词序列的短期依赖关系即局部结构,然而在面临记忆长期依赖关系的问题上存在一定的困难。虽然RNN是自然语言处理领域[16]的常用模型,但是对于某些自然语言处理任务比如客户评论情感分析,RNN需要解析整条评论内容后才能做出结论,而对于容易分类的客户评论并不需要读取整个输入,因此,RNN的使用会被限制在某些特定场合,分类性能受到一定程度的约束。Yu等提出的切片RNN(Sliced Recurrent Neural Networks,SRNN)[17]将初始输入序列切分成多个序列来实现并行化,而不需要另外增加参数就可以获得多个层级的信息,但该方法并未推广到自然语言处理的其他任务中;Liu等提出基于信息共享机制的RNN模型Multi-RNN[19],能够通过多任务训练提高单个任务的分类性能,然而对不同任务的共享机制还缺乏研究。

3.3.2.2　LSTM

为了解决RNN存在由于串行处理的方式,而使得其难以捕获长距离的语义依赖关系同时容易造成梯度消失和梯度爆炸的问题,1997年Hochreiter等提出长短期记忆(Long Short Term Memory Network,LSTM)网络[18],它是一种特殊的RNN,对于长距离依赖关系的学习方面,其具有独特的优势。LSTM通过加入门控机制对特征信息进行筛选,以此控制信息的积累速度,包括有选择地加入新的信息和有选择地遗忘之前积累的信息,即有选择地记忆序列中的重要信息,进而解决梯度消失和梯度爆炸问题。

LSTM是一种改进的RNN,通过在神经元加入输入门i、遗忘门f、输出门o、内部记忆单元c,使得其在处理长序列文本时更加有优势,缓解了梯度消失和爆炸的现象,与RNN模型相比,能够更有效地提取文本上下文信息。输入门i控制当前时刻网络的输入x_t有多少保存到单元状态C_t,遗忘门f决定上一个时刻的单元状态C_{t-1}有多少保留到当前时刻C_t,输出门o控制单元状态C_t有多少输出到LSTM的当前输出值h_t。LSTM模型结构[19]如图3.5所示。

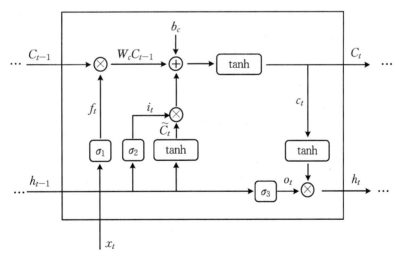

图 3.5　LSTM 模型结构

当输入的文本词向量矩阵为$\boldsymbol{X}=[x_1, x_2, \cdots, x_k]$时,则LSTM的更新公式为

$$i_t = \sigma(W_i \cdot [h_{t-1}, x_t] + b_i) \tag{3.10}$$

$$o_t = \sigma(W_o \cdot [h_{t-1}, x_t] + b_o) \tag{3.11}$$

$$f_t = \sigma(W_f \cdot [h_{t-1}, x_t] + b_f) \tag{3.12}$$

$$C_t = f_t \otimes C_{t-1} + i_t \otimes \tanh(W_c \cdot [h_{t-1}, x_t] + b_c) \tag{3.13}$$

$$h_t = o_t \otimes \tanh(C_t) \tag{3.14}$$

其中,$\sigma(\cdot)$为 Sigmoid 激活函数;$\tanh(\cdot)$为双曲正切函数;W为对应的权重;b为偏置;h_t为最终的输出。

由于 LSTM 能够很好地处理具有时间关系的文本序列,所以其在文本生成、文本分类等任务中取得了显著效果。虽然 LSTM 模型在自然语言处理领域得到了广泛的应用,然而研究人员发现,只使用 LSTM 编码目标序列存在一定的不足,比如 LSTM 在对当前时间点的信息进行编码时,只能包含当前时间点之前的信息,而不能对当前时间点之后的信息进行更多的关注,从而限制了该模型的分类性能。Zhang 等提出基于句子状态的 LSTM,融入词和句子的语义相关性,取得了较好的效果,然而该方法会消耗较大的内存;Miyato 等[20]提出结合虚拟对抗训练来提升 LSTM 的性能,但是其在嵌入层添加对抗扰动无法抵御真实的攻击样本;Lu 等[21]提出 P-LSTM 通过结构的改变提高文本分类的性能,但是该结构无法更好地表达上下文所蕴含的信息。

3.3.2.3　GRU

门控循环单元(Gated Recurrent Unit,GRU)由 CHO 于 2014 年提出。GRU 将输入门和遗忘门合并为一个单一的更新门,旨在控制前一时刻的状态信息被代入到当前状态中的程度,并且没有单独的存储单元,同时合并了细胞状态和隐藏状态。由于输入门和遗忘门是互补关系,具有一定的冗余性,所以 GRU 直接使用一个门来控制输入和遗忘之间的平衡,因此,在 GRU 模型中只有两个门,一个是更新门,另一个是重置门,实际上,GRU 的更新门和重置门的作用与 LSTM 的遗忘门和输入门的作用相似,主要用来控制需要添加哪些新信息以及丢弃哪些原信息。显然,其结构较标准的 LSTM 模型更简单,因此对于相同的任务,GRU 模型所需的收敛时间更短,但是训练效果却与 LSTM 模型相差无几。GRU 模型结构如图 3.6 所示。

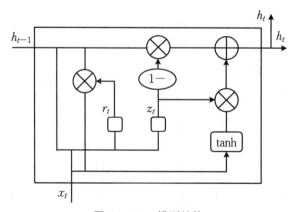

图 3.6　GRU 模型结构

GRU 的更新公式为

$$z_t = \sigma(W_z \cdot [h_{t-1}, x_t]) \tag{3.15}$$

$$r_t = \sigma(W_r \cdot [h_{t-1}, x_t]) \tag{3.16}$$

$$\widetilde{h_t} = \tanh(W \cdot [r_t \cdot h_{t-1}, x_t]) \tag{3.17}$$

$$h_t = (1 - z_t) \cdot h_{t-1} + z_t \cdot \widetilde{h_t} \tag{3.18}$$

其中,z_t和r_t分别表示更新门和重置门。更新门z_t控制着前一个时刻的信息被带入当前时刻的程度,值的大小代表信息被带入的多少;重置门r_t则是控制前一时刻的状态信息被写入到当前的候选集$\widetilde{h_t}$上,值越小表示信息被写入得越少。

　　LSTM和GRU都是通过门控机制来缓解短期记忆的影响,通过各种门函数来将重要特征保留下来,这样就保证了信息在长期传播的时候也不会丢失。另外,GRU相对于LSTM少了一个门函数,因此在参数的数量上是比LSTM少的,所以GRU收敛更容易,并且整体上GRU的训练速度要快于LSTM。GRU模型的门控机制不仅能够使得记忆单元在工作中可以保留一段时间的记忆信息,而且还能在训练时避免其内部梯度受到不利因素的干扰。因此,GRU适合处理、预测时间序列中间隔和延迟非常长的重要事件。Chen等[22]提出了一种基于栈结构的GRU,使用树结构捕捉长期依赖信息,但该模型还未能应用到其他序列标记任务中;Dai等[23]将GRU和迁移学习进行结合,较好地解决产品评论中的情感分类问题,然而迁移学习任务中的参数如目标域和训练域的分布还没达到优化效果。

3.3.3　注意力机制

　　虽然CNN模型和RNN模型在文本分类任务中取得了较好的效果,但是这些模型在分类错误时由于隐藏数据的非可读性而无法解释,即可解释性差。实际上,注意力机制可以提高文本分类的可解释性。注意力机制起源于机器模仿人类对关键事物会更加注意的视觉特点,注意力机制顾名思义就是在面对大量数据时将注意力放在重要信息上,而忽略其他不重要的信息。换言之,注意力机制的核心思想是通过增加权重来突出关键词,减小权重去除不重要的部分。在语言模型中,注意力就是一个关于重要性的权重向量,利用注意力向量估计该词和其他词的相似性,以此预测句子中的一个词,或者将词和注意力向量进行加权作为目标的近似值。Bahadanau等在2014年首次将注意力机制应用在NLP领域,采用注意力机制对Encoder-Decoder网络进行优化,得到了不错的效果。近年来,注意力机制被更多地应用在NLP相关领域。在深度学习的基础上,通过增加注意力机制,使其不仅在计算机视觉领域取得出色的效果,同时也在NLP领域有很好的发挥作用。

　　采用传统的Encoder-Decoder框架编码时,可能会对不完全有关的信息进行编码,然而,当输入文本很长或输入信息丰富时,编码的选择会相当困难。在文本分类任务中,输入文本和输出文本存在一定的对齐关系,即每个生成步骤与输入文本的特定部分相关。而注意力机制通过允许Encoder回顾输入序列来缓解该问题,使得Encoder能够基于一个上下文向量调节输出。在深度学习的框架下处理文本数据时,通常采用的是求平均或者求和的方法,将词汇合成为语句或者文档的语义表示。通过引入注意力机制,采用深度学习在合成文本语义时,会对不同句子以及句子中的各个词汇给予不同的注意力,从而实现更合理的建模。

　　注意力机制的计算过程是:首先将神经网络输出结果和每个相关单元进行相似度计算

得到权重系数,然后使用softmax函数对这些权重系数进行归一化处理,接着对权重加权求和,最后得到调整后的输出。该模型的结构[24]如图3.7所示。

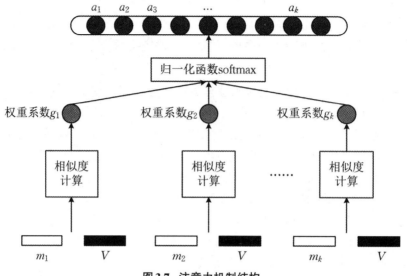

图3.7　注意力机制结构

Yang等提出用于文档分类的层次注意力机制网络(Hierarchical Attention Networks for Document Classification, HAN)[25],该网络分别在各个句子中使用注意力机制,提取出每个句子的关键信息,再对关键信息使用注意力机制,提取出文本的关键信息,最后利用文本的关键信息进行文本分类,使最终得到的文本表示更加关注于关键信息。此外,该网络还能够缓解RNN模型的梯度消失问题,但由于其分层的结构,可能导致训练时间较长;注意力机制和神经网络相结合,通常可以看作是神经网络输出结果上的加权计算结构,叠加注意力机制有利于帮助神经网络的输出进一步有序化地调整。Yin等[26]提出了一种基于注意力的CNN,用于句子对的匹配,使得每个句子的表示都能够考虑到它的配对的句子,然而该模型在训练过程中由于训练集的规模有限,无法展现出更好的性能,但其将注意力机制应用于卷积网络的尝试为我们的工作提供研究思路;Cai等[27]提出BiGRU和注意力机制的结合,分别对句子和文档进行分层建模,也得到了较好的分类性能,但仍然受限于不能很好地并行化。

3.3.4　组合模型

早期的组合模型大多是通过传统机器学习方法与单层神经网络进行结合,虽然能够达到不错的效果,但实际上深层神经网络在提取文本特征上有着更好的效果。随着深度学习在文本分类领域的发展,研究者发现只使用单一的神经网络模型如CNN、RNN、LSTM和GRU时,分类性能已经无法进一步提高[28]。因此,这些研究者尝试将这些神经网络模型进行组合,以获取更好的分类效果。

3.3.4.1　CNN-RNN 组合模型

CNN 模型虽然能够采用最大池化的方法捕获重要的特征,即擅长提取局部信息,属于无偏模型,但是其卷积窗口的大小不容易确定,如果该窗口太小则会丢失重要信息,而如果该窗口太大则会增加模型的计算代价。另外,RNN 模型能够考虑句子的上下文信息,即擅长处理序列结构的文本,属于有偏模型,但是一个句子通常越往后,其词的重要程度越高,而RNN 模型只能学习到短期的依赖关系,这可能影响最后的分类结构。为了能够更好地利用CNN 和 RNN 的优点(CNN 擅长提取局部信息,RNN 擅长提取上下文信息),同时规避缺点,相互弥补不足(CNN 卷积核大小不确定,使得池化操作会造成一定的信息丢失或弱化最优信息,RNN 难以提取关键信息),许多人在 CNN 和 RNN 的组合模型上提出了想法,比如 Lai 等针对 CNN 存在需要固定卷积核大小且上下文语义缺失的问题,结合 CNN 和 RNN 率先提出 RCNN 模型[29],先使用 RNN 捕获上下文信息,然后再使用 CNN 提取局部信息即关键性词语。该模型由 1 层 LSTM 和 1 层 CNN 组成,采用双向 RNN(Bi-RNN)学习文本表示,即利用 RNN 学习中心词上下文的词表示,再将这两个词表示连接起来作为中心词的表示,接着输入到卷积层。显然,该模型同时发挥了 CNN 和 RNN 的优势,即利用 CNN 获取文本的关键信息,并且利用 RNN 学习上下文信息(词序信息)。换言之,RCNN 模型能够在学习文本表示时大范围保留词序并且通过最大池化操作提取文本的重要信息。另外,Hassan 等提出CRNN 模型[30],通过 RNN 代替 CNN 的池化层。该模型首先利用卷积层提取特征,然后通过LSTM 层代替 CNN 的池化层来捕获长期依赖关系,其目的是通过除去池化层进而减少参数计算,但该模型的分类精度还有待提高;Wang 等提出中断循环神经网络(Disconnected Recurrent Neural Networks, DRNN)模型[31]通过将 RNN 和 CNN 进行内部结合,使得其性能优于单一模型 CNN 和单一模型 RNN,然而该模型需要选取一个合适的窗口才能达到最佳的效果,这与实际的任务类型有关。

3.3.4.2　其他组合模型

CNN 用于文本分类时具有从全局信息中提取局部特征的能力,但其无法捕获长距离依赖关系,而 RNN、LSTM 和 GRU 可以捕获长距离的信息。然而,除了将 CNN 与 RNN 或者LSTM 相结合能够取得不错的效果外,CNN 模型与 GRU 模型相结合也能够在文本分类中表现出其特有的优势,比如宋祖康等[32]提出了 CNN 和 BiGRU 的组合;此外,注意力机制可以使特征提取更加全面,因此经常在文本分类领域将 CNN、RNN、LSTM、GRU 和注意力机制结合。杨东等提出的基于注意力机制的 C-GRU[33]用于文本分类,该模型将 CNN 中的卷积层和 GRU 相结合,通过引入注意力机制,突出了关键词的同时优化了特征提取过程;Du 等[34]提出了一种基于卷积注意的情绪分类模型,该结构将 RNN 模型与基于注意力模型相结合,进一步将注意力模型进行叠加,构建用于情绪分析的分层注意力模型;Felbo 等提出了将双向 LSTM(BiLSTM)和注意力机制的结合的模型,在表情符号对文本情感分类上有较好的应用;Wang 等提出一种包含 CNN、BiLSTM、注意力机制和卷积层的新型架构,称为基于注意力机制的双向长短时记忆卷积层(AC-BiLSTM)。

然而,随着神经网络深度的增加,带来许多问题,比如模型训练越来越困难,且时间复杂度也比传统机器学习方法要高得多,不仅学习周期变长,而且收敛速度变慢,容易造成梯度消失问题,进而影响分类性能。实际上,网络层数的提高会逐渐损失输入的原始特征,造成模型分类效果的下降。

3.3.5 其他

近年来,深度学习在计算机视觉领域的应用进展领先于NLP领域,当前对文本分类的研究实际上借鉴了深度学习在计算机视觉领域应用的研究成果,比如图卷积神经网络、元学习等。此外,一些研究人员在利用深度学习解决文本分类问题时,还考虑使用强化学习和集成学习等方法,这将为文本分类提供更多建模实例和解决思路。

3.3.5.1 图卷积神经网络

事实上,图像和视频这两种数据都属于欧式空间数据,图像数据是由素点构成的规则的二维数据,而视频数据是时间序列上的图像数据,这些欧式空间数据都满足平移不变性,而机器学习和传统的神经网络只能处理欧几里得数据,比如CNN将这类数据作为输入,通过其平移不变性能够有效地获取数据的局部特征信息。而对于文本这种欧几里得数据,传统的方法是先将文本数据转化为由词、短语或者句子等语言单位组成的二维向量矩阵,再利用模型对其进行训练,然而非网格化结构的数据通常会限制神经网络的表达能力,特别是面对包含复杂语法结构的文本。这时,图卷积神经网络(Graph Convolutional Networks,GCN)[35]的提出在文本分类领域引起了广泛关注。图卷积神经网络,顾名思义,其起源于深度学习中的卷积神经网络(CNN)。CNN包含局部连接和参数共享两个核心思想,其卷积核采用参数共享机制对感受野进行卷积,进而达到特征提取的目的,在计算机视觉领域中应用十分广泛,这启发了学者们的思考,即开始研究如何在图上构建卷积算子进行图嵌入。实际上,图卷积神经网络是以图的形式表示文本,因为图能够直观表示文本各个元素之间的关系,此外,图网络能够利用节点之间的连接关系保留全局的图信息。因此,越来越多的研究针对这个特点将GCN应用在文本分类,以获得更好的语义关系。

GCN是由频谱卷积神经网络(Spectral CNN)和切比雪夫网络(ChebyNet)演变而来的。频谱卷积神经网络作为第一代GCN,是最早将CNN应用在图数据上的模型,该模型在谱图理论以及图信号处理的基础上,能够在谱域中实现节点信息与卷积核的图卷积操作,以此获取节点嵌入。一般来说,一张图由许多的节点和边构成,节点表示实体,边表示实体之间的关系,GCN通过节点间的连接,聚合邻居节点的信息,进而更新当前节点的特征表示。

图卷积模型在早期一般是浅层网络[36],通常采用2~4层的网络就可以实现很好的分类效果,但随着神经网络模型的改进,网络层数越来越多,网络结构进一步加深,其性能会出现明显下滑的现象,这种现象主要是由两个原因造成的,一个是过拟合,另一个是过平滑。过拟合是因为加深网络结构会引入大量额外的参数,进而降低模型的泛化能力;过平滑是因为GCN本质是一种聚合器,通过聚合邻居节点的信息来更新当前节点的中间状态,当卷积层不断增加时,聚合的范围也在不断扩大,使得每个节点会获取重复的信息,导致所有节点的特征表示收敛到不可区分的向量表示。因此,在构建GCN时,如何解决过拟合和过平滑问题是研究过程中需要思考的一个很重要的思路。

总之,虽然GCN能够通过卷积提取节点和图的信息,但仍然存在一些局限性。Yao等首次将GCN应用在文本分类任务,提出了TextGCN模型[37],该模型将单词和文本视为节点,为整个语料库构建一个无向加权异质图,同时学习词嵌入和文本嵌入。在该模型中,词节点间的关系由词共现信息来决定,其边权由点互信息算法(Pointwise Mutual Information,PMI)计算得到。其中,文本与词节点间的边权定义为TF-IDF值,用于评估单词在文本中的重要程度;此外,Liu等提出TensorGCN模型[38],在该模型中引入LSTM和单词间的语法依赖,用于表达单词语义与句法关系;Gao等结合CNN的一维卷积和GCN的图卷积,提出混合卷积(hConv)操作[39],不仅能够增大感受野,还能够捕获文本的语序信息。

3.3.5.2　元学习

在计算机视觉领域中,元学习(Meta Learning)能够在该领域表现出不错的效果,因为低级模式可以在学习任务之间转移。元学习[40]的目的是学会学习,即"Learn to Learn"。元学习的一般流程可以表述为,首先在训练集和测试集上得到泛化性强的初始化参数,接着在测试时,将模型在测试数据上进行少部分的梯度下降操作。现有的元学习大多是基于双层优化方法,该方法的目的是学习一个最优的初始化参数$\hat{\theta}$。对所有任务来说,θ^0为网络初始化参数,经过每一个训练数据(Training Data)批处理(Batch)地学习,网络都会获得一个参数θ^n($\theta^0 \to \theta^n$)。其中,θ^n代表第n个学习轮R学习到的参数。只要当所有训练数据学习完毕,更新初始参数θ^0就会变为$\hat{\theta}$。此外,更新θ^n的过程称为内层更新,而更新$\hat{\theta}$的过程为外层更新。虽然该方法能够在几乎不影响分类准确率的同时大大降低了模型的复杂性,但是该方法可能会导致信息丢失的情况。

元学习模型结构[41]可以分为特征提取层和分类层,其中特征提取层采用深度网络框架,一般是卷积层,其用于从数据中进行特征提取,将特征信息进行高度抽象,有时也能够将学习好的先验知识作为特征进入元学习模型中进行训练。有的特征提取层包含从训练任务中随机抽样,但通常与深度学习模型中的特征提取相同,即对输入信息进行降维,然后提取出高层特征信息。分类层则是由全连接层组成,通过非线性激活函数获得特征。

由于当前计算机硬件技术和算法能力有限,元学习通常应用在小样本学习以及新任务的快速适应中,实际上,如今大多数研究也以小样本数据的识别准确率作为衡量实验效果的指标。目前,元学习的研究大致可以分为4个方向:基于优化器、基于数据增强、基于度量学习的方法以及基于强泛化性的初始化方法。基于优化器的方法针对传统神经网络迭代速度慢、容易过拟合的特点,提出用神经网络模型代替梯度下降过程,因为神经网络模型能够对梯度进行更迅速、更准确的更新,进而实现快速适应;基于数据增强的方法通过为小样本学习添加额外的样本来解决元学习中数据缺乏的问题,通常将这种方法与其他元学习方法进行结合,以此提高性能,因此该方法具备通用性;基于度量学习的方法采用最大程度抽取的方法抽取样本的特征,并使用特征比对的方式判断样本的类别归属;基于强泛化性的初始化方法是元学习方法中的中坚力量,该方法通过调整模型的初始参数,使得模型具有更好的泛化能力。

　　元学习目前更多的是应用在小样本学习中,其训练和测试都是将小样本任务作为基本单元,而每个任务都有各自的训练集和数据集,有时也称为支持集和查询集。如果在元学习模型的训练阶段和测试阶段都只有小样本任务,则能够在测试阶段产生不错的效果。因为元学习的目的是能够利用在训练数据上的学习以此掌握快速学习新任务的能力,所以元学习在训练时其实是把整个任务集看作训练样例。

　　在文本分类领域,由于单词和任务之间具有相关性,可能存在某类任务中的某个单词能够起作用,而在另一类任务中这个单词就不起作用了的现象,显然,将元学习应用在文本分类中面临巨大的挑战。Bao等通过将元学习与动态路由算法相结合,提出一个针对小样本分类的神经网络模型来模拟人类的归纳能力。由于文本中的显著特征无法转移,而文本的分布行为(底层单词分布的特征在分类任务中表现出的行为)是相似的,这些分布签名能够跨任务转移注意力,从而对词汇进行加权。因此,该模型更加关注于学习单词重要性和分布签名之间的联系。

3.3.5.3　强化学习

　　强化学习(Reinforcement Learning,RL)本质上是指以试错的方式学习智能体(Agent)与环境(State)进行交互,从而获得奖赏、指导行为(Action)。强化学习的三大要素是状态、行为和奖励。其目的是学习从环境状态到动作的映射,使得智能体选择的动作能够获得最大的累积回报。"试错学习"和"延迟回报"是强化学习的两个主要特征。Agent根据当前状态选择一个动作作用于环境,当环境接受该动作后就会更新状态,同时产生一个奖惩信号反馈给Agent,Agent再根据反馈的信号和新的环境状态选择下一步动作。如果Agent的某个行为策略导致环境正的奖赏,那么之后Agent产生该行为的趋势便会加强。如此循环,智能体与环境之间不断进行交互,学习从状态到动作的映射策略,从而达到优化系统性能的目的。换言之,智能体能够通过某个行为来获取奖励的正负来增加或减弱该行为选择的趋势。基于此,强化学习为文本分类等任务提供了新的解决思路和训练策略。将文本分类问题建模成顺序、离散的决策过程,通过强化学习方法优化模型,训练模型的参数。此外,符号化表征模型的决策过程不仅具有很好的可解释性,而且分类效果也得到了提升。

　　文本分类在很大程度上依赖于表示学习,文本分类的表示模型主要包括词袋表示模型、序列表示模型、基于注意力的表示模型和结构化表示模型。其中,词袋表示模型会忽略词序;序列表示模型只考虑单词自身而忽略短语结构;基于注意力的表示模型需要对输入的单词或者句子,利用注意力打分函数来构建表示形式;结构化表示模型虽然能够抽取句子结构,但是依赖预先指定的解析树来构建结构化表示,而实际上往往无法预先知道具体的句子表示结构。对此,Zhang等[42]提出一种不需要明确结构注释就能够识别任务相关句子结构的强化学习方法。该方法使用一个结构化表示模型学习文本表示,该模型包括部分,一部分是信息提取LSTM,另一个部分是分层结构LSTM。其中信息提取LSTM不仅能够删除没有用的单词,还能够提取一个句子中与任务相关的有用的单词;而分层结构LSTM能够发现与任务相关的结构并构建结构化句子表示。这种方法通过识别重要单词或者通过与任务相关的结构来学习文本表示,获得了更好的文本特征,并提高了分类性能。

3.3.5.4　集成学习

集成学习(Ensemble Learning)的概念非常广泛,集成学习的主要思想是通过多个学习器处理同一问题,并将它们的学习结果融合,从而获得比单个学习器更好的效果。针对文本分类问题,大量研究表明,将多个分类器组合在一起的分类结果通常能在一定程度上提升文本分类的准确率。将多个弱分类器(有时也称为基分类器),组合生成一个强分类器,该强分类器能够提升分类效果。因此,集成学习的重点在两个方面,第一个方面是如何生成多个基分类器,另一个方面是基分类器的组合策略。常用的获得基分类器的方法包括 Boosting 和 Bagging 这两种方法:其中,Boosting 方法生成基分类器是串行的,而且分类器之间存在依赖关系;而 Bagging 方法通过独立并行的方式生成多个基分类器,同时保持基分类器之间的差异性和多样性能够提升集成学习的效果,增强模型的鲁棒性。

此外,在集成学习中,基分类器的组合策略同样十分重要。组合方法主要有三种,分别是投票法、平均法以及学习法。投票法,顾名思义,是指通过对多个弱分类器的分类结果进行投票,投票结果少数服从多数。平均法常用于数值型数据的回归预测,对多个弱分类器的学习结果进行算术平均或加权平均,最终得到输出结果。实际上,投票法与平均法有相似的地方,即对弱分类器的投票结果进行加权统计,称为加权投票法。不同于以上方法,学习法是指在初始的多个基分类器的基础上再加上一层学习器,同时以基分类器的学习结果作为输入,并且以训练集的输出作为输出,然后再重新训练一个次级分类器,最后拟合样本数据。可见,学习法的过程更加复杂。

Kowsari 等提出随机多模型深度学习(Random Multimodel Deep Learning, RMDL)方法[43],其整合了一系列深度学习框架,即使用 DNN(Deep Neural Networks,深度神经网络)、CNN 和 RNN 三种深度学习框架,随机生成各个模型的隐藏层个数和神经元节点数,然后由所有这些随机深度学习模型进行多数表决得到最终的预测结果。该方法不仅能够通过组合多种深度学习模型提高模型准确性和鲁棒性,还能够处理包括文本、视频、图像在内的多种类型的输入。与采用单一的深度学习模型的方法相比,集成深度学习首先通过并行学习体系结构来构建不同的深度神经网络分类模型,然后利用集成学习方法组合各个 DNN、RNN 和 CNN 模型,最终形成统一的分类框架,从而获得更高的分类精度,而且还能够应用在多种数据类型中。在实际应用中,通常不会仅采用单一的深度模型,而是采用模型组合的方法建立多种深度模型,以获得更好的性能。

3.4　自适应文本分类

自适应分类指的是自适应分类器的参数(比如线性判别超平面每个特征的权重),会随着新的数据的到来被重新估计和更新,因此,自适应分类器能够在面对变化的特征分布时达到跟踪的目的,同时自适应分类器在面对非平稳信号时也同样有效。自适应分类可以分为监督自适应分类、无监督自适应分类和半监督自适应分类。监督自适应分类是指在已知输入数据的真实类别标签的情况下进行分类,即输入数据的真实类别标签是预先知道的,然后利用已标记的、新的或者增强的训练数据重新训练(更新)分类器;无监督自适应分类指的是在输入数据的标签是未知的情况下进行分类,在分类器中更新数据的均值或者协方差矩阵,其适用于对重新训练的类别标签进行估计;半监督自适应分类是介于监督自适应分类和无监督自适应之间的一种自适应分类方法,该方法的流程可以表述为:首先在可用的已标记数据上训练监督分类器,然后利用该分类器估计未标记的标签,最后使用这些估计的标签与可用的标记数据结合重新训练分类器,这时未标记的输入数据将转换成可用的已标记数据,再训练分类器,循环往复。实际上,大量实验表明,自适应分类器与非自适应分类器(静态分类器)相比,分类效果更好。而监督自适应分类器是分类性能最好的分类器,因为其能够访问真正的标签。然而由于大多数实际情况是在不提供标签的情况下进行分类,因此无监督自适应分类器具有更强的可用性。

自适应文本分类可以分为经典自适应分类和基于神经网络的自适应分类。

3.4.1 经典算法

经典自适应分类[44]主要分为4类,即自适应LDA分类器、自适应SVM分类器、自适应贝叶斯分类器和动态组合集成分类器。

3.4.1.1 自适应LDA分类器

线性判别分析(LDA)的目的是使用一个超平面来分离代表不同类别的数据。LDA可以找到使两类均值之间距离最大、类间方差最小的最优投影。自适应LDA分类器比如基于卡尔曼滤波的自适应LDA(Kalman adaptive LDA,KALDA)[45],KALDA实际上是一种监督自适应分类器,其中卡尔曼增益根据数据的性质改变更新系数,进而改变自适应速度。Vidaurre等[46]还提出了一种监督自适应LDA,并专注于该LDA的二分类问题,LDA由判别函数确定。假设两个类的协方差矩阵相等,并用 $\boldsymbol{\Sigma}$ 表示,此外,用 μ_1,μ_2 表示分类均值,用 x 表示任意特征向量并作如下定义:

$$D(x)=[b,\boldsymbol{w}^{\mathrm{T}}]\begin{bmatrix}1\\\boldsymbol{x}\end{bmatrix} \tag{3.19}$$

$$\boldsymbol{w}=\boldsymbol{\Sigma}^{-1}(\mu_2-\mu_1) \tag{3.20}$$

$$b=-\boldsymbol{w}^{\mathrm{T}}\mu \tag{3.21}$$

$$\mu=\frac{1}{2}(\mu_1+\mu_2) \tag{3.22}$$

其中,$D(\boldsymbol{x})$ 是特征向量 $\boldsymbol{x}$ 到分离超平面的距离之差,该分离超平面由法向量 $\boldsymbol{w}$ 和偏差 b 描述。如果 $D(\boldsymbol{x})>0$,则 $\boldsymbol{x}$ 归为第二类,否则归为第一类。

指定模型的参数为 $(\mu_1,\mu_2,\boldsymbol{\Sigma})$。在有监督的设置中,标签 y 是可用的,且所有参数都可以自适应估计。然而在无监督设置下,标签 y 是不可用的,只有输入 x 作为反馈信息。因此,可以推断出全局均值(即整个样本的均值)

$$\mu = \frac{1}{2}(\mu_1 + \mu_2)$$

和全局协方差

$$\tilde{\boldsymbol{\Sigma}} := \boldsymbol{\Sigma} + \frac{\delta\delta^{\mathrm{T}}}{4}$$

其中,类概率$\pi_1 = \pi_2 = \frac{1}{2}$是平衡的,$\delta$表示平均差值,即$\delta := \mu_2 - \mu_1$。符号"$:=$"表示符号左边的变量由右边的方程定义,并且使用全局协方差$\tilde{\boldsymbol{\Sigma}}$来计算式(3.20)中的$\boldsymbol{w}$,因为

$$\tilde{\boldsymbol{\Sigma}}^{-1}(\mu_2 - \mu_1) = \left(1 + \frac{\delta^{\mathrm{T}}\boldsymbol{\Sigma}^{-1}\delta}{4}\right)^{-1}\boldsymbol{w} \tag{3.23}$$

因此,将权重向量重新定义为

$$\boldsymbol{w} := \tilde{\boldsymbol{\Sigma}}^{-1}(\mu_2 - \mu_1) \tag{3.24}$$

该LDA依赖于协方差矩阵的逆$\tilde{\boldsymbol{\Sigma}}^{-1}$,因为它可以通过应用矩阵求逆引理(Matrix Inversion Lemma)递归地进行估计,其中η是更新系数,$x(t)$是当前没有平均值的样本标量:

$$I(t) = \tilde{\boldsymbol{\Sigma}}(t-1)^{-1} - \frac{v(t)v(t)^{\mathrm{T}}}{\frac{1-\eta}{\eta} + x(t)^{\mathrm{T}}v(t)} \tag{3.25}$$

$$\tilde{\boldsymbol{\Sigma}}(t)^{-1} = \frac{I(t)}{1-\eta} \tag{3.26}$$

$$v(t) = \tilde{\boldsymbol{\Sigma}}(t-1)^{-1}x(t) \tag{3.27}$$

其中,$x(t)^{\mathrm{T}}v(t)$是一个标量,不需要进行矩阵求逆。要估计指定类的自适应均值$\mu_1(t)$和$\mu_2(t)$,可以使用

$$\mu_i(t) = (1-\eta)\mu_i(t-1) + \eta x(t) \tag{3.28}$$

且

$$i := \text{class of } x(t)$$

以上描述了如何更新类均值$\mu_i(t)$和全局协方差矩阵$\tilde{\boldsymbol{\Sigma}}$来对时变数据进行分类。在监督自适应场景中,当前时间之前的所有实验都被赋予一个真实的标签,这相对来说更容易适应。

3.4.1.2　自适应SVM分类器

支持向量机(SVM)是一种基于核的方法,具有大量的理论背景,已经成为分类和回归机器学习任务的流行工具,并广泛地应用到许多领域,从人脸识别和文本分类到生物信息学和数据库挖掘,其通过构造一个线性最优超平面来区分类,该超平面是由两个类别之间的最大化间隔准则诱导出来的。实际上,SVM分类精度会随着时间的推移而降低。为了保持系统的分类精度和整体性能,在线分类和实时修改分类参数的自适应方案就尤为重要。Oskoei等[47]通过使用监督或无监督方法将新样本插入到训练数据集中来更新训练数据集,所提出的基于支持向量机的自适应方法能有效提高真实数据的分类性能,该方法的自适应方案不仅是在实时操作时重建类别之间的边界,而且以新数据即可用的训练数据,来更新训练

数据样本,并迭代地将其应用于在线训练。

　SVM能够使用预先收集的标记数据进行初始训练(离线训练)。然而,提供运行时的训练数据集是一个挑战。虽然采用监督方法,其中标记数据用于训练分类器,但在实时应用程序中,它通常要么开销太大,要么完全无法实现。例如,为连续的数据流提供真正的标签几乎是不可能的。为了进行比较评估,使用预先收集的数据,采用两种监督方法生成在线训练的训练数据集:其中一种方法是SP1,该方法应用所有的新数据来训练分类器。另一种方法被命名为SP2,使用错误分类最多的样本来生成训练数据集,在这种方法中,首先对新数据进行分类,然后选择离真实类别更远的样本。然而该方法忽略了在当前边界附近的错误分类样本,并产生了可能被错误标记的边缘数据的问题。实际上,距离类别之间边界最远的样本被定义为

$$k^* = \arg y_k f(x_k) \leqslant \delta \tag{3.29}$$

其中,阈值δ取新样本距离边界最大距离的一半。

　无监督方法使用没有真正标签的数据样本。在这些方法中,采用新数据及其预测标签来更新训练数据集进行在线训练,其中有两种无监督方法,即USP1和USP2。USP1使用所有新数据及其预测的标签,而USP2则保守地选择最接近当前边界的样本,这样可以防止分类器在在线训练期间突然发生变化的情况。距离类别之间边界最接近的样本被定义为

$$k^* = \arg |f(x_k)| \leqslant \delta \tag{3.30}$$

其中,阈值δ也是取新样本距离边界最大距离的一半。图3.8说明了SP2和USP2的边围绕两个类别之间的边界。

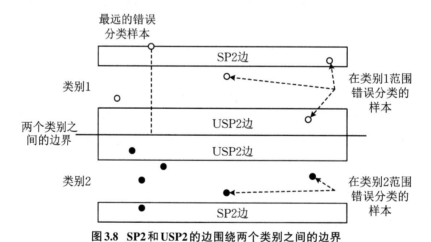

图3.8　SP2和USP2的边围绕两个类别之间的边界

3.4.1.3　自适应贝叶斯分类器

　贝叶斯分类器的目标是将一个特征向量分配给概率最高的类。贝叶斯规则用于计算特征向量属于给定类的后验概率。而对于系统的在线应用来说,记录的数据是动态变化的,这就需要自适应贝叶斯分类器,它可以使用新添加的样本更新参数,然后对即将到来的样本进行分类。

梯度下降法又称最陡下降法,可用于贝叶斯分类器的参数自适应更新。但是,由于在实际应用中无法精确地得到数学期望,因此对于随机优化问题

$$\min J(\Theta) = \min E\{\|y_n - \hat{y}_n\|^2\} \tag{3.31}$$

其中,y_n 是对应的有 K 个元素的标签向量,表示为输入 x_n 的贝叶斯分类器的结果。实际上,直接计算相关参数的梯度是不可行的,只能看作近似随机优化问题,然后通过其他梯度下降法进行计算。

Millan 等[48-50]提出使用贝叶斯分类器和随机梯度方法(Stochastic Gradient Method,SGM),然而该方法对高斯分布中的协方差矩阵的形式做了一个简单的假设,这极大地限制了分布的形式,导致无法表示数据中潜在的一些相关性。但是,从实际数据中可以知道,相关性在一定程度上是存在的。此外,该方法还对高斯分布中均值的梯度进行了近似。另外,SUN 等[51]使用随机逼近方法(Stochastic Approximation Method,SAM)代替 SGM 学习训练自适应贝叶斯分类器,SAM 没有这些假设和近似值,而是推导出高斯分布中平均值和协方差矩阵梯度的一般表示。SAM 是一种批处理算法,采用样本池(Samples Pool)计算梯度和更新参数。采用 SAM,贝叶斯分类器的平均值和协方差矩阵的参数能够以批处理方式同时更新。

SGM 和 SAM 都适用于贝叶斯分类器参数的自适应更新,它们的不同之处在于计算梯度的样本数量。实验表明,用于计算梯度的样本数量的差异可能会导致不同的效果。SGM 只使用一个样本来更新后续参数,单个样本可能不能很好地代表未知样本的分布,因此学习到的参数不能很好地泛化到未知样本。同时,噪声的负面影响会在很大程度上降低梯度计算的精度。而 SAM 则集成多个样本来计算梯度,因此,噪声的负面影响大大降低。此外,如果数据池(Data Pool)具有代表性,则所得到的分类器参数将很好地泛化到未知样本。

3.4.1.4　动态组合集成分类器

动态组合集成分类器的主要特点是分类器组合的效果优于单个分类器。集成学习可以有效地改进弱分类器,其中 Bagging、Boosting 和 Stacking 是三个强有力的代表。一个有效的集成学习系统应该是由既准确又多样化的个体组成的,即多样性与个体表现之间应保持良好的平衡。Tu 和 Sun 等人在特征提取阶段,首先通过特征提取方法获得每个主题的候选滤波器组[52]。然后设计不同的准则来学习候选滤波器集的两个稀疏子集,分别称为鲁棒滤波器和自适应滤波器。给定鲁棒和自适应的过滤器,在分类过程中,学习与这些过滤器对应的分类器,并采用两级集成策略将鲁棒分类器和自适应分类器的结果局部动态地结合,以达到单个决策输出的效果。

具体来说,在特征提取阶段,首先采用稀疏方法获取候选滤波器组,然后为了实现正向迁移,采用 L1 范数正则化和不同性能准则提取候选滤波器组的两个子集。给定多个分类器,使用集成策略将它们组合起来。在分类阶段,所提出的组合方法根据特征空间中给定测试样本的局部结构为这些基本模型分配动态权重。这些权重代表了模型的预测一致性,利用这种动态权重分配策略来学习最终的鲁棒集成学习器和自适应集成学习器,将它们进行参数加权组合,对给定测试样本的类别进行最终预测。

3.4.2　神经网络

基于神经网络的分类器无疑更有可能带来更好的特征信息,从而实现更鲁棒的数据分类的目的。一般来说,神经网络由输入层、隐藏层(可以有一层或几层)和输出层组成。多层感知器(Multilayer Perception,MLP)是一种常用的神经网络。然而,MLP是全局逼近网络,这使得这些分类器对过度训练非常敏感,特别是对非平稳数据。因此,要对时变数据进行分类,就必须使用能够处理时域数据的分类器。这时自适应神经网络便显得格外重要,自适应神经网络方法大致可以分为2种,即模型自适应和卷积核自适应。

3.4.2.1　模型自适应

在传统的文本分类模型(比如基于CNN模型的文本分类方法)中,虽然其采用了多尺度卷积的方式来解决"在不同样本中,对样本分类起决定性作用的序列片段长度不同"这一问题,但是在进一步的特征处理过程中,通常的做法是对不同粒度的特征向量进行最大池化的处理。这一做法尽管在一定程度上缓解了上述问题,但是在实际处理过程中仍然是一个难题,即卷积核的窗口大小与样本序列中关键片段长度匹配度低。在处理海量的文本情感分类任务中,判断一句话的积极或者消极倾向的通常只是其中的一个词组或者一个片段。实际上,单一的文本分类模型不仅分类性能并不是很好,而且缺乏"抓住"关键字的能力,即特征提取时难以掌握关键片段的长度。康雁等[53]提出通过自适应文本分类方法Adaptive Strategy,首先计算簇特征词库与类别特征词库的重叠部分,然后根据重叠部分在簇特征词库中的占比,为每个簇分配一个类别标签,再根据模型数据的敏感度,进而自适应选取不同的分类模型,最终得到分类结果。该方法弥补了只使用一种网络模型进行分类时常存在的对不同类别的数据敏感度不同的缺陷,实现了不同模型间的优势互补。

3.4.2.2　卷积核自适应

与传统的人工获取特征的方式相比,神经网络不仅能够自动完成特征的提取,还能够提高文本特征的表达能力。然而,仍然还有许多模型只是从一个角度来进行提取与分析,在进行文本特征提取时没有考虑到文本序列的上下文信息,往往采用组合的方式对在进行表示时已经获取的序列特征形成单一的通道,但是这将降低语义信息的多样性。此外,决定文本分类结果的通常只是部分的序列片段,在进行特征提取时传统神经网络模型难以实现自适应地匹配目标序列的长度的目的。比如传统CNN模型在采用卷积核进行局部特征提取时,模型中卷积核的窗口大小十分重要,但传统的CNN由于卷积核宽度设置不当容易造成卷积核窗口与目标序列长度匹配度低的问题,进而导致分类准确率低的结果。

在进行多尺寸卷积窗口的卷积操作得到特征映射后,结合注意力机制能够解决上述问题,即通过注意力机制来选取对样本起决定性作用的特征片段。Wang等提出了一种基于多通道特征表示的卷积核自适应(ACK-MCR)文本分类算法[54]。在该模型中,首先采用BiLSTM模型提取前向和后向两个方向的时间特征,再使用两种类型的词嵌入生成新的多通道文本特征表示,然后将多尺度CNN网络集成到注意机制中,进一步实现卷积核自适应的目的,最后进行分类。该模型解决了 LSTM 模型采用单通道形式[55]存在的问题,即卷积核的大小在 CNN 提取特征时是固定的且卷积核大小与目标序列长度匹配度低的问题。换而言之,该算法的具体步骤是以 CNN 为基础,通过不同尺寸的卷积核对多通道特征表示进行特征提取,以此得到不同粒度的卷积特征表示,然后利用注意力机制对不同粒度大小的卷积特征进行赋权,使得决定分类结果的卷积特征能够获得较大的权重,最终实现卷积核宽度自适应的目的。因此,该模型能够捕获深层次的文本特征信息,从而提高文本分类性能。显然,卷积核宽度的自适应能够加强重要特征的权重,同时弱化不重要的语义特征的权重。该模型不仅克服了传统 LSTM 模型无法同时对前向和后向的信息进行编码的问题,还克服了卷积核宽度与目标序列匹配度不高的问题,从而有利于提高文本分类的准确率。但是,ACK-MCR 模型会使提取出的特征具有词间依赖性,可能导致消极的词单元依赖于积极意义的上下文,另外,使用多种卷积提取出的上下文特征表征不一致,使得模型不稳定。因此,表征化一致将会是我们重点研究的一个目标。

3.5　基于上下文感知的卷积网络文本分类

3.5.1　模型基础

卷积神经网络(CNN)在多个领域都取得了较好的效果,比如图像处理、语音识别和 NLP 等,与传统的神经网络相比,CNN 通过其局部连接、参数共享的核心思想,不仅解决了 MLP 全连接的问题,还解决了 MLP 梯度发散的问题。CNN 的隐藏层主要有三个部分,即卷积层、池化层和全连接层,与其他领域不同的是,在 NLP 领域,一层卷积层由多个不同大小的卷积核构成,并且每一个卷积核提取出来的文本特征称为特征图[56]。对各个特征图进行池化操作后,最终通过全连接层和 Softmax 分类器进行分类。经过词向量矩阵的构建和填充之后,产生了词向量矩阵 S,其中 x_i 由词语经过预训练出的词向量映射得到的,如式(3.32)所示:

$$S = \{x_1, x_2, \cdots, x_n\} \tag{3.32}$$

在卷积层一般并行使用多个卷积核作为一层卷积层。若使用卷积核对词向量矩阵 S 进行卷积操作,提取的局部特征为 c,则卷积的核心公式如式(3.33)所示:

$$c_i = f(w \cdot x_{i:i+h-1} + b) \tag{3.33}$$

其中,w 和 b 是模型的超参数,f 是非线性激活函数,在一个卷积核卷积后,产生的特征图表示为式(3.34):

$$c = [c_1, c_2, \cdots, c_{n-h+1}] \tag{3.34}$$

产生了特征图后,为了防止过拟合且减少训练的参数,对特征进行聚合统计,需要经过池化层,池化的方法有最大池化、平均池化和 K-max 等方法。池化操作后,将各个特征图拼接起来经过全连接层后,最终经过 Softmax 分类器完成分类,如式(3.35)所示:

$$P(y|c, w, b) = \text{softmax}(F \cdot c + b) \qquad (3.35)$$

在模型训练阶段,通过反向传播基于梯度下降的策略利用实际分类中的标签进行参数优化,损失函数采用分类交叉熵,并且引入L2正则化,通过丢失某些固定的参数来防止过拟合现象。

3.5.1.1　TextCNN

为了提升获取语义和关联信息的能力,KIM等首次将CNN应用在文本分类任务上,提出 TextCNN[12]。其通过多窗口提取句子中关键信息,进而更好地捕捉局部相关性。TextCNN 在提取语义特征时只考虑句子的长度,忽略了词向量之间的语义特征,此外,TextCNN 只考虑特征图在池化层的最大特征值,而不考虑其他信息。TextCNN 对句子长度进行一维卷积,其卷积核的宽度就是词向量的维数。因此,卷积层只能提取句子方向上的语义特征,同时丢失词向量维度上的语义特征。因此 TextCNN 只能够适用于比较单一文本的语境,而无法区分具有极性的语义单元。

TextCNN 只有一个卷积层,并且只有句子长度方向的一维卷积。如图3.9所示,假设输入句子长度为4,词嵌入维数为3,卷积核(大小)为2。实际上,为了提取更丰富的特征可以使用不同的卷积核宽度,然而词向量是一个语义向量,在各个维度上具有不同的语义信息。因此,不仅可以在单词嵌入维度或全词嵌入方向上引入卷积操作,也可以引入词向量的单个语义维度或者相邻语义维度的局部特征。如此,该模型不仅可以提取句子长度方向的局部特征,还可以提取词向量语义维度的局部结构特征。另外,由于 TextCNN 在池化层只使用最大池化方法,并且只考虑每个特征图的最大特征值,而不考虑其他因素。因此,这可能导致重要的信息丢失。

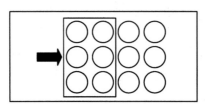

图3.9　TextCNN 的卷积

3.5.1.2　VCPCNN

DONG 等针对 TextCNN 网络结构,提出了一种基于多重卷积和池化的卷积神经网络(Variable Convolution and Pooling Convolution Neural Network,VCPCNN)[57]。在词向量的语义嵌入维度或方向上引入了4种卷积运算,有助于挖掘词向量语义维度上的局部特征,最后在池化层引入平均池化,有利于保存提取特征的重要特征信息。

VCPCNN除了在句子长度方向上进行一维卷积外,在词嵌入维度上也采用两种大小的卷积核进行卷积。假设输入句子长度为 n,词嵌入维数为 k,则第一个卷积核大小为 $n \times d$,d 为词嵌入时卷积核的宽度。该结构被定义为 VCPCNN-1D。第二个卷积核大小为 $d \times 1$,定义为 VCPCNN-2D,d 为卷积核在句子长度中的宽度。

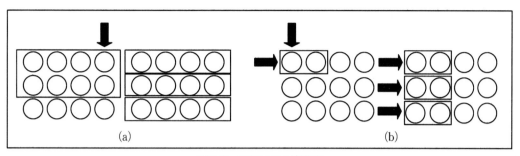

图 3.10　VCPCNN 的卷积

对于词嵌入维度有两种卷积情况。在第一种情况下,假设每个词嵌入维度不一样,分别在每个词嵌入维度上进行卷积运算。因此,在不同的词嵌入维度上,卷积核是不同的。第二种情况是假设相邻词嵌入维数之间存在关系,即在词嵌入方向上进行普通卷积,在词嵌入方向上所有位置的卷积核都是相同的。将第一个卷积定义为"DIFF 卷积",第二个卷积定义为"SAME 卷积"。

因此,VCPCNN-1D 和 VCPCNN-2D 的结构也对应于卷积核 SAME 和 DIFF,如图 3.10 所示,水平方向表示句子长度,假设为 4,垂直方向为词嵌入维数,假设为 3,卷积核宽度统一为 2。图 3.10(a)表示 VCPCNN-1D_SAME 和 VCPCNN-1D_DIFF 在词嵌入维数上的卷积;图 3.10(b)表示 VCPCNN-2D_SAME 和 VCPCNN-2D_DIFF 在词嵌入维数上的卷积。而在 DIFF 类型中,词嵌入维数方向的卷积核宽度可以为 1;因此,VCPCNN-1D_DIFF 网络结构的卷积核大小必须为 $n \times 1$,而 VCPCNN-2D_DIFF 的卷积核大小必须为 $d \times 1$;VCPCNN-1D_SAME 的卷积核大小为 $n \times d$,VCPCNN-2D_SAME 和 VCPCNN-2D_DIFF 的卷积核大小一样均为 $d \times 1$。表 3.1 给出了 4 种网络结构在词嵌入维度上的参数。

表 3.1　四种结构所对应的参数量

	VCPCNN-1D	VCPCNN-2D
SAME	$n \times d \times 1$	$d \times 1 \times 1$
DIFF	$n \times 1 \times k$	$d \times 1 \times k$

从表 3.1 可以看出,DIFF 结构的参数相对于 SAME 大大增加,其倍数为词向量维数。此外,VCPCNN-2D_SAME 模型的参数量比其他 3 个模型要少得多。

VCPCNN 是一种基于 TextCNN 网络结构多重卷积的文本情感分类方法,为了更好提取文本特征,该模型在词嵌入维度上引入了 4 种不同的卷积运算,在池化层中加入平均池化,以提取更详细的局部特征。虽然 VCPCNN 采用多重卷积,将语义单元与上下文信息结合起来,但是 VCPCNN 没有考虑不同卷积的重要程度是不一样的,实际上不同卷积虽然能够提取不同的上下文信息,但是提取出的词之间的关联特征的权重也需要进行差异化处理。总而言之,VCPCNN 模型计算复杂度高,性能较低。

3.5.2　上下文感知自适应卷积网络

针对以上问题,本节提出一种基于上下文感知自适应卷积网络(Context-aware Adaptive Convolutional Network,CACN),在CNN的基础上结合了多重卷积和注意力机制对不同的上下文信息进行提取,能够自适应地对重要的特征以更大的权重。自适应卷积利用注意力机制能够自适应地调整卷积核参数,更好地感知文本特征之间的差异性,提升了网络的鲁棒性。

CACN用特征向量表示词单元,旨在提高特征向量的密集性,降低词汇之间稀疏性的难点,使网络学习到不同词汇之间的相似性、关联性,通过设计的模块最终使相似度高的词汇在度量空间中距离更加得近。

图3.11展示了CACN的网络架构。在数据集输入到模型中训练之前,需要将句子中的单词转换成词特征,在词特征之间进行卷积。因文本和图像不同,文本的局部特征只存在于上下文单词之间,即n-gram。卷积核大小设置为$(2,3,4)$就是为了分别寻找2-gram,3-gram,4-gram等特征。同时,我们使用了非静态(non-static)方式将词转换成词向量。在训练过程中我们使用了非静态中的微调(fine-tuning)方式,它是以预训练的Word2Vec向量初始化词向量,训练过程中调整词向量,能加速收敛。

3.5.2.1　特征提取模块

CACN的特征提取模块如图3.12所示,我们使用多层卷积层和池化层去进行特征提取,另外我们利用了Pixel Shuffle的上采样方式,Pixel Shuffle操作能够帮助网络更好地保留特征信息,同时能够一定程度融合不同通道之间的特征。文本信息的特征图维度为$C \times H \times W$,它在经过Pixel Shuffle之后,将得到维度为$\frac{C}{r^2} \times rH \times rW$的特征,其中$r$为上采样因子,它表示特征图尺度的扩大倍率。经过特征提取模块,所有的输入矩阵能够得到对应的潜在特征,这些特征代表了不同的关联信息,能够帮助模型更好地学习,接着用这些潜在特征进行文本分类任务。

3.5.2.2　表征一致化模块

将文本特征进行不同卷积,使网络能够学习到不同卷积核提取出的上下文特征。在卷积神经网络中,卷积核越大,其感受野越大,能更好地感知全局特征信息,因此所获得的特征越有全局性。而感受野过大的卷积核会增加计算量,不利于模型深度的拓展,也会降低模型的计算性能。对于小卷积核来说,可利用非线性激活函数保持特征图尺度不变,大幅提升网络非线性特性,从而实现更多的模型层数。如图3.13所示,本节模型采用了多种卷积核,有3×D卷积、4×D卷积、5×D卷积以及不同参数的空洞卷积等。

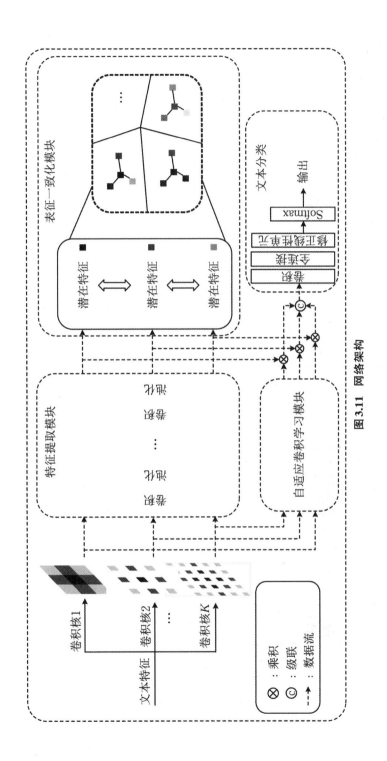

图 3.11 网络架构

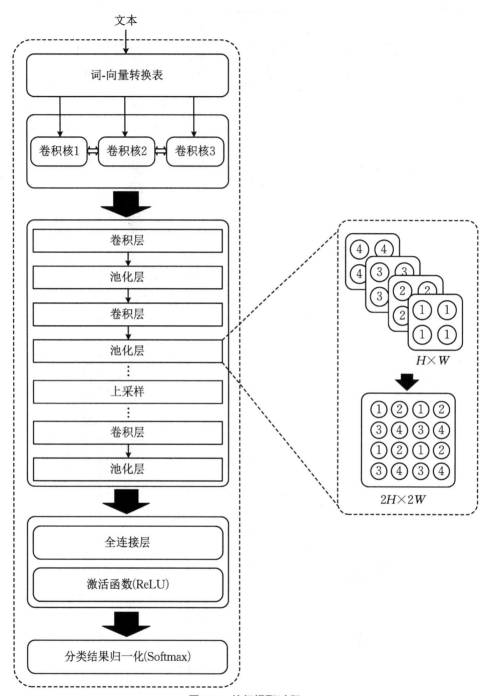

图3.12 特征提取过程

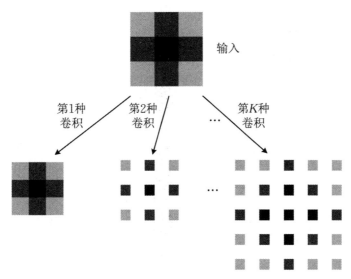

图 3.13　不同的卷积核

其中,x_i 表示第 i 个文本的特征图,经过 K 种不同的卷积能够得到不同的特征图,也学习到更多的潜在特征,从而提升模型精度。具体表达公式如下:

$$f_i^k = \Phi^k(x_i) \tag{3.36}$$

$F_i = [f_i^1, f_i^2, f_i^3, \cdots, f_i^k]$ 表示经过不同卷积之后所得到的特征集合。同时通过特征提取模块的进一步学习,得到更多潜在特征信息:

$$G_i = T_\theta(f_i^1, f_i^2 f_i^3, \cdots, f_i^k) \tag{3.37}$$

其中,$G_i = [g_i^1, g_i^2, g_i^3, \cdots, g_i^k]$ 表示通过特征提取模块所得到的特征,θ 表示模块,T 需要优化的参数。对于 G_i 这些特征,它们在特征空间上是不确定的。具体来说,通过卷积、池化、上采样以及全连接层后,潜在特征会被进一步学习,但同时也会引入很多干扰因素。因此,为了尽可能减少干扰因素的影响,我们设计了一个损失。受到中心损失的启发,我们将对特征 G_i 进行约束。首先模块通过聚类方法学习得到一个类中心,并惩罚了深层特征与其对应的中心之间的距离,公式表示为

$$I = \sum_{j=1}^{K} \sum_{g_i^j \in G_i} \left\| g_i^j - \mu \right\|_2^2 \tag{3.38}$$

其中,μ 为聚类算法对输入特征计算得到的平均向量,也称为质心。得到质心之后,我们使用损失函数对特征进行惩罚:

$$L_{CL} = \frac{1}{N} \sum_{i=1}^{N} \sum_{j=1}^{K} \left\| I - g_i^j \right\|_2^2 \tag{3.39}$$

其中,L_{CL} 为一致性损失函数,$\|.\|_2^2$ 代表是 L2 范数,N 代表的是小批量文本的样本数目,K 为不同卷积分支数,能够得到具有不同信息的 K 个特征。在特征空间中,通过最小化潜在特征之间的距离,能有效学习不同卷积带来的不同上下文信息。这些特征所蕴含的上下文不同,但它们所表达的语义信息一致,因此我们通过表征一致化模块达到融合的效果。

3.5.2.3　自适应卷积学习模块

多个分支的设置虽能提取多种不同上下文信息,但这些特征存在差异性。为了更有效区分这些特征,本节设计了自适应卷积学习模块(图3.14)。该模块能够对K个卷积核的重要性进行学习,最后得到具有权重的上下文特征。

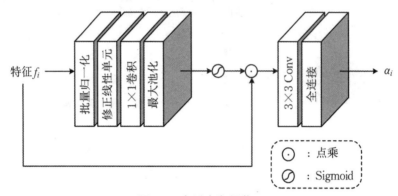

图3.14　自适应卷积学习

在自适应卷积学习模块,模块将特征f_i作为输入量,学习K种不同卷积核计算得到的具有不同上下文信息的特征。通过批量归一化、修正线性单元等处理,能让网络学习到K种不同卷积对文本分类任务更有帮助的卷积核,从而得到更多隐含的上下文信息。具体的公式如下:

$$m_i = \sigma\left(\varphi_\theta\left(f_i\right)\right) \tag{3.40}$$

$$\alpha_i = h\left(m_i \cdot f_i\right) \tag{3.41}$$

其中,θ为网络参数,σ代表了 sigmoid 激活函数,$h(\cdot)$代表卷积和全连接操作。此时将特征提取模块的特征$G_i = \left[g_i^1, g_i^2, g_i^3, \cdots, g_i^k\right]$与对应权重$\alpha_i = \left[\alpha_i^1, \alpha_i^2, \alpha_i^3, \cdots, \alpha_i^k\right]$相乘,最后能够得到具有分类信息的文本特征$Y_i$,表示如下:

$$p_i = \sum_{k=1}^{K} g_i^k \cdot \alpha_i^k \tag{3.42}$$

其中,p_i为语义特征,用以模型的分类预测结果。分类损失表示如下:

$$\arg\min_{w_e} \sum_{i=1}^{N} L_{CE}\left(y_i, T\left(p_i \cdot w_e\right)\right) \tag{3.43}$$

其中,y_i为分类真值;$T(\cdot)$为预测函数,具体包括一层卷积层、全连接层以及激活函数,最后通过 soft max 函数输出模型对语句的分类预测结果;另外w_e为网络的参数,N代表数据集的样本总数。

3.6　示例分析

为测试本节提出的上下文感知自适应卷积网络的性能,使用了 3 个不同的文本数据集。数据集分布情况如表 3.2 所示。本节实验所使用的数据集均为公开标准数据集。

表 3.2　数据集的详细内容

数据集	句子长度	训练集样本数	测试集样本数	类别数
AG	60	120 000	7 600	4
Yelp_F	300	650 000	50 000	5
Yelp_P	150	560 000	38 000	2

3.6.1　数据集介绍

用于文本分类的公开数据集有很多,比如 AG 新闻语料库、Yelp 评论数据集(Yelp_F、Yelp_P)、斯坦福情感数据集、电影评论数据集以及 TREC 数据集。这里我们使用了前面 3 种数据集作为性能的评估指标。

1. AG 新闻语料库

来自 AG 新闻语料库(AG's News Corpus),该数据集共收集了 496 835 条数据,总共包含 4 大类别,总计超过 2 000 个新闻源的新闻文章,数据集仅仅使用了标题和描述字段,同时每个类别分别拥有 30 000 个训练样本以及 1 900 个测试样本。

2. Yelp 评论数据集

来自 2015 年的 Yelp 数据集挑战赛,该数据集包含了总计 1 569 264 个评论文本的样本。Yelp_F(Yelp review full)是用于情感分类的用户评论数据集,每个评级分别包含 130 000 个训练样本和 10 000 个测试样本。Yelp_P 是一个二分类数据集,不同极性分别包含 280 000 个训练样本和 19 000 个测试样本。

3.6.2　实验设置

首先对句子做 padding 或者截断,保证句子长度为固定值,单词 embedding 成 $d=100$ 维度的向量,即对于 CACN 模型最佳的词嵌入维度(图 3.17)。这样句子被表示为 (s, d) 大小的矩阵,这里可以类比图像中的像素。经过有 $filter\_size = (2, 3, 4)$ 的一维卷积层,每个 $filter\_size$ 具有相同的输出 channel。第三层是一个 max pooling 层,这样不同长度的句子经过 pooling 层之后都能变成定长的表示了,最后接一层全连接的 Softmax 层,输出每个类别的概率。

本节利用Pytorch工具使用一个单一的TITAN XP GPU在200个epoch进行训练。模型采用Stochastic Gradient Descent SGD算法进行训练,初始学习率为0.01,权重衰减为0.000 1,学习率调整策略采用指数调整,gamma为0.9(表3.3)。

表3.3　模型参数设置

参　数	参数值
激活函数	ReLU,Sigmoid
学习速率	0.01
卷积核大小	$2,3,4,5,6,\cdots$
epoch	200
dropout	0.5

3.6.3　实验结果与分析

由于CACN中多个卷积核对文本的上下文信息进行了提取,设置的卷积核数目K会影响分类的准确率。因此,先对K值的设置进行有效性实验。

从图3.15的实验结果分析,对不同的文本数据集,卷积核数目的设定对准确率有较大的影响,即卷积核的设置具有数据集差异性。此外,在不同的数据集上,还存在着局部最优卷积核个数。即当CACN的准确率达到某一范围内的最大值时,所对应的卷积核的个数就是当前范围内最优卷积核个数。例如,对于Yelp_F,Yelp_P两个数据集来说,当K设置成4时,准确率达到最大值(分别为65.5%、95.8%),则此时4为这两个数据集的局部最优卷积核个数。对AG数据集来说,当K设置成5时,准确率达到最大值92.6%,无论卷积核个数在此基础上增加或是减少,准确率都不会再提升,因此5就是AG数据集的局部最优卷积核个数。

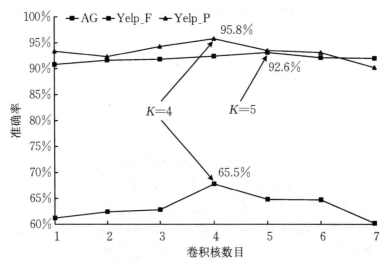

图3.15　卷积核数目的设置

为进一步分析在 AG,Yelp_F,Yelp_P 三个文本数据集上的性能,并与多种文本分类方法进行对比,我们选用了几种模型,结果如表3.4所示。

表3.4　模型对比

模　型	准　确　率		
	AG	Yelp_F	Yelp_P
TextCNN	91.6%	61.0%	93.9%
LSTM	88.9%	59.4%	92.1%
BERT	91.3%	62.8%	95.1%
fastText	91.5%	60.3%	93.5%
WE	91.1%	58.3%	94.2%
VCPCNN	—	64.4%	95.6%
CACN	92.6%	65.5%	95.8%

从表3.4来看,CACN 与 VCPCNN 比较,在 Yelp_F,Yelp_P 数据集上准确率高1.1%和0.2%。实验结果表明,CACN 不仅能更好地获取局部文本特征和全局依赖性,且能通过提高权重区分更多上下文信息,再融合所有不同卷积核提取的语义信息用于文本表示,具有更高的分类准确率。

此外,本节还在同一个数据集上测试了 TextCNN,VCPCNN 以及 CACN 的时间性能,由于本实验不涉及性能参数的对比,因此训练和测试次数设置为2。实验结果如图3.16所示,TextCNN 计算时间高达215 078 min,VCPCNN-1D 计算时间为16 459 min,CACN 计算时间为9 845 min。因此,本节的 CACN 模型拥有更佳的时间性能。

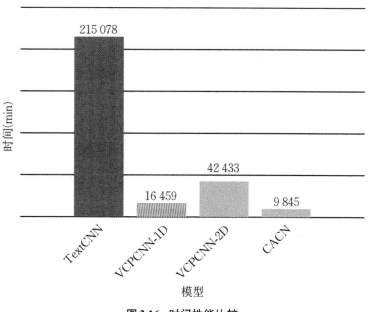

图3.16　时间性能比较

网络需要理解文本内容并提取文本特征,为测试网络优先学习哪种上下文信息,并且分析不同卷积核对文本分类任务的影响,我们将每个数据集的卷积核数量设置为最优结果,并将每个卷积核对应的权重α进行比较,结果如表3.5所示。

表3.5　卷积核权重的比较

数据集	2	3	4	5	6
AG	0.24	0.86	0.32	0.15	0.18
Yelp_F	0.17	0.78	0.42	0.36	—
Yelp_P	0.25	0.82	0.24	0.27	—

从结果上看,3个数据集的权重主要集中在大小为3的卷积核上。由于数据集的差异,重要的上下文信息分布不均,对于文本分类任务而言,字符级特征显得更加重要,而由于具有词性的字符存在句子的不同位置,它们之间的依赖关系也因此受到影响,所以小卷积核相比于大卷积核所学习的特征具有更大的权重。

此外,除了模型结构的一些因素外,还有一些其他外部因素影响了实验结果。例如,文本数据(单词)的嵌入大小(本节默认的嵌入维度为100)。为了验证不同嵌入维度的影响,我们在[50,300]区间同时在3个数据集上进行了测试,步长为50,实验结果如图3.17所示。嵌入维度在[100,150]区间时,CACN模型拥有最佳的准确率。由此可见,当维度非常小时,提取的特征信息相对较小,无法反映完整的信息;而当维度很大时,理论上应该能提取更丰富的语义信息。然而,在实验中,当维度过长时,它并不真正代表当前语言表达的实际情况,还会产生一些冗余信息,因此随着维度增加,准确率会下降。

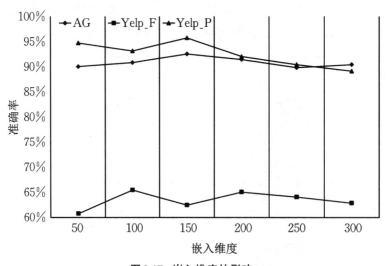

图3.17　嵌入维度的影响

小结

　　随着对文本分类的深入研究,涌现出了朴素贝叶斯、K 最近邻、支持向量机、决策树和 Rocchio 算法等传统文本分类方法。但是,这些方法通常以单词或词组作为分类特征的,易造成特征孤立的问题,不但丢失了文本序列的上下文信息,而且也没有考虑序列中词组之间的相互影响。然而,由于文本是一个由若干有序单词和符号组成的序列,句子的任何位置都能够出现与分类相关的重要信息,并且序列中的特征普遍存在长距离依赖现象,因此,利用上下文信息可以更加准确地理解单词或词组在句子中的含义,进而提高分类性能。

　　近年来,深度学习和神经网络语言模型迅速发展,RNN 和 CNN 成了 NLP 领域的两种主要模型,RNN 是一种较好的序列建模解决方案,而 CNN 拥有较好的并行性、更强大的局部特征提取能力,也就更容易将已训练的模型扩展到数据规模更大的应用环境中。为了让提取局部特征的 CNN 能够关注到非局部特征之间的依赖,提出了基于注意力机制的 CNN 文本分类模型。利用注意力机制,传统的 CNN 也能提取当前局部特征与非局部特征之间的依赖关系,进而提取句子级特征,但基于注意力机制的深度学习模型其不仅精度低而且复杂度高。

　　受图像领域的启发,研究者们认为相似的图像具有相近表征。在自然语言处理领域中,有研究将度量学习应用于文本任务,证明语义相似的词单元在特征空间上具有相近的距离。本章对每一种卷积下的语义特征进行学习,利用了度量学习对判别性特征进行更大强度的学习。在深层网络的架构下,模型能够学习整个句子层级的表示,用卷积神经网络能够较好的提取出句子的情感方面的特征。在此基础上,模型将具有相似语义的潜在特征进行度量,通过减小特征间距使相同语义的多种潜在特征在特征空间上具有相似性,最后利用注意力机制将提取出的特征进行文本情感分类。

　　在智慧实验室的框架下,本章基于 CNN 模型构建上下文感知自适应卷积网络,采用多尺度卷积核对潜在特征进行融合,从而能更好地提取单词特征的上下文信息。最后在公开文本数据集上,对改进后的 CACN 文本分类方法进行了性能评估,实验表明,本章提出的 CACN 网络相较于其他模型来说,具有较高的准确率和更好的时间性能,因此,对于文本分类任务,上下文感知自适应卷积网络方法更适合构建文本的语义表示。随着深度学习在计算机视觉领域的应用进展领先于 NLP 领域,当前文本分类的研究借鉴了深度学习在计算机视觉领域应用的研究成果,比如图卷积网络、元学习、强化学习和集成学习等方法,在后续的工作中,我们希望探索如何将这些方法应用在文本分类任务或其他 NLP 任务中。

参考文献

[1]　MINAEE S, KALCHBRENNER N, CAMBRIA E, et al. Deep learning-based text classification: A comprehensive review[J]. ACM computing surveys (CSUR), 2021, 54(3): 1-40.

［2］　张征杰,王自强.文本分类及算法综述[J].电脑知识与技术:学术交流,2012,8(2):825-828.

［3］　汪岿,刘柏嵩.文本分类研究综述[J].数据通信,2019,3:37-47.

［4］　万家山,吴云志.基于深度学习的文本分类方法研究综述[J].天津理工大学学报,2021,37(2):41-47.

［5］　辛梓铭,王芳.基于改进朴素贝叶斯算法的文本分类研究[J].燕山大学学报,2023,47(1):82-88.

［6］　张宁,贾自艳,史忠植.使用KNN算法的文本分类[J].计算机工程,2005,31(8):171-172,185.

［7］　崔建明,刘建明,廖周宇.基于SVM算法的文本分类技术研究[J].计算机仿真,2013,30(2):299-302,368.

［8］　巩知乐,张德贤,胡明明.一种改进的支持向量机的文本分类算法[J].计算机仿真,2009,26(7):164-167.

［9］　如先姑力·阿布都热西提,亚森·艾则孜,艾山·吾买尔,等.维吾尔文论坛中基于术语选择和Rocchio分类器的文本过滤方法[J].计算机应用研究,2019,36(3):925-929.

［10］　何力,郑灶贤,项凤涛,等.基于深度学习的文本分类技术研究进展[J].计算机工程,2021,47(2):1-11.

［11］　孙嘉琪,王晓晔,周晓雯.基于神经网络模型的文本分类研究综述[J].天津理工大学学报,2019,35(5):29-33.

[12]　KIM Y. Convolutional neural networks for sentence classification[J]. Eprint arXiv, 2014.

[13]　JOHNSON R, ZHANG T. Deep pyramid convolutional neural networks for text categorization[C]// Proceedings of the 55th Annual Meeting of the Association for Computational Linguistics (Volume 1: Long Papers). 2017: 562-570.

[14]　JORDAN M I. Serial order: A parallel distributed processing approach[C]//Advances in Psychology. North-Holland, 1997, 121: 471-495.

［15］　吴智妍,金卫,岳路,等.电子病历命名实体识别技术研究综述[J].计算机工程与应用,2022,58(21):13-29.

[16]　YU Z, LIU G. Sliced recurrent neural networks[J]. arXiv Preprint arXiv:1807.02291, 2018.

[17]　LIU P, QIU X, HUANG X. Recurrent neural network for text classification with multi-task learning[J]. arXiv Preprint arXiv:1605.05101, 2016.

[18]　HOCHREITER S, SCHMIDHUBER J. Long short-term memory[J]. Neural Computation, 1997, 9(8): 1735-1780.

[19]　HOCHERITER S, SCHMIDHUBER J. Long short-term memory[J]. Neural Computation, 1997, 9(8):1735-1780.

[20]　MIYATO T, MAEDA S, KOYAMA M, et al. Virtual adversarial training: A regularization method for supervised and semi-supervised learning[J]. IEEE Transactions on Pattern Analysis and Machine Intelligence, 2018, 41(8): 1979-1993.

[21]　LU C, HUANG H, JIAN P, et al. A P-LSTM neural network for sentiment classification[C]//Advances in Knowledge Discovery and Data Mining: 21st Pacific-Asia Conference, PAKDD 2017, Jeju, May 23-26, 2017, Proceedings, Part I 21. Springer International Publishing, 2017: 524-533.

[22]　CHEN X, QIU X, ZHU C, et al. Gated recursive neural network for Chinese word segmentation[C]// Proceedings of the 53rd Annual Meeting of the Association for Computational Linguistics and the 7th International Joint Conference on Natural Language Processing (Volume 1: Long Papers). 2015: 1744-1753.

[23]　DAI M, HUANG S, ZHONG J, et al. Influence of noise on transfer learning in Chinese sentiment clas-

sification using GRU[C]//2017 13th International Conference on Natural Computation, Fuzzy Systems and Knowledge Discovery (ICNC-FSKD). IEEE, 2017: 1844-1849.

[24]　江千军,桂前进,王磊,等.命名实体识别技术研究进展综述[J].电力信息与通信技术,2022,20(2): 15-24.

[25]　YANG Z, YANG D, DYER C, et al. Hierarchical attention networks for document classification [C]//Proceedings of the 2016 Conference of the North American Chapter of the Association for Computational Linguistics: Human Language Technologies. 2016: 1480-1489.

[26]　YIN W, SCHÜTZE H, XIANG B, et al. Abcnn: Attention-based convolutional neural network for modeling sentence pairs[J]. Transactions of the Association for Computational Linguistics, 2016, 4: 259-272.

[27]　CAI J, LI J, LI W, et al. Deeplearning model used in text classification[C]//2018 15th International Computer Conference on Wavelet Active Media Technology and Information Processing (ICCWAM-TIP). IEEE, 2018: 123-126.

[28]　贾澎涛,孙炜.基于深度学习的文本分类综述[J].计算机与现代化,2021(7):29-37.

[29]　LAI S, XU L, LIU K, et al. Recurrent convolutional neural networks for text classification[C]//Proceedings of the AAAI Conference on Artificial Intelligence. 2015, 29(1).

[30]　HASSAN A, MAHMOOD A. Convolutional recurrent deep learning model for sentence classification[J]. IEEE Access, 2018, 6: 13949-13957.

[31]　WANG B. Disconnected recurrent neural networks for text categorization[C]//Proceedings of the 56th Annual Meeting of the Association for Computational Linguistics (Volume 1: Long Papers). 2018: 2311-2320.

[32]　宋祖康,阎瑞霞.基于CNN-BIGRU的中文文本情感分类模型[J].计算机技术与发展,2020,30(2): 166-170.

[33]　杨东,王移芝.基于Attention-based C-GRU神经网络的文本分类[J].计算机与现代化,2018(2): 96-100.

[34]　DU J, GUI L, HE Y, et al. Convolution-based neural attention with applications to sentiment classification[J]. IEEE Access, 2019, 7: 27983-27992.

[35]　徐冰冰,岑科廷,黄俊杰,等.图卷积神经网络综述[J].计算机学报,2020,43(5):755-780.

[36]　檀莹莹,王俊丽,张超波.基于图卷积神经网络的文本分类方法研究综述[J].计算机科学,2022,49 (8):205-216.

[37]　YAO L, MAO C, LUO Y. Graph convolutional networks for text classification[C]//Proceedings of the AAAI Conference on Artificial Intelligence. 2019, 33(1): 7370-7377.

[38]　LIU X, YOU X, ZHANG X, et al. Tensor graph convolutional networks for text classification[C]// Proceedings of the AAAI Conference on Artificial Intelligence. 2020, 34(5): 8409-8416.

[39]　GAO H, CHEN Y, JI S. Learning graph pooling and hybrid convolutional operations for text representations[C]//The World Wide Web Conference. 2019: 2743-2749.

[40]　熊伟,宫禹.基于元学习的不平衡少样本情况下的文本分类研究[J].中文信息学报,2022,36(1): 104-116.

[41]　李凡长,刘洋,吴鹏翔,等.元学习研究综述[J].计算机学报,2021,44(2):422-446.

[42]　ZHANG T, HUANG M, ZHAO L. Learning structured representation for text classification via reinforcement learning[C]//Proceedings of the AAAI Conference on Artificial Intelligence. 2018, 32(1).

[43]　KOWSARI K, HEIDARYSAFA M, BROWN D E, et al. Rmdl: Random multimodel deep learning

for classification[C]//Proceedings of the 2nd International Conference on Information System and Data Mining. 2018: 19-28.

[44] SUN S, ZHOU J. A review of adaptive feature extraction and classification methods for EEG-based brain-computer interfaces[C]//2014 International Joint Conference on Neural Networks (IJCNN). IEEE, 2014: 1746-1753.

[45] VIDAURRE C, SCHLOGL A, CABEZA R, et al. Study of on-line adaptive discriminant analysis for EEG-based brain computer interfaces[J]. IEEE Transactions on Biomedical Engineering, 2007, 54 (3): 550-556.

[46] VIDAURRE C, KAWANABE M, VON BÜNAU P, et al. Toward unsupervised adaptation of LDA for brain‐computer interfaces[J]. IEEE Transactions on Biomedical Engineering, 2010, 58(3): 587-597.

[47] OSKOEI M A, GAN J Q, HU H. Adaptive schemes applied to online SVM for BCI data classification [C]//2009 Annual International Conference of the IEEE Engineering in Medicine and Biology Society. IEEE, 2009: 2600-2603.

[48] MILLAN J R. On the need for on-line learning in brain-computer interfaces[C]//2004 IEEE International Joint Conference on Neural Networks (IEEE Cat. No. 04CH37541). IEEE, 2004, 4: 2877-2882.

[49] MILLÁN J R, RENKENS F, MOURINO J, et al. Noninvasive brain-actuated control of a mobile robot by human EEG[J]. IEEE Transactions on Biomedical Engineering, 2004, 51(6): 1026-1033.

[50] MILLÁN J R, RENKENS F, MOURIÑO J, et al. Brain-actuated interaction[J]. Artificial Intelligence, 2004, 159(1-2): 241-259.

[51] SUN S, LU Y, CHEN Y. The stochastic approximation method for adaptive bayesian classifiers: Towards online brain‐computer interfaces[J]. Neural Computing and Applications, 2011, 20: 31-40.

[52] TU W, SUN S. Semi-supervised feature extraction with local temporal regularization for EEG classification[C]//The 2011 International Joint Conference on Neural Networks. IEEE, 2011: 75-80.

[53] 康雁,杨其越,李浩,等.基于主题相似性聚类的自适应文本分类[J].计算机工程,2020,46(3): 93-98.

[54] WANG C, FAN X. Adaptive convolution kernel for text classification via multi-channel representations[C]// International Conference on Artificial Neural Networks. Springer, Cham, 2020: 708-720.

[55] 范晓燕.基于多通道特征表示的卷积核自适应文本分类算法研究[D].江西:华东交通大学,2020.

[56] 郑飞,韦德壕,黄胜.基于LDA和深度学习的文本分类方法[J].计算机工程与设计,2020,41(8): 2184-2189.

[57] DONG M, LI Y, TANG X, et al. Variable convolution and pooling convolutional neural network for text sentiment classification[J]. IEEE Access, 2020, 8: 16174-16186.

第4章　原始记录智能匹配技术

4.1　研究背景

早在20世纪80年代,对于模式匹配技术[1]的研究就已经开始了。早期的模式匹配旨在为模式集成[2]服务,十年后,随着模式集成化进展,模式匹配开始应用于数据源集成的数据仓库过程中,而这个过程需要充分了解数据源模式与数据仓库模式之间的映射关系,进而实现其数据源数据的转换和提取。随着信息时代的发展,研究团队也持续关注模式匹配问题,现阶段的模式匹配多应用于信息系统之间数据转换的实现。

然而,模式匹配仍然面临许多挑战,比如同一模式不仅可能有结构的区别,还可能有命名区别,因此同一模式可能存在被表示成不同的数据模型或者被一样的单词表示成不同的意义等问题。

早期的模式匹配以人工(专家系统、系统开发人员)的方式为主,不仅费时费力,而且易出差错。因此能否研究出能够应用在不同领域、不同数据模型的一种自动化程度高的模式匹配方法显得格外重要。

随着数字时代的发展,出现了许多模式匹配方法。实际上,模式匹配是数据处理领域中的基础问题,此时大部分模式匹配方法采用的是基于规则的方法和基于机器学习的方法。基于规则的方法旨在采用数据模型表示模式,比如模式树和模式图,通过数据类型和数据结构等模式信息[3],进而指导模式匹配过程,但是该方法通常要对模式树(图)进行多轮遍历。基于规则的模式匹配方法主要有3个过程,即预处理、相似度计算和映射。其中,预处理旨在通过数据模型来表示模式;相似度计算指的是由成员之间的相似度来计算两个模式之间的相似度;映射是指通过模式匹配算法对模式匹配产生映射关系。基于机器学习的模式匹配方法,比如Sem Int系统是一种基于神经网络的模式匹配方法,Automatch系统是一种基于贝叶斯学习的模式匹配方法,而LSD,COMAP和GLUE等则是设计了一种三层结构的多策略学习(Multi-Strategy Learning)框架。然而大部分模式匹配系统产生的是1:1的简单匹配,可在实际应用场景中往往模式匹配相当复杂。

字符串匹配技术是海量数据分析的基础和关键一环,在现今数字化、信息化的时代,字符串匹配技术更是不可或缺,其效率佳、准确度高等优点使其能高效地应用于许多领域。在智慧实验室中,日常需要处理和分析大量的文本数据,例如实验结果、实验报告等。字符串匹配技术可帮助实验室人员快速高效地搜索、提取和比对文本数据中的关键信息,以支持数据的整理、汇总和分析工作。此外,实验室工作还包含大量的重复性任务,例如实验设备的日常维护、样品编号的管理等。字符串匹配技术可以用于自动化这些任务,通过匹配关键字或模式,实现对文本数据的自动筛选、分类和标记,从而提高工作效率和准确性。不仅如此,在智慧实验室中,确保数据和文本的准确性至关重要。字符串匹配技术可以用于文本质量检测,例如检查报告中的错误拼写、查找关键字以及验证数据是否符合预期的格式和规范要求等等。

显然,字符串匹配技术在智慧实验室中能够发挥巨大的作用,能够提高数据处理和分析效率,实现自动化和智能化,确保数据的质量和准确性,并支持文本挖掘和知识发现,为智慧实验室的科学研究和工作提供有力的支持,促进实验室人员的进步和创新。

4.2　字符串匹配技术

字符串匹配技术是模式匹配技术的重要分支,同时也是文本处理领域十分重要的研究课题。字符串匹配技术经过几十年的发展已经在数据处理、文本编辑和信息检索等多个应用中受到广泛关注。该技术在实际应用的场景中不仅适用于计算机科学,同样也在语义学、分子生物学等领域发挥着举足轻重的作用。实际上,随着实验室检测技术的精细化,如何从大量数据中提取有用信息成为实验原始记录文件处理研究的重点,字符串匹配是最常用的方法之一。

字符串匹配算法是指从文本串 T 中查找字符串集合 P_m(P_m 的长度小于 n)在文本串中的所有出现的位置。假设 P_m 字符串集合的长度为 m,首字符至末字符依次记为 $p_0 p_1 p_2 \cdots p_{m-1}$,$T$ 为文本串,其长度记为 n,首字符至末字符依次记为 $t_0 t_1 t_2 \cdots t_{m-1} \cdots t_{n-1}$。对于特定的位移量 δ,如果字符串集合中的每一个字符与文本串相对应的字符完全匹配,则匹配成功。反之,如没有找到字符串集合 P_m,则匹配失败,同时返回一个特定的标识。

对于字符串匹配问题,应注意有以下2个方面:首先是字符串问题的规模往往比较大,即要求对大规模的信息进行匹配,所以应注意算法的单次完成时长;其次是由于经常调用字符串匹配操作,即算法的执行频率高,所以应当对算法持续性改进以获取更高的效益。

优秀的字符串匹配算法通常有2个特点:第一个特点是速度快,这是评价字符串匹配算法的最重要的准则。此外,往往要求以线性的速度来执行字符串匹配;第二个特点是内存占用资源少,通常指的是预处理和字符串匹配所需的CPU资源和内存资源,虽然现在大部分硬件内存容量越来越大,但是仍需使用特殊硬件来提高速度,因为特殊硬件中内存访问的速度很快,这时与其他算法相比,其优势就是占用资源更少。

实际上,算法的复杂度是算法评价的重要标准之一,而算法的复杂度有两种,即时间复杂度和空间复杂度。在字符串匹配中,设计出复杂度尽可能低的算法是一个重要目标。当字符串匹配问题有多种算法时,则应遵循一个重要准则,即选择复杂度最低的算法。另外,算法的复杂度对其设计和选用均具有一定的指导意义。字符串匹配算法的复杂度评价指标[4]主要有4个:第一个是预处理时间的复杂度,因为某些算法在进行字符串匹配前要对字符串进行预处理;其次是匹配阶段的时间复杂度,由于字符串匹配过程中存在查找操作的时间复杂度,该时间复杂度往往与文本长度和模式长度有关;第三是最坏情况下的时间复杂度,对于字符串匹配问题,研究热点之一就是降低算法的最坏情况下的时间复杂度;第四是最好情况下的时间复杂度,即对文本进行字符串匹配时的最好的可能性。

在实验原始记录文件中,数据匹配格式以文本为主。根据模式串个数的多少,现有针对文本文件的字符串匹配算法可分为单模式匹配算法、多模式匹配算法和自适应匹配算法。

4.2.1　单模式匹配算法

单模式匹配算法每次只能在文本串 T 中找到字符串集合 P_m 中的一个特定字符串。如果在文本串 T 中找到字符串集合 P_m ,则匹配成功,否则匹配失败。因此,单模式匹配算法是指扫描一次文本只匹配一个模式串,即在目标串中一次只能对一个模式串进行匹配。

4.2.1.1　BF 算法

BF(Brute Force)算法[5]是最传统且最简单的算法,其主要思想是首先从文本串的第一个字符和模式串的第一个字符开始比较,如果两个字符一样就比较它们的后续字符,反之,如果不一样,则从文本串的第二个字符和模式串的第一个字符来开始比较。如果仍然不一样,则从文本串的第三个字符再重新和模式串的字符比较,重复上述操作,如果模式串中的所有字符完成比较,则表示匹配成功,然后返回文本串在该次比较中的起始位置,反之则表示匹配失败,然后返回 0。可见,BF 算法是一种简单直观的字符串匹配算法。BF 算法的匹配过程[6]如图 4.1 所示。

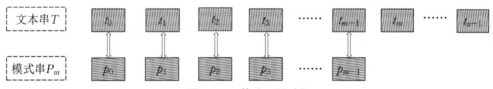

图 4.1　BF 算法匹配过程

具体地讲,假设文本串 $T = t_0 t_1 t_2 \cdots t_{m-1} \cdots t_{n-1}$,模式串 $P_m = p_0 p_1 p_2 \cdots p_{m-1}$ 。若 $t_0 = p_0$, $t_1 = p_1$, $t_2 = p_2$, $\cdots t_{m-1} = p_{m-1}$,则表示匹配成功,然后返回模式串第 1 个字符 p_0 在文本串中匹配的位置,否则,若在其中某个位置 $i : t_i \neq p_i$,即两个字符比较后不一样,此时将模式串 P_m 右移一位,用模式串 P_m 中的字符从头开始与 T 中的字符轮流比较。重复执行,当出现以下两种情况[7]就可以结束算法:第一种情况是当执行到某一趟的时候,模式串 P_m 的全部字符都与目标串对应的字符一样,则匹配成功,算法结束;第二种情况是当 P_m 已经移动到最后与 T 比较的位置,如果不是每一个字符都与文本串 T 匹配,则匹配失败,然后返回 0,算法结束。

实际上,该算法在匹配过程中不需要进行预处理,同时只有模式串和文本串需要额外的数据结构。当 T 与 P_m 的部分子串失配时, T 指针需要回溯,即指向文本串的指针在匹配失败时,该指针将在下一次匹配时需要返回再从头开始,如果失配次数越多,则出现回溯的次数越多。显然,该算法是一种带回溯的算法,使得效率较低。只要比较不相等,就将模式 P_m 右移一位,从头开始再进行比较。假设目标串 T 的长度为 n,模式串 P_m 的长度为 m,在最坏情况下最多比较 $n-m+1$ 趟,如果每趟比较都在最后才出现不相等,则要做 m 次比较,那么总的次数是 $(n-m+1)*m$。在多数场景中,m 远远小于 n,因此,该算法的最好时间复杂度和最坏时间复杂度分别为 $O(n)$ 和 $O(n*m)$。

4.2.1.2　KMP算法

虽然BF算法简单直观,并且容易实现,但是在该算法中模式串要与文本串中的每一个字符重复比较,导致效率较低。最坏情况下BF算法执行需要的时间为文本串长度与模式串长度的乘积,所以不适用于大规模的应用环境。BF算法存在局部匹配[8]问题,即每一趟的 m 次比对中,只可能在最后一次失配,然而如果发现失配,文本串和模式串的字符指针都要回溯,重新开始下一趟。实际上,这种重复比较的操作是多余的,因为这些字符已经比较过了,同时比较成功,这就表示已经掌握了它们的全部信息,因此,可以通过这些信息来提高算法的效率。

在BF算法的基础上提出了KMP(Knuth-Morris-Pratt)算法[9],该算法的本质是一种出现不匹配的情况下存在指针初始化的BF算法。KMP算法通过已经匹配成功的部分信息,即前缀(模式串中的相同子串),能够使模式串向前(右)移动若干个字符位置,而不仅仅一个字符,以此避免重复比较,同时达到了文本串指针不需要回溯的目的,避免了BF算法频繁地回溯的情况。为了能够在不匹配时重新定位指针,KMP算法需要进行预处理计算出一个 next 数组来。算法描述如下:

当字符串匹配执行到比较字符 t_i 和 p_j:

① 若 $t_i = p_j$,则继续往右匹配,即继续对 t_{i+1} 和 p_{j+1} 进行匹配。

② 若 $t_i \neq p_j$,则 i 值不变,j 值等于 $next[j]$,然后进行下一趟的匹配。其中 $next[j]$ 的值表示 $p_0 \cdots p_{j-1}$ 中最长后缀的长度,并且这个最长后缀等于相同字符序列的前缀。$next[j]$ 的构造是算法的核心,约定如式(4.1)所示:

$$next[j] = \begin{cases} -1 & (j=0) \\ \max\{k\} \end{cases} \tag{4.1}$$

KMP算法的匹配过程[10]如图4.2所示。

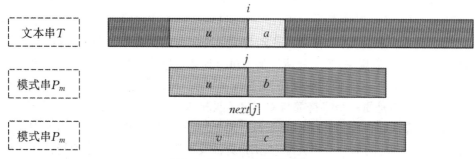

图4.2　KMP算法匹配过程

其中,u 集合表示文本串与模式串已经匹配成功的部分;v 表示 u 集合中的一个子集合,并且 v

集合从最右端开始与 u 集合的重合部分匹配；a、b 和 c 为 3 个字符。当 $t_i \neq p_j$，即 a 字符与 b 字符失配，则 i 值不变，j 值等于 $next[j]$，从 $p_{next[j]}$ 开始匹配，即跳转后 a 字符与 c 字符进行比较。

假设模式串长为 m，则求 $next[j]$ 的算法时间复杂度是 $O(m)$。如果文本串长度为 n，则 KMP 算法的时间复杂度是 $O(n)$，若包含求 $next[j]$ 的时间，则 KMP 算法的时间复杂度是 $O(n+m)$。

显然，在大多数情况下，KMP 算法与 BF 算法相比其优势不算很大，但是 KMP 算法保证了线性，此外，其扩展性适合求解更难的问题。KMP 算法的优势在于不管在什么情况下，时间效率都能够稳定在 $O(n+m)$。因此当 BF 算法效率接近或者达到最坏时间复杂度 $O(n*m)$ 时，此时 KMP 算法才具有更大的优势。

4.2.1.3　BM算法

尽管 KMP 算法对于 BF 算法有不错的提升，但是匹配的速度还应该得到提升。因为在 KMP 算法中当发现字符不匹配后，模式串均向前移动到一个合适的位置，而此时文本串不变，即不管什么情况下文本串都是从第一个字符开始，按顺序向右比较，直到最后一个字符比较完成，而 BM 算法由于跳过更多的字符可以很好地应付这种情况。

BM(Boyer-Moore)算法[11]有 3 个思想：首先是采用了从右到左的扫描方式，其次是坏字符规则，最后是好后缀规则。BM 算法的过程是首先将文本串 $t[0,1,\cdots,n-1]$ 的最左端和模式串 $p[0,1,\cdots,m-1]$ 的最左端对齐，其中 n 为文本串的长度，m 为模式串的长度，且 $n \geqslant m$。然后在当前窗口字符 $t[k]$ 处从右到左进行扫描，依次比较 $t[k]$ 和 $p[m-1]$，$t[k-1]$ 和 $p[m-2]$，$\cdots$，$t[k-m+1]$ 和 $p[0]$。如果发现某个位置的字符不匹配，则根据预处理好的 skip 数组和 shift 数组，将模式串 P 向右移动一个距离，这个距离是 skip 数组的值和 shift 数组的值中较大者，依次重复上述步骤，直到匹配成功或者文本串中的所有字符比较完成。

由上述可知，在 BM 算法中，如果匹配失败，则有两种方法来确定模式串向右移动的距离，而且该距离是不会错过任何匹配的安全距离，取两者中较大的距离来移动匹配窗口，这两种方法分别被称为坏字符规则和好后缀规则，以下是对这两种方法的描述：

1. 坏字符(Badchar)规则

对 skip 数组的定义分为两种情况，即字符 c 不在模式串中的情况和字符 c 在模式串中的情况。字符 c 不在模式串中的情况，如图 4.3 所示。

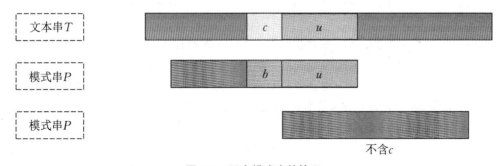

图4.3　c不在模式串的情况

若字符c不在模式串中,则将模式串右移跳过字符c使得模式串第一个字符与文本串的当前失配字符c的下一个字符对齐。

字符c在模式串中的情况,如图4.4所示。

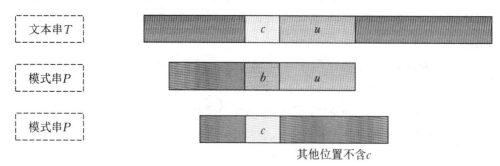

其他位置不含c

图4.4 c在模式串的情况

若字符c在模式串中,则右移模式串将字符c在模式串出现的最右位置与文本串中的该字符的位置对齐。

假设j为c在模式串中最右端的下标,则skip数组的定义见式(4.2):

$$skip[c]=\begin{cases}m & (c\neq p[j]且0\leqslant j\leqslant m-1)\\ m-j-1 & (j=\max\{j|c=p[j],0\leqslant j<m-1\})\end{cases} \tag{4.2}$$

在从右到左的扫描过程中,如果文本串中某个字符$t[k-j]$,其中$0\leqslant j<m$,与模式串中的字符$p[m-j-1]$不相同,称$t[k-j]$为坏字符,然后再通过预处理好的skip数组将模式串向右移动$skip[t[k-j]]$个字符。

2. 好后缀(Goodsuffix)规则

假设匹配进行到比较文本串字符$t[k-m+1,k-m+2,\cdots,k]$和模式串字符$p[0,1,\cdots,m-1]$的情况,从右到左的扫描过程中发现$t[k-m+j+1]$与$p[j]$失配的同时,已经存在$t[k-m+j+2,k-m+j+3,\cdots,k]$与$p[j+1,j+2,\cdots,m-1]$匹配成功的情况的时候,称$t[k-m+j+2,k-m+j+3,\cdots,k]$为好后缀。这时模式串$P$根据预处理好的$shift[j]$值向右移动对应的距离。

好后缀规则需要通过计算确定的匹配窗口右移的偏移量由两种情况决定,第一种是该后缀在模式串中除了自身外,从最右端开始又一次出现的位置;另一种是当除了该后缀外不存在与该后缀相同的字符串时,找出既是该后缀的某个后缀的同时又是模式串的前缀字符串的位置。

如果在模式串中再次出现u集合但是其前缀是c字符而不是b字符,则将模式串右移使得文本串的u集合与模式串再次出现的最右端的u集合对齐,如图4.5所示。

如果在模式串中再次出现u集合但是其前缀仍然是b字符,则不能采取以上方法。如果模式串有一个前缀v,并且也是u集合的后缀,则找到一个最长的v,右移模式串使得v与文本串中u集合的后缀v对齐;如果不存在,则跳过u集合[12],如图4.6所示。

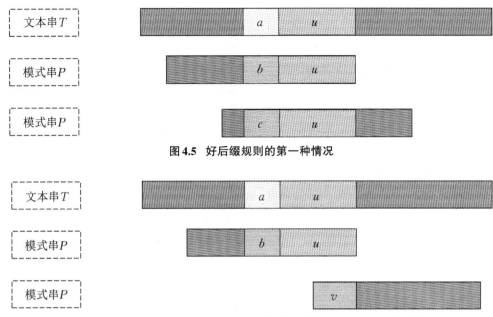

图4.5　好后缀规则的第一种情况

图4.6　好后缀规则的第二种情况

shift数组计算公式为式(4.3)：

$$shift[j] = \min\{s|(p[j+1, j+2, \cdots, m-1]$$
$$= p[j-s+1, j-s+2, \cdots, m-s-1])((p[j] \neq p[j-s])$$
$$(j > s-1), p[s, s=1, \cdots, m-1]$$
$$= p[0, 1, \cdots, m-s-1]) \quad (j \leqslant s-1)\} \tag{4.3}$$

完成上述两步预处理后，就能够开始对文本串进行匹配。查找阶段根据后缀搜索方式进行匹配查找，当发生不匹配时对匹配窗口进行右移，右移距离即 $skip[c]$ 和 $shift[c]$ 中的较大值。BM算法的最坏时间复杂度为 $O(n*m)$，最好的时间复杂度却是 $O(n/m)$，实际比较的次数仅仅是文本串长度 n 的20%~30%，因此，之所以将BM算法的时间复杂度称为"亚线性"，是因为它可以让算法的实际比较次数低于文本串的长度。尽管KMP算法达到了线性复杂度，但实际比较次数总是大于或者等于文本串的长度。

如今，BM算法是应用最广泛的单模式匹配算法，其核心思想是在字符串匹配过程中，跳过了若干个无用的字符，换言之，不需要对无用的字符进行匹配。实际上，这种跳跃式的匹配其匹配速度较快，实验表明，BM算法的匹配速度大概是KMP算法的3~5倍。

4.2.1.4　基于BM的单模式匹配算法

BM算法的各种改进算法层出不穷，这些基于BM的改进算法与BM算法不同的是其只采用坏字符规则，因为BM算法的坏字符规则的应用次数通常远远大于好后缀规则的应用次数，这是由于在模式串中能找到后缀的次数非常少，大部分的偏移都在坏字符规则的地方执行。

4.2.1.4.1　BMH算法

在实际的BM算法应用中,shift函数的使用次数远远比skip函数的使用次数少,而skip函数在匹配过程中起到移动指针的作用。在匹配过程中,如果只使用skip函数也能十分有效。Horspool在1980年发表了改进与简化BM算法的论文,提出BMH(Boyer-Moore-Horspool)算法[13]。该算法使得失配与计算右移量两个过程相互独立,即计算右移量时不需要知道正文中是哪个字符发生了失配,而是通过与模式串最右端字符对齐的文本串字符$t[k]$来计算右移量,而且计算右移量时只使用skip函数。

该算法从右到左进行比较,右移量由以下两种情况决定:

第一种情况是:在成功匹配一部分集合u的前提下,且集合u的最后一个字符为d,当失配时,假设失配字符为c,如果在模式串中还能找到另一个字符d,则右移模式串,使得该字符d与文本串中集合u最后一个字符d对齐,同时从模式串最右端开始,从右到左比较,如图4.7所示。

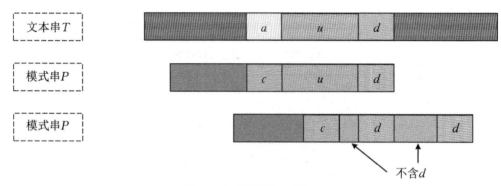

图4.7　右移量的第一种情况

第二种情况是:如果在模式串中找不到另一个字符d,则从模式串最右端开始,模式串继续向右移动m位[15],由右向左从头进行比较,如图4.8所示。

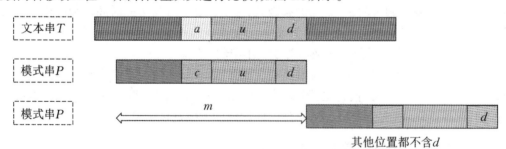

图4.8　右移量的第二种情况

实际上,不仅因为skip函数的预处理比shift函数的预处理要简单很多,而且还因为没有skip函数与shift函数比较大小这个操作,所以BMH算法比BM算法有更好的性能,它只使用skip函数,从而简化了初始化过程。该算法的时间复杂度为$O(n/m)$。

4.2.1.4.2　Sunday 算法

在 BM 算法和 BMH 算法的基础上,1990 年 Daniel M. Sunday 提出 Sunday 算法(BMHS 算法/QS 算法)[15],该算法的平均效率比 BM 算法更高。该算法有两个特点:第一个特点是模式串在匹配过程中不一定要按照从左到右的顺序或者从右到左的顺序进行比较;第二个特点是当发现不匹配的时候,匹配窗口尽可能向后移动。可见,Sunday 算法提高了匹配效率。实际上,该算法仅仅使用了 BM 算法的坏字符规则。

Sunday 算法在比较的时候,若发现匹配失败,则通过与 BM 算法的坏字符规则类似的方法将匹配窗口向后移动,该方法与 BM 算法的坏字符规则不同的是,坏字符不是正在比较的这个字符,而是匹配窗口后面的第一个字符。匹配过程中如果发现不匹配,则匹配窗口需要向后移动,匹配窗口后的第一个字符(假设为 c)要参加下一次的比较,既然 c 要参与比较,同时为了尽量能够使下一次匹配成功,则需要移动匹配窗口使得 c 能够成功匹配[17]。如果 c 出现在模式串 P 中,则移动两者(文本串窗口后的第一个字符 c 与模式串中的字符 c)距离之差,反之,如果 c 没有出现在模式串 P 中,则窗口需要移动 $|P|+1$ 即 $m+1$ 的距离。由于失配时最短跳跃距离为 1,因此可以说 Sunday 算法最大限度地[10]使用了坏字符规则。

第一种情况:如果 c 出现在模式串 P 中,则找到模式串中最右端的字符 c,将其与文本串匹配窗口后的第一个字符 c 对齐,如图 4.9 所示。

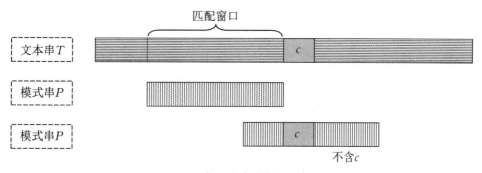

图 4.9　窗口移动的第一种情况

第二种情况:如果 c 没有出现在模式串 P 中,则直接将模式串最左端移动到文本串 c 字符的右端,跳过 $m+1$ 个字符,如图 4.10 所示。

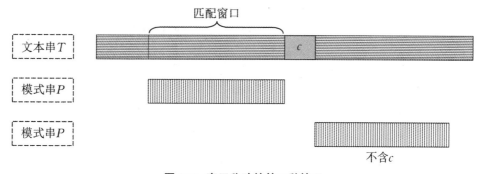

图 4.10　窗口移动的第二种情况

因此公式可以定义如式(4.4)所示:

$$Sunday(i)=\begin{cases}|P|-k & (当c在P中出现k位置)\\|P|+1 & (若未出现)\end{cases}\tag{4.4}$$

Sunday算法采用下一个字符决定右偏移量,使右偏移量进一步变大,进而使算法速度更快。此外,该算法适合模式串长度比较短或者模式串的字符集比较大的场景,而这恰好满足汉字匹配的情况,所以Sunday算法比较适合中文搜索。该算法的最好情况是对数级,最坏情况是$O(n*m)$可达到平方级。

4.2.1.4.3　Tuned BM算法

实际上,字符串匹配算法中最费时的部分正是字符的比较操作,因此可以在实际比较前尽可能向前移动模式串。Tuned BM(Tuned Boyer-Moore)算法[18]是BM算法的一种简化,其只使用了坏字符规则,即在匹配阶段,仅在文本串中匹配模式串中的最后一个字符$P[m-1]$[19]。如果不匹配,则指针向前移动,直到匹配相同字符为止。一旦找到$P[m-1]$,再比较模式串中的其他字符,之后不管是否相等都将指针向前移动[20]$P[m-1]$对应的偏移位置。该算法的预处理阶段时间复杂度为$O(m+s)$,其中s为右偏移量。此外,搜索阶段最坏情况时间复杂度为$O(n*m)$,虽然会达到平方级,但是在实际应用中效率很高,并且该算法能够大幅减少字符比较的次数,进而缩短匹配时间。

4.2.1.4.4　BMH2C算法

字符串匹配算法的效率主要由模式串向右移动的次数决定。当发生失配时,如果模式串每次都能尽量移动较大的距离,那么就能尽可能减少当前匹配窗口移动总次数,进而使匹配效率有效提高。BMH2C算法[13]结合了BMH算法和BMHS算法的优势,克服了BMH算法和BMHS算法的缺点,达到了两者的最优解,同时使用当前窗口字符$t[k]$和下一个字符$t[k+1]$两个字符决定右偏移量,即$skip[t[k]t[k+1]]$。在这个算法中,将$t[k]$和$t[k+1]$组成一个双字符串,即$t[k]t[k+1]$;如果双字符串不在模式串中,并且$t[k+1]$和$p[0]$不相等,则模式串右移$m+1$;如果双字符串不在模式串中,并且$t[k+1]$和$p[0]$相等,则模式串右移m,使得模式串的第一个字符$p[0]$与双字符串的后一个字符$t[k+1]$对齐;如果双字符串出现在模式串$p[j]p[j+1]$($0 \leqslant j \leqslant m-2$)的位置,则模式串右移使两者对齐,如图4.11所示。

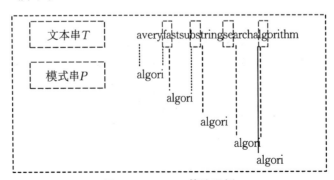

图4.11　BMH2C算法示例

BMH2C算法通过两个字符来计算右移量,显然,这样计算出的右偏移量比用一个字符计算出来的右偏移量要大,从而减少了字符比较次数。此外,该算法还根据在模式串中双字符串出现的概率比单个字符出现的概率小的特点,使得该算法的匹配性能得到提升。然而,BMH2C算法仅仅是对BMH算法和BMHS算法的合并和微调,最大右偏移量依然是$m+1$,并没有取得突破性的改进。当在模式串中双字符串出现一次或者一次以上的情况时,该算法不能做到每次都能得到最大右偏移量。由于该算法没有求最大值的过程,所以减少了算法的时间损耗,在一般情况下,该算法的时间复杂度为$O(n/m+1)$。

4.2.2　多模式匹配算法

多模式匹配算法能够每次在文本T中查找字符串集合P_m中的每个字符串,再判断字符串集合P_m中的一个或者多个字符串是否出现,如果一个或者多个字符串出现,则匹配成功,否则匹配失败。换言之,多模式匹配算法是指只扫描一次文本就可以查找出字符串集合P_m中字符串出现的位置,即在目标串中可同时对多个模式串进行匹配。

多模式匹配算法与单模式匹配算法相比,其优势是一次遍历就能够对多个模式进行匹配,从而提高匹配效率。然而如果单模式匹配算法要匹配多个模式,这时有几个模式就需要多次遍历。虽然多模式匹配算法能够应用在单模式的场景下,但是单模式匹配在匹配时均要重新利用匹配算法,导致效率较低。

实际上,大多数单模式匹配算法进行改进能够扩展成多模式匹配算法。多模式匹配算法主要可以分为基于自动机的多模式匹配算法、基于Hash表的多模式匹配算法和基于Hash函数的多模式匹配算法。

4.2.2.1　基于自动机的多模式匹配算法

自动机是结构化的,即前缀均能够用唯一的状态来标识,即使是多个模式串的共同前缀,也是如此。当文本中下一个字符不是模式期望的下一个字符中的其中一个时,将产生指向一个状态的失败链,该状态表示的不仅仅是最长的模式前缀,也是当前状态的相应后缀。基于自动机的算法从模式集合中构建有限状态机[21],每次扫描都从文本读入一个字符,不仅需要根据当前自动机的状态,还需要通过读入的字符完成状态跳转,一直到文本结束。

4.2.2.1.1　AC算法

在1975年,贝尔实验室研究人员提出基于有限状态自动机(Finite State Automata,FSA)的AC(Aho-Corasick)算法[22],该算法最早是应用在书目查询程序中的。算法的实现可以分成两个阶段,即预处理阶段和匹配阶段。因此该算法的流程是首先在预处理阶段通过将要进行匹配的模式串组生成树形FSA-AC有限状态机:其中,预处理生成3个函数,即goto(转移)函数、failure(失效)函数和output(输出)函数;然后在匹配阶段状态机利用输入的文本串进行状态跳转,当跳转到某个状态的时候,如果该状态有匹配的模式串,则表示匹配成功。AC算法通过有限自动机结构来处理模式集合中的全部字符串,实际上,构建自动机能够使得每个前缀只需要用一个状态来表示。

预处理阶段生成的3个函数[23]可以表述如下:

goto函数:AC多模式匹配算法以字符为单位,假设模式串组P有m个模式串,在预处理阶段,使用模式串组生成状态机有5个步骤:

① 如果$m \leqslant 0$,则返回错误,此时$j = 0$;

② 如果$j \leqslant m$,则取出模式串P_j,同时令当前状态$S = 0$,否则生成结束;

③ 取出P_j的下一个字符c,如果c存在,则令当前状态$S = goto(S, c)$,否则返回到②;

④ 如果$S \neq -1$(-1代表当前状态为空),则返回到③;

⑤ $goto(S, c) = newstate$($newstate$:生成新状态,返回到③)。

例如,模式串集合为{he, she, his, hers}的goto函数如图4.12所示。

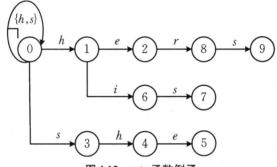

图4.12　goto函数例子

failure函数:从状态0到状态s的最短路径长度定义为状态s的深度。

① 令全部深度为1的状态$failure(s) = 0$;

② 根据深度由低到高的顺序计算$failure$值;

③ 根据全部深度为$d-1$的状态r计算得到深度为d的状态的$failure$值;

④ 令$state = failure(r, a)$;

⑤ 执行$state = failure(state)$零次到若干次,直到$goto(state, a)! = failure$;

⑥ 设置$failure(s) = goto(state, a)$。

output函数:

① 计算goto函数时,当完成一个模式串加入状态树之后,为该模式串的最后一个状态添加输出为当前模式串;

② 计算failure函数时,当计算得到$r = failure(s)$时,将r的输出模式串添加到s状态下。

然而,通过这3个函数生成的状态树是不确定的有限状态机(NFA),当匹配失败后需要利用failure函数来完成状态跳转,根据DFA(确定有限状态机)的思想,去掉failure函数,通过failure函数的运行结果,利用goto函数和failure函数生成新DFA。

AC算法有以下特点[24]:首先是通过线性链表初始化状态转移表;此外,还通过在状态转移表中增加布尔型变量来指示状态中是否存在匹配的模式;执行过程中将状态转移表转换成全矩阵形式,使得内存的开销减少;不仅支持确定型有限状态自动机还支持不确定型有限状态自动机。

AC算法预处理阶段的时间复杂度为$O(M)$,其中M是全部模式串的长度的和,匹配阶

段的时间复杂度为 $O(n)$[25],该时间复杂度不仅和模式串集合中模式串的个数无关,同时也和模式串的长度无关,因此,AC 算法的总时间复杂度是 $O(M+n)$。在 AC 算法状态机中,每个节点都有分别对应 ASCII 码字符的指针。在构造过程中,如果在模式集合中下一个字符不存在,则该指针为空。然而在实际的场景中,模式集合没法包含 ASCII 码表中全部字符,将会造成状态机中大部分指针为空的问题。因此,模式集合越大,要求的指针空间[26]越大,内存的需求则更大。

4.2.2.1.2　AC-BM 算法

AC 算法必须逐个匹配目标串的每个字符,即不能实现跳跃。而 BM 算法则能够利用右偏移量跳过目标串中的大段字符,进而提高匹配速度。如果综合 BM 算法和 AC 算法的特点,将 BM 算法应用到 AC 算法中,则可大大提高多字符串匹配算法的效率。

Jang-Jong Fan 在 1993 年结合 AC 算法的有限自动机和 BM 算法的连续跳跃的思想提出 AC-BM 算法(FS 算法)[27],该算法利用跳转表和位移表实现跳跃式的并行搜索,算法的时间复杂度为 $O(n*m)$。该算法的主要思想是先通过模式串集合构建模式树[28],同时把相同的前缀作为模式树的根节点,并把模式树的最短模式串最右端字符和文本串的最右字符对齐,然后从左到右进行字符比较(若比较前进行预处理则能够减少多余的比较)。文本串同时使用坏字符移位规则和好前缀移位规则进行移位。其中坏字符移位规则是指当模式树的字符与文本串字符 c 不匹配时,则把模式树移动到下一个 c 出现的位置,让模式树中的字符 c 和文本串中的字符 c 对齐,若模式树中没有该字符 c,则将模式树向左移动模式串集合中最小字符串长度的距离。好后缀移位规则是指在已经有成功匹配字符的情况下,当下一次匹配失败时,将模式树移动到另一个模式子串完全前缀的下一个位置,也可以移动到模式树中另一个模式后缀能够成功匹配文本串的前缀的下一个位置。

笼统地讲,AC-BM 算法把所有模式构建成模式树,模式树从文本右端向左边移动,一旦模式确定在适当的位置,则从左到右判断是否匹配成功。AC-BM 算法综合了 BM 算法的跳跃式匹配和 AC 算法同时匹配多个模式的特点,实际情况中部分模式往往会有相同前缀的情况,使得移动距离增加,同时减少比较次数,进而加快了匹配速度和提高了匹配算法的效率。

4.2.2.1.3　AQR 算法

在自动机算法的基础上,王永成等通过结合 QS 算法提出反向跳跃自动机 AQR 或称 AC-QS 算法[29]。在多模式匹配算法中,实际上,由于 goto 函数是一个二元函数,所以整个匹配过程主要消耗的时间是在计算 goto 函数上,而 goto 函数的计算比较复杂,进而导致消耗的时间比较多。因此,如果需要提高匹配的速度,则应尽可能减少计算 goto 函数的次数,即尽量减少字符的比较次数。因此,如果要减少字符的比较次数,则应在匹配失败后尽量跳过更多的字符。AQR 算法的主要思想是文本串中通常不会出现模式串中的字符。该算法首先采用预先定义的 belong 函数判断当前字符是否在模式串集合中出现,若没有出现,则跳过最短模式串长度的距离继续判断。如果字符在模式串中出现了,则根据 goto 函数进行字符比较。此外,belong 函数的计算显然要比 goto 函数快。函数 $belong(char)$ 定义如式(4.5)所示:

$$belong(char) = \begin{cases} FALSE & (skip(char) = minlen + 1) \\ TRUE & (其他) \end{cases} \tag{4.5}$$

其中,模式串 P_k 的长度是 m_k,即 $P[1:m_k](1 \leqslant k \leqslant q)$,$\min len$ 是最短模式串的长度,即 $\min len = \min\{m_k | 1 \leqslant k \leqslant q\}$。此外,有可能出现虽然字符属于模式串集合,而其 skip 函数的值却是 $\min len + 1$ 的情况,这时同样也能够跳过 $\min len$,所以将其 belong 函数的值定义为 $FALSE$。

假设字母表的大小为 σ,全部模式串的长度和为 $\sum_{k=1}^{q} m_k$,则 AQR 算法的预处理阶段时间复杂度为 $O\left(\sum_{k=1}^{q} m_k + \sigma\right)$,因为 goto 函数和 skip 函数的计算量与 $\sum_{k=1}^{q} m_k$ 呈线性关系,而 belong 函数与 skip 函数类似,该函数时间复杂度为 $O\left(\sum_{k=1}^{q} m_k + \sigma\right)$。假设模式串集合最小长度为 $\min len$,最大长度为 $\max len$,则查找阶段的最好时间复杂度为 $O\left(\dfrac{n}{\min len + 1}\right)$,最坏时间复杂度为 $O(n * \max len)$。

将 AQR 算法应用在模式串较短和模式串数量较少的场景时,与 FS 算法相比,其性能将会更高。这是由于模式串较短和模式串数量较少,导致模式串集合中出现的字符较少,进而导致文本串中这些字符出现的概率比较小,不仅能够使得 skip 值大的概率增加,也能使得 belong 值为 $FALSE$ 的概率增加。当字符表较大时,比如中文字符表,在目标文本串中出现模式串中的字符的概率比较小,同样也能使得 skip 的值大的概率和 belong 的值为 $FALSE$ 的概率增加。当目标文本串中出现模式串中的字符的概率比较小时,由于 belong 函数的计算速度比 goto 函数快,所以采用增加 belong 函数的计算次数来减少 goto 函数的计算次数的方法,能够有效地提高该算法匹配速度。

4.2.2.1.4   Optimized Aho-Corasick 算法

AC 算法是具有线性复杂度的多模式匹配算法之一。而 Optimized Aho-Corasick 算法[30](以下简称 OAC 算法)的目标是减少字符串匹配的搜索时间。

OAC 算法通过为每个输入模式添加 K 个模式来构造 AC DFA 图(AC DFA 图是一个有向图,每个节点表示一个状态,而边表示状态之间的转移),并通过输入搜索文本中的每 K 个字节和跳过相邻的 $K-1$ 个字节来搜索修改后的 AC DFA,其中,K 是优化系数。与原始的 AC DFA 图相比,相邻的具有相同后缀的状态节点可以进行合并,减少了状态节点的数量,因此,该算法需要更少的内存来构建优化的 AC DFA 图。$K = 2$ 时搜索性能提高了 $30\% \sim 45\%$,随着优化系数的提高,搜索性能增益 $40\% \sim 60\%$。

在该算法中,大小为 M 的原始模式被分解成 K 个大小为 M/K 的模式。然而,随着 K 的增大,M/K 值可能非常小。导致小模式会被添加到 AC DFA 图中,进而导致更多的潜在假阳性匹配数增加,搜索性能降低。因此,必须保证模式集合中的最小长度模式至少是 K 值的 3 倍,因为长度小于 3 的模式太小而不足以添加到 DFA 中。因此,K 值应该根据模式串集合中的最小模式串长度来决定。

在只有 n/K 个转换的情况下，该算法理论上可以提升 K 倍以上的性能。实际上，该算法的复杂度为

$$O(n/K + \delta) \text{ 且 } \delta = X*R*A*n/K$$

其中，n 是输入搜索文本的长度；X 是在每个 n/K 个测试位置获得潜在匹配的概率；R 是在给定位置获得的平均匹配数；A 是在给定位置可以匹配输入文本的潜在模式的平均大小。复杂度中的第一项 n/K 是正常的搜索成本，第二项 δ 是潜在匹配的验证成本，而且 δ 的估计是相当复杂的。当模式集合的长度较大，字母表大小为 256 个字符时，找到特定 A/K 字符匹配的概率为 $1/256^{(A/K)}$，这对于 $A/K \geqslant 3$ 来说是非常小的。因此，该算法最坏情况下的时间复杂度为 $O(R*A)$。由于 X 的值非常小，所以平均情况复杂度由 n/K 决定，且 δ 可以忽略不计。

实际上，OAC 算法先将潜在的匹配模式串与输入文本进行比较，多次尝试实现匹配，该方法虽然操作性强，但存在内存占用量大、精确度低等问题。

4.2.2.2　基于 Hash 表的多模式匹配算法

基于 Hash 表的多模式匹配算法旨在假设所有的模式长度一样，在扫描过程通过 Hash 计算跳转窗口的后缀字符串，再通过查询相应的位移表跳转窗口，直到文本结束。

4.2.2.2.1　WM 算法

在 1994 年，Sun Wu 和 Udi Manber 通过结合 BM 算法的跳跃式遍历和 Hash 值散列的特点提出了一种多模式匹配算法，即 WM(Wu-Manber) 算法[31]，该算法是一种实用的且匹配速度非常快的字符串匹配算法。假设模式串的长度为 m，WM 算法的主要思想是首先对 $t[m]$（文本串的第 m 个字符）和模式串的最后一个字符进行比较，若不匹配，则根据 $t[m]$ 在模式串中的最右出现来决定移动的距离。

在预处理阶段，WM 算法根据构建的 3 个表进行搜索，即位移表（SHIFT 表）、哈希表（HASH 表）和前缀表（PREFIX 表）。其中，SHIFT 表类似于 BM 算法中的坏字符移动表，不同的是，WM 算法中使用任意长度为 B 的块字符 X 而不是单个字符，块字符的长度通常取 2 或者 3，以此提高匹配速度，若 X 不在模式集合中的任意模式串中，则该表的对应表项的值为 $m - B + 1$，若出现的最右位置为 q，则值为 $m - q$。当前块字符 Hash 值下的跳跃距离被存储在 SHIFT 表中，HASH 表和 PREFIX 表是对模式串的后缀和前缀分别做的索引，这两个表的作用是当 SHIFT 表中跳跃的距离是 0 时，对需要匹配的模式串进行筛选。假设文本 $T = \text{LETDETAILPAT}$，模式集合 $P = \{\text{NETWORK, NETSTAT, PAT}\}$ 且块字符长度 $B = 2$，模式集合最小长度 $m = 3$，则 WM 算法的预处理阶段[21]，如图 4.13 所示。

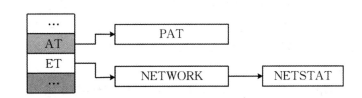

图 4.13　WM 算法预处理阶段例子

前缀为 NE,NE 和 PA;后缀为 ET 的模式链表的长度为 2,后缀为 AT 的长度是 1,其他为 0。

在扫描阶段,通过预处理构造的 3 个表循环检验文本是否包含模式,直到文本结束为止。WM 算法的扫描阶段,如图 4.14 所示。

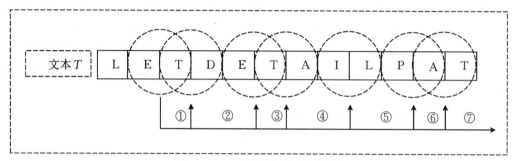

图4.14　WM算法扫描阶段例子

首先计算块字符 ET 的哈希值,通过查询 SHIFT 表,若该值为 0 则表示可能匹配,再查询模式链表(图 4.13),一个一个取出模式的同时计算前缀块字符 NE,与文本前缀 LE 不匹配,则文本向后移动 1 个距离,接着计算 TD,其 SHIFT 表对应表项值为 2 大于 0(由图 4.13 知),表示不存在匹配,则文本向后移动 2 个距离,如此往复直到文本结束。

显然,WM 算法通过使用块字符技术来增大直接跳跃的概率。该算法使用 PREFIX 表过滤不匹配的模式串,从而有较快的运行效率。WM 算法的最好时间复杂度在是 $O(B*n/m)$。其中,B 是块字符的长度;m 是最短模式串长度;n 是文本串的大小。实际上,WM 算法在应用中的平均性能很高,并且适合模式串集合大的多模式匹配场景。但是当模式集合中的模式数量多并且相似度小的时候,将消耗较多的存储资源。

4.2.2.2.2　MWM算法

WM 算法是一种基于启发式搜索的算法。该算法假设全部模式串长度相等,每次能够跳转的最大安全距离由构建的 SHIFT 表决定。随着模式串数量越多,则大多数 SHIFT 表中表项的值越小,特别是在 $m \approx B$ 的时候,SHIFT 表项只有两种取值,即 0 和 1,这种情况不仅会导致没有必要的操作(增加了 Hash 计算和查 SHIFT 表的操作),而且还会导致大量误匹配,即造成大量查询 $SHIFT[i]=0$,但是不包含任何模式串的问题,最终导致性能下降。

WM 算法将全部模式串等长度处理,构建 SHIFT 表时,由于只选取了 m 个字符计算,所以长模式串抽取的信息比较少,在扫描阶段造成大量长模式串假匹配的问题,由于校验概率比较低从而导致算法效率较低。此外,随着模式串数量变多,块字符 B 值增加,则最大跳转距离 $m-B+1$ 将减小,如果平均跳转距离太低,也将导致算法效率降低。短、长模式的这种相互制约使得 WM 算法在大规模模式串集合下算法效率下降。

在 WM 算法的基础上,MWM 算法[21]进行了改进,即引进两个表,即 LONG_SHIFT 表和 SHORT_SHIFT 表,其作用是在 $SHIFT[i]=0$ 时进一步对模式进行检查。其中,LONG_SHIFT 表的作用是对长模式(长度大于等于设定的阈值)进行检查,而 SHORT_SHIFT 表的作用是对短模式(长度小于阈值)进行检查。

假设文本 $T=$ LETDETAILPAT，模式集合 $P=\{$ NETWORK, NETSTAT, PAT $\}$ 且长模式集合为 $P_1=\{p_i|length{\geqslant}M\}$，其块字符长度 LB，短模式集合为 $P_2=\{p_i|length{<}M\}$，其块字符长度为 SB，M 为阈值。其中，$LB=3$，$SB=2$，$M=7$，模式集合最小长度 $m=3$，则 MWM 算法的预处理阶段如图 4.15 所示。

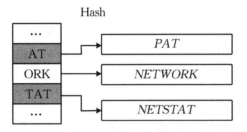

SHIFT

AT	0
PA	1
ET	0
NE	1
*	2

LONG_SHIFT

TAT	0	ORK	0
STA	1	WOR	1
TST	2	TWO	2
ETS	3	ETW	3
NET	4	*	5

SHORT_SHIFT

AT	0
PA	1
*	2

Hash

...	
AT	→ PAT
ORK	→ NETWORK
TAT	→ NETSTAT
...	

PREFIX

0	NET
1	NET
2	PA

图4.15　MWM算法预处理阶段例子

在扫描阶段，通过预处理构造的 5 个表循环检验文本是否包含模式，直到文本结束为止。MWM 算法的扫描阶段如图 4.16 所示。

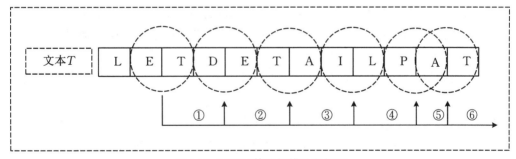

文本 T　L E T D E T A I L P A T

① ② ③ ④ ⑤ ⑥

图4.16　MWM算法扫描阶段例子

由于开始的时候文本 $length{<}M$，所以只检查短模式。首先计算 ET 的哈希值，SHIFT 表对应值为 0，则可能存在匹配。由已计算的哈希值查询 SHORT_SHIFT 表，值为 2 大于 0，则不存在短模式，然后计算 LET 的哈希值，再查询 LONG_SHIFT 表，值为 5 大于 0，则不存在长模式。由于 $\min(2,5)=2$，所以文本向后移动 2 个距离，如此往复直到文本结束。

MWM 算法与 WM 算法相比较，有以下两个改进，第一个是引进 LONG_SHIFT 表和 SHORT_SHIFT 表，增加了校验的概率并且降低了模式验证的次数。其次是将模式集合分集处理，即分成长和短两个模式集合，然后构建各自的 SHIFT 表，以此增加两个集合各自的最大跳转距离，也增加了整体的跳转距离，从而解决了由于构造 SHIFT 表时抽取信息比较少导致跳转距离太小的问题。

4.2.2.3　基于Hash函数的多模式匹配算法

Hash函数的主要思想是将一个较大的对象通过映射到一个较小的对象来节省空间,便于数据的保存。此外,Hash函数也能够通过转换加密原来的对象,或者对字符串数据进行处理后,利于实现比较和查找等功能。

实际上,Hash函数主要分为4种[32]:第一种是加法Hash函数,即把字符串中的元素求和,而无需考虑字符串中字符的顺序;其次是乘法除法Hash函数,通过对字符串中的字符乘除计算,得到字符串的Hash值;第三种是位运算Hash函数,利用异或、移位等位运算处理字符串,在计算整个字符串的Hash值时对预先计算得到的Hash值进行位运算,然而字符相同而顺序不同的字符串进行位运算得到的Hash值不同;最后一种是混合Hash函数,即结合前3种Hash函数进行运算。

事实上,Hash函数在字符串匹配领域中应用广泛,其中,基于Hash函数的多模式匹配算法主要有KR算法和DKR算法。

4.2.2.3.1　KR算法

KR(Karp-Rabin)算法[33]是一种基于Hash函数的字符串匹配算法,其是暴力算法的一种改进算法。该算法首先对模式串和文本中相同长度的子串采用Hash函数求值,如果Hash值相同,则对模式串和子串从左到右进行逐一比较。但是由于这种算法存在哈希冲突的情况,即两个不同的字符串映射到相同的数字,因此在Hash值相同时应继续比较字符串是否相同。因为每次比较都要进行Hash值的计算,所以选择合适的Hash算法十分重要,实际上KR算法的效率主要由Hash函数来决定。KR算法的特点是通过简单的数值比较来替代复杂的字符比较,并且这种操作容易实现。实际上,若能够合适选择Hash函数,则能提高KR算法的效率。

KR算法通常使用的Hash函数是结合加法Hash函数和乘法Hash函数混合使用的Hash函数[32],可以表示为

$$Hash\big(x[0,1,2,\cdots,m-1]\big) = (x[0]*2\hat{}(m-1)$$
$$+x[1]*2\hat{}(m-2)+\cdots+x[m-1]*2\hat{}0) \tag{4.6}$$

对于模式串其Hash值是不变的,而目标串每移动一个字符将重新计算,即

$$Hash\big(x[i+1,i+2,\cdots,i+m]\big) = (Hash\big(x[i,i+1,\cdots,i+m-1]$$
$$-x[i]*2^{\wedge}(m-1))*2+x[i+m] \tag{4.7}$$

显然,该算法考虑了字符串中每个字符的顺序,字符相同和顺序不同则哈希值不同。

KR算法的执行流程,如图4.17所示。

该算法预处理阶段的时间复杂度为$O(m)$。对于匹配阶段,平均情况下的时间复杂度为$O(m+n)$,最坏情况下的时间复杂度为$O(m*n)$,但实际应用中平均时间复杂度[34]是$O(m+n)$。其中,m表示模式,n表示给定的文本。然而对于长模式移动,匹配过程将相对较慢。

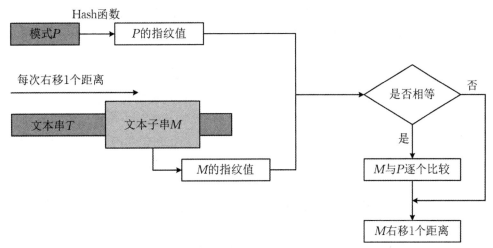

图 4.17　KR 算法执行流程

　　当 KR 算法应用在多模式匹配[35]时,将不再固定正文窗口的大小,相反,这个窗口是一个滑动窗口。假设模式串的最小长度为 m_{min} 且最大长度为 m_{max},那么滑动窗口的范围就应该是在 m_{min} 和 m_{max} 之间,在计算模式串 Hash 值的时候需记录模式串的长度。假设模式串的数量为 q,如果要计算模式串 Hash 值,则要计算 q 次,虽然该时间开销较低,但是每次匹配都要计算 q 次 Hash 值,这会导致整个算法的时间开销和模式串的数量会呈现一种线性关系,一旦 q 值非常大,则时间开销将很大。如果不是取每个模式串的所有字符来做 Hash 运算,而是只取一部分字符计算 Hash 值,就能够解决该问题。如果模式串的最小长度是 m,那么取每个模式串的最后 m 个字符计算 Hash 值,以此解决运算过程中需记录模式串长度的问题,同时还解决了每次计算 q 次 Hash 的问题,这时只要取长度为 m 的字符串计算一次 Hash,并且该计算与模式串的数量无关。

4.2.2.3.2　DKR 算法

　　DKR 算法[32]使用的 Hash 函数是加法 Hash 函数,首先设计一个等比数列,根据模式串的规模大小和其中不同字符的数量来决定首项和公比,并且模式串集合的每个字符与数列中的一项对应。在计算所有模式串的 Hash 值时,把对应字符的 Hash 值进行求和计算的值作为整个模式串的 Hash 值。设等比数列为 $arr[n]$,则

$$Hash(x[0,1,2,\cdots,m-1])=\sum_{i=n}^{m-1} arr[x[i]] \tag{4.8}$$

　　由于在相同项数的前提下,等比数列的各项求和一定不等,所以模式串中每个字符的 Hash 值从等比数列中的值选取。

　　假设模式串数目为 m,模式串平均长度为 L,目标串长度为 n。在匹配过程中,该算法包含不需要进行比较的模式串,当目标串与文本串相似度比较小的时候,将会提升算法的匹配效率。在理想的条件下,每次匹配只剩下一个模式串,这时不需要和其他模式串进行比较。当匹配成功的目标串的前半段比较就相等时,该算法的匹配效率非常高,时间复杂度是 $O((L/8+1/8*L)*n)$,近似是 $O(n*L/8)$。

在实际场景中,模式串是存在规则和格式的,使得子串重复的概率减小。所以利用Hash函数$H(X)$计算字符串的值,与逐个比较字符串的方法相比,通过比较函数值能够减少无用子串的比较次数。

实际上,DKR算法中包含坏字符规则,因此对于没有在字符集合中出现的字符,则没有Hash值与之对应,这时可以直接跳过该字符,将匹配串移到该字符的下一个字符并对其进行匹配。该算法在预处理操作中,存储了模式串的4个Hash值表,该算法的空间复杂度为$O(m)$,显然,DKR算法在空间复杂度上的优势很大,特别是在模式串个数多的场景中,该算法的性能更好。

4.2.3　自适应匹配算法

黄勇等[36]在QS算法的基础上,对基于划分窗口匹配的SKIP算法和KMPSKIP算法进行改进,提出ISKIP算法,并且该算法是一种字符串自适应匹配算法。基于划分窗口算法的主要思想是,长度为n的文本串,通过以长度为m的模式串为单位划分正文为$[n/m]$个不重叠的搜索窗口,正文从左到右扫描,在每个搜索窗口内,将当前划分窗口的最后一个字符作为基准字符。假设当前窗口最后一个字符为$T[j]$,其中,$m-1 \leqslant j < n$,若模式串中有这个字符,则对齐基准字符按顺序进行匹配,结束当前划分窗口的匹配后,正文指针向右偏移到字符$T[j+m]$处,即下一个窗口的基准字符,检测该字符的位置链表后进行下一次匹配。如果划分窗口最后一个字符在模式串中不存在,则模式串出现在该窗口中的概率为0,此时忽略该划分窗口的基准字符检测,即跳过当前的基准字符检测,然后直接跳到$j=j+2m$处进行基准字符检测。因此,对偏移函数$d(c)$,任意$c \in$字符集Σ,可以定义为

$$d(c)=\begin{cases} 2m & (c\text{不在模式串}P\text{中}) \\ m & (\text{其他情况}) \end{cases} \tag{4.9}$$

显然,ISKIP算法的核心思想是当结束当前划分窗口的匹配后,通过下一个划分窗口基准字符的偏移信息跳过尽量多的窗口来进行接下来的匹配,即减少字符检测的次数,进而提高了算法的匹配效率。

另外,刘许刚等[37]提出的一种基于分段匹配的字符串匹配算法(SM算法)是一种字符串自适应匹配算法,即既可以进行单模式匹配,同时也适用于多模式匹配的算法。该算法在预处理过程中将模式串集合构造成一个容易进行查找匹配的模式库,即构建多维数组,通过分别存储不同长度的模式串,使得达到长度要求的文本块内容只会和模式库中某一长度的字符串进行匹配。在搜索过程中定义两个指针,即段起始指针pb和段结束指针pe,这两个指针的作用是发现特殊字符u,此外,将两个指针之间的字符序列定义为子文本T^j,其中,$1 \leqslant j \leqslant k$,且$k$为待匹配文本$T$能够划分的子文本个数。实际上,该算法的匹配过程只会在子文本和模式库之间进行,该搜索过程如图4.18所示。

其中,文本被特殊字符u分割为k段。

由于子文本与模式串之间的关系,匹配过程中有可能出现以下2种情况:

① 若出现子文本的长度大于最长模式串长度或者子文本的长度小于最短模式串长度

这两种情况,则该子文本不进行模式库的精确匹配;

②若子文本的长度在最长模式串和最短模式串长度之间,则该子文本将会对对应长度的模式子库进行遍历匹配。

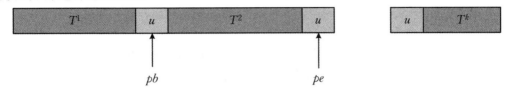

图 4.18　SM 算法搜索过程

在单模式匹配中,SM 算法的最坏时间复杂度和最好时间复杂度为 $O(n)$。而平均时间复杂度与文本串和模式串的内容相关性有联系。由于只需存储单个模式串,所以该算法的空间复杂度为 $O(m)$。

在多模式匹配中,假设长度为 n 的文本被 u 划分为 k 段,并且每段长度为 m_l,将有同一长度的模式串划分到一个集合。若模式库中有 q 个集合,同时每个集合所含模式串数目为 s_q,则其对应的模式串长度为 m_q。在匹配过程中判断是否进入匹配阶段,以下给出一个判断权重:

$$w = \begin{cases} 1 & (m_l \in \{m_1可能的取值\}) \\ 0 & (m_l \notin \{m_1可能的取值\}) \end{cases} \tag{4.10}$$

此时 SM 算法的最坏时间复杂度为

$$O\left(n + \sum_{i=1}^{k} m_l w_i s_q\right)$$

其中,m_l 是第 i 个子文本的长度;s_q 是与 m_l 长度相等的模式串数目。

最好时间复杂度为

$$O\left(n + \sum_{i=1}^{k} w_i s_q\right)$$

即每个模式串的首个字符都不匹配。由于模式库已经构建,空间复杂度为 $O\left(\sum_{i=1}^{r} m_i\right)$,将不再变化,其中,$r$ 为模式串总的个数。

4.3　基于改进 CDC 的实验原始记录匹配

内容可变长度分块(Content Defined Chunking,CDC)[38-40]的本质是一个字符串匹配的问题,其是一个将需要处理的数据对象作为一个文本,同时将一个长度为 n 的子串作为模式,最终找到数据块(Chunk)边界的过程,这也是字符串模式匹配的过程。CDC 方法将一个预先指定的模式数据指纹与正文中长度为 n^l 的子串的数据指纹[41]进行比较,通过判断是否相等来发现 Chunk 边界,这个过程没有直接通过字符串匹配来进行分块,这样做是为了通过简化字符串匹配过程来减少字符串匹配的计算,因为数据指纹的长度与正文字符串指纹的长度相比要短得多,能够大幅度减少字符串匹配的计算量。

传统的CDC算法采用的是通过Rabin指纹将文件分割成长度大小不一的分块策略。CDC与固定分块策略相比较,不同的地方是CDC是基于文件内容对文件进行块划分的,因此数据块的大小是可变的,这个过程分为两步:

第一步是将一个文件通过CDC算法分割成许多数据块。首先从文件头开始,将固定大小(互相重叠)的滑动窗口中的数据看作是文件的各个部分。在窗口的每个位置,数据的一个指纹(Fingerprint)被计算出来。在实际中,研究人员多使用Rabin指纹计算滑动窗口内容的指纹值,因为Rabin指纹具有高效性和随机性(对任何数据都呈现均匀分布)。当指纹满足某个条件时,比如当它的值模某个指定的整除数的结果为0时,这时将窗口的位置作为块的边界。循环往复地执行该过程,直到所有文件数据均被分为块。

第二步是采用Hash函数得到分割出的每个Chunk的指纹值,同时和已存储的数据块作比较,只要指纹值的检测结果相同,就删除该数据块,如果不相同就存储为新的数据块。

笼统地讲,传统的CDC算法用一个滑动窗口来划分可变长度的数据块,当滑动窗口的Hash值与一个基准值[42]相匹配时就创建一个分块,滑动窗口的大小是固定的。

CDC能够采用将文件分割成可变大小的数据块的方法解决字节移位问题。该算法能够通过文件的内部特征找到切点,所以当文件移位时,仅影响部分Chunk。虽然CDC与固定长度分块相比,具有更高的消重率,但是在处理数据流程中CDC更消耗时间,特别是对于处理能力较弱的设备来说更是如此。

由于CDC算法的特性,即不管删除还是插入一部分字节,均只影响一到两个Chunk,而剩下的Chunk不变,换言之,CDC方法在相似度几乎一样的两个对象(只相差几个字节)之间能够检测出更多的冗余。但是,CDC算法存在一些缺陷,即该算法分割的大部分粒度由期望块的设定而定。当这个值设置得较小的时候,虽然能够导致粒度较细,利于数据的准确查找,但是额外存储的开销将变大。相反,当这个值设置得较大的时候,导致粒度较粗,进而导致数据删除的效果较差。因此,必须在数据的准确查找和额外存储开销之间进行平衡。

4.3.1　局部最大值算法

BJØRNER等提出的局部最大值分块(Local Maximum Chunking,LMC)算法[43]是基于检查Hash值区间的算法。该算法需要提前确定切点,如果一个位置的Hash值大于距离h内所有其他位置的Hash值,则该位置就是一个切点或者块边界。实际上,每个位置只需要$1+\ln(h)/h$次比较。局部最大值分块方法具有"内置"最小块长度的优点,并且该算法不需要辅助参数。

选择局部最大值的位置作为切点。比如h是局部最大值的一个位置,其Hash值严格大于h前面位置的Hash值和h后面位置的Hash值。假设有M个不同的Hash值,则给定位置为切点的概率为

$$\sum_{0 \leqslant j \leqslant M} \frac{1}{M} \left(\frac{j}{M} \right)^{2h} \approx \frac{1}{2h+1} \tag{4.11}$$

因为对于一个位置可以取 M 个不同值,所以相邻的 $2h$ 个位置必须从 $\frac{j}{M^{th}}$ 较小值中取。通过遍历递归定理得知切点之间的平均距离是概率的倒数:$2h+1$。

通常最多用于存储 h 个前 Hash 值的升序链的队列长度为 $\ln(h)$。因此,用 $f(h)$ 表示序列的期望长度,从当前位置的 Hash 值开始,最多包括 h 个前面位置的 Hash 值,形成一个升序链。在基本条件下,有 $f(0)=0$,而一般情况下,当前位置被包括在内,下一个要包括的位置从剩余的 $h-1$ 位置中统一提取,除非当前位置的值是最大的。第 h 次谐波数为递归方程的解:

$$f(h)=1+\frac{1}{h}\sum_{i=0}^{h-1}f(i)=1+\frac{1}{2}+\frac{1}{3}+\cdots+\frac{1}{h}=H_h \approx \ln(h) \tag{4.12}$$

通过每个位置检查 $1+\ln(h)/h$ 次来计算切点。LMC 算法处理大小为 h 的块,每个块从右到左处理,建立一个严格递增的 Hash 值数组。如果第 k 个区间的第一个主导值超出 h 个位置,则第 $k+1$ 个区间的最大值被标记为最大值。另外,如果第 k 个区间的最大值被标记为最大值,那么它就是一个切点,并且大于第 $k+1$ 个区间的最大值,或者最大值超出了 h 个位置,并且所有靠近它的值都更小,则该区间就是一个切点。

显然,LMC 算法通过文件和滑动窗口的字节值确定切点,尽管该方法不用进行哈希计算,但需要通过比较每个字节进行分块。LMC 算法与基于 Rabin 的分块算法有相似的地方,即都采用滑动窗口,该窗口由左窗口、局部最大字节和右窗口 3 个部分组成[44],当发现位于两个窗口中间的字节大于窗口中所有字节时,切点位置便是窗口中间最大值的位置。实际上,该算法存在耗时长的缺陷。

4.3.2　基于改进 CDC 的分块算法

目前,各实验室购置的检测设备普遍型号繁多,且存在检测报告需人工录入数据的现象,导致检测时间长、易出现偶然性差错等问题,难以满足现代数字实验室建设和管理的要求。字符串匹配作为文本处理的核心,直接影响到数据采集效率。采用高效的字符串匹配算法应用于数字实验室中的数据处理是缩短检测时间,减少偶然性差错的有效途径。实验室检测样品时,检测设备一般会输出一个或多个实验原始记录文件。在形成检测报告之前,需对该文件中的部分数据进行匹配和自动提取。由于该文件一般都具有固定的格式,故利用此特点,现有的字符串匹配方法已有一定的应用。但遇到实验原始记录中的大文件或多文件时,则存在计算匹配速度慢、占用内存大等不足,难以满足现代数字实验室降本提效管理的需求。提高实验原始记录文件中的字符串匹配速度,减少内存占用量,在保证数据匹配准确性的前提下缩短检测时间,尤其是在检测业务量日益增加的形势下,实现实验原始记录文件高效匹配已刻不容缓。

针对上述提到的问题,本章提出基于栅栏因子的通用实验原始记录文件自动抓取技术。首先通过计算文件整体 Hash 值准确过滤当日已读取文件,再使用改进的 CDC 算法进行文本分块,该CDC算法改进之处主要体现在:设定滑动窗口下一单位为行与行间距之和的高度、设定了滑动窗口内字节大小的范围。待文本分块结束后,使用基于数据块索引的字符串匹配算法完成匹配。该字符串匹配算法结合数据块索引表构建模式串与数据块的映射关系,之后由模式串P_n通过数据块索引表快速匹配到相应数据块,形成了高效灵活的字符串匹配优化算法。

4.3.2.1　原始记录自动抓取

根据数字实验室管理的要求,实验室信息管理系统(Lab Information Management System, LIMS)需要对检测设备所输出的实验原始记录文件实现自动抓取功能。本研究设计了基于栅栏因子的通用实验原始记录文件自动抓取技术(图4.19)。针对实验原始记录文件"当日事当日毕"的管理要求,将时间设置为一个栅栏因子,通过比较文件创建时间和系统时间,初步过滤掉非当日实验原始记录文件。采用完全文件检测(Whole File Detection, WFD)技术,以文件为颗粒度计算文件的Hash值为一个栅栏因子,过滤已读取的文件,防止重复读取文件[42]。

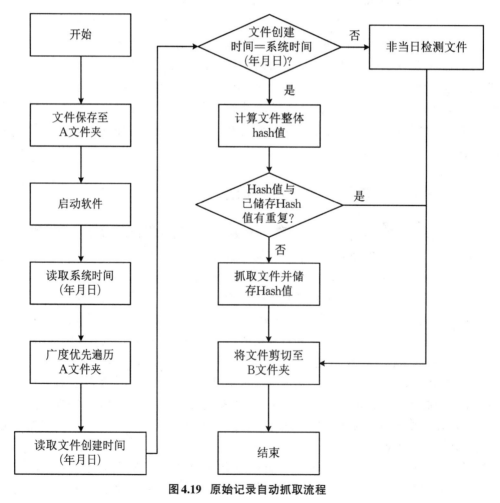

图4.19　原始记录自动抓取流程

抓取步骤具体描述如下：

① 将实验原始记录文件保存在 A 文件夹中。

② 全部文件保存完毕后，启动实验原始记录文件智能匹配软件。

③ 软件自动读取系统时间，并转换为年月日格式，得到时间栅栏因子。

④ 使用队列结构实现广度优先遍历，先从头部取出母文件名打印并移除，然后把母文件夹下的子文件名添加到队列，这样在遍历的时候，文件名的层级是相同的，从而实现广度优先遍历文件夹，获取文件。

⑤ 通过指定路径文件所对应的 File 对象，提取当前 FileInfo 对象的创建时间，将时间转换为年月日格式。

⑥ 比较文件属性的年月日创建时间与系统年月日时间栅栏因子是否为当日检测所得的实验原始记录文件。若时间相同，表示文件为当日检测所得的实验原始记录文件，按步骤⑦进行 Hash 计算。若时间不同，表示文件为非当日实验原始记录文件。

⑦ 将整个文件作为一个颗粒度，利用 SHA-2 Hash 算法计算文件的 Hash 值，得到 Hash 值栅栏因子。

⑧ 比较文件 Hash 值与已储存 Hash 值栅栏因子是否有重复，其中已储存 Hash 值是指每次读取文件所保存的文件 Hash 值。若重复，表示之前已读取过该文件；若 Hash 值不重复，继续步骤⑨。

⑨ 抓取文件并储存 Hash 值。

⑩ 通过文件搬运的方法，将非当日实验原始记录文件、重复文件和读取过的文件剪切至 B 文件夹保存，以方便后续读取新文件。

该文件抓取技术建立了文件创建时间初筛和文件 Hash 值精筛两项栅栏。在初筛时，能以低计算要求和低计算量的优势过滤全部非当日文件；在精筛时，通过计算文件整体 Hash 值的方法准确过滤当日已读取文件。

4.3.2.2　匹配算法

字符串匹配算法分为预处理和匹配两个过程。本研究首先改进 CDC 算法对实验原始记录文件进行分块预处理，再将数据块 Hash 值、数据块位地址和模式串等构建数据块索引表，使数据块与模式串之间形成映射关系，实现模式串在映射的数据块中进行灵活的字符串匹配。通过引入可变长度分块和建立映射关系，使字符串匹配的效率效果得到优化。

4.3.2.2.1　基于改进 CDC 的分块算法

CDC 算法是应用 Rabin 指纹将文件分割成长度大小不一的分块策略[42]，用一个固定大小的滑动窗口来划分文件，当滑动窗口的 Rabin 指纹值与期望值相匹配时，在该位置划分一个分割点，重复这个过程，直至整个文件被划分，最终文件将按照预先设定的分割点被划分成数据块。

本研究根据检测设备输出的实验原始记录文件有着固定文件格式的特点，通过改进传统的 CDC，设计一种适用于格式固定的文件分块算法，其流程如图 4.20 所示。

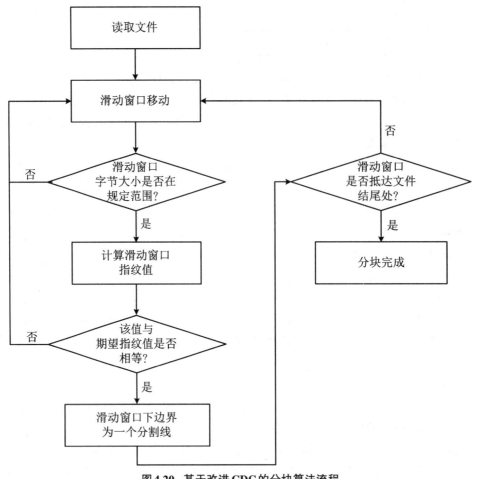

图4.20　基于改进CDC的分块算法流程

基于改进CDC的分块算法具体实现过程如下：

① 读取已抓取的文件。

② 设定一个大小为w的滑动窗口，以行与行间距之和的高度为1个单元进行滑动，直至滑动窗口被数据装载完毕。

③ 设定滑动窗口内字节值大小范围，在滑动窗口被数据装载完后，比较滑动窗口字节大小是否在设定范围内。若是，跳到步骤④；否则，滑动1个单位并重复步骤②。

④ 计算其窗口内的Rabin指纹值。

⑤ 比较Rabin指纹值与循序渐进表中预先设定的滑动窗口期望指纹值。若两值相等，则继续步骤⑥；若两值不相等，重复步骤②滑动一个单位。

⑥ 以滑动窗口下边界作分割线，对文本进行分割。

⑦ 判断滑动窗口是否抵达文件结尾处，即文件是否分块完毕。若是，则文件分块完成；否则，滑动1个单位并重复步骤②。

此过程中循序渐进表先设定模式串对应的期望指纹值，根据文本匹配的模式串种类和顺序确定表格匹配顺序。假设第1个模式串对应的期望指纹值为A，滑动窗口某位置D的

Rabin指纹值为f,当滑动窗口某位置时若$f \bmod D = A$,则将位置D的下边界作为一个分割线,创建1个分块,以此类推。从而使模式串在数据块前段完成字符串匹配,减少匹配其余文本的操作,从而提高了匹配速度。

与传统的CDC算法相比,该算法有以下改进:

① 设定了以行与行间距之和的高度为滑动窗口向下移动的1个单位。与传统CDC算法根据1个字符为单位向右移动相比,本研究算法可大幅减少匹配次数,缩短分块时间。

② 规定了滑动窗口内字节大小的范围,初步过滤掉大部分不符合分割条件的滑动窗口位置。传统CDC算法每滑动1次滑动窗口,都需要计算1次滑动窗口的Rabin指纹值,并与设定的期望值进行比较,而本研究是你发可减少滑动窗口的Rabin指纹值的计算次数,有效降低分块算法的计算量。

③ 制定了滑动窗口期望指纹值的循序渐进表。传统CDC算法由于设定固定期望值,易将待匹配数据一分为二,分属到2个数据块中,导致匹配失败,而本研究算法能更精准地划分文本数据块的大小,有效避免这种情况的发生。

4.3.2.2.2 基于数据库索引的字符串匹配算法

实验原始记录文件具有文本串T大而模式串P_n少的特点,使用传统的字符串匹配方法易出现模式串匹配次数多、匹配时间长和计算复杂度高等问题。本书提出基于数据块索引的字符串匹配优化算法,在文件分块后,将数据块的Hash值与模式串和数据块位地址组成数据块检索表。接着,模式串通过数据块索引表快速匹配到相应数据块。最后,模式串利用单模式匹配BF(Brute-Force)算法与映射的数据块进行字符串匹配,得到字符串匹配结果。数据块索引表如表4.1所示。其中,数据块索引表的每条记录都以数据块身份标识号(Identity Document,ID)作为主键;数据块位地址表示数据实际的物理位置。数据块索引表中还保存着数据块Hash值、对应的模式串。所有记录根据数据块ID存放在数据块索引表中,以此来保证查找的速度,降低匹配所需时间。

表4.1 数据块索引表

ID	Hash值	模式串	位地址
Chunk-1	Chunk1-Hash	P_1	1-H
Chunk-2	Chunk2-Hash	P_2	2-H
$\vdots$	$\vdots$	$\vdots$	$\vdots$
Chunk-n	Chunk$n$-Hash	P_n	n-H

模式串与数据块的相互匹配可根据模式串的长短选择适合的单模式匹配算法,以提高匹配效率。当模式串匹配的文本位置较集中时,可将文本划在一个数据块中,将单模式匹配算法转化为多模式进行精准匹配,从而减少分块数量,避免出现过小分块。通过建立模式串与数据块之间对应的映射关系,从而成功地构建灵活多变的模式串匹配算法。该算法不仅可提高字符串匹配效率,还可适用于不同的实验原始记录文件。

4.4　示例分析

实验软件环境包括处理器 Intel® Core™ i7-2670QM CPU@2.20 GHz，4核；软件环境包括 Ubuntu 16.04(64 bit)、C 语言、GNU C compiler version 5.4.0 编译器。通过内存占用量实验和分块吞吐量对基于改进 CDC 的分块算法进行测试。实验所用仪器和实验原始记录文件均由深圳海关实验室提供，实验运行时间单位为 ms。

4.4.1　匹配性能实验

因这里关注的是匹配性能，所以实验比较了分别采用基于改进 CDC 的分块算法、Optimized Aho-Corasick 算法和 DKR 算法时所用的内存占用量。实验使用安捷伦液相色谱仪 1290Q(D030202)输出的实验原始记录文件，模式串个数分别为 100，200，400，800，1 600，单个模式串长度在 2～10 之间。使用最大驻留集的大小来表示程序运行中内存占用量，实验结果如图 4.21 所示。

当模式串个数较少时，基于改进 CDC 的分块算法在内存占用量方面比 Optimized Aho-Corasick 算法和 DKR 算法有明显优势。对于模式串匹配个数不多的实验原始记录文件来说，在实际运用中基于改进 CDC 的分块算法在内存占用量上更优，能够降低对设备的硬件要求。

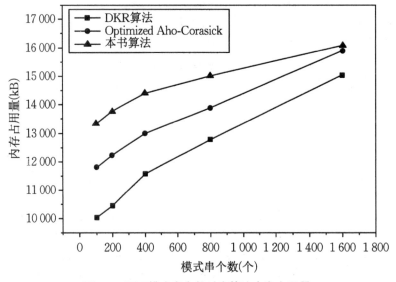

图4.21　不同模式串个数对应算法内存占用量

4.4.2　分块性能实验

分块吞吐量(Chunking Throughput)是数据大小除以处理的数据量和分块文件所消耗的时间量来计算的,即

$$分块吞吐量 = \frac{数据大小}{分块时间}$$

其中,因为本实验关注的是分块性能,所以此时的分块时间不包括数据读取时间。

为分析本实验在分块方面的性能,比较基于改进 CDC 的分块算法、LMC(Local Maximum Chunking Algorithm)算法和传统 CDC 算法的分块吞吐量。LMC 算法使用固定的对称窗口和文件的字节值来检测切割点,规避了传统 CDC 算法所存在的计算量大的问题。根据深圳海关实验室提供的原始记录文件份数的不同,实验共进行 8 组测试,选择实验原始记录文件数据集共 4 个。为避免因偶然性导致的异常结果,每组匹配测试分别进行 10 次,以 10 次实验结果的平均值作为对得到的分块吞吐量求平均值。

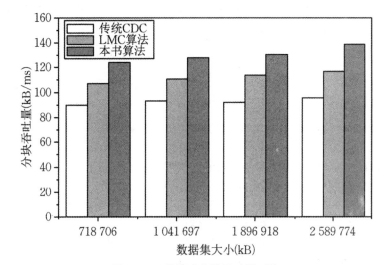

图 4.22　3 种算法分块吞吐量对比

由图 4.22 可见,本实验提出的基于改进 CDC 的分块算法的分块吞吐量明显高于传统 CDC 算法和 LMC 算法。

小结

随着实验室检测信息技术的迅速发展,数据规模正在以前所未有的速度扩大,越来越多的领域需要从海量数据中挖掘隐藏的深层信息,通过大数据进行分析利用。字符串匹配技术作为大数据分析的基础和核心,被广泛应用在各个领域中,而高效的字符串匹配算法将大大提高效率。

在智慧实验室的应用场景下,单模式匹配算法适用于一个文本串中查找一个固定模式的匹配,通常具有较低的时间和空间复杂度,并且可以实现较高的匹配速度,比如BM算法,它是应用最广泛的单模式匹配算法,这种跳跃式的匹配方式速度较快。但是,单模式匹配算法只能处理一个模式,对多个模式的匹配效率较低。多模式匹配算法适用于一个文本串中查找多个不同模式的匹配,能够高效地处理多个模式,比如KR算法利用Hash函数对文本串中的字串进行Hash计算,并于目标模式串的Hash值进行比较,从而快速进行匹配。然而多模式匹配算法需要更多的空间来存储和处理多个模式。自适应匹配算法是字符串匹配技术中的一种优化算法,它可以根据输入数据的特点和匹配需求自动调整匹配策略,这种算法在智慧实验室中虽然能够具备一定的灵活性和适应性,但是对模式串具有依赖性,且性能不稳定,甚至在某些情况下将消耗更多的资源,为实验室增加额外的开销。

本章提出基于改进CDC的实验原始记录匹配算法首先对实验原始记录文件进行抓取,然后改进现有CDC算法实现文本分块,再通过数据块索引表建立模式串与数据块的映射关系,形成了高效灵活的字符串匹配优化算法。实验证明,该算法在模式串个数较少时,内存占用量少。分块吞吐量方面,与DKR算法和传统CDC算法相比较,本书提出的算法提升较为明显。因此,该算法可广泛应用于数字实验室中的实验原始记录快速处理。

参考文献

[1] 汪滢,熊璐,刘晓.基于大数据处理的模式匹配算法效率分析[J].现代电子技术,2021,44(9):124-128.

[2] 钱颖,陈子阳,赵孟.模式匹配技术[J].燕山大学学报,2006,30(4):340-344.

[3] 潘超,杨良怀,龚卫华,等.模式匹配研究进展[J].计算机系统应用,2010,19(11):265-277.

[4] 李雪莹,刘宝旭,许榕生.字符串匹配技术研究[J].计算机工程,2004,30(22):24-26.

[5] 严蔚敏,吴伟民.数据结构:C语言版[M].北京:清华大学出版社有限公司,1997.

[6] 张玉新,李成海,白瑞阳.一种改进的单模式匹配算法[J].制造业自动化,2014(11):15-17.

[7] 毕智超.字符串模式匹配算法的研究及改进[J].电子测试,2013(20):64-65.

[8] 张建莉.字符串单模式匹配算法研究[J].农业网络信息,2016(4):107-109.

[9] KNUTH D E, MORRIS JR J H, PRATT V R. Fast pattern matching in strings[J]. SIAM Journal on Computing, 1977, 6(2): 323-350.

[10] 朱永强,秦志光,江雪.基于Sunday算法的改良单模式匹配算法[J].计算机应用,2014,34(1):208-212.

[11] BOYER R S, MOORE J S. A fast string searching algorithm[J]. Communications of the ACM, 1977, 20(10): 762-772.

[12] 钱屹,侯义斌.一种快速的字符串匹配算法[J].小型微型计算机系统,2004,25(3):410-413.

[13] HORSPOOL R N. Practical fast searching in strings[J]. Software: Practice and Experience, 1980, 10(6): 501-506.

[14] 余飞.模式匹配算法的分析与研究[J].电脑知识与技术,2018,14(10):251-252.

[15] SUNDAY D M. A very fast substring search algorithm[J]. Communications of the ACM, 1990, 33

(8)：132-142.

[16] 张林.字符串匹配的技术研究与实现[J].福建电脑,2009,25(3):6-7,3.

[17] HUME A, SUNDAY D. Fast string searching[J]. Software：Practice and Experience, 1991, 21(11): 1221-1248.

[18] 焦文欢,冯兴杰.一种改进的字符串匹配模型研究[J].计算机仿真,2022,39(3):319-324.

[19] 蔡晓妍,戴冠中,杨黎斌.一种快速的单模式匹配算法[J].计算机应用研究,2008,25(1):45-46,81.

[20] 夏念,嵩天.短规则有效的快速多模式匹配算法[J].计算机工程与应用,2017,53(7):1-8.

[21] AHO A V, CORASICK M J. Efficient string matching：An aid to bibliographic search[J]. Communications of the ACM, 1975, 18(6): 333-340.

[22] 孙强,辛阳,陈林顺.AC多模式匹配算法的优化与应用[J].中国科技论文在线,2011,6(1):45-48.

[23] 葛贤银,韦素媛,杨百龙,等.一种基于BM算法的改进模式匹配算法研究[J].现代电子技术,2009,32(20):73-75.

[24] 陈永杰,吾守尔·斯拉木,于清.一种基于Aho-Corasick算法改进的多模式匹配算法[J].现代电子技术,2019,42(4):89-93.

[25] 巫喜红,曾锋.AC多模式匹配算法研究[J].计算机工程,2012,38(6):279-281.

[26] FAN J J, SU K Y. An efficient algorithm for matching multiple patterns[J]. IEEE Transactions on Knowledge and Data Engineering, 1993, 5(2): 339-351.

[27] 罗金玲,刘罗仁.入侵检测系统中的模式匹配算法研究[J].重庆科技学院学报(自然科学版),2010,12(2):159-162.

[28] 王永成,沈州,许一震.改进的多模式匹配算法[J].计算机研究与发展,2002,39(1):55-60.

[29] TRIVEDI U. An optimized Aho-Corasick multi-pattern matching algorithm for fast pattern matching [C]// The 17th India Council International Conference (INDICON). Delhi, IEEE, 2020：1-5.

[30] WU S, MANBER U. A fast algorithm for multi-pattern searching[M]. Tucson：University of Arizona. Department of Computer Science, 1994.

[31] 董志鑫,李馨梅.一种改进的应用于多模式串匹配的KR算法[J].智能计算机与应用,2018,8(1):116-122.

[32] KARP R M, RABIN M O. Efficient randomized pattern-matching algorithms[J]. IBM Journal of Research and Development, 1987, 31(2): 249-260.

[33] HAKAK S I, KAMSIN A, SHIVAKUMARA P, et al. Exact string matching algorithms：Survey, issues, and future research directions[J]. IEEE Access, 2019, 7: 69614-69637.

[34] 杨品,吴宇佳,刘嘉勇.基于KR-BM算法的多模式匹配算法改进[J].信息安全与通信保密,2014(11):117-120.

[35] 黄勇,平玲娣,潘雪增,等.基于划分的模式匹配改进算法[J].大连海事大学学报,2008,34(1):41-44.

[36] 刘许刚,黄海,马宏.一种基于分段匹配的字符串匹配算法[J].计算机应用与软件,2012,29(3):128-131.

[37] GUO F, EFSTATHOPOULOS P. Building a high-performance deduplication System[C]//USENIX Annual Technical Conference. 2011.

[38] MEYER D T, BOLOSKY W J. A study of practical deduplication[J]. ACM Transactions on Storage (ToS), 2012, 7(4): 1-20.

[39] XIE F, CONDICT M, SHETE S. Estimating duplication by content-based sampling[C]//2013 {USENIX} Annual Technical Conference ({USENIX}{ATC} 13). 2013: 181-186.

［40］ 周斌,朱容波,张莹.基于位串内容感知的数据分块算法［J］.计算机工程与科学,2016,38(10)：1967-1973.

［41］ 敖莉,舒继武,李明强.重复数据删除技术［J］.软件学报,2010,21(5):916-929.

［42］ TEODOSIU D, BJORNER N, GUREVICH Y, et al. Optimizing file replication over limited bandwidth networks using remote differential compression［J］. Microsoft Research TR, 2006:157.

［43］ 郭玉剑,曾志浩.一种用于重复数据删除的非对称最大值分块算法研究［J］.信息技术与网络安全,2017,36(22):30-33.

第5章 检测报告实体自动识别技术

5.1 研究背景

命名实体[1](Named Entity,NE)这一术语于1995年11月举行的第六届信息理解会议(Message Understanding Conference 6,MUC-6)上首次被提出,会议说明了需要标注的实体是"实体唯一的标识符(Unique Identifiers of Entities)"。此外,会议还将命名实体评测作为信息抽取的一个子任务,自此命名实体任务被加入到信息抽取领域。当时研究的核心是如何在某些领域进行信息抽取,即从非结构化文本中抽取核心结构化信息,比如人名、机构名和地名。在之后的MUC-7中,命名实体识别的类别进一步划分为3大类(实体类、时间类、数字类)和7小类(人名、机构名、地名、时间、日期、货币和百分比)。MUC之后的自动内容抽取(Automatic Context Extraction,ACE)会议将命名实体中的机构名和地名进行了细分,增加了地理—政治实体和设施实体,之后又增加了交通工具和武器这两种实体。这些分类基本可以囊括人类社会所需识别的实体。自此,各种国际评测会议都对该主题进行了大量研究,所以这些评测会议对该研究的发展起到了极大的推动作用。

命名实体识别(Named Entity Recognition,NER)是自然语言处理(Natural Language Processing,NLP)领域中一项非常重要的基础任务,旨在自动检测文本中具有特定意义的命名实体并将其分类为预定义的实体类型,因此有时也将其称为命名实体识别和分类(Named Entity Recognition and Classification,NERC)。该研究与实体信息抽取、关系抽取、句法分析、知识图谱构建等应用有着密切联系。命名实体识别模型的实用性是评判优劣的标准,主要作用是自动识别文本语句实体的边界,在企业年报、检测报告、司法文书、网购评价、医疗指南等领域发挥重要作用,评判指标集中在准确率和效率两方面。然而,这两方面往往存在效益背反现象,即在提升准确率的时候会使效率降低,在一定程度上呈现此消彼长的现象,使得模型总体性能难以提升。因此,降低准确率和效率的效益背反程度,增强实用性的研究显得至关重要。

随着互联网技术的发展、自然语言理解和文本挖掘研究的不断深入,文本语义层面的知识显得格外重要,在新兴的研究领域例如自动问答、情感分析等都需要通过丰富的语义知识作为支撑,而命名实体作为文本中极其重要的语义知识,对它的识别和分类已然成为一项热门的研究,计算机科学中的机器学习和计算语言学中语义分析等其他领域都对该问题进行了广泛的研究,然而由于命名实体本身的复杂性(实际数据中实体的类型复杂多样)、开放性

(命名实体内容和类型并非永久不变)等特点,该问题还远没有达到可以完全解决的阶段。随着各种技术的发展,该研究问题不断被推新,这使得命名实体识别自从提出到现在二十几年的时间甚至到未来很久一段时间,仍然是一个重要且富有挑战性的研究课题。

基于规则和词典的方法[2]是命名实体识别中最早使用的方法,该方法依赖语言学家和领域专家手工制定的语义语法规则,这些规则是基于特定领域的语法-词汇模式设计,通过规则匹配识别各种类型的命名实体。基于规则和词典的方法虽然能够在特定语料上(字典详尽且大小有限)获得很好的效果,但是构建这些规则不仅耗时,且其可扩展性和可移植性比较差。面对复杂且不规则的文本,不同构造的规则之间会产生冲突[3],导致所有规则难以被覆盖。

早期在MUC前后的命名实体识别研究中,命名实体识别方法主要是通过人工制定规则,从文本中寻找匹配这些规则的字符串。但是,随着计算机的更新迭代,人们也试图借助机器来自动制定和生成规则,其中最具有代表性的便是Collins等提出的DLCoTrain方法[4],该方法根据语料对提前预定义的种子规则集进行无监督的训练迭代生成规则集,并利用规则集对语料中的命名实体进行分类,该方法对命名实体中3种类别(人名、机构名、地名)的分类准确率超过了91%。类似的还有使用Bootstrapping进行规则自动生成的方法[5]。与此同时,研究者们提出了规则和统计模型相结合的命名实体系统,通过实验结果表明,加入统计模型后即使不使用地名词典仍可以很好地匹配和识别地名。可见当时研究者们已经意识到,基于规则和词典的命名实体识别方法虽然能够在特定的预料上获得不错的识别效果,但是识别效果越好,越需要进行大量规则的制定,然而通过人工来制定大量的识别规则的可行性太低。而试图通过制定有限规则来匹配识别不断变化的命名实体这样的方法越来越显得不可靠,显然规则对管理者领域知识是极度依赖的,当两个领域差别很大时,制定的规则常常不能进行移植,则不得不重新制定新的规则。

实际上,基于规则和词典的方法由于其易于实现且无须训练[6]的特点,在早期的命名实体任务中取得了很好的效果。该方法的优势是在特定领域内其准确率高、召回率低,适用于数据集较小且不频繁更新的领域。但又因为该方法存在着泛化能力差、构造词典成本高等固有缺陷,使得研究者们纷纷寻求新的研究思路,而此时正值机器学习在自然语言理解领域兴起。

5.2　传统命名实体识别方法

在21世纪初,机器学习在NLP领域的兴起,命名实体识别的研究也逐渐从早期基于规则和词典的方法转向传统机器学习的阵营,命名实体识别研究进入第二阶段。在该阶段,命名实体识别被转化为序列标注,其本质仍然是分类的问题。

基于机器学习的方法实际上是从样本数据集中采用统计的方法计算出相关参数和特征,以此建立识别模型。基于机器学习的NER方法归根到底就是一种分类的方法,即在给定命名实体的多个类别的前提下,使用识别模型对文本中的实体进行分类。这种方法可以分为两种思路：

第一种思路是分段识别，即先识别出文本中所有命名实体的边界，然后再对这些命名实体进行分类，比如 Collins 等提出的 CoBoost 方法[4]采用的就是这种思路，该方法通过设定两个分类器来识别边界，再设定一个基于 AdaBoost 整合得到的适用于无标签语料的分类器对实体类型进行分类。该方法对于命名实体的三大类（人名、机构名、地名）的分类准确率都超过 91%。

另一种思路是序列标注，以 Petasis 等[7]为代表，使用隐马尔可夫模型等经典的序列标注方法，同时进行边界识别和分类。对于文本中的每个词，这些词可以有多个候选的类别标签，而这些标签分别对应其在各类命名实体中所处的位置。这时候 NER 的任务就是对文本中的每个词进行序列自动标注，实际上也是一种分类，再将自动标注的标签进行整合，最终获得由若干个词构成的命名实体及其类别。对英文而言，词是最小的标注单元，而对中文而言，字是最小的标注单元，而该思路能够避免分词带来的错误积累问题。

传统机器学习的 NER 方法将重心转移到概率上，因此就有一定的迁移能力，但需要人工进行特征选择，这对相关人员的特征选择能力有一定的要求。可以说，传统机器学习方法是将统计学习方法应用到机器学习中，并通过人工精心挑选和设计的特征来表示每个训练示例，从而识别出隐藏在数据中的相似模式[3]。该方法的核心在于针对特定的研究背景来选择合适的训练模型。对比基于规则和词典的 NER 方法，该方法省略了大量繁琐的规则所制定的过程，用更短的时间来训练人工标注的语料库，由此提高了训练效率。对于不同领域的不同问题，只需要根据特定领域的训练集来重新训练相应的模型[6]。序列标注方法是目前最普遍且最有效的方法，经典的序列标注模型比如隐马尔可夫模型、最大熵模型、最大熵隐马尔可夫模型被应用到 NER 中，都获得了不错的效果。

5.2.1　隐马尔可夫模型

隐马尔可夫（Hidden Markov Model，HMM）最早由 Rabiner 等[8]在统计学论文中提出，后来在语言识别中得以应用。隐马尔可夫模型是一种针对序列标注的概率模型，该模型旨在预测隐藏的状态序列。它的基本思想是根据预测序列找到隐藏的状态序列，同时服从于齐次马尔可夫假设和观测独立假设。根据所研究的基本问题[6]可以将其分为 3 类，即概率计算问题、参数学习问题和解码计算问题。

5.2.1.1　概率计算问题

给定模型参数 $\lambda=(\boldsymbol{A},\boldsymbol{B},\pi)$ 和观测序列 $Z=(z_1,z_2,\cdots,z_N)$，计算观测序列 Z 的条件概率 $P(Z|\lambda)$。其中 $\boldsymbol{A}$ 为状态转移矩阵，$\boldsymbol{B}$ 为观测矩阵。通过前向算法作为示例，其流程描述如图 5.1 所示。

假设有 T 个序列，定义前向概率 $\alpha_t(i)$ 表示在给定参数下的情况下，t 时刻的状态以及第 $1,2,\cdots,t$ 时刻的观测的联合概率；$b_i(x)$ 表示由状态 x_i 生成给定观测数据的概率。经推导后可以得到第 $t+1$ 时刻的前向概率为

$$\alpha_{t+1}(i) = \sum_{i=1}^{N} \alpha_{ij} b_j(x_{t+1}) \alpha_t(i) \tag{5.1}$$

其中，α_{ij} 表示在当前时刻处于状态 x_i 的条件下，下一时刻转移到状态 x_j 的状态转移概率。则观测序列 Z 的条件概率为

$$P(Z|\lambda) = \sum_{i=1}^{N} \alpha_N(i) = \sum_{i=1}^{N} \sum_{i=1}^{N} \alpha_{ij} b_j(x_{t+1}) \alpha_t(i) \tag{5.2}$$

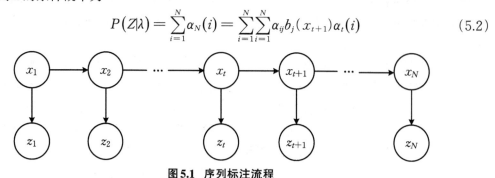

图5.1　序列标注流程

5.2.1.2　参数学习问题

在给定观测序列 $Z = (z_1, z_2, \cdots, z_N)$ 的情况下，求模型中的最优参数 λ^*：

$$\lambda^* = \underset{\lambda}{\operatorname{argmax}} \, P(Z|\lambda) \tag{5.3}$$

其实质上就是对模型进行训练并调参的过程，一般通过最大期望算法进行求解。

5.2.1.3　解码计算问题

在给定模型参数 $\lambda = (A, B, \pi)$ 和观测序列 $Z = (z_1, z_2, \cdots, z_N)$ 的情况下，求最可能出现的状态序列 $X = (x_1, x_2, \cdots, x_N)$。常用的解决方法是首先将其看作是一个最短路径问题，然后利用维特比（Viterbi）算法的思想，先寻找概率最大的路径，接着在得到概率最大路径之后，从最优路径终点开始，回溯地寻找最优路径上当前点的上一个点，直到找到最优路径的起点为止。因此解码计算也能够看作是一个模型预测问题。

HMM 模型的使用就是在给定观察值序列的条件下，对观察值所对应的可能的状态序列的遍历过程。在 HMM 框架下，命名实体识别已经成为了词性标注的一部分，命名实体识别的任务就是在给定观察值序列（即单词序列，也即句子）的前提下，试图找到它的最佳状态序列（即该句的标记序列）。著名的 Viterbi 算法可以用来找到一个句子的最为可能的标记序列。

在众多的统计模型中，HMM 模型的评价性能比较好，其主要原因是它能较好地捕获所需的状态转移信息，而且由于经典的 Viterbi 算法在求取最佳状态序列时表现出来的高效性，使得 HMM 在 NER 的应用中越来越频繁。然而，由于 HMM 模型建立在以下3个假设[9]的前提下：

① 马尔可夫假设（状态构成一阶马尔可夫链），形式化表述为

$$p(X_i|X_{i-1}\cdots X_1) = p(X_i|X_{i-1})$$

② 不动性假设（状态与具体时间无关），形式化表述为

$$p(X_{t+1} = q_j|X_t = q_i) = p(X_{s+1} = q_j|X_s = q_i)$$

对任意时间 s、t 成立,其中,q_i、q_j 指状态。

③ 输出独立性假设(输出仅与当前状态有关),形式化表述为

$$p(O_1, \cdots, O_T | X_1, \cdots, X_T) = \prod p(O_t | X_T)$$

所以,在实际的应用中,上述 3 个假设是否符合系统实际,将会影响到系统的最终性能。

HMM 模型构建较为简单,早期在自然语言处理、模式识别等领域得到广泛的应用,并且取得了不错的效果。基于 HMM 的 NER 方法通过利用维特比算法将可能的目标序列分配给每个单词序列,能够捕捉现象的局部性[10],进而提高了实体识别性能。但是,HMM 模型对特定位置和文本长度有所限制[11],所以该模型的适应性不理想。此外,有些研究人员通过建立高阶的 HMM 模型来优化模型抽取效果。因此,总的来说,HMM 模型训练速度快,复杂度低,但容易在训练过程中陷入局部最优解。该模型有许多的应用场景,比如 Bikel 等在 1999 年提出了基于 HMM 的 IdentiFinder 系统[12,13],识别和分类名称、日期和数值等实体;Fu 等[14]在 2005 年利用分词器和 Lexicalized HMM 模型探索上下文语境信息和实体构成模式,进而识别中文文本中不同类别的命名实体。

5.2.2 最大熵模型

1957 年,E. T. Jaynes 提出最大熵(Maximum Entropy, ME)原理[15]。其基本思想是在给定训练数据和样本的前提下,选择一个和所有训练数据一致的模型。比如在汉语中,如果一个命名实体在训练数据中其前驱词为形容词的概率是 50%,而在训练数据中其前驱词为冠词的概率是 30%,那么在这些情况下,最大熵模型的概率应该和训练语料中的相应概率分布一致,即也是 50% 和 30% 的概率。换言之,给定一些事实集,选择一种模型使其与现有的事实一致,而对于未知事件则尽可能使其分布均匀,保持对未知事件的未知状态。最大熵原理[9]的表述如下:

假设存在 n 个特征 $f_i (i = 1, 2, \cdots, n)$,则满足所有约束的模型的集合如下:

$$C = \{ p \in P | p(f_i) = p'(f_i) \} \quad (i \in \{1, 2, \cdots, n\}) \tag{5.4}$$

其中,p' 指样本经验分布;P 指所有概率模型的集合。

通过上述式子可以看出,满足约束条件的模型并不是唯一不变的,然而目标函数是在约束下最具有均匀分布的模型,即从概率分布集合 C 中选择具有最大熵的模型。

最大熵模型是一种广泛应用于 NLP 中的概率估计模型,其不对未知信息做任何假设,而是在已知特征的约束的前提下,使得未知的信息分布尽可能均匀分布,即熵最大。在最大熵方法中,通过找到一个特征的集合,来确定每个特征的重要程度,以此进行特征抽取。由于最大熵模型不仅能够综合观察到各种相关或不相关的概率知识,还能够将各种特征和规则集成到某个统一框架下,具有较强的知识表达能力,因此其在各个领域中比如文本分类、数据挖掘和词性标注等能够发挥较好的作用。

最大熵模型在 NER 中的应用可以表述为:

1. 生成特征函数

实际上,在 NER 中,特征函数一般是一个包括单词特征、词法特征、先验特征、词典特征

以及复合特征的二值函数。

2. 选取特征函数

在 NER 中,最大熵模型通常能够发挥特征选取的作用,即选取对模型有表征意义的特征。如果应用领域不同,或者观察角度不同,都会使特征函数的选取标准发生改变。选取标准不仅可以是在训练语料中出现的频次,也可以是互信息。在命名实体中,特征函数的选取通常是由特征函数出现的频次决定,在这个过程中要注意的是阈值大小的确定问题。

3. 估计参数

参数估计建立了概率模型和特征之间的联系,是 NER 应用中十分重要的一个步骤。常用的特征参数的估计方法有两种,第一种是传统的一般迭代算法(General Iterative Scaling,GIS),另一种是改进的迭代算法(Improved Iterative Scaling,IIS)。实际上,还有改进的使用 Z-测试的特征选取算法,该算法将 2 和 3 结合到一起,以此降低计算量。

因此,在 NER 中,构建最大熵模型应集中在模型的特征归纳上,为模型选择具有表征意义的特征。Lin 等[16] 将 ME 和基于词典匹配和规则相结合,用来识别文本中的生物实体,将预先制定好的规则输入 ME 模型中,由于开始阶段采用机器学习的方法可能产生错误识别边界和错误分类语义的问题,通过基于词典匹配和规则的方法修正边界,同时改善分类语义的结果,进而提高了准确率和召回率。

5.2.3　最大熵隐马尔可夫模型

McCallum 等[17] 提出最大熵马尔可夫(Maximum Entropy Markov,MEM)模型对 FAQs 文本中的问题和答案部分进行切分。MEM 是一种指数模型[18],在隐马尔可夫模型的基础上添加了最大熵模型的特点,实际上,隐马尔可夫模型不能在采用生成式联合概率模型来解决条件概率问题时使用多特征进行刻画,MEM 运用最大熵的办法弥补这个缺陷。MEM 的基本思想是首先将文本的抽象特征作为输入,然后在马尔可夫状态转移的基础上选择下一个状态,这个过程更接近有限状态自动机。由于 MEM 为了改善信息抽取的性能,将文本的上下文特征信息以及文本词汇本身包含的特征信息结合到马尔可夫模型,但这种做法仅仅只是进行结合操作,并没有对具体的文本词汇进行统计,即只考虑了抽象特征,这将导致其在某些情况下性能不如 HMM。

隐马尔可夫模型中当前时刻观察输出取决于当前隐藏状态[19],而最大熵马尔可夫模型中的当前时刻观察输出不仅取决于当前隐藏状态,而且可能取决于前一时刻的隐藏状态。

假设观察状态序列为 $O = \{o_1, o_2, \cdots, o_T\}$,隐藏状态序列为 $S = \{s_1, s_2, \cdots, s_T\}$,解码问题需要求解:

$$\underset{S}{\mathrm{argmax}}\, P(S|O) \tag{5.5}$$

$$P(S|O) = \sum_{t=1}^{T} P(s_t|s_{t-1}, o_t) \tag{5.6}$$

前一时刻状态取值 s_{t-1} 用 s' 表示,当前观察序列值 o_t 用 o 表示,运用最大熵原理:

$$P(s|s', o) = P_{s'}(s|o) \tag{5.7}$$

$$P_{s'}(s|o) = \frac{1}{Z(o, s')} \exp\left(\sum_a \lambda_a f_a(o, s)\right) \tag{5.8}$$

其中,λ_a 是需要学习的参数,$Z(o, s')$ 是归一化因子,使得 $\sum_s P(s|o) = 1$,而 $f_a(o, s)$ 是特征函

数。特征函数 $f_a(o, s)$ 包含两个参数,一个是当前观察值 o,另一个是可能的隐藏状态值 s,特

征函数通过 $a = <b, s>$ 定义,b 是二分特征值,s 是状态值:

$$f_a(o_t, s_t) = f_{<b,s>}(o_t, s_t) \tag{5.9}$$

$$f_{<b,s>}(o_t, s_t) = \begin{cases} 1 & (b(o_t) = true \quad s = s_t) \\ 0 & (其他) \end{cases} \tag{5.10}$$

MEM 中对隐藏标注序列的求解,同样使用了 Viterbi 算法,不过需要在 HMM 中所使用的 Viterbi 算法基础上进行改进,改进后的算法如下:

① 初始化计算:

$$\beta_1(i) = \pi_i p_i(s|o_1) \tag{5.11}$$

$$\phi_1(i) = 0 \tag{5.12}$$

② 中间动态规划计算:

$$\beta_t(s) = \max_{1 \leqslant i \leqslant N} \beta_{t-1}(i) \cdot p_i(s|o_t) \tag{5.13}$$

$$\phi_t(s) = \underset{1 \leqslant i \leqslant N}{\operatorname{argmax}} \beta_{t-1}(i) \cdot p_i(s|o_t) \tag{5.14}$$

③ 结束计算:

$$H_n^* = \underset{1 \leqslant i \leqslant N}{\operatorname{argmax}} [\beta_T(i)] \tag{5.15}$$

$$P(H_n^*) = \max_{1 \leqslant i \leqslant N} [\beta_T(i)] \tag{5.16}$$

④ 路径回溯:

$$h_t^* = \beta_{t+1}(h_{t+1}^*) \tag{5.17}$$

其中,最大熵隐马尔可夫模型的参数训练采用的是 GIS 算法。

Borthwick 等[20]最早将 MEM 用于英文 NER 任务,综合考虑了首字母大小写、句子的结尾信息以及文本是否为标题等多种特征信息;对于中文 NER,周雅倩等[21]最早将 MEM 应用在中文名词短语的识别上,不仅将短语识别问题转化为标注问题,而且还利用预定义的特征模板从语料中抽取候选特征,再根据候选特征集识别名词短语。

5.3　基于深度学习命名实体识别方法

命名实体识别技术通过引入机器学习方法,减少了对规则和词典的依赖,使得实体识别效果得到进一步提升。传统机器学习方法的基本思想是先从样本数据集合中统计出相关特征和参数,然后通过这些特征和参数来建立识别模型,以此进行匹配识别。通过机器学习方法与规则库和词典的结合进行实体识别,其效果远远大于单一方法识别的效果。基于机器

学习的命名实体识别方法虽然比基于规则和词典的命名实体识别方法的效果好,但在构建模型的时候仍然需要投入一定的时间和其他资源在人工标注数据和特征选择上[11],并且其泛化能力不高。因此,随着算法的不断改进和革新,引入了深度学习,对实体识别进行了再度优化。深度学习通过提供替代复杂的特征工程的解决方案,使得机器能够自动找到潜在的特征集合。

近年来,基于深度学习的方法已经广泛应用在NLP领域中,并且在许多任务中都取得了较好的成绩。基于深度学习的方法与传统机器学习方法对比,不仅在面对自动学习特征问题和运用深层次语义知识问题时有明显的优势,在缓解数据稀疏等问题时同样也有较好的效果。具体表现如下:

① 在特定的任务中能够自动学习分布式特征,进而避免需要人工定义特征的问题。

② 能够自动学习词、短语和句子等不同粒度语言单位的语义向量表示,从而能够更容易理解深层次的语义,并且能够减少计算的复杂性。

③ 从数据稀疏的角度观察,通过自动学习分布特征的低维连续向量表示比通过人工定义特征的高维离散向量表示更有优势。

④ 利于整合并且迁移来自各种异构数据源的信息,同时有效地缓解低资源语言和人工标注语料短缺的问题。

在NER任务中,研究人员探索了大量基于深度学习的方法,并取得了实质性的进展。基于深度学习的方法借助神经网络自动学习特征并训练序列标注模型,其性能已经超过了传统机器学习的方法。目前,随着深度学习的发展,基于深度学习的命名实体识别方法是NLP领域的研究热点之一。

基于深度学习的NER方法是一种以端到端的方式从文本输入中自动获取隐藏特征的方法,在这个过程不需要依赖人工构造的特征。其中,神经网络能够不依赖人工构造的特征通过非线性变换从数据中自动获取隐藏特征,使得该过程节省了大量成本。一般地,基于深度学习的NER方法的步骤是首先通过预训练语言模型(Pre-Trained Language Model,PLM)训练词向量使文本获得向量化表示(Input Representation,IR),通过编码器提出文本特征,最后通过解码器获得预测的序列标签,该流程[22]具体如下:

① 通过基于静态词向量或基于动态词向量的预训练语言模型对输入文本进行向量化表示,具体可以分为基于词(Word)或基于字符(Character)或混合(Hybrid)三种方式进行向量化。

② 将IR阶段输出的文本向量输入到编码器中对文本特征进行提取。

③ 将②输出的向量输入到解码网络得到最佳序列标签。

实际上,虽然基于深度学习的方法准确率高,但仍需要大规模的标注数据集和高资源的算力,显然PLM的应用对于小模型的训练将会是一种负担。

基于深度学习的方法已然成为NER领域的主流方法,其模型结构主要包括嵌入层、编码层和解码层。嵌入层的作用是为编码层提供低维密集[3]的输入向量;编码层采用文本编码器如LSTM、Transformer等提取上下文依赖关系;解码层采用标签解码器对上下文编码输出的向量进一步解码,进而获得最佳标签序列。

5.3.1　嵌入层

在NLP中,文本不能被神经网络直接编码,需要通过嵌入层将文本转换成低维实值密集向量,在该向量中,每个维度表示一个潜在特征,输入文本通过嵌入层,从文本中自动学习,捕获单词的语义和句法属性,利于接下来模型对信息特征提取。主流的嵌入方式有词嵌入、字符嵌入和字词混合嵌入。

5.3.1.1　词嵌入

在NLP领域中,通过利用词嵌入(Word Embedding)的方式,将某个词映射到一个低维稠密的语义空间[23],能够有效解决传统机器学习方法存在的文本特征稀疏问题,使得语义空间中相似的词具有更近的距离。

由于有监督的NER模型训练需要大量人工标注的数据,即数据标注成本高,所以可以通过无监督算法对大量未标注的数据进行预训练,以此学习到单词表示来提高小型领域数据集上的有监督NER模型的训练效率。常见的词向量表示模型有One-Hot编码、Word2Vec模型和GloVe模型。

5.3.1.1.1　One-Hot编码

One-Hot编码又称为"独热编码"或一位有效码,可以缩写成OHC编码,其编码过程[24]是根据特征的取值空间设计相应的编码向量的长度,并且将相应的特征取值位置设为1,而其余的特征取值位置设为0,即One-Hot编码能够使每个词与一个单词向量一一对应,并且任意两个词之间是独立的。

One-Hot编码的流程可以表述为先将特征映射到编码空间,若某个特征的取值空间为S,那么对于保序的特征空间$\hat{S}$,该特征空间第i个元素s_i的编码结果是

$$c \triangleq (c_1, \cdots, c_{|S|}) \quad (c_j = 1_{j=i}, j = 1, 2, \cdots, |S|)$$

在任何时候,One-Hot编码的结果只有一位有效码位且取值均为1,其余取值均为0。

虽然One-Hot编码不仅能够很好地解决离散数据的问题,而且还能对特征进行一定程度的扩展,但实际上,语料库的大小决定了向量的维度,即随着语料库的规模越来越大,向量维数也会越来越大,这种情况称之为维度灾难。由于One-Hot编码是一个词袋模型,即每个词向量之间相互独立,编码得到的词向量是由某个词在词典中的位置表示的,具有高稀疏高离散的特征,因此会导致词之间的关联性被忽略,这将带来"语义鸿沟"[25]的问题。

此外,One-Hot编码虽然能将文本表示成机器能理解的向量以此代替简单的数字组合,但是该方法会被词典的覆盖能力所限制,并且One-Hot编码中存在编码结果维度高、只有唯一有效值而使输入数据转换成稀疏数据等问题,因此One-Hot编码无法表示词之间的联系。

5.3.1.1.2　Word2Vec模型

在计算机视觉(Computer Vision,CV)领域中,常采用神经网络从图像中提取特征,该思路被NLP借鉴。神经网络语言模型(Neural Network Language Model,NNLM)被用来训练

词向量,该模型能够通过无监督训练的方法得到合理存在的语句。后来,Mikolov等在2013年提出了Word2Vec词向量表示模型[26],该模型能够将大规模未标注的语料库转换为低维稠密的词向量,使得词与词之间的相似度能够通过向量空间中的距离来表示,是一种基于浅层神经网络的预处理模型。Word2Vec模型能够充分利用语境信息,并且通过联系理解词的上下文,即能够理解该词在文本中的意思。Word2Vec模型的向量维数不会因为语料库的规模变大而变大,可见,Word2Vec模型克服了"维度灾难"[25]的现象,但是Word2Vec的窗口是以局部语料库为基础的,所以当Word2Vec模型将文本映射为词向量时,只能提取语句层次的信息,将会失去上下文中各实体之间的关联,同时造成同一实体在上下文中的标注不一致,即无法解决一词多义的问题。

　　Word2Vec实际上是两种不同的方法:CBOW(Continuous Bag of Words)和Skip-gram。CBOW的目标是根据上下文窗口来预测中心词出现的概率,而Skip-gram正好相反,其目标是根据中心词预测上下文窗口内的词出现的概率。Word2Vec两种方法[26]如图5.2(a)和图5.2(b)所示。

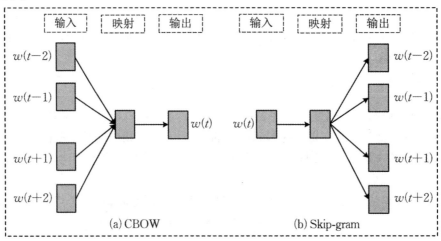

图5.2　Word2Vec两种方法

　　作为一种神经概率语言模型,CBOW广泛应用于NLP领域。该模型由输入层、隐藏层和输出层组成。其中,输入层将初始化中心节点及其上下文节点,使其成为一个One-Hot向量;隐藏层求和累加输入层输入的One-Hot向量;输出层则对应一棵中心节点的霍夫曼树。对于一个中心词w,CBOW的目标函数[27]如公式(5.18)所示:

$$L = \sum_{w \in c} \log p(w|Context(w)) \tag{5.18}$$

其中,w表示中心词,$Context(w)$表示中心词及其前后c个词所构成的文本。由于隐藏层中每个上下文节点都会对应输出的霍夫曼树的一个叶节点,那么任意一个叶节点一定存在一条可以回溯到根节点的路径。

　　若路径上共有l个节点,则路径的$l-1$个分支都对应一个概率,从而改写公式(5.18)中的$p(w|Context(w))$,如公式(5.19)所示:

$$p(w|Context(w)) = \prod_{i=2}^{l} p(d_i^n|\boldsymbol{x}_n, \boldsymbol{\theta}_{i-1}^n) \tag{5.19}$$

其中，d_i^n表示霍夫曼树的一个叶节点回溯到根节点路径的第i个节点；θ_{i-1}^n表示除叶节点外的节点所对应的节点向量。

而CBOW中所谓路径分支的概率，实质上便是节点向量θ_{i-1}^n与隐藏层所产生的向量$\boldsymbol{x}_n$共同作用于sigmoid函数σ，因此公式(5.19)中$p(d_i^n|\boldsymbol{x}_n,\boldsymbol{\theta}_{i-1}^n)$的计算如公式(5.20)所示：

$$p\left(d_i^n|\boldsymbol{x}_n,\boldsymbol{\theta}_{i-1}^n\right)=\begin{cases}\sigma\left(\boldsymbol{x}_n^\mathrm{T}\boldsymbol{\theta}_{i-1}^n\right) & (d_i=0)\\1-\sigma\left(\boldsymbol{x}_n^\mathrm{T}\boldsymbol{\theta}_{i-1}^n\right) & (d_i=1)\end{cases} \tag{5.20}$$

结合公式(5.18)～公式(5.20)，对CBOW的目标函数化简并以梯度上升法进行梯度求解，可得出θ_{i-1}^n和x_n对应的更新函数，如公式(5.21)和公式(5.22)所示：

$$\boldsymbol{\theta}_{i-1}^n := \boldsymbol{\theta}_{i-1}^n + \eta\left[1-d_i^n-\sigma\left(\boldsymbol{x}_n^\mathrm{T}\boldsymbol{\theta}_{i-1}^n\right)\right]_x \tag{5.21}$$

$$\boldsymbol{x}_n := \boldsymbol{x}_n + \eta\left[1-d_i^n-\sigma\left(\boldsymbol{x}_n^\mathrm{T}\boldsymbol{\theta}_{i-1}^n\right)\right]\boldsymbol{\theta}_{i-1}^n \tag{5.22}$$

其中，η表示学习效率。按照CBOW模型的思想，通过θ_{i-1}^n和x_n的更新函数即可得到输入层中心节点的词向量更新函数，如公式(5.23)所示：

$$v(\tilde{w}) := v(\tilde{w}) + \eta\sum_{i=2}^{l}\frac{\partial L(w,i)}{\partial \boldsymbol{x}_n} \quad (\tilde{w}\in Context) \tag{5.23}$$

CBOW模型是在已知$Context(w)$的情况下预测w，与CBOW模型不同的是，Skip-gram模型的目标函数是使$p(Context(w)|w)$最大化，即在已知w的情况下预测$Context(w)$。Skip-gram模型存在一个基本假设[28]：相似的单词拥有相似的语境。换言之，特定的语境只有特定的语义才能够与之匹配。通过条件概率最大化，使得单词和语境之间的对应关系最大化，从而满足基本假设。而满足条件概率最大化的单词向量，也就成为了单词语义的合理表示。Skip-gram模型中的每个词向量表征了上下文的分布，其中Skip是指在一定窗口内的词两两都会进行概率计算，即使它们之间隔着一些词。所以Skip-gram模型进行预测的次数会比CBOW模型多，因此当数据量较少或者语料库中有大量低频词时，使用Skip-gram模型会比CBOW模型更加适合。

5.3.1.1.3 GloVe模型

在Word2Vec模型之后，Pennington等提出了基于全局语料的GloVe模型[29]，该模型在同时考虑局部信息和全局信息的前提下，收集词语在文本共现的全文信息，并对词语进行单词矢量表达，从而增加了对实体标注的准确性。GloVe具体模型[30]如图5.3所示。

GloVe模型可以分别训练出基于对称共现矩阵的低维词向量和基于非对称共现矩阵的低维词向量。

GloVe模型训练基于对称共现矩阵的低维词向量的步骤[31]如下：

① 从语料库统计出词表。从给定语料库统计每个不同的词语出现的次数，按照频次由高到低排序，c_i表示第i个词，f_i表示第i个词的频次，$1\leqslant$

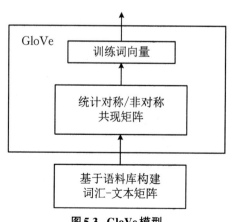

图5.3 GloVe模型

$i \leqslant n$，其中 n 为语料库中不同的词语个数。

② 设定固定窗口大小为 ω，依次遍历语料库中的词语，统计目标词两侧固定窗口内的词语的频次，生成对称共现矩阵，表示为 $\boldsymbol{X}^S$。矩阵的大小为 $n \times n$，而矩阵的行和列为词表中的每个词的序号，用 X_{ij}^S 表示对称共现矩阵第 i 行第 j 列的元素。

③ 用 v^S 表示基于对称共现矩阵训练得到的低维词向量。训练 v^S 的目标函数如式(5.24)所示。

$$J^S = \sum_{i,j=1}^n f(X_{ij}^S)((v_i^S)^T \tilde{v}_j^S + b_i^S + b_j^S - \log X_{ij}^S)^2 \tag{5.24}$$

其中，v_i^S 和 $\tilde{v}_j^S$ 分别表示词 c_i 和 c_j 的对称低维词向量表示，b_i^S 和 b_j^S 为 v_i^S 和 $\tilde{v}_j^S$ 对应的偏置项，$f(X_{ij}^S)$ 为权重函数。

类似地，GloVe 模型训练基于非对称共现矩阵的低维词向量的步骤如下：

① 从语料库统计出词表。从给定语料库中按照频次从高到低排序统计每个不同的词语出现的次数，c_i 表示第 i 个词，f_i 表示第 i 个词的频次，$1 \leqslant i \leqslant n$，其中 n 为语料库中不同的词语个数。

② 设定固定窗口大小为 ω，依次遍历语料库中的词语，统计目标词左侧固定窗口内的词语的频次，生成左侧共现矩阵，表示为 $\boldsymbol{X}^L$，用 X_{ij}^L 表示左侧共现矩阵第 i 行第 j 列的元素。

③ 用 v^A 表示基于左侧共现矩阵训练得到的低维词向量。训练 v^A 的目标函数如式(5.25)所示：

$$J^A = \sum_{i,j=1}^n f(X_{ij}^L)((v_i^A)^T \tilde{v}_j^A + b_i^A + \tilde{b}_i^A - \log X_{ij}^L)^2 \tag{5.25}$$

其中，v_i^A 和 $\tilde{v}_j^A$ 分别表示词 c_i 和 c_j 的非对称低维词向量表示，b_i^A 和 $\tilde{b}_i^A$ 为 v_i^A 和 $\tilde{v}_j^A$ 对应的偏置项，$f(X_{ij}^L)$ 为权重函数。

这里还要求权重函数 $f(x)$ 应具备以下特征：

① 当词汇共现的次数为0时，权重亦为0，即 $f(0) = 0$。

② 当词汇共现次数越大时，权重不会出现下降情况，即 $f(x)$ 满足非递减性。

③ 当词汇出现过于频繁时，不会出现过度加权，即 $f(x)$ 能赋值相对小的数值。

综上所述，GloVe 模型的权重函数如下：

$$f(x) = \begin{cases} \left(\dfrac{x}{x_{\max}}\right)^\alpha & (x < x_{\max}) \\ 1 & (x \geqslant x_{\max}) \end{cases} \tag{5.26}$$

其中，α 值为经验值0.75；$x_{\max}$ 的取值需要结合语料库大小加以判断。

GloVe 模型和 Word2Vec 模型很相似，即能够将不同语义的词汇编码成一个向量，而不需要考虑同一词语在不同语境下产生的不同意义。但是，GloVe 模型克服了 Word2Vec 模型中其只能看到窗口内上下文信息的缺点，能同时考虑多个窗口即共现矩阵，进而引入了全局信息。总的来说，使用 GloVe 模型进行词向量化，能保证词向量之间尽可能多地蕴含语义和语法信息，GloVe 模型融合了矩阵分解(LSA)的全局统计信息、共现窗口的优势和全局的先验统计信息，训练效率高。

5.3.1.2　字符嵌入

实际上,字符级别的嵌入与词级别的嵌入相比,能够推断词表外的单词表示,并且能够有效解决词汇量限制的问题,同时能提供单词形态信息,如前缀、后缀和时态等,提高模型的训练速度。但是其缺点是缺少词级别语义信息和边界信息,比如字符"吉"和词"吉他",显然词"吉他"能够为模型提供更好的先验知识,但是其变长的输入序列会降低计算速度。

字符向量特征是非常通用且有效的信息,其主要表现有以下两点:第一,是可以显式地利用前缀和后缀等子词级(Sub-word Level)[32]的特征;第二,是可以很自然地缓解低频词的词向量质量不可靠、未登录词没有词向量的问题。因此,基于字符的模型不仅能够推断出看不见的单词的表示形式,而且还能共享词素级规则性的信息。

目前,字符级别表示提取的模型主要有基于CNN的模型[33](图5.4)和基于RNN的模型(图5.5)两类。

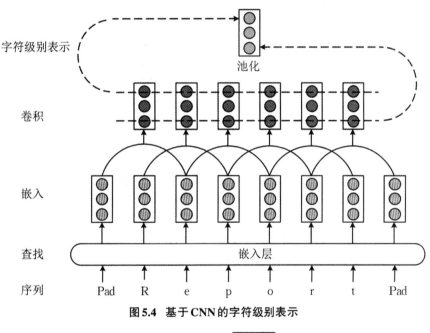

图5.4　基于CNN的字符级别表示

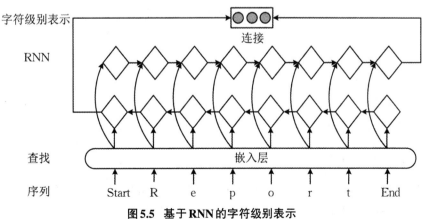

图5.5　基于RNN的字符级别表示

5.3.1.3 字词混合嵌入

实际上,字符级别的NER方法的准确率高于词级别的NER方法,虽然字符嵌入会导致文本信息的丢失,但是其有很大的提升空间。因此,许多研究人员对字符特征向量的表示进行改进,比如添加语言依赖性、位置特征、词汇相似性和视觉特征等附加特征[3],然后再输入编码层,以此增强文本中命名实体间的相关性,提高模型效率,但代价是会降低这些系统的通用性。字词混合嵌入的过程如图5.6所示,首先将以字符为单位的文本序列输入到字符嵌入层,获得字符向量,再将输入文本进行分词处理,将分词得到的结果输入到词向量嵌入模型中,比如Word2Vec模型、GloVe模型等,获得词向量,为了合并字符向量和词向量,则需要将词向量重复m次,m为词的字符数,使得字符向量和词向量对齐,再将词向量输入到变换矩阵G,得到与字符向量维度一致的词向量,将两者加和,往往在嵌入的过程中忽略了许多附加特征,因此可以将前两者与附加特征进行融合,得到字词混合向量作为完整的嵌入层的向量输出。

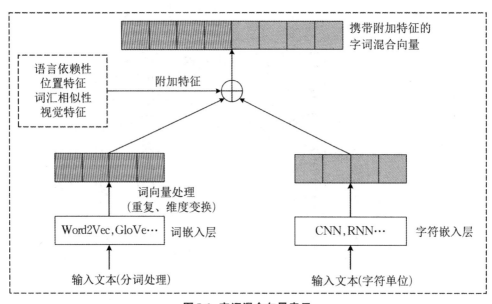

图5.6　字词混合向量表示

5.3.2 编码层

对于嵌入层输出的向量化文本采用文本编码器进行进一步的编码,即编码层能够学习融合上下文信息的词的向量表示。

5.3.2.1 神经网络

神经网络的基本结构由输入层、隐藏层、输出层三部分组成:其中,输入层的每个神经元(Neuron)可以看作待研究对象的一个特征;隐藏层的作用是将输入层传递的数据通过内部的函数经过处理后传递给输出层,具体的实现细节对用户透明;输出层的作用是对隐藏层的计算结果进行处理然后输出。实际上,隐藏层的层数应当适中,过少的层数会导致需要增加更多的训练集,然而过多的层数会产生过拟合的现象。

文本向量化表示后,神经网络被用来提取向量化的文本特征。CV领域的卷积神经网络(Convolutional Neural Network,CNN)被最早应用于NER提取句子级别的特征。由于CNN卷积运算与文本序列输入的特征不符,具有时间序列特征的循环神经网络(Recurrent Neural Network,RNN)被用于深层次的语义特征提取。其中,RNN的训练速度受限于其时间序列性,CNN模型卷积核权值共享可以降低计算复杂度、多卷积核可并行计算的优点被重新重视。为了使未来时刻的状态也能预测当前时刻的输出,双向RNN如BiLSTM和BiGRU被提出。而Lattice LSTM的提出是为了应对如今大部分命名实体识别算法,是针对英文命名实体提出的情况,使得中文命名实体识别也取得了较好的效果。

5.3.2.1.1　BiLSTM

LSTM在实际应用中只用到了"上文"的信息内容,而没有顾及"下文"的内容,因为LSTM模式只存在于单向传输。然而在实际场景中,NER是需要应用到所有输入顺序的所有信息内容的。因此,NER一般采用的是双向长短期记忆网络(BiLSTM)。单向的LSTM只能捕捉到从前向后传输的信号,而BiLSTM能够同时捕捉到正向和反向的LSTM传输的信息,使得文本信息的利用更加全面,特征提取效果更好。通过图5.7可以看出,BiLSTM模型[25]能够让LSTM同时处理前向和后向两个方向的信息(序列),并且具有各自的隐藏层,在特定的时间步长下,每一个隐藏层都能够同时捕捉到前向(过去)和后向(未来)的信息,以此提取出更加全面的实体特征,进而提高网络的预测性能。

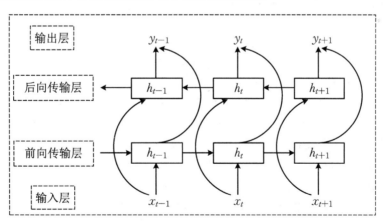

图5.7　BiLSTM网络基本结构

可见,BiLSTM包含了前向和后向的长短期记忆(LSTM),通过BiLSTM可以更好地学习上下文信息以及捕捉双向的语义依赖[34],这弥补了LSTM只能单向编码信息的缺陷。LSTM的更新公式由式(3.9)～式(3.13)给出,在BiLSTM网络中,BiLSTM是隐藏层,输入向量序列$(x_1, x_2, \cdots, x_n)$的顺序序列作为前向LSTM的输入,而逆序列的输入向量序列则作为后向LSTM的输入。在t时刻,前向LSTM的输出的隐藏状态序列为$\vec{h} = (\overrightarrow{h_1}, \overrightarrow{h_2}, \cdots, \overrightarrow{h_n})$,

后向 LSTM 的输出的隐藏状态序列为 $\overleftarrow{h}=(\overleftarrow{h_1},\overleftarrow{h_2},\cdots,\overleftarrow{h_n})$，BiLSTM 则是将前向 LSTM 跟后向 LSTM 所得的向量按位置进行拼接[35]，即 $h_t=[\overrightarrow{h_t},\overleftarrow{h_t}]\in R^m$，得到完整的隐藏状态序列 $(h_1,h_2,\cdots,h_n)\in \boldsymbol{R}^{n\times m}$，$m$ 是隐藏状态向量维度。为了能够自动提取特征，在隐藏层中接入一个线性变换层，其能够将 m 维隐藏状态序列映射到 k 维，k 表示标注集合中的所有标签数，将输出的结果记作矩阵 $\boldsymbol{Y}=(y_1,y_2,\cdots,y_n)\in \boldsymbol{R}^{n\times k}$，把 $y_i\in R^k$ 的每一位 Y_{ij} 项都视作将 x_i 分类到第 j 个标签的打分值。这时对输出结果进行归一化处理，表示只对每个位置独立分类，并且这个过程中没有使用上下文已标记过的信息。

虽然 BiLSTM 能够捕捉双向的语义依赖关系和学习上下文的信息，有较好的向量编码能力，但是 BiLSTM 也存在一些缺陷[32]，比如序列中的当前词的计算依赖于前一个词的计算结果，导致 BiLSTM 不能进行并行计算，进而导致其计算效率较低；BiLSTM 是一种双向 RNN 模型，所以其建模局部上下文即短距离词之间的依赖的能力不如 CNN；同时，虽然理论上 BiLSTM 可以建模任意长距离词之间的依赖，但是实际上其存在梯度消失的问题，所以建模长距离依赖的能力也会受影响。李健龙等[36]采用 BiLSTM 模型解决军事领域命名实体的识别问题，并且通过添加字词结合的输入向量和注意力机制对 BiLSTM 模型进行扩展和改进，进而提高军事领域命名实体识别的准确率；Bharadwaj 等[37]在原始 BiLSTM-CRF 模型上加入注意力机制来刻画对模型学习更有效的字符，使得该模型可以快速应用在数据稀缺的新语言领域；Yin 等[38]将 BiLSTM-CRF 神经网络结构与能够直接捕获字符之间依赖关系的自注意力机制结合，在输入层构造基于汉字部首的基本特征，利用该特征挖掘单个字符隐藏的语义信息。通常，将特征提取模型与注意力机制结合不仅能够帮助模型更好地聚焦于重要特征，增强特征的表征能力，也能够更好地处理梯度消失问题。同时这也启发了我们后续工作中在模型设计阶段更应注重关键特征的优化。

5.3.2.1.2　BiGRU

在自然语言处理中，很多数据的前后之间是具有关联性的，传统的前向神经网络无法对这种数据建模，而 GRU 显然可以解决这个问题。而且 GRU 比 LSTM 结构更简单，参数更少，训练时间更少[44]。但是 GRU 通常沿序列传输方向进行单向传播，即只能从一个方向获取序列信息，而对于基于上下文的文本表示序列，GRU 不能获取下文对语义之间的影响。双向门控循环神经网络（BiGRU）是一种基于 BiLSTM 和 GRU 模型的变体，是由两个单向的、方向相反的 GRU 网络共同构成的神经网络模型，输入序列被同时且分别送入正向 GRU 网络和反向 GRU 网络，BiGRU 网络的输出结果也由这两个 GRU 网络共同作用[45]得到，使得输出层可以从过去和未来的状态获得句子特征，即可以对输入句子序列提取双向语义特征信息，从而做出更准确的预测。

BiGRU 模型的执行流程可以表述为：在任意 t 时刻该模型将会接收到 $t-1$ 时刻输入的信息 $\overrightarrow{h}_{t-1}^{(i)}$ 和 t 时刻上一个隐藏层输入的信息 $h_t^{(i-1)}=[\overrightarrow{h}_t^{(i-1)};\overleftarrow{h}_t^{(i-1)}]$，并通过对接收到的两种信息进行拼接，得到完整的状态序列。最后，通过对状态序列进行线性变换[46]完成句子特征的自动化提取，计算如公式（5.27）所示：

$$h_t^{(i)}=f(\boldsymbol{W}_t^{(i)}[\overrightarrow{h}_{t-1}^{(i)};\overleftarrow{h}_t^{(i-1)}]+\boldsymbol{V}_t^{(i)}h_t^{(i-1)}+\boldsymbol{b}_t^{(i)}) \tag{5.27}$$

其中，**W** 和 **V** 是权重矩阵；**b** 是偏置矩阵。

　　由于 BiGRU 能够挖掘数据的全局特征，并且该模型的训练时间比 BiLSTM 少，参数也更少，具有更好的长期记忆能力，因此其更适用于分类或标注任务，对我们的工作具有参考价值。Ivan Lerner 等[47]发现 BiGRU-CRF 模型应用于 APcNER 上的药物名称识别效果要比基于术语的系统效果好，但其主要的局限性在于相对于涵盖的范围来说，语料库的规模较小；王洁等[48]将字向量作为输入，利用 BiGRU-CRF 模型提取会议名称的语料特征，与 LSTM 相比，发现 GRU 的训练时间减少 15%，但仍然会出现缺乏监督训练数据的问题，同时构建的语料库较小，限制了模型的泛化能力。可见，在实体识别任务中，通常会面临语料库较小的情况，这就要求我们应更加注重该问题，并思考该问题的解决方案。

5.3.2.1.3　Lattice LSTM

　　中文 NER 方法按照输入类型可以分为基于词（Word-Based）的方法和基于字符（Character-Based）的方法。中文文本和英文文本区别在于，中文文本中的最小语言单位是字符，所以在中文文本中词和词的界限区分并不明显，因此对于中文文本来说，容易受分词算法[39]的影响，然而基于词的方法对分词效果具有很强的影响。此外，基于字符的方法虽然不需要进行分词，但是如果只是采用字级别的向量表示，会导致某些上下文中的词序列蕴含的语义信息丢失，而这些语义信息实际上是可以辅助提高模型性能的，比如"磨蚀"这个词，如果采用字符级别的向量表示，就成了"磨"和"蚀"两个字符，而这两个字符的单独含义明显有别于它们所组成的词的含义。

　　Zhang 等首次提出了 Lattice LSTM 模型[40]，该模型的输入层是一个由当前句子中所有字符与所有潜在词构成的 Lattice，并且通过门控单元将词汇信息嵌入到每个字符中，其中潜在词是可以通过匹配自动构建或者已经存在的词典得到的，即 Lattice 是一种能够利用字符和词汇信息通过门控单元来选择最相关的字符和单词[34]。Lattice LSTM 模型与基于词的方法相比，该模型不存在切分错误，因为 Lattice LSTM 模型能够通过门控单元从一个句子中选择最相关的字符和单词，以此获得更好效果的实体识别。而与基于字符的方法相比，虽然基于字符的方法可以避免词模型在分词阶段的错误累加，但有时也会导致词序列蕴含的语义信息丢失，而 Lattice LSTM 模型实际上明确利用了词和词序列蕴含的语义信息。

　　如图 5.8 所示，通过输入句子与词典进行匹配构造单词-字符的 Lattice 结构[41]。词典是由大规模经过分词后的中文文本训练后得到的。例如"平安""大厦"和"平安大厦"等潜在词是通过输入句子与词典匹配得到的，可用于消除上下文中潜在的命名实体歧义。按照顺序将一个一个字符组合起来还能组合成"安大厦"一词，而该词不在 Lattice 词格中，因此在进行匹配时就可以避免这种歧义实体的发生。Lattice 结构是一个有向无环图，其中每个词格都是一个字符或一个潜在的词。

　　如图 5.9 所示，使用基于字符的 LSTM-CRF 作为主干模型，模型中的"细胞（◎）"是潜在词序列，与主干 LSTM 模型中相应的字符连接。例如"厦"这个字，它的潜在词汇有"大厦"和"平安大厦"，因此当计算"厦"的向量时除了考虑"大厦"以外还应考虑"平安大厦"。

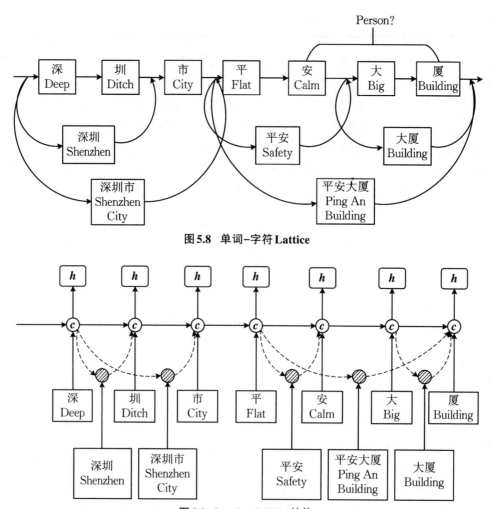

图5.8　单词-字符 Lattice

图5.9　Lattice-LSTM 结构

　　LSTM为长短期记忆神经网络;c为字符向量;h为隐藏层向量;实线箭头为模型运行方向;虚线箭头为从不同路径到每个字符的动态路线信息。

　　输入的句子S可以表示为$S=c_1,c_2,c_3,\cdots,c_m$(c_j表示句中第j个字符,共有m个字符),也可以表示为$S=w_1,w_2,w_3,\cdots,w_n$(w_i表示句中第i个单词结果,共有n个单词)。$t(i,k)$表示句中第i个单词的第k个字符的索引j。

　　模型的输入是字符序列及其与词典中单词匹配的所有字符子序列。如图5.10所示c_j^c的计算考虑到了词格中的单词序列$w_{b,e}^d$:

$$x_{b,e}^w=e^w(w_{b,e}^d) \tag{5.28}$$

其中,x_j^c为字符输入向量;c_j^c为字符单元格向量;h_j^c为隐藏向量;$x_{1,3}^w$为"深圳市"的词向量;$c_{1,3}^w$为每一个$x_{1,3}^w$的递归状态;e^w是词向量查找表;$c_{b,e}^w$为每一个$x_{b,e}^w$的递归状态;w表示词,下标b,e分别表示词w在序列中的开始和结束位置。

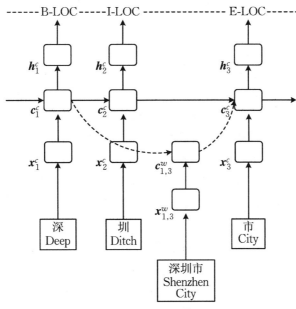

图 5.10 Lattice 模型

$$\begin{bmatrix} i_{b,e}^w \\ f_{b,e}^w \\ \tilde{c}_{b,e}^w \end{bmatrix} = \begin{bmatrix} \sigma \\ \sigma \\ \tanh \end{bmatrix} \left(W^{wT} \begin{bmatrix} x_{b,e}^w \\ h_b^c \end{bmatrix} + b^w \right) \tag{5.29}$$

$$c_{b,e}^w = f_{b,e}^w \odot c_j^c + i_{b,e}^w \odot \tilde{c}_{b,e}^w \tag{5.30}$$

其中, $i_{b,e}^w$ 和 $f_{b,e}^w$ 是 LSTM 的输入和遗忘门集合; W^{wT} 和 b^w 是模型参数; σ 表示 sigmoid 函数; tanh 是输出的激活函数。

通过计算得到词序列的 $c_{b,e}^w$ 之后, 每个隐藏层的 c_j^c 的计算会受到多路径信息流的影响, 例如"市"这个字符的 c_3^c 的计算即会受 x_3^c 和 $c_{1,3}^w$ 及上一个隐藏层输出的影响, 可以使用附加门控制 $c_{b,e}^w$ 到 $c_{b,e}^c$ 的信息流, 根据当前字符和词汇信息计算输入到字符的词汇信息的权重。

$$i_{b,e}^w = \sigma \left(W^{lT} \begin{bmatrix} x_e^c \\ c_{b,e}^w \end{bmatrix} + b^l \right) \tag{5.31}$$

然后利用如下公式计算当前位置索引为 j 的字符向量融合了潜在单词后的更新状态:

$$c_j^c = \sum_{b \in \{ \tilde{b} | c_{b,j}^d \in D \}} a_{b,j}^c c_{b,j}^w + a_j^c \tilde{c}_j^c \tag{5.32}$$

Lattice LSTM 模型在获取字信息的基础上不仅仅显式地融合了词的边界信息和语义信息, 而且还避免了因分词错误而可能导致的错误传播问题, 提高了汉语命名实体识别的性能。但是, 实际上该模型也存在某些缺陷[32], 比如 Lattice 结构保留潜在词的信息, 这可能导致潜在词冲突的问题; 每个字关联的潜在词的个数可能不同, 即词汇的长度和数量无法确定, 这将导致模型无法进行批处理, 进而导致训练速度较慢的问题; 该模型本质上仍是 LSTM 模型, 无法进行并行计算, 且该模型沿着字序列从左往右处理信息, 当词典不能进行实时更新的时候, 与字符匹配的信息还没输入到模型中, 识别新词的效果差。另外, Lattice LSTM 模型在许多领域也有广泛的应用, 比如崔丹丹等[42]采用 Lattice LSTM 模型研究了古汉语的实体识别问题;Zhao等[43]基于Lattice LSTM模型构建了对抗训练Lattice LSTM模型(AT-Lattice LSTM-CRF),研究了中文临床实体识别方法。

5.3.2.2 基于Transformer的预训练语言模型

预训练语言模型(Pre-Trained Language Model,PLM)的作用是将已经利用数据集训练好的模型,在遇到设定问题的时候,能够及时调整模型参数有效使用。预训练语言模型和传统的深度学习模型相比,预训练语言模型不仅训练时间短,并且训练结果也比传统深度学习模型好。预训练语言模型的提出使得Word2Vec模型和GloVe模型输出的词向量被称为静态词向量,因为这些模型虽然可以捕捉每个词的表征,然而它们不能捕捉上下文的语义信息、词语歧义等高层次的信息,训练出来的向量是一个固定的词向量,即不能被动态调参,因此也就无法真正理解文本蕴含的语义。而预训练语言模型的应用,使得原本无法表征各个语境变换的静态词向量,向着真正表示基于语境的语义特征演进。

预训练语言模型的主要思想是在大规模无监督语料库[49]上预训练一个语言模型,然后在下游任务中利用该模型的编码嵌入表示进行训练,这是预训练词嵌入工作的后续。主要解决了传统词嵌入模型的两个缺陷:第一个缺陷是传统词嵌入模型很难获得上下文的语义信息;第二个缺陷是传统词嵌入模型无法处理复杂的词汇变形。

实际上,大部分的预训练语言模型是基于Transformer的,而少部分预训练语言模型是基于LSTM的,与基于LSTM的预训练语言模型相比,基于Transformer的预训练语言模型具有能够捕捉长期依赖关系、并行计算且速度快以及模型容量更大的优势。

自从被谷歌于2017年提出的Transformer模型[50],就有许多研究人员对Transformer进行拆分或者改造,应用到各种任务中,以提升性能。Transformer模型是一个Seq2Seq模型,由一个Encoder和一个Decoder组成,与CNN模型和RNN模型相比,Transformer模型不仅能够解决RNN模型并行计算弱的问题,因为Transformer模型的结构是一个高度并行化的结构[51],而且还能够通过其内部结构中的注意力机制解决CNN模型无法捕获长距离依赖的问题。但是Transformer模型在面对太长的输入文本时,其计算复杂度大大提升,计算速度下降,且计算效率下降。

Transformer模型的结构[50]如图5.11所示。

该模型架构和大多数神经网络模型架构一样采用了Encode-Decode结构。Transformer模型不再采用递归和卷积操作,而是完全依赖于注意力机制,通过多头自注意力(Multi-headed Self-attention)机制来构建编码层和解码层。由图5.11可以观察到,其编码器由6个编码块(Block)组成,每个块由自注意力机制和前馈神经网络组成,解码器由6个解码块组成,每个块由自注意力机制、Encoder-Decoder Attention以及前馈神经网络组成[52]。与CNN模型通过堆叠多层卷积来增大感受野且只能获取局部特征以及RNN模型通过逐步递归获得全局特征相比,Transformer模型通过参数矩阵映射,进行注意力操作,并将该过程重复多次,最后将结果拼接起来,就能一步到位地获取全局特征。

目前应用较多的基于Transformer的预训练语言模型有BERT模型、ERNIE模型、XLNet模型和ALBERT模型。

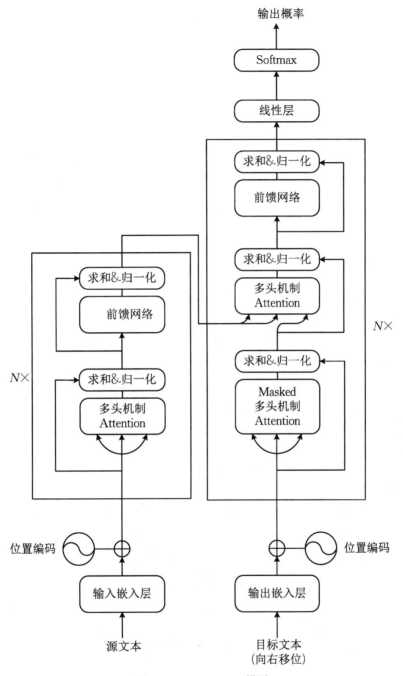

图 5.11　Transformer 模型

5.3.2.2.1　BERT 模型

BERT 预训练语言模型是 2018 年由谷歌公司的 Devlin 等[53]提出的,是一种基于深度学习的语言表示模型。BERT 预训练语言模型将深度学习的思想融入语言模型中,能够将词表征为向量形式,从而获取词语之间的相似度。

针对下游任务的不同,BERT模型的输入序列既可以以单句形式出现,也可以以语句对的形式出现。输入文本的向量由词向量、句子向量和位置向量叠加得到[23]。如图5.12所示,Token Embeddings 表示词向量,并且第一个单词是 CLS 标志,这个标志能够用于后续 NLP 的下游任务分类;Segment Embeddings 表示句子向量,用于区分两个句子;Position Embeddings 表示 BERT 模型所学习到的位置向量。

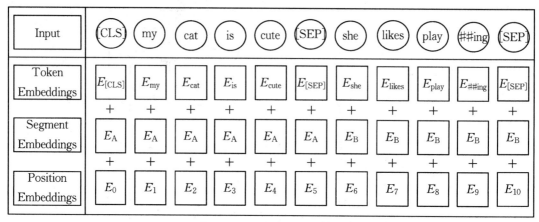

图5.12　BERT输入向量表示

词向量是输入序列中每个单词本身的向量表示;句子向量用于区分每一个单词属于句子 A 还是句子 B,如果输入序列只有一个句子,就只是用 E_A 表示;位置向量用于编码输入文本中每个单词出现的位置。这些向量都是在训练过程中通过学习得到的。此外,对于 BERT 模型的输出同样也有两种形式,一种是字符级别的向量表示,对应着输入中的每个字符;另一种是句子级别的语义向量,即整个句子的语义表示。

BERT 预训练语言模型的具体结构[54]如图5.13所示。

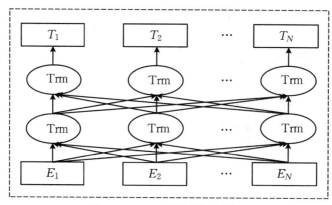

图5.13　BERT预训练语言模型

在多层双向 Transformer 编码器的基础上,在预训练阶段使用了掩码语言模型(Masked Language Model,MLM)以及下一句预测(Next Sentence Prediction,NSP)两个任务进行联合训练来使得表征能融合上下文。Masked 语言模型的目的是训练深度双向表示,从而学习其上下文内容特征,进而预测被掩盖的单词,具体做法是先随机遮盖每个序列中15%的单词,然后对被掩盖的词进行预测,而被随机选择进行掩盖的单词中有80%用[MASK]标记对单词进行替换,10%用随机单词替换,10%的单词保持不变,通过以上做法,就不会引导模型认为输出是针对[MASK]标记的,即不会损害模型的语言理解能力。BERT模型借鉴了 Skip-Thoughts 中的句子预测方法,可以学习句子级别的语义关系:下一句预测是一个二分类预测,通过学习句子间关系特征,预测两个句子的位置是否是相邻的,具体的做法是对每个预测选择一个句子对 A 和 B,B 有50%的概率是 A 的下一个句子,标记为"IsNext",另外50%的概率是语料库当中随机的一个句子,标记为"NotNext",这样做能够使得语言模型理解两个句子之间的关系。具体编码过程[55]如下所示:

首先,将输入序列 $X = (x_1, x_2, \cdots, x_T)$ 经过词嵌入(EL)和位置编码(PE)求和后作为 Transformer 编码器的输入:

$$X_e = EL(X) + PE(X) \tag{5.33}$$

其中,X_e 为经过词嵌入和位置编码后的输入序列。位置编码提供每个字符的位置信息,以便 Transformer 理解句中字词的顺序关系。然而单词在句子中的位置不同可能导致语义不同,因此需要对序列中单词的位置进行编码:

$$PE_{(pos, 2i)} = \sin\left(\frac{pos}{10\,000^{2i/d_{\text{model}}}}\right) \tag{5.34}$$

$$PE_{(pos, 2i+1)} = \cos\left(\frac{pos}{10\,000^{2i/d_{\text{model}}}}\right) \tag{5.35}$$

其中,pos 为单词在句子中的位置;d_{model} 为 PE 的维度。

为了提取多重语义含义,输入向量需要经过1个多头自注意力机制层:

$$M(\boldsymbol{Q}, \boldsymbol{K}, \boldsymbol{V}) = \text{Concat}(M_i)\boldsymbol{W}^0 \tag{5.36}$$

$$M_i = \text{Attention}(\boldsymbol{Q}\boldsymbol{W}_i^Q, \boldsymbol{K}\boldsymbol{W}_i^K, \boldsymbol{V}\boldsymbol{W}_i^V)\boldsymbol{W}^0 \tag{5.37}$$

其中,$\boldsymbol{Q}$,$\boldsymbol{K}$ 和 $\boldsymbol{V}$ 分别为查询向量、键向量和值向量;M_i 为单头自注意力机制层;$\boldsymbol{W}^0$ 为权重矩阵;$\boldsymbol{W}_i^Q$,$\boldsymbol{W}_i^K$ 和 $\boldsymbol{W}_i^V$ 为投影矩阵。利用缩放点积注意力得到的最终结果为

$$\text{Attention}(\boldsymbol{Q}, \boldsymbol{K}, \boldsymbol{V}) = \text{softmax}\left(\frac{\boldsymbol{Q}\boldsymbol{K}^T}{\sqrt{d_k}}\right)\boldsymbol{V} \tag{5.38}$$

其中,d_k 为输入向量的维度,$\boldsymbol{Q}\boldsymbol{K}^T$ 为该单词与其他单词之间的相关程度。当 d_k 较大时,$\boldsymbol{Q}\boldsymbol{K}^T$ 点乘的结果维度很大,使得结果被处理在 softmax 函数梯度很小的区域,通过除以缩放因子 d_k,可以有效减缓这种梯度变小现象。利用注意力权重对词向量进行加权线性组合,使每个词向量都含有当前句子内所有词向量的信息。

然后,对上一步的输出做一次残差连接(X_1)和层归一化:

$$X_1 = X_e + \text{Attention}(\boldsymbol{Q}, \boldsymbol{K}, \boldsymbol{V}) \tag{5.39}$$

$$\text{LayerNorm}(x_i^{''}) = \alpha \frac{x_i^{''} - \mu_L}{\sqrt{\sigma_L^2 + \varepsilon}} + \beta \tag{5.40}$$

其中,$x_i^{''}$ 为上层输出样本;μ_L 和 σ_L 分别为均值和标准差;为防止分母为0的参数;α 和 β 为弥补归一化过程中损失信息的可训练参数。残差连接可以避免梯度消失,归一化可以减小数

据的偏差,加快训练和收敛的速度。

最后,将通过残差连接和层归一化处理后的信息输入到前馈神经网络中,重复进行一次残差连接和层归一化输出。

BERT模型不仅能够在无标记非结构化文本中获取语义特征,同时还能够利用多层双向Transformer为输入序列的各个词建模上下文语义信息,使得同一个词能够根据含义不同在不同的上下文中有不同的词向量表达。然而相对于传统的语言模式,BERT模型的学习过程更为复杂。然而,BERT模型的性能仍然具有很大的优势。Li等[56]提出了基于BERT-IDCNN-CRF的中文NER模型,该模型通过BERT预训练模型得到字的上下文表示,再将字向量序列输入IDCNN-CRF模型中进行训练,虽然减少了训练参数,但当出现歧义实体或者上下文信息不足时,难以进行准确抽取;Li等[57]为解决大规模标记的临床数据匮乏问题,利用BERT模型进行预训练,同时将词典特征整合到模型中,利用汉字字根特征进一步提高模型的性能,然而该模型无法捕获长实体内部的依赖关系,导致性能将会随着实体长度的增加而降低。

5.3.2.2.2　ERNIE模型

Sun等在2019年提出了ERNIE(Enhanced Representation through Knowledge Integration)模型[58],全称叫作知识增强的语义表示模型。ERNIE模型相较于BERT模型不仅增加了关于语法、句法的预训练任务,同时还提出了知识掩码策略(Knowledge Masking strategies),极大地增强了词向量的句法、语法表示能力。ERNIE模型的结构虽然与BERT模型相同,但是它们在随机掩码策略和预训练任务是不同的。ERNIE模型知识掩码策略[59]如图5.14所示,它除了基础掩码策略(Basic-level Masking)之外还有两种:一种是基于实体的掩码策略(Entity-level Masking);另一种是基于短语的掩码策略(Phrase-level Masking)。

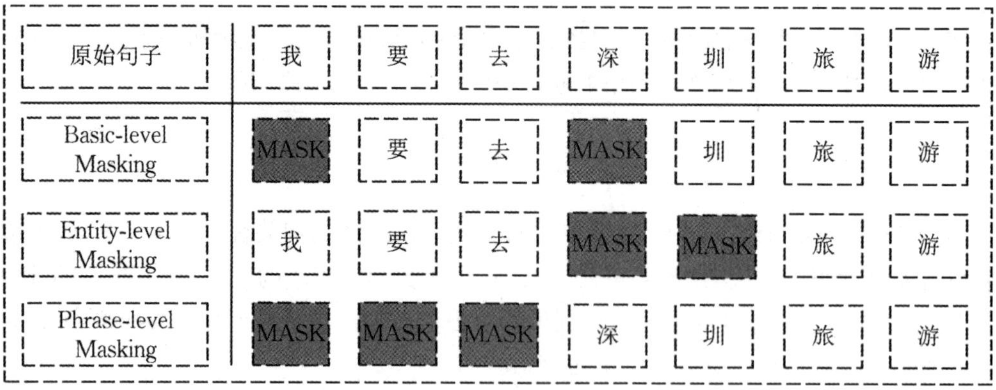

图5.14　ERNIE知识掩码策略

通过知识掩码策略,ERNIE模型在训练的过程中可以潜在地学习到被掩码的短语和实体之间的先验知识,让模型具有更强的泛化能力。BERT模型与ERNIE模型的随机掩码策略区别如图5.15所示。

对于BERT模型,输入的一句话中,每个字被随机掩码的概率是一样的。而ERNIE模型会在掩码的时候考虑到词语、短语和实体,在随机掩码的时候会将实体词"深圳"或具有明显动作意图的短语"我要去"进行整体掩码,使得获取到的词向量更能表现一句话的语义。除此之外,通过新增的实体预测、文章句子结构重建、句子因果关系判断等语义预训练任务,ERNIE词向量能够从训练数据中获取到了句法、词法、语义等多个维度的信息。

但是ERNIE模型基于实体和短语的掩码策略在短文本领域预训练中存在一定缺陷,首先是句长受限,即一条文本的最大掩码字符长度是文本长度的15%,然而在实际预训练过程中,一定数量的实体和短语均因过长而不能被MASK;其次是没有充足的上下文信息。如图5.15所示,将"深圳"这个实体MASK后,无法根据上下文信息将其预测出来;最后,存在实体槽位开放问题,以图5.15为例,若将"深圳"这个实体MASK,模型预测出"广州"或"上海"等地名也都符合语境要求。Zhang等提出ERNIE-BiGRU-CRF模型[60],通过ERNIE预训练语言模型增强字的语义感知表示,引入多元数据知识生成语义向量,再将字向量输入到GRU层提取特征,最后通过CRF层得到标签序列,该模型在"人民日报"语料库中的F_1值达到94.46%,但在上下文信息不充足或存在缩写的情况下,可能造成提取错误的问题。

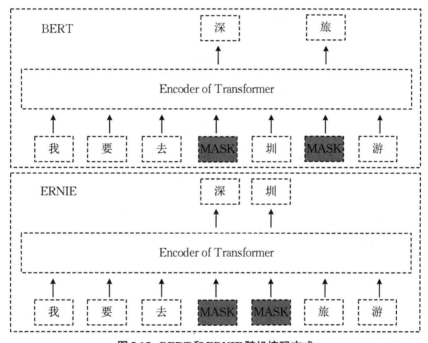

图5.15　BERT和ERNIE随机掩码方式

5.3.2.2.3　XLNet模型

XLNet[61]是CMU与谷歌Brain于2019年推出的一种新的NLP预训练语言模型。XLNet,即语义理解的广义自回归预训练,它避免了原始的自回归(Auto Regressive,AR)和自编码(Auto Encoder,AE)语言模型的缺点,在自回归语言模型上实现了双向预测。该模型的核心思想是以排列组合的方式重构输入文本。与BERT模型不同的是,XLNet模型并不是在输入阶段对文本进行排列组合,这在微调阶段是不允许的,而是在Transformer内部利用Attention Mask矩阵来实现的,通过Attention Mask矩阵可以得到不同的排列组合,即序列的重排序,使模型的训练充分融合上下文特征,同时不会造成Mask机制下的有效信息缺失,克服了BERT模型的缺陷。如图5.16所示为XLNet掩码机制实现方式[62],图中假设原始输入句子为[深,圳,欢,迎,你],如果随机生成序列为[欢,圳,深,你,迎],但输入XLNet模型的句子仍然是[深,圳,欢,迎,你],那么在XLNet内部是以图5.16中的掩码矩阵实现的。对于随机生成序列后的"深"字来说,它只能利用到"欢"和"圳"两字的信息,所以在第一行中保留了第二个和第三个位置的信息(用空心表示),而其他位置的信息被掩盖掉(用条纹圆心表示)。再比如随机生成序列后的"你"字位于第四个位置,它能用到"欢""圳"和"深"三个字的信息,所以在第五行中保留了第一个、第二个和第三个位置的信息(用空心表示),而其他位置的信息被掩盖掉(用条纹圆心表示)。

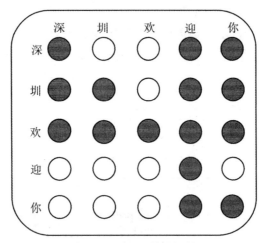

图5.16　XLNet掩码机制

XLNet模型的核心方法是全排列语言模型[63],即在保留原有自回归模型单向形式的基础上,使用输入序列的随机排列来获得双向上下文信息。设长度为T的序列x共有$T!$个全排列组合,则排列语言模型目标定义为

$$\max_{\theta} E_{z \sim Z_T}\left(\sum_{t=1}^{T}\log p_{\theta}(x_{z_t}|x_{z_{<t}})\right) \tag{5.41}$$

其中,Z_T为长度为T的索引序列$[1,2,\cdots,T]$不同顺序的所有排列组成的集合;z_t和$z_{<t}$为一个排列组合$z \in Z_T$的第t个词和前$1 \sim t-1$个词;θ为参数.

考虑到全排列时词位置顺序不同,重新定义分布计算方法感知目标位置:

$$p_{\theta}\left(X_{z_t} = \mathrm{x}|x_{z_{<t}}\right) = \frac{\exp(e(x)^T g_{\theta}(x_{z_{<t}}, z_t))}{\sum_{x'}\exp(e(x')^T g_{\theta}(x_{z_{<t}}, z_t))} \tag{5.42}$$

其中,$g_{\theta}(x_{z_{<t}}, z_t)$把位置信息$z_t$额外作为输入的新表示形式。

XLNet模型使用双流自注意力来解决定义$g_{\theta}(x_{z_{<t}}, z_t)$所产生的问题。对于每个自注意力层$m = 1, 2, \cdots, M$,使用一组共享参数对2个表示流进行更新:

$$g_{z_t}^{(m)} \leftarrow Attention\left(Q = g_{z_t}^{(m-1)}, KV = \boldsymbol{h}_{z_{<t}}^{(m-1)}; \theta\right) \tag{5.43}$$

$$h_{z_t}^{(m)} \leftarrow Attention\left(Q = h_{z_t}^{(m-1)}, KV = \boldsymbol{h}_{z_{\leq t}}^{(m-1)}; \theta\right) \tag{5.44}$$

其中，$g_{z_t}^{(m)}$ 表示使用 z_t 但看不到 x_{z_t} 的查询流；$h_{z_t}^{(m)}$ 为使用 z_t 和 x_{z_t} 的内容流；Q、K、V 分别为查询、键和值。

为加快收敛速度，以 c 为分割点，最大化以非目标子序列 $z_{\leqslant c}$ 为条件的目标序列 $z_{>c}$ 的对数似然如下：

$$\max_{\theta} E_{z \sim Z_T}\Big(\log p_\theta\big(x_{z_{>c}}|x_{z_{\leqslant c}}\big)\Big) = E_{z \sim Z_T}\Big(\sum_{t=c+1}^{|z|} \log p_\theta\big(x_{z_t}|x_{z_{<t}}\big)\Big) \tag{5.45}$$

XLNet 模型还利用了 Transformer-XL 的相对位置编码和片段循环机制，将循环机制整合到所提出的排列组合设置中，并使模型能够重用之前片段的隐藏状态。具体地讲，Transformer-XL 是在原先 Transformer 结构的基础上引入了循环机制和相对位置编码的概念。在拟合数据阶段，为了方便处理数据，需要将输入序列分割为固定长度的片段，而 Transformer 可以快速提取到这一片段的信息，但从全文来看，其损失了相邻片段甚至长期相关的重要信息，因此，在长期依赖方面比 RNN 差。Transformer-XL 在片段之间插入隐藏状态信息，在提取出上一个片段的信息后暂时储存起来以备下一个片段预测，进而充分地挖掘长距离文本信息。图 5.17 所示为两个片段之间引入循环机制[62]实现信息的传递方式。

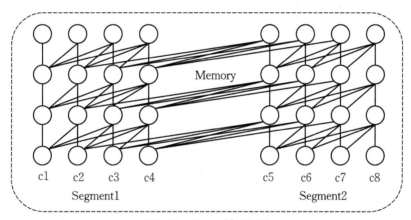

图5.17　XLNet循环机制

其中，灰线表示前一个片段保留的记忆。BERT 模型在预测 c5 时由于没有前一个片段保留的记忆信息，所以没有可以利用的信息来预测 c5，而 XLNet 模型则可以利用前一个片段保留的 c2，c3 和 c4 保留的记忆信息，实现信息的传递。

而相对位置编码比 BERT 模型中的绝对位置编码更加灵活。绝对位置编码记录的是输入词在文本中的绝对位置，而绝对位置的值在 Transformer-XL 模型的循环机制中会一直保持不变，导致失去了作用。相对位置编码不仅能提升了模型的泛化能力，而且在微调任务中支持超过两个输入数据不同部分（比如，在 [CLS,A,SEP,B,SEP] 中，A 和 B 属于输入数据的不同部分）的下游任务，此外，相对位置编码还避免了位置信息的损失。

假设有 2 个来自长序列 s 的片段 $\tilde{x}=s_{1:T}$ 和 $x=s_{T+1:2T}$，$\tilde{z}$ 和 z 为 $[1,2,\cdots,T]$ 和 $[T+1,T+2,\cdots,2T]$ 的排列。基于排列组合 $\tilde{z}$ 处理第一个片段，然后为每个 m 层缓存获得的内容表示元 $\tilde{h}^{(m)}$，对于下一个片段 x，带有记忆的注意力更新[63]为

$$h_{z_t}^{(m)} \leftarrow \text{Attention}\Big(Q=h_{z_t}^{(m-1)}, KV=(\tilde{h}^{(m-1)}, h_{z_{\leqslant t}}^{(m-1)}); \theta\Big) \tag{5.46}$$

Yan等[64]证明在NER任务中预训练模型XLNet优于BERT模型,在CONLL2003数据集中比较XLNet-BiLSTM-CRF、BERT-CRF和BERT-BGRU-CRF模型命名实体识别任务,Yan提出的XLNet-BiLSTM-CRF模型取得97.64%的F_1值,但仍然无法解决命名实体识别在小语料库出现的问题,同时缺乏将该模型应用在其他NLP任务的泛化能力。

5.3.2.2.4　ALBERT模型

通常,预训练语言模型体量大,千万量级甚至亿量级的参数量给模型训练带来了较大困难。ALBERT模型参数量远小于BERT模型参数量。由于BERT模型存在内部参数过多,会导致内存不足和训练时间过长等问题。因此,Lan等于2020年提出了一种简化的BERT模型ALBERT[65],该模型使用词嵌入参数因式分解、跨层参数共享等方法,有效减少了模型的参数量和训练时间。

在ALBERT中,词嵌入参数因式分解是为了减少参数数量,即采用矩阵分解的方法对词嵌入参数进行因式分解,将其分解为两个小矩阵。大小为V的词表不再将其One-Hot向量直接映射到大小为H的隐藏空间,而是先将它们映射到一个低维词嵌入空间E,然后再映射到隐藏空间,这种方法其实是将直接映射改为间接映射,此时参数个数由$O(V \times H)$变为$O(V \times E + E \times H)$。当$H \gg E$时,参数减少的数量会很明显。同时,ALBERT采用了Transformer共享全连接层和注意力层的方法[66],即共享隐藏层中的所有参数,并且相同大小的Transformer在采用该方法后,模型的参数数量大幅减少,训练速度得到明显提高。

总之,ALBERT模型主要在以下3个方面进行了改进:

(1) 词嵌入参数因式分解

E表示词向量大小,H表示隐藏层大小,在BERT、XLNet等预训练语言模型中$E \equiv H$,如果在E和H始终相等的前提下,增大隐藏层大小H,那么词嵌入大小E也将增大,此时,参数个数为$O(V \times H)$。ALBERT采用因式分解的方法来降低参数量,通过在词嵌入后加入一个矩阵来完成维度的变化,参数量从$O(V \times H)$降低到$O(V \times E + E \times H)$,且$H \gg E$时参数量明显减少。

(2) 跨层参数共享

ALBERT模型采用跨层参数共享的方式[67],如图5.18所示。

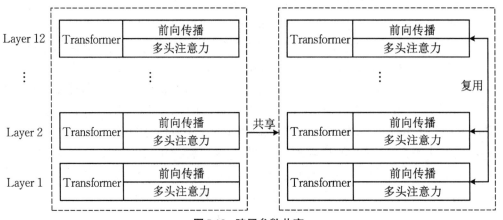

图5.18　跨层参数共享

　　通常 Transformer 的每一层参数都是相互独立的,其中多头自注意力层和前馈神经网络层的参数也是相互独立的,导致增加层数后参数数量剧增。参数共享可以分为全连接层、注意力层的参数共享,或者是全部参数的共享,而 ALBERT 模型默认的是跨层共享所有参数,相当于只训练第一层参数,在其他所有层中重用该层参数,而不是每个层都学习不同的参数。这样,一方面减少了参数量,另一方面有效提升了模型稳定性。

　　(3) SOP 代替 NSP

　　ALBERT 模型采用一种句子顺序预测(Sentence-Order Prediction,SOP)方法,正样本的表示与 BERT 模型相同,即从同一文档中选取两个连续的句子作为正样本;NSP 中,负样本是在语料库中随机选取的一个句子。而在 SOP 中,负样本为文档中两个连贯句子交换顺序后的句子[68],如 AB→BA。实际上,NSP 和 SOP 都是一个二分类任务,NSP 能够学习句子间的主题相似性,而 SOP 中正负样本选自同一文档,只关注句子之间的语义连贯性,避免主题的影响,这种关系的学习更加复杂。

　　通常增加模型的参数量能够提升模型的性能,但由于硬件设备 GPU/TPU 的限制,模型参数量无法无限地增加。因此,ALBERT 模型主要解决减小模型参数量的问题。Yao 等针对制造文本进行细粒度实体识别,提出一种基于 ALBERT-AttBiLSTM-CRF 和迁移学习的模型[69],使用更轻量级的预训练语言模型 ALBERT 对原始数据进行词嵌入。

5.3.3　解码层

　　解码层处于 NER 模型的最后一层,该层的作用是通过标签解码器把依赖于上下文的表示作为输入,并生成与输入序列对应的标注序列。目前,常用的标签解码器可以分为条件随机场、指针网络和胶囊网络。

5.3.3.1　条件随机场

　　为了解决标注偏置问题,得到序列标注问题的全局最优解,Lafferty 等提出使用条件随机场(Conditional Random Fields,CRF)[70]来解决序列标注问题。CRF 是一个以观察序列为条件的全局随机场,已广泛用于基于特征的监督学习。目前,大部分基于深度学习的 NER 模型均选择 CRF 作为标签解码器,从训练数据集中学习到更多的约束条件,使得最终预测的实体标签序列有效,从而提升输出序列标签的准确性,进一步提升信息提取的性能。

　　CRF 是一种鉴别式概率图模型,该模型的主要原理是通过计算某个序列中的最优联合概率,进而达到优化输出序列准确率的目的。对于每个观察序列,即字符序列 $X' = (x'_1, x'_2, \cdots, x'_n)$,利用线性链条件随机场可以得到 1 个预测标签序列 $y = (y_1, y_2, \cdots, y_n)$,其预测分数[55]为

$$s(X', y) = \sum_{i=1}^{n} p_{i, y_i} + \sum_{i=0}^{n} A_{y_i, y_{i+1}} \tag{5.47}$$

其中,p_{i, y_i} 为第 i 个位置标签输出为 y_i 的概率;$A_{y_i, y_{i+1}}$ 为从标签 y_i 转移到 y_{i+1} 的转移概率。在此基础上,可以定义对于每一个 X' 得到所有可能最佳输出标签序列 y 的概率,则归一化结果和损失函数分别为

$$p(y|X') = \frac{\exp(s(X', y))}{\sum_{i=0}^{n} \exp(s(X', y))} \tag{5.48}$$

$$\ln\left(p(y|X')\right) = s(X', y) - \ln\left(\sum_{i=0}^{n} \exp(s(X', y))\right) \tag{5.49}$$

最后,利用维特比(Viterbi)算法得到最佳预测标签序列:

$$y^* = \arg\max(s(X, y)) \tag{5.50}$$

其中,Viterbi算法采用动态规划算法解决 CRF 的预测问题,该算法能够寻找概率最大状态路径。

通过大量数据进行有监督训练,在训练过程中不断计算损失函数值,同时不断更新网络参数,找到合适的参数使得最大化,最终获得更加准确的预测结果。在解码阶段,CRF 不仅仅考虑了对应每个词的分类标签的概率,而且还建模了相邻标签之间的依赖关系。CRF 不是单独为序列中的每个词预测一个标签,而是输出一个最优的标签序列。在多数序列标注任务(不仅是 NER)上都能取得较好的效果。然而,CRF 仍然存在两个方面的缺陷,首先是 CRF 只建模了相邻分类标签之间的依赖关系,其次是在输入序列较长的时候或者是需要标记的实体类别较多的时候,解码的速度较慢。

实际上,CRF 模型统计了全局概率,不仅在局部进行归一化,而且考虑了数据在全局的分布情况。虽然 CRF 具有表达长距离依赖性和交叠性的优势,能有效融入上下文信息以及领域知识,同时解决标注偏置问题[10],但是 CRF 具有时间复杂度高导致训练难度大的问题。由于 CRF 具有转移特征,能够考虑输出标签之间的顺序性,仍十分广泛地被用于 NER。Zhang 等[71]在 2008 年采用 CRF 结合多种特征信息来提升 CNER 系统的鲁棒性和准确率;Wang 等[72]提出一种带有回路的 CRF(Conditional Random Field with Loop,L-CRF),能够对上下文之间的关联进行更准确的判断;Alnabki 等[73]通过局部近邻算法寻找语义上与模糊术语相似的标记,与 BiLSTM-CRF 结合后,F_1 值在特定实体类别上有明显提升。

5.3.3.2　指针网络

Vinyals 等提出的指针网络(Pointer Network)[74]是一种应用 RNN 从离散输入序列中学习到输出序列条件概率的神经网络,该网络是序列到序列(Sequence to Sequence,Seq2Seq)网络模型的一个变体。指针网络能够对实体边界进行预测,该网络最早应用在机器阅读理解(Machine Reading Comprehension,MRC)任务中,先根据问题从文本抽一个答案片段,再利用 2 个 softmax 分类预测头指针和尾指针。指针网络不仅能够有效地应用在学习到中低维度的组合优化问题,还能够准确预测该问题的解。指针网络的原理[75]是将输入映射为按概率指向输入序列元素的指针,如图 5.19 所示,x_n 和 y_n 表示输入数据。

首先,白色的 RNN 用于处理输入序列以产生编码向量,接着编码向量生成输出序列和灰色的 RNN。指针网络实际上是在原本的 Seq2Seq 模型的基础上进行修改,而不是通过加权所有的结果得到输出,此外,指针网络直接将 softmax() 的结果值作为输出的条件概率,可以用公式表示为

$$\boldsymbol{u}_j^i = v^T \tanh\left(W_1 e_j + W_2 d_i\right) \quad (j \in (1, 2, \cdots, n)) \tag{5.51}$$

$$P(C_i|C_1, C_2, \cdots, C_{i-1}, P; \theta) = \mathrm{softmax}(u^i) \tag{5.52}$$

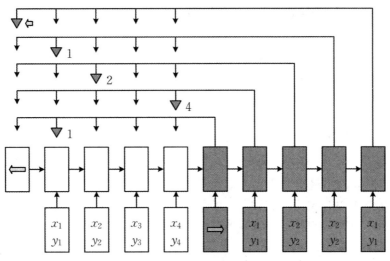

图5.19　指针网络模型

其中，v 和 W_1，W_2 是模型可训练的参数；向量 $\boldsymbol{u}_j^i$ 为输入元素的指针；softmax( ) 将 u_j^i 归一化为输入序列在输出元素中的分布；$P(C_i|C_1,C_2,\cdots,C_{i-1},P;\theta)$ 则代表从输入元素被选中作为输出元素的条件概率。

通常在模型训练过程中，针对出现的 OOV(Out of Vocabulary，未登录词) 问题，可以将指针网络与基础模型进行结合[76]，具体计算公式如下：

$$P_{\text{vocab}} = \text{softmax}(U'\big(U[s_t,c_t]+b\big)+b') \tag{5.53}$$

其中，U'，U，b 和 b' 是模型训练中可获得的学习参数；P_{vocab} 是字典上的概率分布。最终预测的单词概率用 P_W 进行表示，公式如下：

$$P_W = P_{\text{vocab}}(w) \tag{5.54}$$

根据时刻 t 的上下文向量 c_t 和解码器隐藏层的输出状态 s_t 以及模型的输入 x_t 来共同生成指针概率 P_{gen}，且 $P_{\text{gen}} \in [0,1]$，计算公式如下：

$$P_{\text{gen}} = \sigma(w_c^T c_t + w_s^T s_t + w_x^T x_t + b_{\text{ptr}}) \tag{5.55}$$

其中，w_c^T，w_s^T，w_x^T 和 b_{ptr} 是模型训练可学习的参数；σ 是激活函数；P_{gen} 用于决定是否从 P_{vocab} 生成新的单词又或者是通过注意力机制从原文本中直接获取单词。在这种情况下，如果所有单词均来自原始文本，可获得单词 w 在词典中的概率分布，具体计算公式如下：

$$P_W = P_{\text{gen}} P_{\text{vocab}}(w) + (1-P_{\text{gen}}) \sum_{i:w_i=w} a_{it} \tag{5.56}$$

该模型的损失函数使用的是交叉熵函数，对于模型训练过程中的每步 t，所预测的目标词为 w_t^*，在 t 步时，损失函数将表达为

$$loss_t = -\log P(w_t^*) \tag{5.57}$$

则整个序列的损失函数为

$$loss = \frac{1}{T}\sum_{t=0}^{T} loss_t \tag{5.58}$$

指针网络将注意力作为指针，选择输入序列元素作为输出，解决可变大小的输出词典问

题。Zhai 等[77]采用指针网络作为标签解码器来生成序列标签,其目标是利用已经识别出来的实体信息以此辅助预测,在分割和标记方面均取得较好的效果。指针网络虽然能够将文本块视作一个完整的单元并充分利用训练数据,擅长解决实体嵌套问题,但遇到标签不平衡的时候,需要调参。然而,由于指针网络能够获取多个实体而一般的序列标注方法只能提取一个实体,因此将指针网络应用于标注任务将会是我们后续工作的一个思考方向。

5.3.3.3 胶囊网络

2017 年 Sabour 等首次提出一种具有更强解释性的新型网络,即胶囊网络[78],又称为向量胶囊网络。胶囊网络最早被应用于图像分类,它在一些分类任务中表现出很强的性能。在胶囊网络中,胶囊被定义为一组神经元的集合,这个集合不仅可以是向量,也可以是矩阵。多个胶囊组成了一个隐藏层,并且深浅两层隐藏层之间的关系通过动态路由算法[79]确定,动态路由的计算方式不是通过模板计算,而是单独计算深浅两层隐藏层中每个胶囊之间的关系,动态路由的计算方式实现了深浅两层隐藏层之间关系的动态连接,使得模型可以自动地筛选更有效的胶囊,提高了模型的性能。胶囊网络与 CNN 模型不同的是由于选取向量作为胶囊,所以其输入输出都是向量形式的神经元,每个神经元的每个值表示一个属性,比如颜色、形态等。此外,不同于 CNN 隐藏层中的特征图,胶囊的组成形式更加灵活。

向量胶囊网络利用向量胶囊的思想和动态路由算法将卷积得到的特征图中的关键特征联合在一起。虽然得到了更加鲁棒的模型,但同时也付出了大量的计算成本,因为在这种情形下会出现太多的"无效"胶囊参与到了动态路由的计算中的情况。

向量胶囊网络模型[80]如图 5.20 所示,网络的输入和输出都是向量,可以利用向量的长度表示目标存在的概率,用向量的方向表示目标的特征。

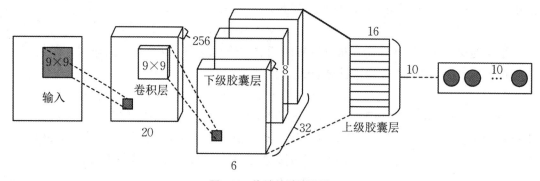

图 5.20 传统的胶囊网络

胶囊网络的基本单元[80]即向量神经元如图 5.21 所示。

胶囊模型的隐藏层包含卷积层、初始胶囊层和全连接层,其中初始胶囊层将卷积层提取的特征图转换为向量胶囊,利用动态路由算法将初始胶囊层与全连接层连接,输出最终的结果。在动态路由规则中,$L+1$ 层胶囊由 L 层胶囊计算得出,在该算法的初始阶段可以认为 L 层胶囊与 $L+1$ 层胶囊是全连接的,每个 L 层胶囊 i 连接到 $L+1$ 层胶囊 j 的概率如下:

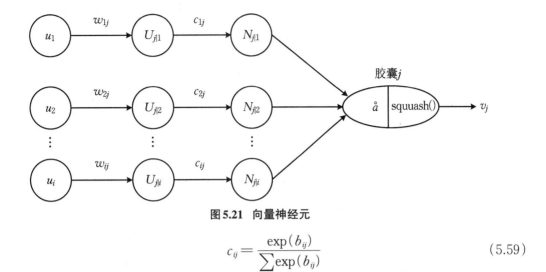

图 5.21　向量神经元

$$c_{ij} = \frac{\exp(b_{ij})}{\sum_j \exp(b_{ij})} \tag{5.59}$$

其中，b_{ij} 表示胶囊 i 连接到胶囊 j 的先验概率，初始化为 0，根据路由迭代训练更新，$L+1$ 层的胶囊输出：

$$v_j = \frac{\|s_j\|^2}{1 + \|s_j\|^2} \cdot \frac{s_j}{\|s_j\|} \tag{5.60}$$

其中，s_j 为 L 层胶囊的总输入，接下来进入路由更新环节，通过迭代训练两层中胶囊 i 和 j 的连接概率 c_{ij}。首先计算 L 层胶囊 i 对 $L+1$ 层胶囊 j 的输出的预测胶囊，将 L 所有胶囊与其对应的连接概率的乘积求和作为 L 层对 $L+1$ 层胶囊 j 的输入：

$$\hat{s}_j = \sum_j c_{ij} \hat{u}_{j|i} \tag{5.61}$$

$$\hat{u}_{j|i} = W_{ij} u_i \tag{5.62}$$

其中，$\hat{u}_{j|i}$ 为预测胶囊；W_{ij} 为转换矩阵。最后将预测胶囊和 $L+1$ 层输出向量用于更新 b_{ij}，进而更新连接权重 c_{ij}，再通过非线性的激活函数 squash 将向量 s_j 转换成向量 v_j。

胶囊网络利用向量神经元的思想和动态路由算法将卷积得到的特征图转换为胶囊后进行预测分类，存在两个缺陷：首先是低级胶囊和高级胶囊分别对应低级特征与高级特征，胶囊层之间虽然通过动态路由连接，但是如果胶囊网络仅用一层动态路由，将不能很好地从低级特征过渡到高级特征，而且低级特征包含的信息较少，使用高维胶囊对其进行存储会造成资源浪费；其次是特征提取层仅有一层卷积，对特征信息的提取能力是远远不够的，特别是应用在复杂场景中的时候。

实际上，在 NER 领域中，Zhao 等提出用于文本分类的 CapsNet[81]，首次将胶囊网络应用到文本分类模型中，并提出了两种结构，第一种是采用单尺度特征（卷积窗口大小为 3）的卷积层，另一种是多尺度特征（卷积窗口大小为 3，4，5）的卷积层[82]，最后结果表明多尺度特征的性能优于单尺度特征的性能，因为多尺度特征包含更多的语义信息，提高了分类性能；Deng 等[83]用胶囊网络作为标签解码器，胶囊表示实体标签，胶囊向量的模长度表示实体标签预测概率，胶囊向量的方向表示实体属性。因为胶囊网络用胶囊向量表示代替标量表示，所以具有更强的实体信息表达能力。总之，胶囊网络使用向量代替标量对信息进行表征，由于这个过程中可能包含噪声,将导致性能的下降。此外,使用动态路由的迭代方法替代池化操作,将导致计算较慢的问题,因此,胶囊网络在NLP中的应用还有很大的发展空间,对网络进行优化以及实现一个快速的路由算法将是我们后续的研究方向。

5.4 基于Hadoop的并行化命名实体识别

在实际运用时,命名实体识别的准确率是首要条件,因此提升模型F_1值成为研究的重点。在这一研究方向中,张靖宜等[55]构建的BERT-BiGRU-Attention-CRF(简称为BERT-BAC)模型具有代表性,但同时引起了效益背反问题,造成模型训练和命名实体识别时间过长。本节采用基于Hadoop架构的并行化运行措施和运用局部注意力机制减少隐层节点的方法,提出了基于Hadoop的Block-BiGRU-Local-Attention-CRF(简称为Block-BAC)模型,将各数据块进行并行处理,在全连接层补充数据块之间的内部信息,以实现在保证F_1值的前提下大幅度减少模型训练和命名实体识别时间,提升模型识别效率。

5.4.1 模型基础

BERT-BAC模型在BiGRU-CRF的基础上,使用了BERT预训练语言模型来增加词向量的信息表达,然后运用全局注意力机制充分挖掘文本的内部特征,采取增加隐层节点提升F_1值的策略,将F_1值提升了8%。

具体地讲,BERT-BAC模型将字符向量、文本向量和位置向量的和作为预训练语言模型BERT的输入,通过BERT能够获取上下文语义信息,再把结合了语义信息的输出向量输入到BiGRU进行编码,其中前向GRU用来学习未来特征,且后向GRU用来学习历史特征,得到全局特征即t时刻的隐藏状态(h_t),将其作为输出,通过注意力机制结合局部特征,得到序列与标签之间的关系,最后通过CRF进行解码,输出最佳标签序列。BERT-BAC模型结构[55]如图5.22所示。

该方法的优点在于使用双向的BERT预训练语言模型,信息表达比基于特征[84]和基于微调[85]的方法效果更好,将词表征为向量形式,可以使词向量贴合语境。其次,运用全局注意力机制学习句子中词与词之间的信息,有选择性的关注重要信息,可满足准确识别实体的需求,但也造成了效益背反现象:

① BERT预训练语言模型中递归神经网络、自注意力机制与全局注意力机制、BiGRU的学习存在重复,使计算复杂度增加,模型训练时间长;

② 模型网络结构复杂,增加了隐层节点,学习能力得以提升,但响应速度慢,实体识别时间长。

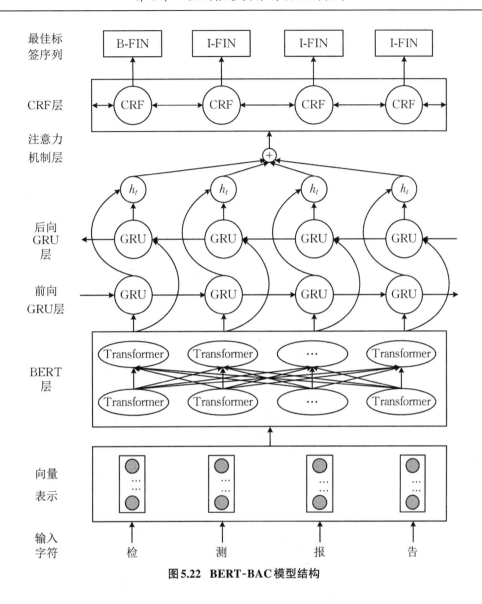

图5.22 BERT-BAC模型结构

5.4.2 模型设计

Block-BAC模型基于Hadoop架构,包括数据分块预处理、BiGRU神经网络、局部注意力机制、全连接和CRF 5个部分,如图5.23所示,其中,BiGRU和CRF直接使用了BERT-BAC模型所用方法。

在Hadoop架构上,结合文本在命名实体识别中的特点,根据并行化需求将文本进行分块预处理。然后,进入Map并行处理阶段,将各个数据块分别通过Embedding层得到的词嵌入向量输入BiGRU神经网络中,挖掘该数据块的全局特征,得到该数据块t时刻的隐藏状态$\overrightarrow{h_t}$和$\overleftarrow{h_t}$。接着,以$\overrightarrow{h_t}$和$\overleftarrow{h_t}$为当前时间步,采用局部注意力机制补足数据块局部特征,输出当前时间步的特征信息h_t。最后,进入Reduce阶段设定全连接层的对所有数据块的特征信息h_t

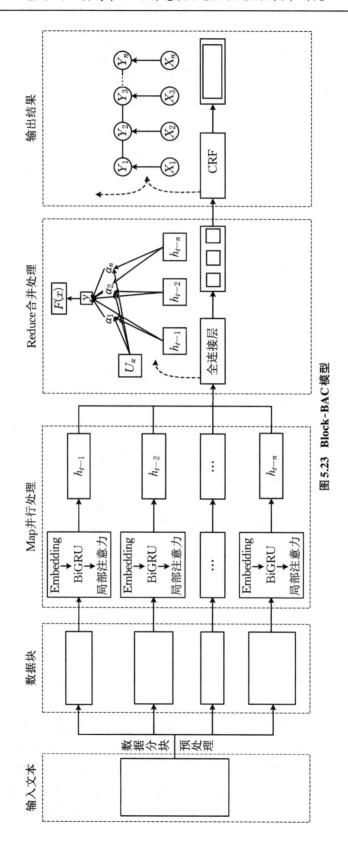

图 5.23　Block-BAC模型

进行加权求和,连接softmax得到输出特征向量。并通过CRF模型的正则化的极大似然估计,输出最佳序列,得到实体识别结果。

其中,基于Hadoop的并行处理不仅限于在某个设备一个文本的各个数据块之间,同理还可以实现对不同设备多个文本的并行处理,将不同设备识别的多个实体多源融合。在实际运用中能够减少操作设备的人力资源,缩短数据处理时间,提高工作效率。

5.4.2.1　数据预处理

内容可变长度分块(CDC)算法是应用Rabin指纹将文本分割成长度大小不一的分块策略[86]。用一个固定大小的滑动窗口来划分文本,当滑动窗口的Rabin指纹值与期望值相匹配时,在该位置划分一个分割点,重复这个过程,直至整个文本都被划分,这样文本都将按照预先设定的分割点进行划分成数据块。

对于实体识别,Hadoop的并行化效果主要体现在文本数据的分块,但实体识别对文本上下文有着较强的依赖性,使得分块算法的优劣将直接影响实体识别效果。基于此,本节根据多个数据块同时处理的情况,在数据分块中约束了数据块的大小,使数据块避免出现过大的数据块;同时,根据中文语句特点,优先考虑在段落结尾处进行分块。基于CDC的数据分块算法流程如图5.24所示。

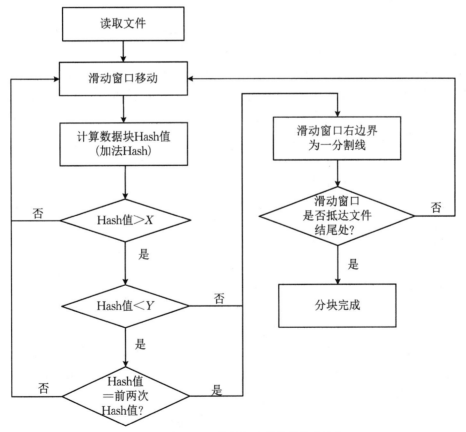

图5.24　基于CDC的数据分块优化算法流程

具体描述：

① 读取文件。

② 设定一个特定大小 w 的滑动窗口，从文本的开始处以两个字节为一个单元进行滑动，直至 w 大小的滑动窗口被数据装载完毕。

③ 用简单的加法 Hash 计算当前滑动窗口位置组成的数据块 Hash 值。

④ 将计算得到的 Hash 值与设定的 Hash 值 X 进行比较，经本节多次实验验证，X 选取 500 B 可达最优效果。当然，X 值的取值取决于 Hash 算法，根据文本的特点进行设定会有更佳的效果。若 Hash 值≤ X 时，则按步骤②向前移动一个单元；若 Hash 值＞ X 时，则按步骤⑤进行比较。

⑤ 将计算得到的 Hash 与设定的 Hash 值 Y 进行比较，本章的 Y 选取 800 B。若 Hash 值≥ Y，则按步骤⑦将该位置进行分割；若 Hash 值＜ Y 时，则按步骤⑥进行比较。

⑥ 将计算得到的 Hash 值与前两次计算得到的 Hash 值进行比较，若 Hash 值与前两次计算得到的 Hash 值相等，则按步骤⑦将该位置进行分割；若否，则按步骤②向前移动一个单元。

⑦ 以滑动窗口的右边界作一个分割线，对文本进行分割。

⑧ 判断滑动窗口是否抵达文件结尾处，即文本是否分块完毕。若否，按步骤②滑动窗口向下滑动一个单位；若是，则文本分块完成。

通过数据分块预处理，我们会得到 n 个数据块，将数据块按字节从大到小排序，当 n ＜ Map 节点数时，将数据块按排序发送到具体的节点中进行 Map 处理，以最大字节的数据块 1 在 Map 并行处理的结束为依据进入 Map 阶段。但在 n ＞Map 节点数时，需要 n 除于 Map 节点数进行分组，得到组数，将数据块按各组依次按排序发送到具体的节点中分别进行 Map 处理，以数据块 c 在 Map 并行处理的结束为依据进入 Map 阶段

$$c=组数×节点数+1$$

从而解决了最后一个数据块过小使并行处理不一致导致数据紊乱的问题。

该算法将文本划分为数据块，最大限度地降低了因数据块划分导致语义中断使输出结果不准确的发生概率，增加模型的实体识别效果。同时，分块可以减少相邻两个段落间神经网络学习中过去信息的被遗忘量的计算，提高模型的实体识别效率。

5.4.2.2　局部注意力机制

通常我们采用全局注意力对序列中所有时间步上进行计算，这是由于关键点的时间步难以确定，而不得不对所有时间步进行计算，避免了忽略关键时间步，但这带来的计算代价十分之高。因此，通过 BiGRU 神经网络能够在全局上充分获得特征，而在获得局部特征时存在不足的情况，本节在各个数据块中根据两个单向的、相反的 GRU 输出的隐藏状态 h_t 为时间步，运用局部注意力机制，充分得到此时间步周围的局部特征，获得句子的内部结构信息，减少了全局注意力的计算量，使输出的结果既准确又快捷。注意力机制[87]的思想是人们在观察图像的时候，大多是根据自己的需求将注意力集中在特定部分，因此将传统局部注意力机制的范围进行优化，如图 5.25 所示。

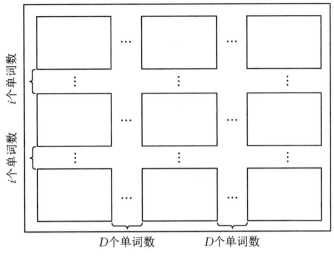

图5.25　局部注意力机制示例

在文本中,相邻的上下文本和左右文本一样具有较强的关联性。本节以GRU神经网络输出 h_t (图5.25)为时间步,使用固定窗口大小的局部注意力机制,窗口的长度大小为 $2D+1$,宽度为 $2i+1$, D 和 i 为超参数,即以 h_t 为中心到窗口边界的单方向距离,上下文向量 $\boldsymbol{C}_t$ 的计算方法如下:

$$\boldsymbol{C}_t = \int_{r-i \to r+i}^{t-D \to t+D} \boldsymbol{\alpha}_t s \boldsymbol{h}_i \tag{5.63}$$

其中,向量 $\boldsymbol{\alpha}_t$ 为计算校正向量, $\boldsymbol{h}_i$ 为隐藏向量。

通过公式我们可以看出,只是考虑时间步范围的区别,其他与全局注意力机制完全相同, $\boldsymbol{h}_t$ 为窗口的中心,直接使其等于当前时间步 t ,通过训练获得,即

$$h_t = T_x \sigma(v_p \tanh(W_p h_i)) \tag{5.64}$$

其中, σ 为 sigmoid 函数, v_p 和 W_p 均为可训练参数。因此这样计算得到的 h_t 是一个浮点数,但这并没有影响,因为计算校准权重向量 α_t 时,增加了一个均值为 h_t 。

最后计算的输出:

$$\vec{h}_t = \tanh(\boldsymbol{W}_c [\boldsymbol{C}_t; h_i]) \tag{5.65}$$

其中, $\boldsymbol{W}_c$ 为权重矩阵。

5.4.2.3　全连接层

全连接层作为 Hadoop 架构的 Reduce 阶段,参照孙华东[88]在自注意力机制和全局注意力机制模块的运算规则。首先在局部注意力机制层不用关注该数据块与其他数据块之间的联系,各数据块之间独立,通过局部注意力机制层,抽取出当前数据块的重要特征信息 h_i 。然后对所有数据块的特征信息 h_i 进行加权求和得到特征向量,补充文本的数据块之间的内部信息,最后连接激活函数 softmax 进行最终结果输出,运算见式(5.66)~式(5.68)所示。

对第 i 个数据块中局部注意力输出的 $\vec{h}_t, \overleftarrow{h}_t$ 进行加权求和运算,令 $S_i = \{\vec{h}_t, \overleftarrow{h}_t\}$,则

$$u_{ij} = \tanh(\boldsymbol{W}_\alpha \boldsymbol{S}_{ij} + \boldsymbol{b}_\alpha) \tag{5.66}$$

$$\boldsymbol{\alpha}_{ij} = \frac{\exp(\boldsymbol{u}_{ij}^T \boldsymbol{U}_a)}{\sum_j \exp(\boldsymbol{u}_{ij}^T \boldsymbol{U}_a)} \tag{5.67}$$

$$\boldsymbol{e}_i = \sum_j \alpha_{ij} \boldsymbol{S}_{ij} \tag{5.68}$$

其中,对第 i 个数据块的第 j 个时间步, $\boldsymbol{u}_{ij}$ 表示将 $\boldsymbol{S}_{ij}$ 经过单层感知机网络,得到的隐藏层表示; $\boldsymbol{U}_a$ 表示随机初始化的上下层隐藏状态关联向量,在模型训练中会更新变化,所有时间步共享; $\boldsymbol{\alpha}_{ij}$ 表示 $\boldsymbol{u}_{ij}$ 与 $\boldsymbol{U}_a$ 的内积,然后进行 softmax 归一化得到的权重向量; $\boldsymbol{e}_i$ 表示对 S_i 进行加权求和得到当前数据块的特征向量; $\boldsymbol{W}_a$ 为权重矩阵; $\boldsymbol{b}_a$ 为偏置向量。

首先,通过公式(5.66)得到更高层次的隐藏层表示 U_{ij},再经过公式(5.67)的 softmax 归一化得到权重向量 α_{ij},表示当前数据块中第 j 个时间步的隐藏状态权重系数,最后通过公式(5.68)进行加权求和,就得到了当前数据块的特征向量表示 e_i。

各个数据块所得到的特征向量 $\boldsymbol{e}_i$ 作为输入向量通过第二层全连接层,与上述单个数据块的特征向量计算方式(5.66)~式(5.68)相同。最后连接激活函数 f 得到输出结果, f 为 softmax,即

$$f(x) = \text{softmax}(\boldsymbol{W}_\beta y + \boldsymbol{b}_\beta) \tag{5.69}$$

其中, $\boldsymbol{W}_\beta$ 为权重矩阵, $\boldsymbol{b}_\beta$ 为偏置向量。

5.4.2.4 基于 Hadoop 的并行机制

Hadoop 的两个核心功能是分布式存储和数据并行处理,由 HDFS 和 MapReduce 实现。HDFS 是分布式文件系统,提供具有高容错性能和跨集群管理数据的有效方法;MapReduce 用于大规模数据集的并行处理[89]。

本节采用 MapReduce 实现高性能并行化计算,并运用 HDFS 完成底层数据储存。其中,MapReduce 主要分为 Map 和 Reduce 两个阶段进行工作,首先将文本进行分块成若干个小数据块,然后将数据块发送到具体的节点进行 Map 阶段处理,处理过程直接调用模型的并行处理版块进行处理,在每一个节点上,Map 会同时进行处理,Hadoop 的并行化便体现在此,由 Embedding 层、BiGRU 层和局部注意力优化机制层串联组成。之后 Reduce 阶段设定全连接层通道将 Map 输出的结果合并,最后连接 CRF 层输出识别结果,MapReduce 示例如图 5.26 所示。

通过图 5.26 所描述过程,可以看出数据块经过 Map 处理,识别数据块 n 的实体 m,得到特征信息 $h_t(n,m)$;然后根据 Map 输出的识别实体 m 进行分区,分区由用户定义 partition 函数控制;每个 Reduce 任务对应一个分区,多个 Reduce 阶段是独立指定的,将 Reduce 对应分区的实体特征信息加权求和,输出结果。而常用的单个实体识别,只需一个 Reduce 任务,将 Map 输出的数据直接合并处理。

当出现文件过大的情况,设备对数据块于 HDFS 底层数据存储会出现内存不足的现象,此时系统会出现异常,弹出"计算机的内存不足,请保存文件并关闭这些程序"对话框,需人为操作重启系统,并将文件分成多份重新输入。并且,由于设备配置参数的不同,设置 Map 节点个数应能保证系统的运行,以防出现"应用程序发生异常"的情况。

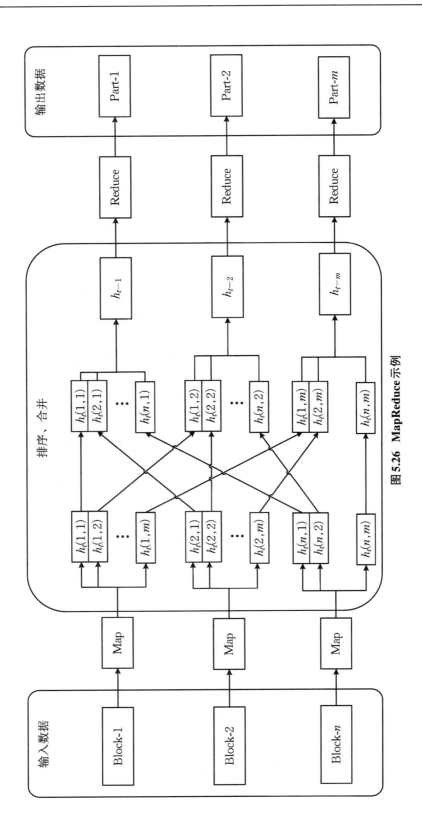

图5.26　MapReduce 示例

5.5 示例分析

本节实验的编程语言为 VC++，软件开发平台为 Visual Studio 2015，操作系统为 Win10×64，CPU 为 Intel Core i7，主频 3.91 GHz，内存 16 GB。在模型中，词嵌入维度设为 350 维，GRU 网络的隐层设为 128 维，注意力机制层统一设置为 25 维，$D=15$，$i=3$；dropout 层设置为 0.25；数据分块预处理中设 $X=500$ B，$Y=800$ B。在 Map 阶段设置 10 个 Map 节点，Reduce 阶段设 $m=7$。

5.5.1 实验数据及评价指标

实验搜集了大量的实验室检测报告，包含了农药残留及污染物检测实验室、司法鉴定实验室、药物残留及添加剂检测实验室等，涉及食品、药品、动植物等多方面，所用语料均来自深圳海关提供的检测报告，总数量 8 300 份。检测报告的实体提取问题，与传统人名、地址、公司等 7 类特定实体的识别略有区别，在检测报告关键数据提取时需要自己定义复杂的实体标签集，需要定义的实体有：样品编号、检验日期、样品项目、检测仪器、检测方法、进样量、报告结果共 7 类实体。

首先，将检测报告进行预处理，主要有去噪、分词处理和词标注 3 个部分，所有的标注工作均由专业培训的人员手工标注完成。标注体系实验采用的标注体系为 BIO，其中，B 表示实体的开始，I 表示实体中除起始位置的其他部分，O 表示非实体。然后随机抽取按照 3∶1∶1 的比例将其划分为训练集、开发集、测试集，样本分布数据如表 5.1 所示。

表 5.1 检测报告实体样本分布

项 目	字符个数	实体标记字符个数
训练集	168 102	86 249
开发集	82 193	27 006
测试集	84 730	28 351

本节采用准确率(P)、召回率(R)和 F_1 值 3 种命名实体识别的通用评价指标来对所提出的方法性能进行评估。3 种评价指标具体定义为

$$P = \frac{正确识别的实体数}{识别的实体数} \times 100\% \tag{5.70}$$

$$R = \frac{正确识别的实体数}{样本的实体数} \times 100\% \tag{5.71}$$

$$F_1 = \frac{2 \times P \times R}{P + R} \tag{5.72}$$

5.5.2　对比实验

为了验证改进的Block-BAC模型在关键数据自动提取的优异性,以实验室检测报告为样本,在同一数据集上,统计30份检测报告的不同实体在不同模型上的P,R,F_1值,对BiGRU-Attention-CRF模型(以下简称为BAC模型)、BERT-BAC模型和Block-BAC模型进行实验,表5.2中P,R,F_1值表示为30份检测报告P,R,F_1值的平均值,对比结果如表5.2所示。

表5.2　BAC模型实验结果

模　型	P	R	F_1
BAC	87.31	85.49	86.39
BERT-BAC	92.05	89.13	90.57
Block-BAC	89.75	88.16	88.94

从实验结果可以看出,本节提出的Block-BAC模型相较于BAC模型,其准确率、召回率和F_1值有明显的提升,F_1值提升了2.55%;与BERT-BAC模型相比,F_1值下降1.63%,在实体识别效果上略有不足。通过3种模型的对比,可以发现Block-BAC模型在BAC基础上准确率和召回率有了较大提升,虽然没有BERT-BAC模型提升幅度大,仍保证了较高的F_1值,实体识别效果良好。

5.5.3　性能实验

模型性能测试的目的是测试模型能否满足需求分析的性能需求,除了实体识别效果这一重要因素外,模型训练和实体识别时长也是重要的性能分析指标。因此,随机选用实验室检测报告,通过不断增加训练样本数量来对模型的性能进行模型训练模块进行测试,通过增加识别样本数量来对模型的实体识别模块进行测试,将程序运行的时间结果分别绘制成图5.27和图5.28。

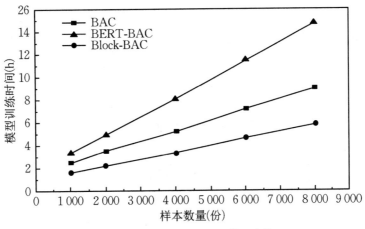

图5.27　模型训练运行时间效果比较

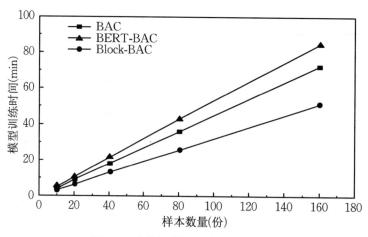

图5.28　实体识别运行时间效果比较

由图5.27和图5.28可以得出,模型训练时间和实体识别时间随着样本数量的增加而增加,呈正相关。3种模型的训练时间和实体识别时间,从大到小依次排列为BERT-BAC>BAC>Block-BAC。在模型训练模块实验中,样本数量达到8 000份时,BERT-BAC模型的训练时间为14.72 h,Block-BAC模型的训练时间为5.83 h。由此可见,相较于BERT-BAC模型,Block-BAC模型缩短了60.36%的训练时间。

在实体识别模块实验中,若样本数量达到180份时,BERT-BAC模型的实体识别时间为85.04 min,Block-BAC模型的实体识别时间为51.56 min,由此可见,相较于BERT-BAC模型,Block-BAC模型缩短了39.43%的训练时间。

实验结果表明,相较于BERT-BAC模型,Block-BAC模型在训练和实体识别上具有明显的时间优势,更能满足用户的性能需求。

小结

命名实体识别是数据挖掘、信息检索和自然语言处理等领域的一个重要研究课题。与大多数NLP问题一样,NER的发展也经历过早期的规则方法,虽然该方法不再流行,但是仍然留下宝贵的研究经验,供研究人员思考并且提供了宝贵的启示,比如规则方法与统计方法相结合仍然在某些场合下能得到有效的结果。如今NLP领域,传统机器学习方法越来越完善,而深度学习方法更是将在NER领域越走越远。从目前已有的研究成果来看,NER这个研究课题还远不是一个得到完善解决的领域,各领域对命名实体定义的模糊,使得NER仍然是一个十分有挑战性的研究领域。显然,传统机器学习的方法解决问题的思路是从一些观测样本出发,尝试去探索无法通过原理分析得到的规律,将特征表示和学习合二为一。虽然近年来传统机器学习的方法已经不如早期那么流行,但不代表传统机器学习方法就不适用在如今的NER领域了,只是这两种方法各有优缺点且适用的场合不同。比如在特征提取上,深度学习方法本质上,就是一个特征学习器,对于复杂特征的提取,深度学习方法的提取能力比传统机器学习方法强,然而,实际上有时候在不需要另外构造特征的任务上,传统机器学习方法就已经能够很好地完成任务。传统机器学习方法在解决问题时,将问题分解为多个任务然后逐个解决,而深度学习的方法采用端到端的方式解决问题。因此,在科学研究的过程中,应根据具体任务选择合适的方法,而不能一概而论。

本章针对现有命名实体识别存在数据处理效率低的问题,提出了一种并行化Block-BAC模型。给出前处理中的数据分块优化算法,基于Hadoop实现并行化的运作机制;采用局部注意力优化机制,有效减少模型的隐层节点。与已有的BERT-BAC模型相比,在确保较高F_1值(准确率和召回率的调和平均数)的情况下,该模型训练时间和实体识别时间分别缩短60.36%和39.43%,具有更广泛的实用性。

如今,在处理NER任务时,通常固化于调整经典模型、扩大语料库规模和挑选更多特征这3种模式,这是值得我们后续工作思考的一个问题,NER的研究不能只是局限于F_1值的提升,而应该从更多的角度思考NER这个问题,才能使得NER这个领域得到更全面更好的发展。

参考文献

[1]　刘浏,王东波.命名实体识别研究综述[J].情报学报,2018,37(3):329-340.

[2]　李猛,李艳玲,林民.命名实体识别的迁移学习研究综述[J].计算机科学与探索,2021,15(2):206-218.

[3]　冀振燕,孔德焱,刘伟,等.基于深度学习的命名实体识别研究[J].计算机集成制造系统,2022(6):1603-1615.

[4]　COLLINS M, SINGER Y. Unsupervised models for named entity classification[C]//1999 Joint SIGDAT Conference on Empirical Methods in Natural Language Processing and Very Large Corpora. 1999.

[5]　CUCERZAN S, YAROWSKY D. Language independent named entity recognition combining morphological and contextual evidence[C]//1999 Joint SIGDAT Conference on Empirical Methods in Natural Language Processing and Very Large Corpora. 1999.

[6]　王颖洁,张程烨,白凤波,等.中文命名实体识别研究综述[J].计算机科学与探索,2023,17(2):324-341.

[7]　PETASIS G, CUCCHIARELLI A, VELARDI P, et al. Automatic adaptation of proper noun dictionaries through cooperation of machine learning and probabilistic methods[C]//Proceedings of the 23rd Annual International ACM SIGIR Conference on Research and Development in Information Retrieval. 2000: 128-135.

[8]　RABINER L R. A tutorial on hidden Markov models and selected applications in speech recognition[J]. Proceedings of the IEEE, 1989, 77(2): 257-286.

[9]　张晓艳,王挺,陈火旺.命名实体识别研究[J].计算机科学,2005,32(4):44-48.

[10]　李冬梅,罗斯斯,张小平,等.命名实体识别方法研究综述[J].计算机科学与探索,2022,16(9):1954-1968.

[11]　孔静静,于琦,李敬华,等.实体抽取综述及其在中医药领域的应用[J].世界科学技术-中医药现代

化,2022,24(8):2957-2963.

[12] BIKEL D M, MILLER S, SCHWARTZ R, et al. Nymble: A high-performance learning name-finder [J]. arXiv Preprint cmp-lg, 1998.

[13] BIKEL D M, SCHWARTZ R, WEISCHEDEL R M. An algorithm that learns what's in a name[J]. Machine Learning, 1999, 34(1-3): 211-231.

[14] FU G, LUKE K K. Chinese named entity recognition using lexicalized HMMs[J]. ACM SIGKDD Explorations Newsletter, 2005, 7(1): 19-25.

[15] JAYNES E T. Information theory and statistical mechanics[J]. Physical Review, 1957, 106(4): 620.

[16] LIN Y F, TSAI T H, CHOU W C, et al. A maximum entropy approach to biomedical named entity recognition [C]//Proceedings of the 4th International Conference on Data Mining in Bioinformatics. 2004: 56-61.

[17] MCCALLUM A, FREITAG D, PEREIRA F C N. Maximum entropy Markov models for information extraction and segmentation[C]//ICML. 2000, 17(2000): 591-598.

[18] 林亚平,刘云中,周顺先,等.基于最大熵的隐马尔可夫模型文本信息抽取[J].电子学报,2005,33(2):236-240.

[19] 喻鑫,张矩,邱武松,等.基于序列标注算法比较的医学文献风险事件抽取研究[J].计算机应用与软件,2017,34(12):58-63.

[20] BORTHWICK A, STERLING J, AGICHTEIN E, et al. Description of the MENE named entity system as used in MUC-7 [C]//Proceedings of the Seventh Message Understanding Conference (MUC-7), Fairfax. Virginia, 1998.

[21] 周雅倩,郭以昆,黄萱菁,等.基于最大熵方法的中英文基本名词短语识别[J].计算机研究与发展,2003,40(3):440-446.

[22] 焦凯楠,李欣,朱容辰.中文领域命名实体识别综述[J].计算机工程与应用,2021,57(16):1-15.

[23] 顾亦然,霍建霖,杨海根,等.基于BERT的电机领域中文命名实体识别方法[J].计算机工程,2021,47(8):78-83,92.

[24] 贺亮,徐正国,李赟,等.非数值化特征的条件概率区域划分(CZT)编码方法[J].计算机应用研究,2020,37(5):1400-1405.

[25] 吴智妍,金卫,岳路,等.电子病历命名实体识别技术研究综述[J].计算机工程与应用,2022,58(21):13-29.

[26] MIKOLOV T, CHEN K, CORRADO G, et al. Efficient estimation of word representations in vector space[J]. arXiv Preprint arXiv:1301.3781, 2013.

[27] 王一钒,李博,史话,等.古汉语实体关系联合抽取的标注方法[J].数据分析与知识发现,2021,5(9):63-74.

[28] 张佳明,席耀一,王波,等.基于词向量的微博事件追踪方法[J].计算机工程与应用,2016,52(17):73-78,117.

[29] PENNINGTON J, SOCHER R, MANNING C D. Glove: Global vectors for word representation [C]//Proceedings of the 2014 Conference on Empirical Methods in Natural Language Processing (EMNLP). 2014: 1532-1543.

[30] 方炯焜,陈平华,廖文雄.结合GloVe和GRU的文本分类模型[J].计算机工程与应用,2020,56(20):98-103.

[31] 石隽锋,李济洪,王瑞波.一种改进的GloVe词向量表示学习方法[J].中文信息学报,2021,35(4):16-22.

[32]　邓依依,邹昌兴,魏永丰,等.基于深度学习的命名实体识别综述[J].中文信息学报,2021,35(9):30-45.

[33]　LI J, SUN A X, HAN J L, et al. A Survey on deep learning for named entity recognition[J]. 2022,34(1):50-70.

[34]　陈柱辉,刘新,张明健,等.简要案情的命名实体识别技术[J].计算机系统应用,2022,31(1):47-54.

[35]　翟社平,段宏宇,李兆兆.基于BILSTM_CRF的知识图谱实体抽取方法[J].计算机应用与软件,2019,36(5):269-274,280.

[36]　李健龙,王盼卿,韩琪羽.基于双向LSTM的军事命名实体识别[J].计算机工程与科学,2019,41(4):713-718.

[37]　BHARADWAJ A, MORTENSEN D R, DYER C, et al. Phonologically aware neural model for named entity recognition in low resource transfer settings[C]//Proceedings of the 2016 Conference on Empirical Methods in Natural Language Processing. 2016: 1462-1472.

[38]　YIN M, MOU C, XIONG K, et al. Chinese clinical named entity recognition with radical-level feature and self-attention mechanism[J]. Journal of Biomedical Informatics, 2019, 98: 103289.

[39]　韩涛,黄海松,姚立国.面向航空发动机故障知识图谱构建的实体抽取[J].组合机床与自动化加工技术,2021(10):69-73,78.

[40]　ZHANG Y, YANG J. Chinese NER using lattice LSTM[J]. arXiv Preprint arXiv,2018(1805):02023.

[41]　潘璀然,王青华,汤步洲,等.基于句子级Lattice-长短记忆神经网络的中文电子病历命名实体识别[J].第二军医大学学报,2019,40(5):497-506.

[42]　崔丹丹,刘秀磊,陈若愚,等.基于Lattice LSTM的古汉语命名实体识别[J].计算机科学,2020,47(z2):18-22.

[43]　ZHAO S, CAI Z, CHEN H, et al. Adversarial training based lattice LSTM for Chinese clinical named entity recognition[J]. Journal of Biomedical Informatics, 2019, 99: 103290.

[44]　杨飘,董文永.基于BERT嵌入的中文命名实体识别方法[J].计算机工程,2020,46(4):40-45,52.

[45]　陈德,宋华珠,张娟,等.融合BERT和记忆网络的实体识别[J].计算机科学,2021,48(10):91-97.

[46]　屈丹丹,杨涛,朱垚,等.基于字向量的BiGRU-CRF肺癌医案四诊信息实体抽取研究[J].世界科学技术-中医药现代化,2021,23(9):3118-3125.

[47]　LERNER I, PARIS N, TANNIER X. Terminologies augmented recurrent neural network model for clinical named entity recognition[J]. Journal of Biomedical Informatics, 2020, 102: 103356.

[48]　王洁,张瑞东,吴晨生.基于GRU的命名实体识别方法[J].计算机系统应用,2018,27(9):18-24.

[49]　李鸿飞,刘盼雨,魏勇.基于自注意力和Lattice-LSTM的军事命名实体识别[J].计算机工程与科学,2021,43(10):1848-1855.

[50]　VASWANI A, SHAZEER N, PARMAR N, et al. Attention is all you need[J]. Advances in Neural Information Processing Systems, 2017, 30.

[51]　张汝佳,代璐,王邦,等.基于深度学习的中文命名实体识别最新研究进展综述[J].中文信息学报,2022,36(6):20-35.

[52]　何玉洁,杜方,史英杰,等.基于深度学习的命名实体识别研究综述[J].计算机工程与应用,2021,57(11):21-36.

[53]　DEVLIN J, CHANG M W, LEE K, et al. Bert: Pre-training of deep bidirectional transformers for language understanding[J]. arXiv Preprint arXiv, 2018:1810.04805.

[54]　唐晓波,刘志源.金融领域文本序列标注与实体关系联合抽取研究[J].情报科学,2021,39(5):3-11.

[55]　张靖宜,贺光辉,代洲,等.融入BERT的企业年报命名实体识别方法[J].上海交通大学学报,2021,

55(2):117-123.

[56] LI N, GUAN H M, YANG P, et al. BERT-IDCNN-CRF for named entity recognition in Chinese [J]. Journal of Shandong University (Natural Science), 2020, 55(1): 102-109.

[57] LI X, ZHANG H, ZHOU X H. Chinese clinical named entity recognition with variant neural structures based on BERT methods[J]. Journal of Biomedical Informatics, 2020, 107: 103422.

[58] SUN Y, WANG S, LI Y, et al. 2.0: A continual pretraining framework for language understanding [J]. arXiv Preprint arXiv, 2020:1907.12412.

[59] 陈杰,马静,李晓峰. 融合预训练模型文本特征的短文本分类方法[J]. 数据分析与知识发现,2021,5(9):21-30.

[60] 张晓,李业刚,王栋,等. 基于ERNIE的命名实体识别[J]. 智能计算机与应用,2020,10(3):21-26.

[61] YANG Z, DAI Z, YANG Y, et al. Xlnet: Generalized autoregressive pretraining for language understanding[J]. Advances in Neural Information Processing Systems, 2019, 32.

[62] 姚贵斌,张起贵. 基于XLnet语言模型的中文命名实体识别[J]. 计算机工程与应用,2021,57(18):156-162.

[63] 陈茜,武星. 结合上下文词汇匹配和图卷积的材料数据命名实体识别[J]. 上海大学学报(自然科学版),2022,28(3):372-385.

[64] YAN R, JIANG X, DANG D. Named entity recognition by using XLNet-BiLSTM-CRF[J]. Neural Processing Letters, 2021, 53(5): 3339-3356.

[65] LAN Z, CHEN M, GOODMAN S, et al. Albert: A lite bert for self-supervised learning of language representations[J]. arXiv Preprint arXiv, 2019:1909.11942.

[66] 谢庆,蔡扬,谢军,等. 基于ALBERT的电力变压器运维知识图谱构建方法与应用研究[J]. 电工技术学报,2023,38(1):95-106.

[67] 李军怀,陈苗苗,王怀军,等. 基于ALBERT-BGRU-CRF的中文命名实体识别方法[J]. 计算机工程,2022,48(6):89-94,106.

[68] 马良荔,李陶圆,刘爱军,等. 基于迁移学习的小数据集命名实体识别研究[J]. 华中科技大学学报(自然科学版),2022,50(2):118-123.

[69] YAO L, HUANG H, WANG K W, et al. Fine-grained mechanical Chinese named entity recognition based on ALBERT-AttBiLSTM-CRF and transfer learning[J]. Symmetry, 2020, 12(12): 1986.

[70] LAFFERTY J, MCCALLUM A, PEREIRA F C N. Conditional random fields: Probabilistic models for segmenting and labeling sequence data[R]. 2001.

[71] ZHANG Y, XU Z, ZHANG T. Fusion of multiple features for Chinese named entity recognition based on CRF model[C]//Information Retrieval Technology: 4th Asia Infomation Retrieval Symposium, AIRS 2008. Springer Berlin Heidelberg, 2008: 95-106.

[72] WANG H, ZHU W Q, WU Y Z, et al. Named entity recognition based on equipment and fault field of CNC machine tools[J]. 工程科学学报, 2020, 42(4): 476-482.

[73] AL-NABKI M W, FIDALGO E, ALEGRE E, et al. Improving named entity recognition in noisy user-generated text with local distance neighbor feature[J]. Neurocomputing, 2020, 382: 1-11.

[74] VINYALS O, FORTUNATO M, JAITLY N. Pointer networks[J]. Advances in Neural Information Processing Systems, 2015, 28.

[75] 陈思远,林丕源,黄沛杰. 指针网络改进遗传算法求解旅行商问题[J]. 计算机工程与应用,2020,56(19):231-236.

[76] 陈伟,杨燕. 基于指针网络的抽取生成式摘要生成模型[J]. 计算机应用,2021,41(12):3527-3533.

[77] ZHAI F, POTDAR S, XIANG B, et al. Neural models for sequence chunking[C]//Proceedings of the AAAI Conference on Artificial Intelligence. 2017, 31(1).

[78] SABOUR S, FROSST N, HINTON G E. Dynamic routing between capsules[J]. Advances in Neural Information Processing Systems, 2017, 30.

[79] 杨巨成, 韩书杰, 毛磊, 等. 胶囊网络模型综述[J]. 山东大学学报(工学版), 2019, 49(6): 1-10.

[80] 刘林嵩, 全明磊, 吴东亮. SA-CapsNet: 自注意力胶囊网络[J]. 计算机应用研究, 2021, 38(10): 3005-3008, 3039.

[81] ZHAO W, YE J, YANG M, et al. Investigating capsule networks with dynamic routing for text classification[J]. arXiv preprint arXiv:1804.00538, 2018.

[82] 王超凡, 琚生根, 孙界平, 等. 融入多尺度特征注意力的胶囊神经网络及其在文本分类中的应用[J]. 中文信息学报, 2022, 36(1): 65-74.

[83] DENG J, CHENG L, WANG Z. Self-attention-based BiGRU and capsule network for named entity recognition[J]. arXiv Preprint arXiv, 2020: :2002.00735.

[84] PETERS M, AMMAR W, BHAGAVATULA C, et al. Semi-supervised sequence tagging with bidirectional language models[C]// Proceedings of the 55th Annual Meeting of the Association for Computational Linguistics(Volume 1: Long Papers). 2017: 1756-1765.

[85] TSVETKOV Y. Opportunities and challenges in working with low-resource languages[Z]. Carnegie Mellon University, 2017.

[86] BOBBARJUNG D R, JAGANNATHAN S, DUBNICKI C. Improving duplicate elimination in storage systems[J]. Acm Transactions on Storage, 2006, 2(4): 424-448.

[87] LUONG M T, PHAM H, MANNING C D. Effective approaches to attention-based neural machine translation[J]. Computer Science, 2015.

[88] 孙华东. 基于机器学习的多源数据态势评估技术研究[D]. 成都: 电子科技大学, 2020.

[89] 吴晓琴, 黄文培. Hadoop安全及攻击检测方法[J]. 计算机应用, 2020, 40(S1): 118-123.

第6章　实验室系统资源负载均衡技术

6.1　研究背景

　　近年来,随着信息技术和互联网技术的快速发展,人类正式迈入大数据时代,数据采集终端急剧增长,需要分析和存储的数据量呈指数爆炸式地增加。最早提出"大数据"时代到来的是麦肯锡,正如其所说:"数据,已经渗透到当今每一个行业和业务职能领域,成为重要的生产因素。人们对于海量数据的挖掘和运用,预示着新一波生产率增长和消费者盈余浪潮 的到来。"因此,在大数据时代,各个领域中的决策将不再依赖直觉和经验,而是依赖大数据处理的结果,在分布式系统出现之前,在数据处理过程中存在只有不断采用增加单个处理机的频率和性能的方法才能够减少数据处理时间的问题,然而分布式的出现突破了这个传统的约束。所谓分布式,就是采用分而治之的方法,将一个复杂的问题划分成多个子任务,并且将这些子任务分布到多台机器上进行并行处理,从而达到不仅能够保证系统稳定性,还能够最大限度地提高系统运行速率的目的。

　　传统并行编程模型[1]可分为两类,第一种是数据并行编程模型(Data Parallel Programming Model),另外一种是消息传递编程模型(Message Passing Programming Model)。其中,数据并行编程模型的经典模型是HPF,而消息传递编程模型的经典模型是MPI和PVM。相较于消息传递编程模型,数据并行编程模型级别较高,编程更简单,然而其只能适用于解决数据并行的问题。另外,在使用消息传递编程模型编写并行程序时,用户需要显式进行数据与任务量的划分、任务之间的通信与同步和死锁检测等操作,与数据并行编程模型相比,消息传递编程模型的编程负担较重。实际上,在传统的并行编程模型中,只有当程序员显式地使用有关技术才能有效解决各种问题,然而这对于程序员来说,是一项具有挑战性的工作,因此,这也在一定程度上限制了并行程序的广泛使用。

　　针对以上问题,2004 年,谷歌公司提出MapReduce[2]。MapReduce是一种能够对海量数据进行并行处理的编程模型,该模型具有简单适用的特点,因此被广泛应用。MapReduce并行编程模型的最大优点在于其能够屏蔽底层实现的细节,这有效地降低并行编程的难度并提高编程的效率,该模型的主要贡献有如下5点:

　　① 无共享结构和松耦合结构使得MapReduce具有较好的扩展性;

　　② 使用廉价的机器组成集群,不仅费用不高,同时又有较好的性能;

　　③ MapReduce适用范围大,不仅可以应用于搜索领域,而且还能满足其他领域的计算

任务；

④ MapReduce 提供了一个运行时支持库，其支持任务的自动并行执行，并且提供的接口有利于用户高效进行任务调度、一致性管理和负载均衡；

⑤ 用户能够根据需要自定义各种函数，比如 Map 函数、Reduce 函数和 Partition 函数等。

MapReduce 能够隐藏分布式计算的底层实现细节，比如节点失效、任务间通信和远程数据访问等，降低程序员并行编程的难度，进而使得程序员摆脱复杂的并行编程代码的束缚，从而能够编写简单且高效的并行程序。

MapReduce 借鉴了函数式程序设计语言中的内置函数 Map 和 Reduce，其核心思想是：首先将数据处理分解成多个独立运行的 Map 任务，将其分布到多个处理机上，然后产生中间结果，通过 Reduce 任务混洗[3]（Shuffle）合并产生最终的输出文件。具体而言，MapReduce 作业（Job）被分解成两个阶段，即 Map 阶段和 Reduce 阶段，且这两个阶段都包含一个 Map/Reduce 任务（Task），将各自的任务实例[4]部署到各自节点进行并行执行，当所有 Map/Reduce 实例结束后，这两个阶段才结束，其中 Map/Reduce 任务由 Map 函数和 Reduce 函数定义。分布式文件系统采用迁移数据的方式将 Map/Reduce 任务下载到数据节点再执行，最后保存输出结果。

MapReduce 的执行过程[4]可以表述为：Map 函数的输入为 $\langle \text{Key}_M^{In}, \text{Value}_M^{In} \rangle$，输出为 $\langle \text{Key}_M^{Out}, \text{Value}_M^{Out} \rangle$，Reduce 函数的输入为 $\langle \text{Key}_R^{In}, \text{Value}_R^{In} \rangle$，输出为 $\langle \text{Key}_R^{Out}, \text{Value}_R^{Out} \rangle$，其中，$\text{Key}_M^{Out}$ 需要隐式地转换为 Key_R^{In}，Value_M^{In} 是保存 Value_M^{Out} 的集合。

MapReduce 的第一阶段是：首先将输入数据分解成 M 份（一般 M 大于节点个数），作为 M 个 Map 实例的输入，Map 函数从一份输入中读取记录，进行过滤和转换，再输出 $\langle \text{Key}_M^{Out}, \text{Value}_M^{Out} \rangle$ 格式的中间结果。然后这些中间结果被 Hash 函数根据 Key_M^{Out} 分解为 R 个组，每个组被写入到节点的本地磁盘。所有 Map 函数终止时，M 个 Map 实例把 M 份输入文件映射成 $M \times R$ 个中间文件，即相同键 Hash 值（假设是 j）的 Map 函数输出结果被存在文件 F_{ij} 中，且 $1 \leqslant i \leqslant M, 1 \leqslant j \leqslant R$。

MapReduce 的第二阶段执行 R 个 Reduce 实例，R 一般是节点的数量。每个 Reduce 实例 R_j 输入文件为 F_{ij}。这些文件从各个节点传输到执行节点，Reduce 函数输入 F_{ij} 的键 Key_M^{Out} 和对应的一组 Value_M^{Out} 值，输出若干 $\langle \text{Key}_R^{Out}, \text{Value}_R^{Out} \rangle$ 格式的记录，所有从 Map 阶段产生的具有相同 Hash 值的 $\langle \text{Key}_M^{Out}, \text{Value}_M^{Out} \rangle$ 输出结果都被相同的 Reduce 实例处理。

MapReduce 的调度器不仅能决定执行 Map 实例的个数，还能决定如何把它们分配给可用的节点。此外，该调度器还决定运行 Reduce 实例的个数和执行位置。MapReduce 中央控制器协调节点上的运算，最终结果只要被写入分布式文件中，MapReduce 作业则执行完毕。

显然，MapReduce 能够使任务间的通信和执行变得简单和规范，Map 阶段后产生的中间结果会写入中间磁盘而不会一直保留在内存，不仅减少了内存的消耗，而且还能避免由内存溢出造成的数据丢失问题。实际上，MapReduce 仍然存在一些缺陷，比如在一个 Job 中，Reduce 任务必须要等待所有 Map 任务执行完成后才能开始运行，显然，其异步性较低，所以无法充分利用系统资源。此外，Map/Reduce 操作不适用于图[3]或者网络的数据结构，因为它们包含着隐性的关系，这些隐性关系无法在一次计算中完全表示为键值对的形式。

　　MapReduce的提出最早是为了通过大规模服务器集群并行处理大数据,比如海量网页内容数据[4],通过存储、索引和分析实现用户的访问和搜索。MapReduce之所以能够迅速成为大数据处理系统的主流系统,其具有自然伸缩、自动并行等特性发挥了巨大的作用。现在,MapReduce已经成为TB/PB级别的大数据处理平台,广泛应用于各个领域,并且拥有各种版本的实现。

6.2　数据倾斜处理

　　在日常进行数据的处理和分析时,往往会分析并处理倾斜的数据。数据倾斜[5]是指数据集合中某个值或者某些值的出现次数远远高于其他值的出现次数,比如在微博平台上活跃用户的发帖数量会远远高于非活跃用户的微博发帖数量。

6.2.1　问题分析

　　在MapReduce框架下,当存在数据倾斜时,Reduce节点很难实现负载均衡[5],负载较重的Reduce任务(Reducer)被称为掉队任务,负载较重的节点则被称为掉队节点。整个Job的执行分为Map阶段和Reduce阶段。根据输入文件的大小能够分解为许多大小相等的分片,每一个Map任务(Mapper)处理一个分片。Mapper输出的中间结果通过分区(Partition)和Shuffle分配给各个Reducer。具有相同键的所有中间结果由同一个Reducer处理,这种情况称为Reducer输入限制,并且中间结果的划分必须服从Reducer输入限制。MapReduce一般采用默认的Hash分区函数,根据关键字的Hash值来确定处理该簇的Reducer。Hash分区能够保证Reducer处理簇的数目大致相同,但由于各个簇包含的键值对个数不一定相同,导致其难以保证每个Reducer处理的总键值对个数相同。实际上,Reducer的负载与其处理的记录个数有关,因此当存在数据倾斜问题时,会导致相应节点处理的数据比其他节点处理的数据多,进而造成Reduce节点的负载不均衡的问题。当大部分Reduce节点执行完毕后,仍然有一个或几个掉队Reduce节点在工作,导致Job运行时间延长,同时也容易造成Reducer上的负载不均衡问题。

　　虽然MapReduce作为并行数据处理系统取得了很好的效果,但是在面对需要进行连接和聚集等复杂的场景时,MapReduce的性能较差。这时,数据倾斜是在这些场景中严重影响MapReduce性能的因素之一。然而,导致数据倾斜的原因可以分为两种:不平衡的数据输入和不同节点对中间结果的处理代价不同。从整体的角度考量,MapReduce编程模型中的数据倾斜问题主要包括两种,即Map阶段数据倾斜[6]和Reduce阶段数据倾斜。

6.2.1.1　Map阶段数据倾斜

　　当Job是计算密集的类型且原始的数据不能被平均分块时,就会造成数据输入不平衡的问题,进而导致一些Mapper节点的运行时间远大于其他Mapper节点的平均运行时间,成为掉队节点,这将严重影响 Map 阶段的完成时间。如图 6.1 所示,Mapper1 节点的运行时间 t_4 远大于其他 Mapper 节点,当其他 Mapper 节点运行完成之后,仍需要等待 Mapper1 节点,最终导致资源的浪费。

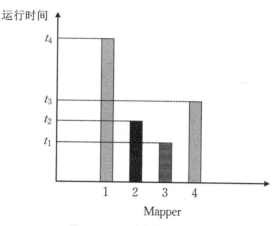

图 6.1 Map 阶段数据倾斜

6.2.1.2 Reduce 阶段数据倾斜

Reduce 阶段数据倾斜主要是因为 MapReduce 采用 Hash 函数对 Mapper 产生的中间结果数据到 Reducer 节点进行散列分配。

在 MapReduce 中,Map 阶段将输入数据转换成键值对结构的形式,提供给 Reduce 阶段进行进一步的处理,如式(6.1)、式(6.2)所示:

$$Map:(K1,V1)\rightarrow list(K2.V2) \tag{6.1}$$

$$Reduce:(K2, list(V2))\rightarrow list(V2) \tag{6.2}$$

在 Reduce 接收 Map 的输出数据前,还需要经过 Shuffle 阶段,这是整个 MapReduce 的关键所在。Shuffle 阶段主要对各个 Mapper 的输出进行混洗,收集这些 Mapper 输出中由同一个 Reducer 处理的数据。由于收集到的数据规模有可能比较大,所以 Shuffle 阶段会将数据合并到 Reducer 所在节点的本地文件系统中,从而减小内存空间的占有率。

每个 Mapper 根据 Reducer 的数量将输出分解成与 Reducer 数量相等的分区,每个 Reducer 从所有 Mapper 中收集与之相对应的分区数据,将所有具有相同 Key 值的 Map 输出键值都分配到同一个 Reducer 然后进行处理,这样能够保证每个 Reduce 拥有建立在全局范围的最终结果。

其中 Shuffle 阶段的特点决定了 Reduce 阶段中每个 Reducer 接受的数据量,这些数据量可能是不平衡的,进而造成 Reduce 阶段数据倾斜的问题。这个问题产生的原因如下:

(1)用户自定义分区策略

Map 阶段首先分解输出,然后建立 Map 输出与 Reduce 输入之间的对应关系,该流程通过 MapReduce 作业提交时指定的分区策略执行完成。用户自定义的分区策略是根据实际情况建立的,其作用是将相互联系的数据划分到同一个分区中,然后由同一个 Reducer 完成处理,虽然能够保证最终结果的准确率,但是同时也可能导致各个 Reducer 处理数据量的不平衡。

（2）默认分区策略

为快速完成Map输出数据的划分，通常采用Hash分区策略，即通过Key的Hash值确定键值对的分区号：

$$partitionNum = key.hashCode()\%REDUCER\_NUM \qquad (6.3)$$

然而该方法存在哈希冲突[6]和Reduce个数有限等问题，进而导致大量的Key聚集在同一Reducer上，最终造成每个Reducer的数据量不平衡的问题。

（3）输入数据自身特征

传统分区方法是在每一个Map的键值对输出产生后，根据Key的特点确定分区，然而这种方法缺乏Key对应Value数据规模的全局信息。虽然分区策略能使每个分区中Key的种类几乎达到平衡，但是由于Map阶段输入数据的自身特点，会导致某些特定的Key所对应的Value数据量远大于其他Key对应的Value值，进而导致部分Reducer收集的数据量过大。这种现象的出现可能是因为在输入数据中存在某些热点数据，比如搜索一段时期内热点词汇的搜索率和热门网站的点击率等情况。

通常Reduce阶段的输入数据倾斜会导致某些Reducer相对于其他Reducer执行时间更长，从而增加了整个Reduce阶段的运行时间，进而影响整个MapReduce作业的完成时间。

实际上，Reduce阶段的数据倾斜问题归根结底是由于Map阶段对数据的分区不平衡造成的。Map阶段对数据的分区由各个Mapper单独完成，划分的根据只局限于一个$\langle Key, Value \rangle$键值对中Key的特征，而没有依据Value的数据规模。Mapper之间不会交换各自产生的输出，因此不能基于全局Map输出进行更平衡的分区。Mapper独立执行的方式虽然能够简化Map阶段的执行过程，但是容易造成Reduce阶段各个Reducer输入数据不平衡的问题，从而影响整个阶段的执行过程。

通过处理一个数据集H举例[7]，如图6.2所示。H经过Mapper和Combiner处理后，在本地形成了排序好的$\langle Key, Value \rangle$对，其结果数据格式为$\langle F, FValue_i \rangle$，F代表$\langle Key, Value \rangle$中的$Key$，$FValue_i$代表$\langle Key, Value \rangle$中的$Value$，为H中第$i$条记录的属性集合，比如$\langle A, AV_1 \rangle$，A表示数据集合H的一个关键字，$AV_1$为A在H中的第1条记录的属性集合，不同记录的属性集合以$AV_1, AV_2, \cdots, AV_n$表示。其中，C-L表示对所有本地Mapper输出结果经Combiner处理后保存在本地的中间结果，P-L表示C-L数据经过Partitioner分配后传送到Reducer节点上的数据。

由图6.2可看出，Reducer1节点分配了7个H集合的A记录和2个D记录、Reducer2节点分配了5个H集合的B记录、Reducer3节点分配了4个H集合的C记录。显然，分配到各Reducer节点上的数据记录量分别为（9,5,4），这是因为Hash分区策略导致Reducer节点分配数据量不同，进而造成Reducer节点的负载不平衡。

当数据倾斜发生的时候，某些节点需要消耗更长的时间来处理输入的数据，成为集群中的"掉队者"[8]，而其他节点等待这些掉队者完成处理，从而导致任务执行时间过长，最终影响集群效率。然而，MapReduce所提供的解决掉队者的备份任务方法，只是在新的节点上重新执行掉队者上运行的任务，而实际上，数据倾斜带来的问题是因为数据量的不均匀分布导致的,该问题与节点的情况无关,所以MapReduce的备份任务方法事实上不能解决数据倾斜带来的问题。

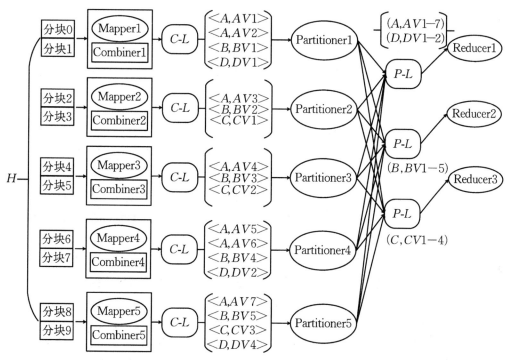

图6.2　Mapper中间结果数据到最终计算结果散列分配

Map阶段的输入是m个大小相等的分片,m是Mapper的数目。在同构集群下,Map阶段各节点负载几乎均衡,而在Reduce阶段,具有相同关键字的中间结果必须由同一个Reducer处理。由于输入限制的影响,中间键值对不能任意划分,应当尽可能均衡所有簇使所有Reducer处理时间基本相同。这时要考虑两个方面:第一个方面是簇[5]的个数,由于一些Reducer收到更多的簇,所以执行时间变长;第二个方面是簇的大小,虽然分区簇基本相同,但由于执行时间因簇而异,那么复杂度高的簇所需时间更长。

简而言之,MapReduce往往采用简单的Hash随机函数来调度中间结果。元组$\langle Key, Value \rangle$被分配到Reducer i,当

$$i = [|Hash(k)| mod\ m] + 1 \tag{6.4}$$

Hash随机分配虽然能够保证各Reducer处理簇的个数相同,但是又由于各簇大小存在差异,导致Hash分配无法根据各簇的数据分布分配数据,从而导致Job执行时间变长,这时,一种高效的数据划分方法显得尤为重要。

6.2.2　处理技术

早期数据倾斜处理是在并行系统中进行并行连接与并行聚集操作的,现有的针对MapReduce的数据倾斜处理技术可以分为两类,一种是避免倾斜[7](Skew Avoidance,SA),

另一种是检测与缓解倾斜(Skew Detection and Mitigation,SDM)。SA虽然不会给系统增加额外开销,但是不能保证有效地避免数据倾斜;SDM正好和SA相反,通过增加额外的系统开销来监测和缓解数据倾斜。

避免倾斜的技术通常采用采样或统计的方法来获取输入数据的分布情况,通过数据的平衡分配,以此避免数据的倾斜。避免数据倾斜的常用方法有两种:第一种是在Mapper运行程序中加入采样策略[9],另一种是先对输入数据进行预处理,再对数据制定分区策略。前者是当Mapper运行到某个时刻,依据采样得到的分布信息,对发生数据量倾斜的分区进行一次拆分,但该方法实际上没有给出合适的调整时刻。后者则增加了文件的处理时间。

雅虎的Pig系统提出SkewedJoin[10]的方法,通过采样估计某个Key的记录数以及所占的内存,然后将结果存入文件中,根据文件内容,用户须在创建MapReduce任务时制定自定义的分区策略将Key平均分配,进而提高用户编写函数的难度;Kwon等提出了SkewReduce方法[11],通过采样来判断数据倾斜情况,该方法要求用户必须提供基于采样值的代价函数;Ibrahim等提出了基于位置感知的LEEN算法[12],通过对输入数据的预扫描得到数据的分布情况,在Map阶段之后根据数据分布情况与统计的Key值的频率进行分区,该方法能够避免Reduce阶段因为盲目分区导致的倾斜情况;傅杰等提出了周期性MapReduce作业的负载均衡策略[13],通过采样得到整体近似分布情况,然后结合历史数据来计算数据权重信息以此进行分区,最终避免了Reduce阶段的数据倾斜。

检测与缓解倾斜[14]的技术不仅对任务运行状态进行准确判断,而且还对剩余执行时间进行估计,使得任务调度器高效地进行资源分配。Morton等设计了ParaTimer系统[15],该系统将MapReduce的查询任务转换成有向无环图,通过基于关键路径选择的方式估计任务的剩余时间,此外还针对不同场景下出现数据倾斜情况引发的执行时间的变化提供不同的估计方法,对可能的行为进行判断;Chen等提出了SAMR系统[16]不仅能够估计任务剩余时间,还能够控制备份任务的运行,具体地讲,SAMR系统依据节点的历史信息和任务的已完成情况估计任务的剩余时间,并对执行较慢的节点标记,最终这些节点将不会被分配备份任务;Shi等在ParaTimer系统的基础上设计异构环境的PEQC估计方法[17],用随机PERT(Project Estimate and Review Technique)图来抽象查询生成的MapReduce任务和失败概率,通过计算出关键路径进行任务的估计,但是该方法需要添加采样和统计等额外的过程,且用户须提供代价函数,或者给出发生倾斜时的解决方案;Dhawalia等提出自适应的检测与缓解倾斜策略Chisel[18],该策略将倾斜的任务分配给多个新的节点并进行处理,最终通过一个额外的全局任务汇总多个节点的计算结果,该方法仅适用于系统存在空闲节点的情况。

数据倾斜处理的实践可以归纳为:

① 如果Reduce操作代价昂贵,那么在选择映射输出分区方案时使用域知识,即范围分区或其他形式的显式分区可能比默认的Hash分区更好。

Key上的默认Hash分区方案用于确保均匀的数据分布。然而,当Reduce操作代价高且容易发生倾斜时,这种简单的技术往往会失效。通常,负载必须按照值的粒度[19]而不是键的粒度进行均衡,如图6.3所示。虽然键在Reducer中均匀分布(图6.3(a)),但在输入记录的数量中,最小的键组和最大的键组之间存在两个因素的差异(图6.3(b))。因此,Reducer的运行时间呈现偏态。对于整体的Reduce操作,分区策略必须依赖于应用程序,这给开发人员带来了很大的负担。要选择或实现更好的特定领域的分区策略,用户必须熟悉应用程序和数据的属性。

② 一个MapReduce作业如果要运行多次,则在样本负载上尝试不同的分区方案或者在Reduce输入处收集数据的分布。在整体代价较高的Reduce函数的情况下,开发自动划分Reduce输入的技术仍然是一个研究热点。这里讨论3种可能的方法:其中一种是利用数据样本上的调试运行来学习数据的属性,并相应地减少函数和分区后续运行;另一种方法是动态检测何时出现数据倾斜,并动态地重新划分数据;第三种方法是研究Reduce函数的源代码,并提取其行为的属性。

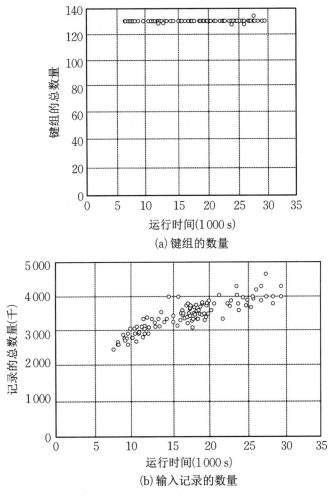

(a) 键组的数量

(b) 输入记录的数量

图6.3　键组和输入记录的数量与运行时间的关系

③ 通过实现一个组合器来减少进入Reduce阶段的数据量,从而显著抑制任何类型的减少数据倾斜的影响。在MapReduce中,在Map阶段的输出和Reduce阶段之前,可以有选择地实现预聚合Map输出的组合器。当要混洗的数据的预期压缩比显著时,组合器通常是有效的。但是,如果组合器的CPU和磁盘I/O成本大于减少的网络I/O成本,则组合器优化可

能会损害性能。实际上，手动组合映射中的输出是可取的，因为它避免了为组合器准备输入而产生的额外序列化开销。

当在Reduce阶段观察到的数据倾斜主要是由于在混洗阶段传输的数据量所导致时，组合器可以有效地处理Reduce一侧的分区倾斜和高昂的输入，因为适当的组合器可以显著减少传输的数据大小并缓解问题。为了使这个问题能更有效地解决，可以同时使用组合器和上面描述的特定领域的分区策略。这其中将面临许多挑战，比如何时运行组合器、给组合器提供多少内存以及如何配置组合器以获得最佳性能等。

④ 预处理MapReduce作业，在长时间、容易倾斜的Map阶段提取输入数据的属性。在实际应用程序运行之前对数据进行适当的分区可以显著缓解Map阶段的数据倾斜问题。对于MapReduce作业，可能会在Map阶段存在昂贵的输入，并且可能是一个非同态Map，因此可以通过改变Map任务的输入数据分配来消除数据倾斜。如果算法的行为是已知的，那么用户可以运行一个单独的MapReduce作业来检查是否会发生Map阶段的数据倾斜。例如，一个PageRank的MapReduce预处理作业，可以在执行真正的PageRank作业之前，检查是否存在大量边的图节点，并相应地调整数据分区。

⑤ 通过设计算法，使运行时间只取决于输入数据的数量而不是数据分布。对于具有整体还原或非同态Map问题的MapReduce作业，避免数据倾斜的最佳方法是重新设计Map或Reduce算法，使其运行时性能仅取决于输入数据的大小，而不是数据值的分布。然而，这样的重新设计往往需要额外的专业知识。比如在Friends-of-Friends聚类算法中，通过重新实现内存空间索引结构成功地消除了倾斜。因此，如今面临的一个挑战是如何设计自动算法以避免倾斜而无需用户重新设计算法。

6.3　数据分区策略

数据分区是MapReduce框架在混洗阶段需要解决的一个关键问题，其分区结果影响到每个Reducer接收数据量的平衡效果。

在Map阶段，通过每个Mapper对输入元组进行分区处理，将具有相同分区值的元组[20]传输到同一个Reducer进行运算。Hadoop系统默认采用的是Hash分区方案，并且支持Range和用户自定义分区方案，然而这些方案采用的都是一次分区机制，即只进行一次分区，采用随机指派策略即分区与Reducer一一对应。然而，对于均匀分布的数据集，虽然该分区机制能较好地使各个Reducer接收数据达到均衡效果，但对于某些值密集的倾斜数据，Hash分区方案很难完成对数据的一次性均匀划分，尽管采用自定义分区函数，即使在没有获得数据分布的情况下，也很难避免数据倾斜。Rasmussen[21]和Ren[22]指出采用Hash分区方案导致数据划分不平衡是一个普遍的现象，而数据倾斜会造成Reducer运行不均衡，进而影响整个作业的运行时间；Lin等[23]通过大量实验发现采用默认的Hash分区方案，92％的任务出现了Reducer接收数据不均衡的情况，而这些Reducer的运行时间一般都高于正常任务22％和38％或者说整体性能降低了22％和38％。显然，数据分区对MapReduce作业的性能有巨大的影响,如何制定分区策略已经成为研究的热点。

自 MapReduce 提出后,学者们开始思考解决各 Reducer 节点接收数据量均衡问题[24]的方法。Dean 等[25]提出采用 Hash 分区方法对数据进行分区,该方法不仅速度快,而且还具有通用性。Hadoop 将 Hash 分区方法作为默认分区方法,并允许用户自定义分区方法。但是在数据分布不均匀时不能保证各分区数据的均衡性,此外,用户在没有明确数据的分布时没法通过重新定义分区函数来避免数据倾斜问题。

因此,研究人员提出了各种数据分区的方法。Racha 等[26]通过抽样法获取数据的大致分布,然后根据抽样结果均衡数据分区。Gufler 等[27,28]提出了一种基于采样的分区方法,在Map 函数中添加采样函数,降低了系统资源的损耗,一旦 Map 阶段完成一定比例后,根据采样结果对分区进行分割或者合并使数据分发更加均衡。周家帅等[29]首先在 Mapper 运行时将中间结果保存起来,对该结果采样分析,以确定 Reducer 的个数和数据均匀分发的方案。然而,该方法在 Map 阶段执行完才开始传输数据,与 Hadoop 同时处理和传输的方式相比较,无疑是增加了数据传输所需要的时间。王卓等[20]提出了一种增量式分区策略,在 Map 阶段每次溢写的同时减小分区粒度,产生 Reducer 个数整数倍的微数据分区,接着采用贪心算法将微数据分区均匀划分到各节点,然而该策略不能较好地解决单一键值较多情况下造成的数据倾斜问题。另外,李航晨等[14]通过 Shuffle 阶段来计算每个 Reducer 的压力值,然后系统依据数据分布情况重新调度负载较重的节点来分区,不仅能够平衡所有集群的负载,而且还不需要用户提供额外的输入。Kwon 等[30]为全部 Reducer 剩余数据建立处理代价模型,将还没完成 Reducer 的剩余数据传送到已经完成的 Reducer 上,这样能够使数据倾斜的节点将数据或任务平均到其他节点中,从而达到数据均衡。显然,李航晨和 Kwon 提出的方法实际上原理几乎一样,即在 Reducer 分区之后将负载较大的节点数据传输到负载较小的节点中,然而都在 Reducer 运行过程中增添了传输数据的代价。

此外,学者们还研究了如何将 MapReduce 应用到大规模、高维数据集的聚类分析中,但是发现其在接收和处理数据时也出现数据倾斜的情况。傅杰等[13]针对周期性的任务提出了一种基于历史信息的数据划分方法,然而聚类过程中每轮数据的分布与前一轮的分布没有太大的联系,使得每轮分布不能成为下一轮的划分指标;许玉杰[31]提出先采样得到聚类的大致分布的想法,再通过分布情况拆分合并数据汇聚成的类,进而均匀分发到各个 Reducer 中。但是该方法在聚类的每轮迭代前都需要重新采样然后建立分布模型,增加了多轮采样的过程。实际上,大多数提出的 MapReduce 聚类数据均衡策略,几乎都是通过抽样法来均衡数据分布,然后增加多轮采样再进行拆分合并操作。显然,这些方法在分区的时机和额外开销等方面有一定的缺陷。

围绕数据分区均衡问题,研究人员提出了多种分区策略[32],主要分为采样分区、两阶分区、多阶分区、延迟分区和迁移分区。

6.3.1　采样分区

为了避免盲目的数据分区,产生了基于数据采样的分区策略,即先通过采样分析数据的分布情况,再根据采样结果制定分区策略。Tang 等提出了一种 SCID 算法[33],该算法通过采样并预测簇(Cluster)大小,根据预测得到的结果分配到Spark的Bucket上;Liu等实现了一种基于Spark的SP-partition分区策略[34],经过采样得到Bucket的平均大小,将数据分配给足够容纳它们的Bucket;Ramakrishnan等[35]提出一种采样与数据划分相结合的方案,在数据处理过程中通过添加一个额外的进程来负责获取数据分布情况,当数据处理达到一定比例后,依据采样结果对数据拆分合并,即数据量大的分区重新拆分与数据量小的分区进行合并;Kolb等[36-37]提出基于数据块的采样和划分方案,并且其粒度比元组大,该方法首先把元组合并为一个数据块,再以数据块为单位进行拆分和合并,提高了数据拆分与合并的效率;Ibrahim等利用数据的本地信息提出LEEN分区算法[38],该算法结合数据的本地信息和数据统计情况,将数据分区到最合适的节点中;Chen等提出LIBRA[39],是一种轻量级数据平衡的算法,该算法通过获取Map节点的中间结果分布情况,然后结合Reducer的硬件资源来制定数据均衡策略;

　　另外,韩蕾等[40]对采样方法进行了深入研究,其中不仅包含采样规模、采样效果和节点个数之间的关系,还包含采样效果与数据集大小、数据倾斜之间的关系,该研究旨在通过较少的采样代价实现数据均衡。实际上,该方法从原始数据中提取一部分作为样本,通过分析样本数据的分布情况,将数据划分到若干个区间中,并将其作为总数据分布的划分依据,从而将大规模数据尽量地均匀分布到各个机器上。然而,对于这些小数据的分析,尽管是在单机上运行,其时间也是可以忽略不计的。事实上,将数据划分到R台机器上的问题可以转化为求解该数据中$R-1$个分位数的问题,所以实际上该方法是通过采样来确定总数据的分位数,从而将MapReduce的数据尽可能均匀地分配给各台机器,以此消除数据倾斜的影响。

　　采样的方法有两种:

　　(1) 随机采样

　　设采样率为S,对于每一个Key值,被选入样本的概率为S,那么只要遍历所有的Key值就可以生成一个Key值的随机样本,具体做法如图6.4所示。

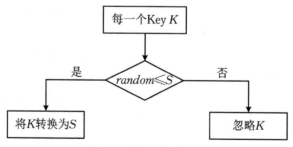

图6.4　随机采样流程

　　尽管这种采样方法是完全随机的,但是需要遍历所有的Key值来确定样本集合,该方法的时间复杂度为$O(N)$。如果MapReduce程序本身的复杂度小于或等于$O(N)$,那么这种采样方法对提高性能并没有太大的帮助。

　　(2) 分块随机采样

　　在总共N条数据、采样率为S的情况下,将数据文件划分为大小固定的$N\times s$个块,从每个块中随机抽取某个位置上的记录作为样本,采样的时间复杂度为$O(N\times s)$。由于往往在

N很大时,采样率S会很小,因此$N\times s$相对于N的大小可以忽略不计,时间复杂度则近似认为是常数时间。

设MapReduce程序需要在R台机器上运行,提取$N\times s$个样本进行排序,分别取出位于$Ns/R,2Ns/R,\cdots,(R-1)Ns/R$位置的$R-1$个数作为$R$个区间的分割点,那么$R-1$个分割点确定的$R$个区间,然后将$N$条数据的Key值分发到这$R$个空间。整个分块随机采样的流程,如图6.5所示。

采样过程的时间复杂度为$O(Ns\log(Ns))$。实际上,在S很小的前提下,该过程相对于整个MapReduce程序的运行时间能够忽略不计。韩蕾在采样阶段采取的就是分块随机采样方法。

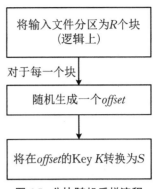

图6.5 分块随机采样流程

由上述分析,采样分区策略存在额外增加的时间开销,比如采样过程和获取数据分布情况,并且还会增加数据访问和传输的开销。此外,采样还存在不确定性,即采样过多将增加时间开销而采样过少又会使准确率下降。

6.3.2 两阶分区

为了避免一次性分区的缺陷,Gufler等[27,28]提出了两阶数据分区策略,首先根据一次性分区策略生成数据分区,然后在运行的过程中分析数据的分区情况,如果发生倾斜,则对数据量较大的分区进行重新拆分,并将拆分的数据调整到数据量较小的分区,从而实现数据均衡分区。

另外,高宇飞等提出一种基于Hash虚拟平衡重分区的数据倾斜处理算法HVBR-SH[41](Hash Virtual Balance Repartitioning based Skew Handling),该算法在Map阶段采用虚拟分区,同时通过元组分散存储,然后在Reduce阶段对连续虚拟分区进行重组分配。

在该算法中,Map阶段的虚拟分区最重要的一步是在确定$\langle Key, Value\rangle$键值对分区号时,确定分区函数$hash(Key)\%N$中的$N$。在没有使用平衡策略时$N$是Reducer的个数,然而理想情况下由输入数据产生的$\langle Key, Value\rangle$类型的个数确定,虚拟分区则选择两者之间的某个合适的数目。一旦确定好N的值后,通过$hash(Key)\%N$确定的分区号不再与Reducer编号一一对应,每个分区的数据在Map阶段也不能确定是由哪个Reducer处理的,因此称这样的分区为虚拟分区。重新分区后每个虚拟分区都是某个实际分区的其中一部分,通过平衡算法来确定由Reducer在得到所有Map输出的元数据信息后的具体的包含关系。

引入虚拟分区的概念是为了尽量分散键值对,同时为后续重新分区提供更多的分区组合。虚拟分区的个数N由用户根据应用特点、系统资源和$\langle Key, Value\rangle$键值对分散程度决定。$N$越大,则$\langle Key, Value\rangle$键值对的分散程度越高,虽然重新分区的平衡空间也越大,但是占用系统资源也越多。

重新分区旨在将收集到的虚拟分区重新分割成与Reducer个数相同的分区数,同时各个新分区的数据规模在一定程度上保持平衡,并且保证重新分区后所有分区中最大分区的数据量最小,以此减少Reduce阶段最大分区处理时间,并加快整个Reduce阶段的完成,从而提高作业的完成速度和增加系统吞吐量。

但是,两阶策略存在一定的缺陷,比如调整分区的时机决定该策略的有效性,不仅过早的拆分会导致数据量较大的分区有误拆分的可能性,而过晚的拆分则会导致数据量较大的分区延迟数据的传输。

6.3.3　多阶分区

多阶分区策略旨在多次将分区分配到Reducer端,比如卞琛等[42]提出一种迭代式填充的分区映射方法,将Spark中间结果分割为原生区和扩展区,并在特定时机多次将扩展区的数据进行分配;王卓等[20]提出一种增量式分区策略,该策略的思想是首先在Map阶段进行细粒度分区,然后通过定义的代价模型评估分区的平衡性,达到一定条件时将选择的细粒度分区分配到Reducer上,经过多阶分区,使得数据分配达到一定的平衡。

该增量式分区策略在处理Key时同样是将一个Key作为一个整体进行处理,其改进主要有两个方面,一个方面是更改分区和Reducer建立联系的时机,另一个方面是将分区与Reducer原来一对一的关系改成多对一的关系。

图6.6为增量式分区处理MapReduce作业的一般流程,从图中可以看出两个改动,第一个是在Mapper中增加Counter方法,第二个是更改了数据从Map端向Reduce端的传输策略。可见,该策略的处理机制也是将一个作业的处理分成两个阶段,即Map阶段和Reduce阶段。

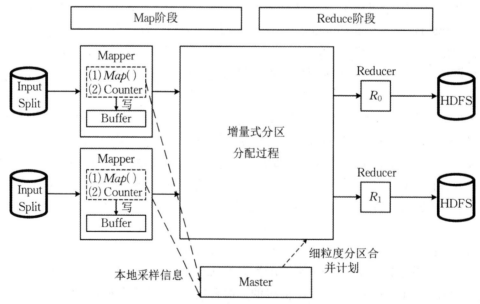

图6.6　增量式分区的MapReduce处理流程

Map阶段:增添了一个Counter方法,其作用是描述已处理数据的分布规律。Mapper将各个元组转换为〈$Key, Value$〉形式的键值对后,Counter方法统计自身产生的各个Key的元组数并记录下来作为数据分布的统计信息,接着写入缓冲器(Buffer)中,这些统计信息会按照某个时间间隔发送到Master节点,Master会收集所有Mapper的统计信息,从而得到已处理完数据的全局分布信息。如果Buffer溢写了,增量式分区更改产生分区的粒度,即产生粒度更小的分区,再将Buffer中的数据溢写到本地磁盘,并且等待Mapper完成,再将全部临时文件根据分区进行合并。实际上,这些细粒度分区都有索引,用来记录各个分区将会被哪个Reducer处理,而创建索引的过程就是分区的分发过程。与一次分配机制不同的是增量式分区策略是采用渐进的方式创建索引,而且分发到Reducer上的全部细粒度分区由Master节点根据全局分布信息决定。

Reduce阶段:增量式分区策略在Map端生成数量多于Reducer个数且粒度更小的细粒度分区,为保证能够通过用户定义的Reducer个数运行任务,该策略需要在Reducer端将细粒度分区合并,将分区与Reducer之间原先一对一的关系改成多对一的关系。此外,该策略还要保证各个Reducer读取分区数据,所以在Reduce端增添分区的合并操作。当所有Mapper完成后,各个Reducer就可以得到自身的所有数据,然后执行$Reduce()$函数,最终将输出结果写到文件系统上完成整个作业。

然而,多阶分区策略的分区时机不容易控制,如增量式分区策略中规定最后一次的分区时间是在任务完成80%的时候,然而这不具有通用性,此外,该策略也会造成部分数据的延迟传输。

6.3.4　延迟分区

延迟分区策略[11]的主要思想不仅是要通过定义代价模型来评估数据分区的大小,还要根据代价模型评估产生数据的大小,并在任务运行到某个时刻时启动数据分区。例如,万聪等提出了RBPA算法[43],将Map阶段产生的中间结果分割为更多的小分区,每次只分配给Reducer一个小分区,等待Reducer完成当前小分区的分配后,再继续分配下一个小分区,直到所有的小分区都被分配完毕,最终达到动态调节Reducer的负载的目的。

RBPA算法按照以下步骤执行:

① 使用Partition函数将集合分割为$x \times n$个子集,每个子集代表一个分区,其中,n代表Reducer的个数,x代表子集分割的程度,x越大则子集越多;

② 每个Mapper在Map结束后把n到$x \times n$的分区编号和数据量发送给Jobtracker。

③ Jobtracker将得到的分区号放入未分配的分区队列中;

④ 若每个Mapper都已完成则进入下一步,否则返回步骤③;

⑤ Reducer拉取从0到$n - 1$的分区数据;

⑥ 完成任务的Reducer向Jobtracker请求更多的工作;

⑦ Jobtracker从分区中选择一个编号最大的m发送给Reducer,并在列表中删除该编号m;

⑧ Reducer拉取m的数据,进行处理;

⑨ 若所有Reducer都已完成则进入下一步,否则返回步骤⑥。

然而,该方法只能在数据分区完成后执行数据传输,这会延迟数据传输的时间,导致数据在Mapper等待的情况,造成数据处理和传输不能同时进行的问题。

6.3.5 迁移分区

迁移分区策略的主要思想是允许出现数据倾斜,但在出现数据倾斜后通过数据迁移的方式实现数据均衡。Yu等提出一种SASM策略[44],当新任务被注册时,将未处理完的任务拆分到其他空闲节点;Kwon等提出SkewTune均衡调度方法[29],通过数据的迁移完成节点负载的平衡,同时根据制定代价模型对还没完成的Reducer的任务进行代价的评估,并在满足一定的条件时将该节点还没被处理的数据迁移到已经完成的任务节点上,从而实现各节点执行任务的均衡。

另外,Martha等提出了一种分层的MapReduce(h-MapReduce)分区策略[45],通过制定代价模型来评估各个节点的负载情况,负载过大的任务会被拆分成多个子任务,并将其迁移到子节点上并行运行。具体而言,h-MapReduce根据正确定义的代价函数来识别繁重的任务。重任务被划分为子任务,子任务在MapReduce框架中作为一个新任务分配给可用的Worker。从任务中调用新作业会带来一些挑战,h-MapReduce可以解决这些挑战。对于数据密集型算法,h-MapReduce的性能优于标准MapReduce。更具体地说,性能增益的增加与网络的规模呈指数级关系。

新任务以新作业的形式运行在同一个MapReduce框架中,称为"子作业"。将启动子作业的任务称为父任务,等待子作业完成。如果任务预计将运行很长时间,Worker的任务将分布在活动和可用的Worker之间。在处理任务记录之前,需要决定是否分配任务。将重载Worker的任务并行化,在合理的时间内完成任务。由于父作业和子作业都运行在MapReduce生态系统上,所以这两个作业都是使用MapReduce编程模型开发的。如果存在子作业,开发人员可以自由地使用其他分布式系统。父任务处于暂停状态,直到子任务返回结果。父作业和子作业的层次结构框架不会改变底层的MapReduce生态系统,而是会利用它来平衡工作负载。h-MapReduce框架的体系结构如图6.7所示。

但是,该分区策略也存在如下一些挑战:

(1) 重任务的定义(何时拆分任务)

h-MapReduce的基础是开发一种机制,在轻任务和重任务之间划清界限。重任务决定何时拆分任务,而任务的成本函数有助于解决这个问题,此外,成本函数取决于算法以及算法试图解决的问题。计算无向网络中顶点聚类系数的任务的成本函数是顶点的度,度数大于阈值的顶点意味着任务繁重。

(2) 子作业算法(如何分配任务)

现有的MapReduce生态系统用于并行化子作业。这就要求开发人员为子作业提出一个基于MapReduce的子作业算法。为了保持简单,需要为MapReduce高效地设计子作业。子作业在记录中工作,这可能会导致父作业的负载加重。

(3) 死锁

分层作业遇到死锁的情况并不少见,h-MapReduce也不例外。在所有Worker都被父作业占用的情况下,子作业在队列中等待可用资源。在子作业完成之前,父作业不能腾出资源,因为父作业中的任务正在等待子作业。这种情况与死锁类似,即由于子作业正在等待子作业完成的父作业占用资源,作业没有任何进展。

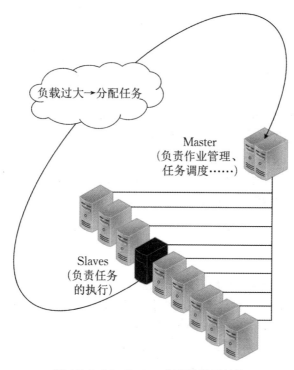

图6.7 h-MapReduce框架的体系结构

（4）配置冲突

为了启动新的MapReduce任务,必须进行配置。作业中的每个任务能够获取MapReduce生态系统中的配置。h-MapReduce通过从父作业获得的配置在任务中初始化一个新作业。由于父作业和子作业的算法不同,因此需要进行不同的配置。在这种继承中遇到的某些冲突需要开发人员注意重置从父作业继承的配置参数。MapReduce配置集中的"INPUT SPLIT"参数是最好的例子,说明了注意冲突的重要性。父作业处理大量输入,需要设置一个更高的"INPUT SPLIT"值,而子作业处理较小的输入(比如一个邻接表),需要一个更低的值来充分利用MapReduce资源。

显然,迁移分区策略会增加额外的数据传输量并且一定程度上增加了作业完成的时间。

6.4 基于MapReduce两阶分区的实验室系统负载均衡

负载均衡[29]是分布式计算中一个十分重要的问题。在MapReduce框架下,用户提交的作业(Job)被分割成Map任务和Reduce任务并且运行在集群上,最慢完成的任务所使用的时间决定整个作业的运行时间。当任务的负载出现不平衡时,将严重影响作业的完成速度。因此,影响分布式计算性能的关键因素是保证每台机器能够在几乎相同的时间内完成分发任务。通常每个 Reducer 都会处理多个分组,分组情况由分区函数确定。而 MapReduce 通常采用默认的 Hash 函数进行划分,根据键的 Hash 值来确定处理该分组的 Reducer。Hash 划分的好处是能够尽可能保证每个 Reducer 处理的分组个数几乎相同。然而,由于各个分组包含的键值对(记录的个数)不同,所以 Hash 划分难以保证每个 Reducer 处理的总键值对个数相同,这将造成负载不平衡的问题。其次,负载均衡还与 Reducer 的个数有关。虽然系统可以根据输入文件的大小自动确定 Mapper 的个数,但是 Reducer 的个数只能通过用户来设置。实际上,这不仅会导致每个 Reducer 分到的分组变少,进而更容易造成负载不平衡的问题,而且过多的 Reducer 还会造成集群资源浪费的问题,比如多余的 Reducer 会产生调度开销和初始化代价。另外,过少的 Reducer 会造成作业没法充分利用集群并发性的问题,进而导致作业的延迟完成。因此,合理设置 Reducer 个数和保证每个 Reducer 处理的键值对个数几乎一致这两个方面对负载均衡都尤为重要。

6.4.1　算法基础

许玉杰等[31]采用基于抽样的数据划分方法提出两阶分区算法,利用抽样的方法获取可以代表原始数据的样本数据,并利用概率统计模型估计原始数据的分布规律,最后依据这些信息制定数据分区方案,使 Reducer 实现负载平衡。实际上,该算法的整个过程是:首先将数据划分方法应用到 k-means 聚类算法,即先采样得到聚类结果的大致分布情况,然后根据分布情况划分并合并数据聚集成的类,接着将其均匀分发到各个 Reducer 中。然而该方法在聚类的每轮迭代前都要再重新采样同时建立分布模型,这增加了采样的次数。

在抽样阶段采用简单随机抽样的方法从原始数据中提取部分样本,然后估计中间结果 Key 的分布。每条记录被均匀随机地提取,抽样的概率为

$$P = \frac{1}{\varepsilon^2 N} \tag{6.5}$$

其中,$\varepsilon \in (0,1)$,ε 用来限制样本的大小;N 是数据总体所包含的 Key 的个数。

由于样本中的任意一个 Key 的估计值与真实值的误差几乎是在 $(-3\varepsilon_1 \varepsilon N, 3\varepsilon_1 \varepsilon N)$ 之间,所以样本中的 Key 可以用来确定抽样的概率 p。

而在处理数据倾斜的时候,仅有很少的一部分 Key 出现的次数很大,而大部分的 Key 出现的次数通常比较小,这就造成了抽样容易提取大量次数比较小的 Key 的问题,导致估计这些 Key 时的偏差较大,进而使得 Reduce 不仅在估计 Key 出现的次数时的代价非常大,同时在制定数据划分方案时代价也很大,实际上通过设置阈值能够解决这个问题,比如 Key 出现的次数如果大于某一阈值则保留,否则就舍弃。

统计样本中某一 Key 的出现次数,可以使用公式:

$$\hat{c}(k) = \frac{1}{P} s(k) \tag{6.6}$$

其中,$s(k)$ 为样本的计数函数;$c(k)$ 表示估计该 Key 在原始数据中出现的次数,这个值可以

用来制定使Reducer负载平衡的数据划分方案。

许玉杰等提出的数据划分方法有两个,其中一个是簇组合(Cluster Combination,CC)方法,另一个是簇分割组合(Cluster Split Combination,CSC)方法。

6.4.1.1　CC算法

在Map阶段,共享同一Key的所有〈Key,Value〉对构成一个簇,簇的大小就是〈Key,Value〉对的个数。分配到同一个Reducer的簇构成一个分区,因此每个Mapper分区的个数最大等于Reducer的个数。如果采用Hash法来实现数据的划分,那么每一个Reducer会接收到个数几乎相同的簇,然而当处理数据倾斜时,簇的大小通常不一样甚至差别很大,造成Reducer处理的〈Key,Value〉对的个数不同的问题,进而导致负载不平衡。该问题产生的根本原因是MapReduce的数据划分方法只考虑了Key,而没有考虑簇的大小对数据划分的影响。

倾斜的数据往往包含少量非常大的簇,而大部分的簇包含的〈Key,Value〉对的个数较少。将非常大的簇分发给一些Reducer,然后通过组合较小的簇分发到其他的Reducer,即通过簇组合优化的方式使Reducer处理的〈Key,Value〉对的个数几乎一致,以缓解Reducer的负载不平衡。因此,固定Reducer的个数时,簇的个数影响了Reducer的负载平衡,而且簇的个数越多,Reducer就越容易负载平衡。因为簇的个数越多,簇间组合优化的方案就越多,取得较好的组合优化方案的可能性就越大,但是实际上簇的组合优化是一个NP-Hard问题,所以为了获得一个最好的数据划分方法,需要付出的代价相当昂贵。

许玉杰等提出的启发式簇组合方案,该方案的思想是总是选择包含〈Key,Value〉对个数最多的簇并把它分发到当前负载最小的Reducer。Reducer的整体负载能力能够通过它们处理的〈Key,Value〉对的个数的标准差进行衡量,其公式如下:

$$B_{\text{overall}} = \sqrt{\frac{\sum\limits_{j=1}^{n} (RC(j) - mean)^2}{n}} \tag{6.7}$$

$$RC(j) = \sum\limits_{i=1}^{j.c} |C_i| \tag{6.8}$$

$$mean = \frac{\sum\limits_{j=1}^{n} RC(j)}{n} \tag{6.9}$$

其中,$RC(j)$为第j个Reducer包含的〈Key,Value〉对的个数,用来衡量目前第j个Reducer的负载;$j.c$代表第j个Reducer处理的簇的数目;$|C_i|$为簇C_i包含的〈Key,Value〉对的个数;B_{overall}为全部Reducer的整体负载能力;n为Reducer的数目;$mean$为全部Reducer处理的〈Key,Value〉对的平均数。

当Reducer或者簇的个数比较多时没有必要计算所有Reducer负载的标准差,因为计算标准差的代价很大。在簇的分配之前对所有的簇根据大小降序排序,往往把最大的簇分发给负载最小的Reducer,这样产生的标准差较小。虽然当簇的数量很多时,排序相对耗时,但

是这个方法效率仍然很高,其主要原因有3个:

第一个原因是CC不是对原始数据进行排序,而是在样本数据上进行排序;其次是因为CC不是对所有的簇进行排序,而是对大小超过阈值的簇进行排序,$\langle Key, Value \rangle$对个数较少的簇不太影响Reducer的负载平衡,所以可以采用均匀划分的方法进行数据划分;第三个原因是尽管样本数据很大,但是CC方法采用的是MapReduce处理模式,不仅Map的输出是有序的,而且Reduce的输入也是有序的,而这些排序是MapReduce自动执行完成的。

CC方法包括3个步骤:首先是根据簇包含的对的个数对簇进行降序排序;然后是把前n个簇分发给n个Reducer,保证最后一个Reducer处理的$\langle Key, Value \rangle$对的个数最少,接着从第$n+1$个簇开始,一直将簇分发给负载最小的Reducer,即第n个Reducer;最后对n个Reducer根据负载大小进行降序排序,直到m个簇都被分发完成。

当数据的倾斜程度较小时,CC这种数据划分方法能够使Reducer达到较好的负载平衡效果,而且它始终服从MapReduce的划分规则,即"同一个Key的Value值被同一个Reducer处理"。但是当数据的倾斜程度较大时,这种方法将会失效。

6.4.1.2　CSC算法

当数据的倾斜程度比较严重时,数据中少数部分的簇包含了大多数的Value值,这时不管怎么对簇进行组合优化,也只是在部分的Reducer之间实现局部的负载平衡。比如,假设有如下簇:

$$C = \{ C_1: 1000, C_2: 200, C_3: 140, C_4: 80, C_5: 50, C_6: 20 \}$$

Reducer为$R = \{ R_1, R_2, R_3, R_4 \}$,采用CC方法得到的结果为

$$\{ C_1 \rightarrow R_1: 1000 \}、\{ C_2 \rightarrow R_2: 200 \}、\{ C_3 \rightarrow R_3: 140 \}、\{ C_4, C_5, C_6 \rightarrow R_4: 150 \}$$

显然,通过CC方法对数据划分之后R_1的负载仍然很大,而R_2, R_3, R_4的负载不仅较小而且比较平衡。

显然,通过把很大的簇划分为较小的簇,然后再与其他的簇进行组合,就能解决上述问题。簇分割组合的方法把同一个簇的Value分发给了多个Reducer,虽然违反了MapReduce"同一个Key的Value值被同一个Reducer处理"的规则,但是实际上该方法能够通过再次启动额外的MapReduce作业完成最终结果的输出,如图6.8所示,即以增加MapReduce作业的个数为代价解决倾斜程度较大的数据倾斜问题。

第一个需要解决的问题是识别出很大的簇,解决方法是算出每个Reducer平均处理$\langle Key, Value \rangle$对的个数,其公式为

$$avg = \frac{|C_1| + |C_2| + \cdots + |C_m|}{n} \tag{6.10}$$

其中,$|C_i|$为第i个簇包含$\langle Key, Value \rangle$对的个数;$m$为簇的数目;$n$为Reducer的个数。

如果某一个簇包含的$\langle Key, Value \rangle$对的个数超过了平均值$avg$,那么该簇就是需要被分割的簇,即$avg$决定了有多少簇需要被分割,但是事实上倾斜度较大的数据包含的大簇的个数比较少,因为倾斜度大意味着仅有少部分的簇包含的$\langle Key, Value \rangle$对个数很大,而且

一个MapReduce作业需要的Reducer个数往往比较少,使计算得出的avg较大。

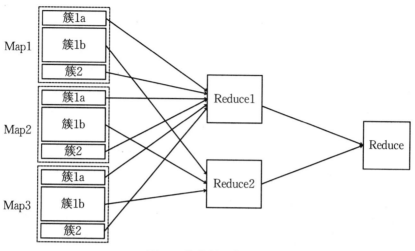

图6.8 簇分割组合示例

另一个需要解决的问题是如何在分割大簇同时与其他簇组合。而组合优化是NP-Hard问题,所以仍然使用启发式算法解决这个问题。CSC算法与CC算法思想十分相似,与CC算法唯一不同的是CSC算法中包含处理大簇的操作,即把大簇平均分割成与Reducer个数一样的n个分片,每一个Reducer处理一个分片,使每一个Reducer处理小簇前的负载一样。

然而,当簇的个数有很多而且大簇占的比例很小时,就无法采用平均值识别出大簇。同样,出现这种情况时能够使用阈值来代替平均值来解决这个问题。

6.4.2 算法设计

在数字化信息时代背景下,通过实验室系统存储和处理海量数据,已成为日常检验检测工作不可或缺的一部分[46]。而随着实验室系统智慧化的要求,改进存储和处理技术在大规模数据高效采集领域中愈发重要。其中,MapReduce是一种处理大规模数据集的分布式框架,拥有拓展性强和容错率高的特点。通过Mapper和Reducer对海量的检测数据进行拆分和归类,与传统构架相比,能更高效地处理数据。而Hadoop框架源于Apache Nutch,集合了HDFS(Hadoop Distributed File System),YARN(Yet Another Resource Negotiator)和MapReduce,是具备高容错性、高拓展性和低成本特点的分布式软件框架,广泛应用于各种领域,包括分布式搜索[47,48]、模式识别[49,50]、计算机机器学习[51,52]和文献聚类[53,54]等。

MapReduce框架主要运用于大型云平台的海量数据库存储的应用场景中,可解决数据采集高频、数据类型多样、数据来源复杂以及用户需求响应及时等难点痛点。同时,根据不同场景的业务应用流程,云平台的设计与开发通常采用分层式管理并按需优化,这为大数据的分流工作提出了新的挑战。王立俊等[55]在设计气象大数据云平台时,其总体架构共分为基础设施层、数据管理与处理层和应用层,实现了更快的数据采集以及更优的数据处理功能。鉴于气象数据属于典型的时序性数据,其数据流量高达6×10^4次/s,利用MapReduce

这种高性能的分布式计算框架则可以大幅简化数据处理流程。在该云平台中,其MapReduce任务包括了3个任务阶段,分别为Map阶段、Shuffle阶段以及Reduce阶段,这3个阶段可连接为链式工作流。数据流在Map阶段,依据数据的不同属性和特点进行处理之后,形成不同长度的数据块,以相应的规则映射成键值对,这些键值对就是实例化的Map任务。经过Map阶段处理后的分片数据,生成〈Key, Value〉键值对,输送至Shuffle阶段。在Shuffle阶段,主要是对Map阶段处理后的分片数据进行规则化采集,即采用键值对列表的序号与键值对形成映射,该阶段最终产生分片数据排序表。在Reduce阶段接收该排序表后,便按该表的序号以及Reduce算法对分片数据进行分类处理。通过各阶段数据处理方式,不仅对批量数据实行了有针对性的调度管理,同时也对用户隐藏了具体的管理流程,提升了处理效率,也降低了用户的使用成本。

MapReduce除了在云平台系统运用方面有很多理论研究基础,在其框架的改良优化方面也有着广泛的研究成果,胡东明等在MapReduce框架下提出了一种负载均衡的Top-k连接查询算法[56]。该算法不仅在MapReduce框架下实现了Top-k连接查询算法,还通过提前终止机制和负载均衡机制来增强其数据连接处理性能。由于Map任务和Reduce任务可以并行处理的特点,能尽量避免了链接MapReduce作业的初始化开销,降低了数据处理成本。该算法流程由直方图构建、提前终止机制、数据过滤、负载均衡机制4个步骤组成,其中提前终止、数据过滤都在Map阶段实现,Reduce阶段则通过Top-k连接查询算法完成数据清洗。在数据过滤阶段,Map任务会处理每个记录,因为针对每个作业会形成不同的过滤机制。通过了数据过滤机制的记录则进入到Reduce阶段,并使用启发式任务调度算法对每个记录的Reduce任务进行数据调度,将这些任务依次分配给连接总数较低的Reducer进行处理。该算法利用了Map阶段输出的键值对以及连接值进行分组,将其按照自定义分区程序的结果分配给Reduce任务。MapReduce的并行化处理大大降低了算法的总执行时间,但采取不同Top-k算法则产生不同的任务执行时间,经比较,最终选用了P-TKJ算法,相较于RSJ算法获得了更快的执行速度,并随着数据集的增大,其效率的优势越明显,使得MapReduce框架下不仅实现了海量数据的Top-k连接查询算法,还提高了CPU的利用效率。

在实验室系统中引入MapReduce框架[57],可以极大简化分布式程序,集中精力于数据处理的任务本身,提高实验室系统数据处理的效率[58]。实验室系统在执行MapReduce任务时,数据是以键值对输入,并在Mapper节点时进行聚合处理,最终根据Hash值函数Shuffle至各Reducer节点进行Sort和Reduce。在风力发电行业中,其实验室监测数据包含设备的状态参数、气象环境、地理信息等,数据体量较大、类型较多,虽然Hadoop平台能够满足大数据的基本需求,但在运营效率方面仍有待提高。王林童等提出了基于MapReduce的多源数据并行关联查询的优化方法[59],主要是针对风电大数据进行存储预处理,尽量使具有关联关系的数据存储在同一存储节点中,之后采用Hash分桶算法对数据存储进行优化,并在查询时利用MapReduce框架的并行性特点,最终对数据可以采用并行优化的查询与计算。具体而言,该系统首先对具有相同属性(时间、地点、设备号等)的风电数据进行归并的预处理,在关联查询的基础上数据清洗之后得到风电时序数据合并表。合并表按照关联字段的Hash值分配到不同的"桶"中,同一个"桶"中的数据即存储到同一个数据节点中,实现本地化的存储优化。当用户使用该系统进行数据查询时,设计在Map阶段完成风电数据的查询、过滤、筛选等操作,尽量减少Reduce阶段的操作,此时就大大降低了传输时延,提升了数据查询效率。David F.Parks等[60]则利用MapReduce框架,构建了一个基于物联网的细胞生物学智慧云实验室系统,该模型共包括4层:实验设备层、IT基础设施层、控制层以及数据分析层。实验设备层主要工作为自动采集不同实验仪器设备上产生的数据,采集后的实验数据交由IT基础设施层进行存储,在控制层可对这些存储的数据进行查询,而在数据分析层,则针对数据种类应用不同的分析方式进行筛选;通过4个层级的相互作用,为实时根据用户的需求进行针对性调整和优化提供了极大的便利。

在这个过程中,如果原始数据分布不均,易出现数据倾斜的问题,引发Reducer节点负载不均衡,导致整个MapReduce任务的执行时间过长。因此,基于MapReduce的实验室系统负载均衡成为近期国内外学者研究的热点。

6.4.2.1 两阶分区改进算法

针对原始数据分布不均导致的数据倾斜问题,国内外学者从不同角度提出了解决方案。杜鹃等提出了一种利用快速无偏分层图抽样算法的负载均衡算法,在小规模数据上运行良好,但未在大型真实的复杂数据集中运用、验证[61]。陶永才等提出了MR-LSP(MapReduce on-line Load balancing mechanism based on Sample Partition)算法[7],对原始数据进行采样分析,通过分析结果进行负载均衡的分区分配Reducer节点的策略,但该算法忽略了数据采样率不高时的情况[61]。马青山等提出的DSJA(Data Skew Join Algorithm)算法[62]从数据关系表中的连接键出现频率的角度出发,区分数据是否产生连接倾斜的情况,再分配到相应的Reducer节点中进行处理,但该算法仅考虑了Reduce端输出的负载均衡,未考虑Map端到Reduce端的输入阶段的负载均衡处理。Mohammad Amin Irandoost等提出的LAHP(Learning Automata Hash Partitioner)算法[63]是根据学习自动机策略,在作业执行阶段,对数据键值进行调配各个Reducer节点的数据量;但该算法只考虑了数据偏度高,而未考虑数据采样率高的情形,且只优化了执行阶段,忽略了计算时间对流程的影响。Elaheh Gavagsaz等提出的可拓展的高偏度数据的随机采样模型SBaSC(Sorted-Balance algorithm using Scalable Simple Random Sampling)[64]对高偏度数据进行了随机采样,通过采样中键值近似分布推算数据的分布,从而进行负载平衡的分配;该算法在基于Spark的网络数据中得到了较好的效果,但未能泛化至不同的数据集,存在一定的局限性。黄伟建等使用并行随机抽样贪心算法[65],缩短了采样阶段的执行时间,但当MapReduce输入数据量较大时,准确性不够且负载效果较差。

为解决上述问题,许玉杰等[31]提出的两阶分区算法在数据偏度较低时通过CC(Cluster Combination)调度方案实现负载平衡,在数据偏度较高时则通过CSC(Cluster Split Combination)调度方案,可比传统的MapReduce减少60%的运算时长。在该算法中,一个数据处理作业被分为了两个阶段:一是制定分区方案,二是执行MapReduce作业。在制定分区方案中,CC调度方案主要思路是选择具有最大数量的键值对的数据块调度给当前最小工作量的键值对的Reducer,这种启发式算法使用了标准差这一评价指标来自适应地衡量所有Reducer的负载量。当标准差高于设定的阈值后,将对数据块进行再分配。其分配的方式基于对数据块所含键值对数量的降序排序,并对Reducer也进行工作量进行降序排列,接下来则将两个表中的首位进行匹配,以确保整个 MapReduce 系统的负载均衡。CC 调度方案可以解决数据量轻度倾斜的情况,但面对数据量极度倾斜的情况,就无法实现较好的效果。针对这样的情况,该算法又提出了第二种情况的方法,即 CSC 调度方案。面对包含着较多数据记录的数据块,CSC 采用的是划分的方式,将较大的数据块划分成较小的数据块。由于在 MapReduce 框架下,每个数据块都对应着一个 Reducer,因此在对较大数据进行划分的时候,需要额外分配一个 Reducer。与 CC 类似,CSC 在进行数据块分割的时候也是采用启发式算法解决这个 NP-Hard(Non-deterministic Polynomial Hard)问题,偏度较大的数据块将被分成 n 块(n 为 Reducer 的总数),以确保整个 MapReduce 系统保持负载平衡。在分区任务完成之后,该算法便执行 MapReduce 任务。在 MapReduce 任务阶段主要是对数据集进行采样,不同的数据则有不同的特点,因此,不同的数据集则采用不同的采样方法,如对预训练过的数据集,则采用区间分布;对于全新的数据集,则采用随机抽样的方式。该算法为了具备更强的泛化性能,采取了随机抽样的方式,并利用 Map 任务和 Reduce 任务的并行处理特点,先对数据集进行预处理,利用键值中位数估值的概率进行分布。首先对数据集进行均匀的数据采样,再针对采样中出现键值的概率分布进行统计,基于统计结果,拟合不同的概率分布,并根据相应概率分布对数据块进行抽样,以解决数据偏度和采样率都较高的问题。虽然该两阶分区算法在解决数据偏度和采样率都较高的问题中都有相当好的性能表现,但在执行 MapReduce 作业时,该算法也存在着以下的缺陷:

①　由于两次 MapReduce 任务采用了串行的执行方式,导致整体任务的执行时间长;

②　在采样率较高时,由于抽样数据会在执行阶段进行重复的 MapReduce 作业,处理时间过长;

③　执行 CSC 调度方案时,资源利用率较低,导致出现了部分 Reducer 节点出现空转的情况。

为了解决上述算法执行时间较长及负载不均衡的问题,本章提出了一种基于 MapReduce 框架下两阶分区的改进算法。该算法主要工作如下:

①　对 MapReduce 任务的流程进行并行化处理;

②　在采样率高的情况下,将采样阶段输出数据进行回收;

③　在原始数据偏度较高的情况下,提出 ICSC(Improved Cluster Split Combination)算法。本节提出的算法可以在算法速率提高且执行时间缩短的同时,有针对性地解决高偏度、高采样率情况下数据倾斜的问题。改进后两阶段的流程图如图 6.9 和图 6.10 所示。

在采样阶段,与优化前的两阶分区算法不同的是,之前是先采样数据进行数据统计再划分数据块,优化后则是先对数据块进行划分,并对划分后的数据块进行采样后与数据集的概率分布进行比对,当某一个数据块的采样率很高(超过设定的阈值)时,就不需要再重新对数据块进行采样而直接使用采样出的数据。低于采样率阈值的数据块则需要再进一步采样,但也是增加而非重新分配。这种做法不仅能够降低时间开销,同时也降低了系统对于数据取用的 I/O 成本。

而在 MapReduce 执行阶段,本章算法除了使用其并行处理的特点,在数据被划分为不同数据块后被分配给不同的 Mapper,由于数据块在采样阶段就出现了处理速度不一致的情况,因此如果采用串行方式则会大大拖累不需要重采样的数据块,增加时间开销。本节算法通过直接处理和计算系统负载均衡的方式并行处理数据块,并在分配好数据块的Reducer之后再进行不同数据偏度方式进行调度。对于偏度较低的数据块,本节依然沿用了两阶分区算法中的CC调度方式,而针对偏度较高的数据块则采用了优化了CSC调度方式的ICSC方法,具体的过程在第二小节(设计过程)中进行详细的阐述。

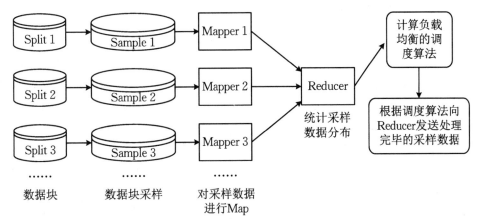

图6.9 采样阶段流程

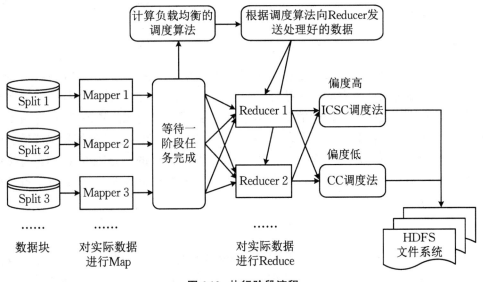

图6.10 执行阶段流程

6.4.2.2 设计过程

根据Apache官方文件所述,当系统批处理数据且执行MapReduce任务时,Mapper和Reducer的任务可以进行一定程度的并行处理。其中,Mapper需完成Map的子任务,并将输入的键值对进行归类。而Reducer需要完成的任务主要分为3个子阶段:Shuffle、Sort和Reduce。Shuffle阶段的职责为根据提供的Hash函数将Map任务的结果分别传输到各个Reducer节点上,同时也是仅有的一个可以和Map任务同时进行的子任务。因此,Shuffle子任务的结束时间至少晚于Map任务的结束时间。Sort阶段是各个Reducer将接收到的数据进行排序、统合的过程。最后的子阶段Reduce则是对数据进行计算，并将结果输出到HDFS的过程。在Hadoop的MapReduce框架下，可根据Map的任务进度，通过调整Slowstart参数，对Shuffle的开始时间进行自定义。如果参数设置为1.00，则为串联运行，Shuffle子任务将在Map任务全部完成后再执行。

6.4.2.2.1　两阶并行的设计

在两阶分区的算法中，由于执行阶段Shuffle子任务并不依赖于Map任务的完成，而是依赖于上一个阶段——采样阶段的Reducer结果所产生的分区方案，因此采样阶段和执行阶段并非两个相互独立的任务，所以没有利用调整Slowstart参数来进行并行化。但在MapReduce任务中，Map任务的执行时间往往远长于Shuffle任务的时间，所以若执行阶段的Map和Shuffle并行处理，会导致Shuffle任务的执行时间被拉长。基于此，本节提出在第一阶段得到采样结果后便开始第二阶段的Shuffle任务，通过并行化流程来减少Mapper节点的空转导致的资源浪费。具体流程如图6.11所示，实线箭头标识了串行工作时段，虚线箭头标示了并行工作时段。本节算法将原有的流程做两方面更改：首先，让执行阶段MapReduce的Map任务随着采样阶段Map任务的结束立刻开始；其次，让执行阶段MapReduce的Shuffle任务随着采样阶段的分区方案的计算完成而立即启动，通过并行化的方式缩短整体任务的执行时间。

6.4.2.2.2　采样阶段的设计

在两阶分区算法中，第一次MapReduce任务的结果只用来规划执行阶段各Reducer节点的负载分配，在数据计算完毕分区处理后则被舍弃。该算法的设计在数据采样率较高的时候，由于对同样的数据进行相同的多次操作，就会造成计算资源严重浪费，增加数据使用开销。针对这样的问题，本节对上述算法进行了以下改进：将第一阶段数据块采样输出的结果重新Shuffle至对应的Reducer节点上。因此，到了执行阶段的MapReduce，则可直接使用采样数据块，而不必对同一数据块进行重复作业，使采样数据得到充分利用，且节省了存储资源与计算资源。

6.4.2.2.3　分区调度阶段的设计

根据数据偏度情况，本节采用了两种不同的分区调度算法。在偏度较低时，则继续沿用Xu等提出的CC(Cluster Combination)调度算法，对采样结果进行分区。在偏度较高时，执行CC(Cluster Combination)调度算法，大数据块会导致负载不均衡。因此，上述文献中提出一种CSC(Cluster Split Combination)调度算法来执行分区。该调度算法先对大数据块进行拆分，由多个Reducer节点分别处理，当所有Reducer完成各自的任务后，还需要一个Reducer进行额外的合并任务。此时，其他Reducer会陷入空转的状态；同时，如果所有的Reducer都参与到最后一次Reduce任务中，任何一个节点的故障都会导致最后一次Reduce任务无法进行，致使MapReduce任务执行失败，如图6.12所示。

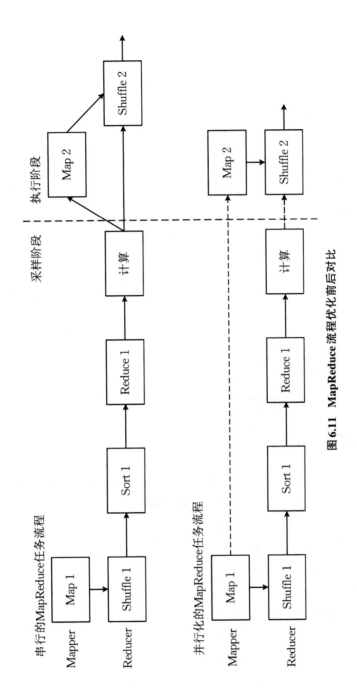

图6.11　**MapReduce流程优化前后对比**

Reduce 1(含Split)	额外Reduce任务
Reduce 2(含Split)	
Reduce 3(含Split)	
Reduce 4(含Split)	

时间

图6.12　CSC调度

为此,本节提出ICSC算法,如图6.13所示。其主要思想是将Reducer节点的工作量进行一定程度的压缩,使得这些Reducer完成工作的总时间与其他不参与处理大数据分片的Reducer节点保持一致,减少节点的空转时间,更好地利用计算资源,也达到了数据并行处理使得系统优化的效果。同时,由于执行时间对齐,该算法产生的结果并不会因为任何一个节点的故障而执行失败,意外产生的情况能够独立执行作业处理,提升了系统的稳定性。

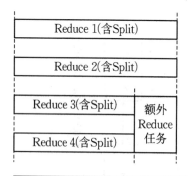

时间

图6.13　ICSC调度

为实现以上功能,ICSC算法的伪代码如下:

```
ICSC(Clusters C, Reducers R){
    average = C.size/R.count;
    C.sort();
    largeC = new Array();
    for (i = 1; i <= C.size; i++){
        if (C[i - 1].size >= average){
            largeC.add(C[i - 1]);
            C.remove(i - 1);
        }
    }
    // n为参与到包含split的reduce任务的节点数量
    n = ceiling(largeC.size/average)
```

```
for (i = 1; i <= n; i++){
    R[i - 1].assign(largeC.split(n));
}
R.sort();
while(! C.empty){
    C.assign(R);
    R.sort();
}
}
```

6.5　示例分析

为模拟实验室系统的数据收集和处理过程,本实验采用WordCount算法和人工生成的数据,在同构环境下以固定大小的输入数据进行实验验证本节提出的算法。由于实验室系统的实际应用环境下,数据属性中的偏度和采样度是影响数据处理阶段的主要因素,因此本章通过控制变量法,验证在不同数据偏度和采样度的情况下,ICSC算法可在实验室系统的数据处理阶段有效减少耗时,达到流程优化的效果。

6.5.1　性能实验

具体而言,实验以JAVA JDK 11.0.13编制程序模拟12节点的集群,在同构环境下使用WordCount算法处理128 MB人工数据。在实验室系统的环境中,节点间的传输采用100 MB/s带宽。测量时间使用currentTimeMillis函数来测量自采样阶段Mapper到Reducer完成最后一个任务为止的时间差值,实验结果见表6.1和表6.2。

表6.1　数据偏度在不同方式下对耗时的影响

数据偏度	0.1	0.5	1.0	1.5
CC 所耗时间(s)	65	163	210	258
CSC 所耗时间(s)	68	79	86	88
ICSC 所耗时间(s)	68	72	75	78

表6.2 采样度在不同方式下对耗时的影响

数据采样度	0.025	0.05	0.1	0.15	0.2
CC 所耗时间(s)	215	209	199	209	217
CSC 所耗时间(s)	196	189	185	203	219
ICSC 所耗时间(s)	209	188	180	195	210

6.5.2 对比实验

为了更好地比较ICSC算法与CC和CSC调度法的耗时效果。根据在上述结果(表6.1和表6.2)的基础上分别以输入数据偏度和采样率为自变量,以各自的执行时间为因变量,得出不同算法条件下,各自的偏度和采样度的效率,结果可见图6.14、图6.15。

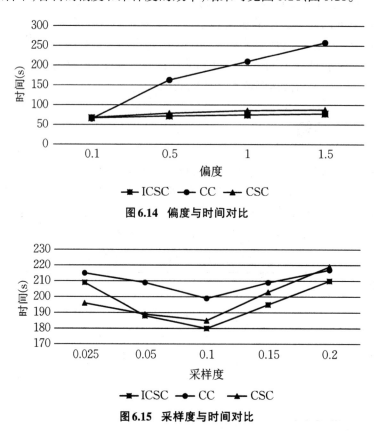

图6.14 偏度与时间对比

图6.15 采样度与时间对比

如图6.14所示,当数据偏度大于0.1时,ICSC算法采样时间更少,且偏度愈大优势更明显,通过测算,在处理偏度为1.5的数据时,与CSC算法相比,ICSC算法可节约10%的执行时间;但当数据偏度小于0.1时,由于ICSC在最后需要进行一次额外的Reduce以合并被拆分的大数据块,因此执行时间是会稍大于CC和CSC调度法所耗时间。

　　同样,在图6.15中可以看到,在不同采样度的环境下,ICSC与两阶分区中算法的执行时间对比。3种算法均在采样度为0.1左右时执行效率最高;而在0.1及以上时,ICSC算法比另外两种算法执行时间更短。这是因为在本地性较高的环境下,ICSC通过节省第二轮MapReduce的数据处理量以达到更优的执行时间。

小结

　　在实验室系统处理海量原始数据时,实际应用场景中存在采样率高、偏度(Skewness)高的特殊情况,导致在使用两阶分区算法在平衡同构环境下的Reducer节点负载时,无法有效地处理这些问题。为此,在智慧实验室中引入MapReduce的并行化处理,可以提高实验室系统中采样数据利用率;同时,为了解决数据偏度和采样度高的问题,则采用了ICSC(Improved Cluster Split Combination)分区调度的算法。经过实验证明,基于两阶分区的MapReduce负载均衡算法能够有效减少Mapper和Reducer节点空转的时间。随着数据偏度的增加,算法的执行时长基本不产生变化,即数据偏度对该算法执行时间的影响较小。此外,数据采样度的增加,ICSC分区调度算法也保持着对比模型中最少的时间开销。因此,基于两阶分区的MapReduce负载均衡算法弱化了Reducer节点间的依赖性,并提升MapReduce任务的执行效率和容错率,从而高效地实现MapReduce框架下的实验室系统中数据处理的负载均衡。

　　本章针对两阶分区算法中在实验室系统的实际数据处理场景中存在的不足,对其调度算法和执行流程进行改进。实验结果证明,改进后的算法在数据存在高偏度和高采样度的情况下,均可有效地减少Mapper和Reducer节点空转的时间,弱化了Reducer节点间的依赖性,缩短MapReduce的执行时间,优化了实验室系统数据处理阶段的流程,从而高效地实现MapReduce框架下的实验室系统中数据处理的负载均衡。但值得注意的是,该算法在本地性较差的环境(即数据采集系统与数据处理系统之间需要一定时间开销的情况)下的性能仍有待改进,因为在这样的环境条件下,数据处理节点间的传输时间远大于MapReduce作业的计算时间,此时节点间的传输时间成为ICSC算法执行时间的主要影响因素。而ICSC算法主要针对计算时间进行优化,在执行时间的优化效果上较为逊色。这也是本研究下一步工作努力的目标和方向。

参考文献

［1］　李建江,崔健,王聃,等.MapReduce并行编程模型研究综述[J].电子学报,2011,39(11):2635-2642.

［2］　杜江,张铮,张杰鑫,等.MapReduce并行编程模型研究综述[J].计算机科学,2015,42(z1):537-541,564.

［3］　吴信东,嵇圣砸.MapReduce与Spark用于大数据分析之比较[J].软件学报,2018,29(6):1770-1791.

[4]　宋杰,孙宗哲,毛克明,等.MapReduce大数据处理平台与算法研究进展[J].软件学报,2017,28(3): 514-543.

[5]　陶永才,张丹丹,石磊,等.基于Maxdiff直方图的MapReduce负载均衡研究[J].小型微型计算机系统,2016,37(3):417-421.

[6]　高宇飞,曹仰杰,陶永才,等.MapReduce计算模型下基于虚拟分区的数据倾斜处理方法[J].小型微型计算机系统,2015,36(8):1706-1710.

[7]　陶永才,丁雷道,石磊,等.MapReduce在线抽样分区负载均衡研究[J].小型微型计算机系统,2017,38(2):238-242.

[8]　李航晨,秦小麟,沈尧.基于压力反馈的MapReduce负载均衡策略[J].计算机科学,2015,42(4):141-146.

[9]　李安颖,陈群,宋荷.离散粒子群优化算法实现MapReduce负载平衡[J].自动化仪表,2018,39(12):56-59.

[10]　GATES A F, NATKOVICH O, CHOPRA S, et al. Building a high-level dataflow system on top of Map-Reduce：The pig experience[J]. Proceedings of the VLDB Endowment, 2009, 2(2)：1414-1425.

[11]　KWON Y C, BALAZINSKA M, HOWE B, et al. Skew-resistant parallel processing of feature-extracting scientific user-defined functions[C]//Proceedings of the 1st ACM Symposium on Cloud Computing. 2010：75-86.

[12]　IBRAHIM S, JIN H, LU L, et al. Handling partitioning skew in mapreduce using leen[J]. Peer-to-Peer Networking and Applications, 2013, 6：409-424.

[13]　傅杰,都志辉.一种周期性MapReduce作业的负载均衡策略[J].计算机科学,2013,40(3):38-40.

[14]　李航晨,秦小麟,沈尧.基于压力反馈的MapReduce负载均衡策略[J].计算机科学,2015,42(4):141-146.

[15]　MORTON K, BALAZINSKA M, GROSSMAN D. ParaTimer：a progress indicator for MapReduce DAGs[C]//Proceedings of the 2010 ACM SIGMOD International Conference on Management of Data. 2010：507-518.

[16]　CHEN Q, ZHANG D, GUO M, et al. Samr：A self-adaptive mapreduce scheduling algorithm in heterogeneous environment[C]//2010 10th IEEE International Conference on Computer and Information Technology. IEEE, 2010：2736-2743.

[17]　SHI Y, MENG X, LIU B. Halt or continue：Estimating progress of queries in the cloud[C]//Database Systems for Advanced Applications：17th International Conference, DASFAA 2012, Busan, April 15-19, 2012, Proceedings, Part Ⅱ 17. Springer Berlin Heidelberg, 2012：169-184.

[18]　DHAWALIA P, KAILASAM S, JANAKIRAM D. Chisel：A resource savvy approach for handling skew in mapreduce applications[C]//2013 IEEE Sixth International Conference on Cloud Computing. IEEE, 2013：652-660.

[19]　KWON Y C, BALAZINSKA M, HOWE B, et al. A study of skew in mapreduce applications[J]. Open Cirrus Summit, 2011, 11(8)：1-5.

[20]　王卓,陈群,李战怀,等.基于增量式分区策略的MapReduce数据均衡方法[J].计算机学报,2016(1):19-35.

[21]　RASMUSSEN A, LAM V T, CONLEY M, et al. Themis：an i/o-efficient mapreduce[C]//Proceedings of the Third ACM Symposium on Cloud Computing. 2012：1-14.

[22]　REN K, GIBSON G, KWON Y C, et al. Hadoop's adolescence；A comparative workloads analysis from three research clusters[C]//SC Companion. 2012：1452.

［23］　LIN J. The curse of zipf and limits to parallelization：An look at the stragglers problem in MapReduce ［C］//LSDS-IR@ SIGIR. 2009.

［24］　周华平,刘光宗,张贝贝. 基于索引偏移的 MapReduce 聚类负载均衡策略[J]. 计算机科学,2018,45 (5):303-309.

［25］　DEAN J, GHEMAWAT S. MapReduce：Simplified data processing on large clusters[J]. Communications of the ACM, 2008, 51(1)：107-113.

［26］　RACHA S C. Load balancing MapReduce communications for efficient executions of applications in a cloud[J]. Project Report, 2012.

［27］　GUFLER B, AUGSTEN N, REISER A, et al. Handling data skew in MapReduce ［J］. Closer, 2011, 11：574-583.

［28］　GUFLER B, AUGSTEN N, REISER A, et al. Load balancing in mapreduce based on scalable cardinality estimates［C］//2012 IEEE 28th International Conference on Data Engineering. IEEE, 2012：522-533.

［29］　周家帅,王琦,高军. 一种基于动态划分的 MapReduce 负载均衡方法[J]. 计算机研究与发展,2013, 50(z1):369-377.

［30］　KWON Y C, BALAZINSKA M, HOWE B, et al. Skewtune：mitigating skew in mapreduce applications［C］//Proceedings of the 2012 ACM SIGMOD International Conference on Management of Data. 2012：25-36.

［31］　许玉杰. 云计算环境下海量数据的并行聚类算法研究[D]. 辽宁:大连海事大学,2014.

［32］　张元鸣,蒋建波,陆佳炜,等. 面向 MapReduce 的迭代式数据均衡分区策略[J]. 计算机学报,2019,42 (8):1873-1885.

［33］　TANG Z, ZHANG X, LI K, et al. An intermediate data placement algorithm for load balancing in spark computing environment[J]. Future Generation Computer Systems, 2018, 78：287-301.

［34］　LIU G, ZHU X, WANG J, et al. SP-Partitioner：A novel partition method to handle intermediate data skew in spark streaming[J]. Future Generation Computer Systems, 2018, 86：1054-1063.

［35］　RAMAKRISHNAN S R, SWART G, URMANOV A. Balancing reducer skew in MapReduce workloads using progressive sampling［C］//Proceedings of the Third ACM Symposium on Cloud Computing. 2012：1-14.

［36］　KOLB L, THOR A, RAHM E. Block-based load balancing for entity resolution with MapReduce ［C］//Proceedings of the 20th ACM International Conference on Information and Knowledge Management. 2011: 2397-2400.

［37］　KOLB L, THOR A, RAHM E. Load balancing for mapreduce-based entity resolution ［C］//2012 IEEE 28th International Conference on Data Engineering. IEEE, 2012：618-629.

［38］　IBRAHIM S, JIN H, LU L, et al. Handling partitioning skew in mapreduce using leen［J］. Peer-to-Peer Networking and Applications, 2013, 6：409-424.

［39］　CHEN Q, YAO J, XIAO Z. Libra：Lightweight data skew mitigation in mapreduce[J]. IEEE Transactions on Parallel and Distributed Systems, 2014, 26(9)：2520-2533.

［40］　韩蕾,孙徐湛,吴志川,等. MapReduce 上基于抽样的数据划分最优化研究[J]. 计算机研究与发展, 2013,50(z2):77-84.

［41］　高宇飞,曹仰杰,陶永才,等. MapReduce 计算模型下基于虚拟分区的数据倾斜处理方法[J]. 小型微型计算机系统,2015,36(8):1706-1710.

［42］　卞琛,于炯,修位蓉,等. 基于迭代填充的内存计算框架分区映射算法[J]. 计算机应用,2017,37(3):

647-653.

[43]　万聪,王翠荣,王聪,等.MapReduce模型中reduce阶段负载均衡分区算法研究[J].小型微型计算机系统,2015,36(2):240-243.

[44]　YU J, CHEN H, HU F. Sasm: Improving spark performance with adaptive skew mitigation[C]// 2015 IEEE International Conference on Progress in Informatics and Computing (PIC). IEEE, 2015: 102-107.

[45]　MARTHA V S, ZHAO W, XU X. h-MapReduce: A framework for workload balancing in MapReduce[C]//2013 IEEE 27th International Conference on Advanced Information Networking and Applications (AINA). IEEE, 2013: 637-644.

[46]　黄宗兰,黄婷,张文中,等.实验室信息管理系统在食品检验检测机构中的应用分析[J].食品安全质量检测学报,2020,11(19):7130-7134.

[47]　POTLURI, AVINASH, et al. Enhanced-sweep: Communication cost efficient Top-K best region search[J].Arabian Journal for Science and Engineering, 2022: 1-12.

[48]　杨国华,冯骥,柳萱,等.基于改进秃鹰搜索算法的含分布式电源配电网分区故障定位[J].电力系统保护与控制,2022,50(18):1-9.

[49]　WU J M T, SRIVASTAVA G, WEI M, et al. Fuzzy high-utility pattern mining in parallel and distributed Hadoop framework[J]. Information Sciences, 2021, 553: 31-48.

[50]　李华,刘占伟,郭育艳.并行PSO结合粗糙集的大数据属性简约算法[J].计算机工程与设计,2020,41(08):2238-2244.

[51]　MOSTAFAEIPOUR A, JAHANGARD RAFSANJANI A, AHMADI M, et al. Investigating the performance of Hadoop and Spark platforms on machine learning algorithms[J]. The Journal of Supercomputing, 2021, 77: 1273-1300.

[52]　陈文青.新型基于大数据分析与挖掘的战略决策框架[J].无线电工程,2022,52(05):824-832.

[53]　TANVIR H S, ZAHID A. An analysis of MapReduce efficiency in document clustering using parallel K-means algorithm[J]. Future Computing and Informatics Journal, 2018, 3(2): 200-209.

[54]　刘卫明,崔瑜,毛伊敏,等.基于MapReduce和MSSA的并行K-means算法[J].计算机应用研究,2022,39(11):3244-3251,3257.

[55]　王立俊,杜建华,刘骥超,等.基于决策树挖掘算法的气象大数据云平台设计[J].计算机测量与控制,2022,30(11):140-146.

[56]　胡东明,刘旭敏,徐维祥.MapReduce框架下一种负载均衡的Top-k连接查询算法[J].计算机测量与控制,2018,26(8):238-242.

[57]　李馥娟.大数据实验室建设与应用研究[J].实验技术与管理,2018,35(05):243-246.

[58]　栾亚建,黄翀民,龚高晟等.Hadoop平台的性能优化研究[J].计算机工程,2010,36(14):262-263,266.

[59]　王林童,赵腾,张焰等.基于Hadoop的风力发电监测大数据存储优化及并行查询方法[J].电测与仪表,2018,55(11):1-6.

[60]　PARKS D F, VOITIUK K, GENG J, et al. IoT cloud laboratory: Internet of things architecture for cellular Biology[J]. Internet of Things, 2022, 20: 100618.

[61]　杜鹃,张卓,曹建春.利用快速无偏分层图抽样法的MapReduce负载平衡算法[J].计算机应用与软件,2021,38(11):288-294,313.

[62]　马清山,钟勇,王阳.数据倾斜情况下基于MapReduce的连接算法[J].计算机应用,2018,38(S2):192-195.

［63］　IRANDOOST M A，RAHMANI A M，SETAYESHI S. A novel algorithm for handling reducer side data skew in MapReduce based on a learning automata game［J］. Information Sciences，2019，501：662-679.

［64］　GAVAGSAZ E，REZAEE A，HAJ SEYYED JAVADI H. Load balancing in reducers for skewed data in MapReduce systems by using scalable simple random sampling［J］. The Journal of Supercomputing，2018，74：3415-3440.

［65］　黄伟建,贾孟玉,黄亮.并行随机抽样贪心算法分区的MapReduce负载均衡研究［J］.现代电子技术，2020,43(16):170-173.

第7章 国际贸易食品风险点捕捉技术

7.1 研究背景

随着贸易全球化和我国经济社会发展水平的不断提高,进口食品已经成为我国消费者重要的食品来源。据WTO数据统计,2011年我国已经成为全球第一大食品农产品进口市场。进口食品对于缓解资源压力、调节市场平衡、满足消费者的多样性需求具有举足轻重的意义。同时,国际贸易食品供应链的跨国化、贸易伙伴的差异化、风险因子的复杂化等因素给国际贸易食品安全管理带来巨大挑战。

根据海关总署发布,2021年未准入境的肉制品、水产品、乳制品和酒精饮料等四大类进口食品共计1 120批,主要不合格原因有滥用食品添加剂、标签不合格、证书不合格、微生物污染、货证不符、未获检验检疫准入、包装不合格、重金属超标、检出有毒有害物质、检出动物疫病、感官检验不合格等。其中,主要由口岸现场检出的感官检验不合格、标签不合格、包装不合格、证书不合格、货证不符、未获检验检疫准入等问题697批,占检出不合格四大类进口食品总批次的62.2%;主要由实验室检出的滥用食品添加剂、微生物污染、重金属超标、检出动物疫病等问题423批,占检出不合格四大类进口食品总批次的37.8%。

为了进一步提高目前的食品安全监管水平,国内外学者做了大量的研究。章德宾等[1]建立基于监测数据和BP(Back Propagation)神经网络的食品安全预警模型,以实际食品安全监测数据训练,使模型能有效识别、记忆食品危险特征,筛选不合格食品,但该模型的及时性欠缺。罗季阳等[2]研究了我国贸易食品风险管理的一般运行机制,对食品风险制定了管理办法。梁辉等[3]提出的基于最邻近距离空间分析法的食品安全风险监测方法,能分析目标食品的空间分布模式,但该方法主要应用于已确定的目标对象上。现有的模型虽然能够在一定程度上解决食品安全问题,但是对如何系统、精确地感知问题食品的研究较少。

态势感知最早由美国空军提出,用以分析空战环境和未来发展形势,随着国内外学者对态势感知的研究和发展,态势感知逐渐开始被应用于智能电网[4]、煤矿安全[5]、配电网[6]和网络安全[7]等领域。随着互联网的兴起,网络舆情态势感知也随之蓬勃发展,网络舆情态势感知源于情报感知,国内外学者对舆情情报感知进行了大量的研究。杨峰等[8]开展基于情景相似度的突发事件情报感知实现方法的研究,使信息感知更加及时。李金泽等[9]建立舆情事件情报感知模型,基于朴素贝叶斯、支持向量机、K-近邻三种算法提高信息感知的精确度。张思龙等[10]提出了基于情报感知的网络舆情研判与预警系统架构,强调对于情报感知的网络舆情研判与预警需要系统化。

　　因此,本章提出将网络舆情态势感知应用于国际贸易食品风险点捕捉中,构建风险感知及时、精确,且具有系统性的食品风险态势感知捕捉模型。

7.2　食品风险点捕捉

7.2.1　多源信息融合

　　随着现代信息技术和网络技术的飞速发展,数据源越来越广泛,数据类型越来越丰富。大数据的特点,如数据源多、数据结构多样、数据维度高、增长快等,使得传统的数据存储和数据挖掘技术面临技术创新。数据结构的异质性出现在结构化数据、半结构化数据和非结构化数据中,包括关系数据、空间数据、时间数据、文本数据、图像数据和音视频数据。传统的多源数据融合主要针对数据等结构化数据的融合,不同类型的数据由不同的数据特征表示。例如,文本数据一般用离散的词向量特征表示,而图像用图像的像素特征表示,包括全局特征和局部特征。数据的异质性导致了表示数据的特征向量之间的差异,这成为多源异构数据关联、交叉和集成之间的鸿沟。为适应大数据时代的新特点,进行多源异构数据融合并对数据关联分析,已成为研究热点和新的挑战。只有充分利用多源数据,充分发挥多源异构数据的互补性,才能进行更彻底、更彻底的数据分析,获得更有价值的分析结果。

　　多源信息融合的具体过程如下:

　　① 多源独立工作获得观测数据;

　　② 对各数据进行预处理;

　　③ 对预处理之后的数据进行信息提取,获取观测对象的特征信息;

　　④ 在数据融合中心使用特定算法对观测对象的多源信息进行融合,获得对环境的一致性描述。

7.2.1.1　多源数据融合算法

　　多源信息融合算法是感知融合领域的核心内容。通过对多源数据在不同层次进行融合处理,可以获得目标的高精度描述。目前主流的融合算法有加权平均法、贝叶斯方法、卡尔曼滤波原理、DS证据理论推理和深度学习,不同的算法有不同的适用环境及各自的优缺点。

1. 加权平均法

　　加权平均法比较简单、直观,将多源数据乘上相应的权值,然后累加求和并取平均值,将其结果作为融合结果。该方法较容易实现,实时性好,但是,其权值的分配和取值有一定的主观性,且方法过于简单,融合效果不够稳定,实用性较差。

2. 贝叶斯方法

　　贝叶斯方法基于先验概率,并不断结合新的数据信息得到新的概率,其公式如下。

$$P(A_i|B) = \frac{P(B|A_i)P(A_i)}{\sum\limits_{i=1}^{n} P(B|A_i)P(A_i)} \tag{7.1}$$

式中，$P(A_i)$为事件A_i发生的概率；$P(B|A_i)$为事件A_i发生的前提下事件B发生的概率；$\sum\limits_{i=1}^{n} P(B|A_i)$为完全事件$A$发生的前提下事件$B$发生的概率；$P(A_i|B)$为事件$B$发生的前提下事件$A_i$发生的概率。

贝叶斯方法的局限性主要在于其工作基于先验概率，而先验概率往往需要通过大量的数据统计来实现。

3. 卡尔曼滤波理论

卡尔曼滤波理论是一种线性状态方程，通过系统输入的观测数据，对系统状态进行最优估计的算法，卡尔曼滤波法能合理并充分地处理多种差异很大的信息，并能适应复杂多样的环境。基于卡尔曼滤波的递推特性，不仅可以对当前状态进行状态估计，而且可以对未来状态进行预测，通过状态估计、状态预测的不断迭代实现对被测状态的最优估计。卡尔曼滤波算法常用的公式如下：

$$\boldsymbol{m}_{k|k-1} = \boldsymbol{F}_k \boldsymbol{m}_{k-1|k-1} \tag{7.2}$$

$$\boldsymbol{P}_{k|k-1} = \boldsymbol{F}_k \boldsymbol{P}_{k-1|k-1} \boldsymbol{F}_k^T + \boldsymbol{Q}_k \tag{7.3}$$

$$\boldsymbol{K}_{k|k-1} = \boldsymbol{P}_{k|k-1} \boldsymbol{H}_k (\boldsymbol{H}_k \boldsymbol{P}_{k|k-1} \boldsymbol{H}_k^T + \boldsymbol{R}_k)^{-1} \tag{7.4}$$

$$\boldsymbol{m}_{k|k} = \boldsymbol{m}_{k|k-1} + \boldsymbol{K}_{k|k-1}(\boldsymbol{z}_k - \boldsymbol{H}_k \boldsymbol{m}_{k|k-1}) \tag{7.5}$$

$$\boldsymbol{P}_{k|k-1} = \boldsymbol{P}_{k|k-1}(\boldsymbol{I} - \boldsymbol{K}_{k|k-1} \boldsymbol{H}_k) \tag{7.6}$$

其中，$\boldsymbol{m}$是状态矩阵，$\boldsymbol{P}$是状态协方差矩阵，$\boldsymbol{K}$是卡尔曼增益矩阵，其中下标$k-1|k-1$为上一时刻数值，$k|k-1$为当前时刻数值；$\boldsymbol{F}_k$是前后时刻的状态转移矩阵；$\boldsymbol{Q}_k$是当前时刻的预测噪声协方差；$\boldsymbol{H}_k$是观测矩阵到状态的转移矩阵；$\boldsymbol{R}_k$是的噪声协方差矩阵；$\boldsymbol{z}_k$是测量向量。

4. DS证据理论

DS证据理论是基于贝叶斯估计方法，Dempster首先通过构造1个不确定性推理模型，将命题的不确定性转化为集合的不确定性，Shafer在此基础上对其进行了完善。其最大特点是将"区间"转化为"点"，用"点估计"的方法描述不确定信息，算法的灵活度高是该方法最大的特点。而DS证据理论的缺点主要有以下3点：

① 算法的时间复杂度与样本量的平方成正比，这意味着运算量会随样本数量的增加而指数增长；

② 证据理论的判决规则常常有很大的主观性；

③ 证据理论在多源输入存在冲突时效果不好。

5. 深度学习方法

深度学习模型的底层原理是基于现代神经科学，由大量模拟人类神经的基本处理单元组成，因此又称为深度学习网络。在训练阶段，网络的输入参数是原始数据，网络输出与人为标注的真值之间的误差以方向梯度传递的方式更新网络参数，通过大量数据、多次迭代训练以优化网络参数，进而消除非目标变量的干扰，完成相应的智能任务。模型具有较强的容错能力与自适应能力,且能够模拟复杂的非线性映射。深度学习网络可以通过获取的信息,迭代优化网络权值,获得不确定推理机制。

7.2.1.2　多源数据融合层次

多源数据融合技术能够在多层次上综合处理不同类型的信息和数据,处理的对象可以是属性、数据、证据等。按照数据抽象程度可以分为数据级融合、特征级融合和决策级融合3种模式。

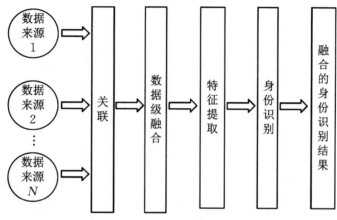

图7.1　数据级融合

数据级融合属于数据融合的第一层,好处是可以提供现场原始信息,也是其他两种层次融合无法实现的,其局限性也很明显,由于处理的数据量大,计算处理时间长,系统的实时性和抗干扰性能力不强。由于原始数据不完全和不稳定,需有良好的纠错能力,且各数据源数据类型需来源于同质类型已达到其校准精度和配准关系。

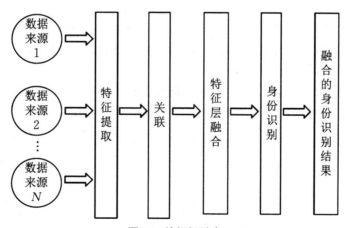

图7.2　特征级融合

特征级融合是第二层数据融合,这一层需要先对数据做提取特征处理,再对数据进行综合分析与融合。其优点在于有助于增强处理的实时性,融合结果中包含的特征数据对决策判断具有重要作用。因其不同源分成特征与状态融合两种:前者为特征层次联合识别,具体方法主要有K阶最近邻分类算法、特征压缩聚类法和神经网络等,属于模式识别范畴;后者主要使用的算法或理论有交互式多模型法、多假设法、联合概率数据关联和序贯处理理论等,较多体现在目标跟踪领域上。

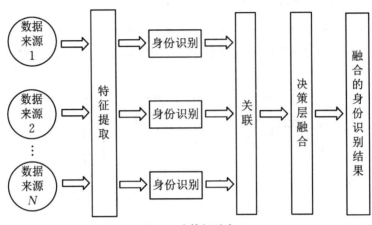

图7.3　决策级融合

决策级融合是最高层次的数据融合,该层所得结果对目标状态进行判断决策,为指挥控制决策提供实时、合理、有效的依据。对每个数据源都需进行预处理、特征提取、识别和判决等具体步骤,形成对量测目标的初步判断,接着进行决策级融合判断,获得综合判断结果。其优点和缺点恰好与数据级别融合相反。主要缺点在于局部完成的预处理代价高,数据信息处理效果比较依赖预处理阶段的性能,优点是融合中心处理代价低,数据交互量小;有较强的抗干扰能力,容错性能好。决策级融合常采用的方法有D-S论据理论、模糊推理理论和专家系统等。

7.2.1.3　数据处理方式

融合系统可根据模型的数据处理结构分为3类:分布式、集中式和混合式。从融合信息的损失程度来看,分布式结构的损失最高;而在融合处理的复杂度方面,混合式结构最复杂。

1. 分布式

分布式融合的本质是基于分布式结构的融合算法,主要利用了假设生成和假设验证的思想。分布式融合结构中的处理单元分布在各独立节点,在对传感器的原始数据进行初步处理之后再送入统一的信息融合中心,通过对融合数据进行多维优化、组合、推理,以获取最终结果。

2. 集中式

集中式融合的核心思想是不确定推理,首先对每个传感器设置各自的置信度,然后汇总多源信息,最后基于一定的融合规则输出融合结果。在集中式融合结构中,多源传感器的原始数据不进行任何处理直接送入信息融合中心。该结构充分利用多源信息,具有较高的融合精度,同时可以将融合步骤模块化。

3. 混合式

混合式同时具有分布式和集中式两种结构,兼顾两者的优点,能够根据不同需要灵活且合理地完成信息处理工作。算法的可靠性与融合的精度虽然有所提升,但随着传感器数量的增多,信息的冗余程度与系统的复杂程度也会随之增加。

7.2.2　实时态势理解

实时态势理解,基于信息融合阶段所生成相关数据信息库中的数据,通过相关性分析,获得相关统计分析结果,包括但不限于:

① 综合利用相关数据信息库中的数据,可统计出某类贸易食品在选定时间窗口内的查验率、查获率、送检率、不合格检出率、不合格查验项目、不合格检测项目、不合格频次等指标;

② 将口岸现场查验的不合格信息和实验室检测出的不合格信息与贸易食品不合格特征库进行对比分析,可将贸易食品不合格类别进行分类,如包装不合格、标签不合格、货证不符、感官检验不合格、来自疫区、来自禁止进口地区、证书不合格、未获检验检疫准入、检出动物疫病、品质不合格、农兽药残留、生物毒素、微生物污染、污染物、无相应的国家标准等;

③ 通过建立不同的关联规则,可分别对相关国家/地区、生产商、进口商的选定类别食品在不同时间窗口内的现场查验/实验室检测不合格情况及其在选定时间段内涉及的相关风险预警、警示通报、产品召回、国外疫情疫病、食品安全事件进展、舆情信息等进行统计分析;

④ 通过引入用户需求、专家的经验与行业知识,结合大数据模型,将多个指标进行有机整合,统计某一簇指标集的针对食品风险的实时态势理解的核心目标是针对态势数据与知识的特点,将态势感知相关的多模态数据、事实知识、动态知识、决策过程知识和隐式模糊知识等进行统一表示与组织,为态势感知数据的知识化、知识组织与存储以及上层的知识应用及决策提供支撑。

实时态势理解主要分为以下两个步骤:

① 实现态势感知多模态数据理解,对其进行有效的建模表示、存储管理并提供知识化、知识关联及知识计算的方法;

② 对态势知识进行学习,使知识能够被机器有效理解并使机器能够对知识进行推理从而支撑智能应用。

高质量的实时态势理解能够在实现机器理解、计算和推理的同时,也尽可能让人能够易于理解,从而进行知识的维护管理、校验评估和反馈溯源等。

7.2.2.1　实时态势知识表达

1. 经典态势表达技术

经典的态势表达方法包括逻辑表示、产生式规则、框架表示、语义网络和 Petri 网等[11]。逻辑表示法形式接近于人类的自然语言,逻辑严密精确;缺点是难以表达不确定性知识和模糊性知识。框架是描述对象属性的一种数据结构,它是由若干结点和关系构成的网络。Petri 网是对离散并行系统的数学表示,适用于描述异步的、并发的计算机系统模型。这些知识表示方法因其局限性或仅适用于特定场景,在态势感知场景中基本不适用。

语义网络(Semantic Network)是一种以网络格式表达人类知识构造的形式,在一个语义网络中,信息被表达为一组节点,节点通过一组带标记的有向直线彼此相连,用于表示节点间的关系。知识图谱本质上也是一种语义网络,只是知识图谱中使用了更强大的态势理解方法。

产生式规则以条件-结果(IF-THEN)的态势理解知识,是一种非常直观的态势理解方法。IF后面部分描述了规则的先决条件,而THEN后面部分描述了规则的结论。产生式规则非常适用于态势感知场景中专家决策知识的理解。

2. 知识图谱知识表达方法

知识图谱的核心方法有2种:

① 使用资源描述框架(模式)(RDF)和网络本体语言(OWL)两种语义网知识表示技术;

② 使用属性图。

(1) RDF与OWL

RDF本质是一个数据模型(Data Model)。其中,R为资源(Resource),可指代任何具有URI标识符的网页和图片等;D为对资源的描述,包括属性和资源间的关系;F为框架,包括描述的模型、语言及描述的语法。RDF形式上表示为S-P-O形式的三元组(Subject-Predicate-Object),在知识图谱中也称其为一条知识或事实;RDF由节点和边组成,节点表明实体/资源、属性,边表明实体和实体间的关系以及实体和属性的关系,同时还能在节点和边的取值上增加约束,从而形成统一知识标准。RDF的存储序列化方式有RDF/XML,N-Triples,Turtle,RDFa和JSON-LD等。

RDF的表达能力有限,无法区分类和对象,也无法定义和描述类的关系/属性,而RDF通过对RDF进行类似的类定义及其属性定义,可以在一定程度上解决RDF表达能力受限的问题;通过RDF可表达一些简单语义,但在更复杂场景下,RDF语义表达能力显得太弱。因此,W3C(万维网联盟)提出了OWL语言扩展RDF,作为语义网上表示本体的推荐语言。OWL扩展的描述能力包括对局部值域的属性定义,类、属性和个体的等价性,不相交类的定义,基数约束,关于属性特征的描述等。

(2) 属性图

属性图是由顶点(Vertex)、边(Edge)、标签(Label)、关系类型和属性(Property)组成的有向图;顶点又称节点(Node),边又称关系(Relationship);在属性图中,节点和关系是最重要的实体。节点与关系均可包含属性,属性可以任何键值形式存在;关系连接节点,每个关系均有一个方向、一个标签、一个开始节点和结束节点。关系方向的标签使属性图具有语义化特征。关系属性又称边属性,可通过在关系上增加属性,给图方法提供有关边的元信息,如创建时间和边权重等。

属性图已被图数据库广泛采用,Neo4J和JanausGraph等图数据库均采用了属性图模型。

7.2.2.2　实时态势知识学习

构建态势感知数据及知识的统一知识表示模型,其目标为通过统一的表示实现数据及知识的统一管理,进而形成针对食品的态势感知的多模态知识图谱,并通过态势感知知识图谱支撑食品风险点捕捉。

知识图谱的构建过程主要包括知识的建模、提取、融合和补全等步骤,每个步骤均有不同方法。知识图谱的构建总体包含了自顶向下和自底向上两种方法。前者通常由专家进行知识本体的定义和实体的编辑填充;后者则通过模型从各类数据中自动抽取概念、实体以及它们之间的关系。从方法角度而言,包含基于词典的方法、基于语言学规则的方法和基于机器学习的方法等。

贸易食品态势感知场景因涉及的数据和知识类型繁多,如果使用传统方法对各类数据或知识采用对应的方法,则需使用很多不同类别的方法。为统一知识图谱构建、融合实例及基于知识图谱的下游任务,文献总结了基于知识图谱表示学习方法的解决方案:知识图谱的部分构建任务以及基于知识图谱的下游应用任务,大部分可转换为基于知识图谱的表示学习来解决,构建任务包括基于知识图谱的关系抽取、实体对齐、本体映射和知识补全等,应用任务主要包括基于知识图谱的推理衍生任务。另一方面,基于多模态知识图谱的表示学习为不同模态知识和知识间的联合处理提供了解决方案,这对战场态势感知场景的多模态知识提取和计算尤其重要。

广义的学习指从输入信息中自动学习有效特征的学习方法,以提高机器学习模型性能;表示学习的关键是解决输入数据的底层特征和高层语义信息间的语义鸿沟。机器学习中有局部表示(Local Representation)和分布式表示(Distributed Representation)两种方式来表示特征。局部表示的向量每个分量对应一个数据,各个分量相互排斥;其向量维度高,向量间距离无法表示数据间的关联,扩展性差。分布式表示使用低维稠密向量表示,向量中每个单独的分量没有意义,分量的组合才能表明具体属性。分布式表示是深度学习最重要的性质,神经网络可将高维的局部表示空间映射到低维的分布式表示空间,该过程又称嵌入,如图像矩阵嵌入和词嵌入。

近年来,基于大规模弱标注数据的预训练模型在计算机视觉和自然语言处理领域得到了广泛应用(代表模型分别为 ImageNet 和 BERT)。预训练模型在基础浅层嵌入的基础上进一步实现高层级特征的学习和保存,上层任务无须从底层开始训练;该预训练-微调(Pre-train,Fine-tune)模式成为一种新范式。为进一步简化上游任务的微调训练,一种新的,称为 Prompt 的新范式在自然语言处理领域兴起,让预训练模型直接适应下游任务。

总体而言,贸易食品风险态势感知场景中知识图谱构建既需使用广义表示学习能力从多模态数据中学习特征并提取知识,又需利用基于态势感知知识图谱的表示学习完成知识的补全和上游任务。因此,在知识学习方面,从基于离散符号的知识表示到通过知识表示学习得到基于稠密向量的分布式表示,能够更好捕获隐匿的知识,并且通过对接神经网络的强大能力,将推理过程转化为向量间的计算,从而摆脱传统基于符号搜索的推理计算方式,使推理效率更高。

7.2.3 未来态势预测

态势感知的预测环节是通过对目标的感知与理解,经过推理得到目标的行为预测。面向知识图谱的态势预测可分为演绎推理、归纳推理和溯因推理；按照知识表示方法可分为基于符号表示和基于向量表示两种推理；按照预测方法可分为基于规则的推理、基于表示学习的推理、基于神经网络的推理和混合推理。

7.2.3.1　态势预测方法

1. 基于规则的推理

通过定义或学习知识中存在的规则进行推理，根据规则的真值类型又可分为硬逻辑规则和软逻辑规则。硬逻辑规则中每条规则的真值均为1，软逻辑规则即每条规则的真值为 $[0,1]$ 的概率，该类规则可通过真值重写转化为硬逻辑规则。硬逻辑规则可写成知识图谱本体中的SWRL（语义网规则语言）规则，再通过Pellet，Hermit等本体推理机进行推理。规则推理在大型知识图谱上的效率受限于其离散性，Cohen提出了一种可微的规则推理Tensor-Log，将知识库中每个实体用一个one-hot向量表示，每个关系 r 定义为一个矩阵算子 M，将逻辑推理规则形式化为给定实体和关系预测另一个实体的矩阵相乘问题，由此量化为实体得分和置信度的学习问题。前者通过得分向量乘以one-hot向量转置获得；后者通过最大化知识图谱三元组学习参数表达。

2. 基于表示学习的推理

基于知识图谱的表示学习已在前文中进行了详述。

3. 基于神经网络的推理

基于神经网络的推理依赖神经网络的表征能力直接建模知识图谱事实元组，得到向量表示用于推理。与基于表示学习的推理相比，其表达能力更加丰富，推理能力更强，但复杂度更高，可解释性更弱。

4. 混合推理

基于规则的推理方法拥有较高准确率，但难以扩展和平移；基于神经网络的推理具备更好的推理能力、学习能力和泛化能力，但神经网络结果不可预测和解释。因此，学者们提出混合推理以结合不同推理方法间的优势，主要包括混合规则与分布式表示、混合神经网络与分布式表示的推理。混合规则与分布式表示的推理使用传统推理规则发现法通过计算关系间的分布式相似度实现；混合神经网络与分布式表示的推理通过神经网络引入外部知识建模知识图谱三元组或通过神经网络方法建模知识图谱，其输出进一步用于表示模型。此外，基于神经–符号整合的推理认为人工智能中基于形式逻辑和演绎推理的符号系统与基于人工神经网络的人工智能系统不同之处不仅在于它们的内部工作方式，还在于它们的功能。学者们通过研究神经–符号的整合推理，考虑将符号系统的透明性和推理能力与人工神经网络的健壮性和学习能力结合在一起。混合推理方法大体上可通过混合不同推理方法实现优势互补，然而深层次的混合模式才能充分利用各方法的优势。因此，如何对不同推理方法进行深度整合，特别是深度学习直接建模知识图谱以充分应用神经网络的推理性能将成为未来研究的热点。

在食品风险态势感知的场景中，信息的类型有很多，包括事实类三元组信息、规则信息和事理信息等。基于不同类别信息的预测需使用对应方法，例如，基于规则信息的预测需采用基于规则的推理方法，基于态势感知图谱预测可使用基于表示学习的推理。因此，需分别依据各类别知识使用不同的态势预测法,同时会使用混合推理方法来增强推理能力的同时保持推理及结果的可解释性。未来态势预测方法适用性说明如表7.1所示。

表7.1 未来态势预测方法适用性

推 理 方 法	适 用 性 说 明
基于规则的推理	弱,用于贸易食品国际贸易规则、决策规则等规则类知识的推理,它们具有逻辑约束强、准确度高、易于解释等优点,但是不易扩展
基于表示学习的推理	一般,如知识表示学习中所言,用于推导出新的关系、路径等,如实现对态势感知场景中开源信息获取的知识进行补全,或推理形成行动决策方案
基于神经网络的推理	强,具备较强的推理能力和泛化能力,对于知识库中的实体、属性、关系和文本信息的利用率更高,推理效果更好
混合推理	强,贸易食品态势感知需要融合多模态知识进行联合决策,需利用混合推理方法增强推理能力和可解释性,并实现推理过程的溯源与解释

7.2.3.2 贸易食品态势感知知识中台

基于前文所述面向贸易食品态势感知的知识表示、学习与推理,能够有效为贸易食品态势感知从数据→知识→应用的全生命周期管理提供核心技术支撑,在此基础上形成面向态势感知的一体化知识中台,其架构如图7.4所示。

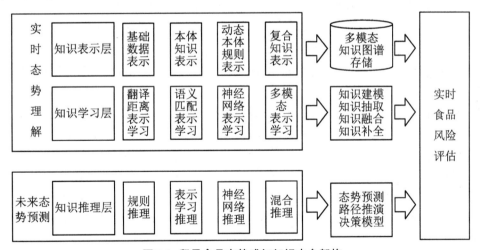

图7.4 贸易食品态势感知知识中台架构

知识中台的核心能力为知识表示、学习和知识推理,并以此为基础支撑知识全生命周期中的其他过程;统一的知识表示技术与统一的多模态知识存储相对应,知识表示技术决定知识存储方式;表示学习为知识的建模、抽取、融合与补全提供技术基础,形成以表示学习为基础的统一方法;知识推理为态势感知应用场景的深度知识应用提供实现路径;最终,通过知识表示、学习、推理形成对食品的实施风险评估。

基于态势感知知识中台的态势感知应用场景工作过程如下:对于场景中收集的多模态数据,使用相应的知识表示方法进行表示并存入对应的存储;通过以表示学习及外部能力为支撑的知识建模、抽取与融合等步骤,实现多模态态势感知知识图谱构建;以态势感知知识图谱为基础,基于知识推理能力及其他计算能力构建面向食品风险态势感知的各类应用模型,并运用于实际贸易场景中。

7.2.4　食品风险评估

风险分析理念是美国、日本、欧盟等发达国家和地区共同遵循的食品安全监管理念[12]。为降低食品安全风险,美国采取了一系列风险分析方案,包括进口食品预警系统,该系统通过将美国食品药品监督管理局(FDA)的进口产品操作和管理系统(OASIS)与海关自动贸易系统(ACS)联网,实时收集、记录、存档存在问题的进口企业和食品,当下一次同类产品出现时可以及时预警,便于相关监管部门快速调取货物潜在问题、历史记录等信息,并在几分钟后迅速下达放行、抽检,抑或是扣留、拒绝入内等决定,由此极大地提高了监管效率。

日本对进口食品实施年度监控计划,通过对检测不合格的产品进行强化检查和命令检查的方式,将有限的监管资源集中投入到需要重点监控的地方。日本进口食品监管首先采取"抽样检验",对于不合格产品,将进行强化检查,提高抽样比例至30%;若检验仍不通过,该系列产品进入命令检查环节,该阶段检验不合格,则触发禁止进口程序,该类产品和相关进口企业将被列入"黑名单"。

欧盟根据产品自身的风险属性对进口食品进行分类管理,主要包括动物产品和动物源性产品、非动物源性产品和动植物合成产品三大类,并结合不同品类的特性设置了不同的监管形式和标准。欧盟对进口食品的检验检疫,除了常规监管模式中的文件审查、货证核查和物理检查外,同时建立了快速预警系统,以便及时捕捉、评估与查验进口食品风险信息,并根据最新信息迅速调整监管模式。

本节设计了食品风险评估体系,根据国际贸易食品及其风险点的预测结果,采用风险矩阵对国际贸易食品中的生物、化学和物理风险因素进行风险等级评定及确定风险应对措施。首先,通过风险矩阵[13,14]确定国际贸易食品风险影响程度的等级评价标准,该评价标准从食品特点,消费者食用该食品后的健康状况以及政府、媒体和消费者的关注度这三方面进行评估,从高到低进行赋值,食品风险影响程度等级标准设定见表7.2。然后,明确风险发生概率的等级评价标准,该评价标准从检测不合格情况、过往该国际贸易食品安全事件状况和媒体报道信息三方面进行分析,根据风险可能性赋值,食品风险影响概率等级评价标准设定见表7.3。根据食品风险影响程度、食品风险发生影响概率评估其风险,结合《国家市场监管总局国家食品安全监督抽检实施细则》[15]确定该风险国际贸易食品的查验比例、抽样比例、检测项目等口岸现场和口岸实验室的应对措施,并提前对各级主体进行资源优化配置;口岸单位应根据风险评估结果和实验室检测结果,加强风险食品的监督抽检工作;企业则根据口岸单位的要求,落实风险处置的相关工作。

表7.2 食品风险影响程度等级标准

等 级	赋 值	等级条件（满足以下条件一项及以上）
影响严重	5	① 产量很大，消费量很高，几乎每天食用； ② 导致消费者死亡； ③ 政府、媒体、消费者高度关注
影响较重	4	① 产量较大，消费量较高，经常食用； ② 导致消费者出现损伤、中毒等急性伤害或导致癌症、致畸等严重慢性伤害； ③ 政府、媒体、消费者比较关注
影响一般	3	① 产量一般，消费量一般，有时食用； ② 不会导致急性伤害，但对消费者健康可能产生一般性影响； ③ 政府、媒体、消费者一般性关注
影响较低	2	① 产量较小，消费量较低，偶尔食用； ② 对消费者健康产生影响很小； ③ 政府、媒体、消费者很少关注
不影响	1	① 产量很小，消费量很低，很少食用或几乎不食用； ② 对消费者健康无影响； ③ 政府、媒体、消费者不关注

表7.3 食品风险影响概率等级评价标准

等 级	赋 值	等级条件（满足以下条件一项及以上）
很可能	5	① 过去一年被检验检疫部门检出不合格12次以上(不含12次)； ② 以往在国外出现过重大食品安全事件； ③ 频繁有报道显示该国际贸易食品某风险发生
可能	4	① 过去一年被检验检疫部门检出不合格6~12次； ② 以往在国外出现过食品安全事件； ③ 有报道显示该国际贸易食品某风险发生
一般	3	① 过去一年被检验检疫部门检出不合格1~5次； ② 以往在国外未出现过食品安全事件； ③ 无相关风险食品报道
不太可能	2	① 过去一年未被检出不合格； ② 以往在国外未出现过食品安全事件； ③ 无相关风险食品报道
不可能	1	① 过去两年未被检出不合格； ② 以往在国外未出现过食品安全事件； ③ 无相关风险食品报道

小结

随着全球化的发展,国际贸易的规模不断扩大,食品贸易也成为国际贸易的重要组成部分。各国政府和国际组织对食品质量安全的监管越来越严格,极大加强了对食品贸易中的风险点的监管和控制。例如,欧盟对进口食品的质量和安全要求非常严格,对不符合标准的食品进行了禁止进口的措施。随着企业规模不断扩大,企业对食品质量和安全的要求也越来越高,许多企业建立了自己的质量管理体系和风险管理体系,加强了对食品贸易中的风险点的管理和控制;同时,越来越多的企业开始使用人工智能技术来捕捉食品贸易中的风险点,例如,一些企业使用人工智能技术来分析食品质量和安全的数据,预测风险点的出现,并采取相应的措施。

各种技术手段和监管措施的应用,为食品贸易的安全和稳定提供了有力的保障。然而,食品贸易中的风险点仍然存在,如食品安全问题、质量问题、假冒伪劣等问题,这些问题不仅会影响消费者的健康和安全,也会对国际贸易造成不良影响。

因此,本章构建了国际贸易食品风险点捕捉技术,主要分为多源信息融合、实时态势理解、未来态势预测、食品风险评价4个部分。该技术通过监测、分析、评估等方式来实现食品安全风险预警,以更加科学准确的食品风险数据管理和评估体系支撑政府监管,为提升食品安全潜在风险信息的识别能力、研判的科学性提供了科学依据,可实现对重要国际贸易食品的高通量风险信息采集和风险评估,以提高对国际贸易食品已知风险点及潜在风险点精准捕捉和智能化分析能力。

参考文献

[1] 章德宾,徐家鹏,许建军,等.基于监测数据和BP神经网络的食品安全预警模型[J].农业工程学报,2010,26(1):221-226.

[2] 罗季阳,李经津,陈志锋,等.贸易食品安全风险管理机制研究[J].食品工业科技,2011,32(4):327-330.

[3] 梁辉,王博远,邓小玲,等.最邻近距离空间分析法在食品安全风险监测中的应用[J].华南预防医学,2017,43(4):317-321.

[4] 周俊宇,李伟,吴海江,等.基于态势感知技术的智能电网网络态势评估模型及感知预测研究[J].电子设计工程,2021,29(10):134-137,142.

[5] 李爽,李丁炜,犹梦洁.煤矿安全态势感知预测系统设计及关键技术[J].煤矿安全,2020,51(5):244-248.

[6] 葛磊蛟,李元良,陈艳波,等.智能配电网态势感知关键技术及实施效果评价[J].高电压技术,2021,47(7):2269-2280.

[7] 李景龙,孙丹,肖雪葵.基于大数据的网络安全态势感知技术研究[J].科技创新导报,2019,16(30):119,121.

［8］　杨峰,张月琴,姚乐野.基于情景相似度的突发事件情报感知实现方法[J].情报学报,2019,38(5)：525-533.

［9］　李金泽,夏一雪,张鹏,等.突发舆情事件的情报感知模型研究[J].情报理论与实践,2021,44(10)：119-128.

［10］　张思龙,王兰成,娄国哲.基于情报感知的网络舆情研判与预警系统研究[J].情报理论与实践,2020,43(12)：149-155.

［11］　王昊奋,易侃,吴蔚,等.多模态态势感知的知识表示、表示学习和知识推理[J].指挥信息系统与技术,2022,13(03)：1-11.

［12］　王芳,陈松,钱永忠.国外食品安全风险分析制度建立及特点分析[J].世界农业,2008,353(9)：44-47.

［13］　盛瑞堂.运用风险矩阵方法开展食品安全风险监测与评估[J].首都食品与医药,2016,23(8)：17-19.

［14］　廖鲁兴,王进喜.风险矩阵方法在贸易食品安全风险评估中的应用[J].检验检疫学刊,2013,23(6)：62-67.

［15］　国家市场监管总局.国家食品安全监督抽检实施细则(2018版)[EB/OL].2018.http://www.gov.cn/xinwen/2018-01/24/content_5260165.htm.

第8章　智慧实验室云服务体系研究

8.1　研究背景

云计算作为新兴的信息化技术,是一种通过因特网以服务方式,从分布式、并行处理以及网格计算等技术发展而来,包括分布式文件存储和并行式数据计算能力,提供动态可伸缩的、虚拟化的资源的计算模式,具有扩展性高、通用性强、可靠性高、经济性好等特点。智慧实验室中基于LIMS和物联网技术为基础的云服务平台,在进口食品从生产到销售的全过程中通过接入不同参数和协议设备所采集的实时数据库以及历史数据库,都具有异构性强、数量大和处理难度高等突出特点,导致有价值的信息不能高效地交互共享和深入挖掘。如果结合云计算技术,可建立具有共享概念且规范统一的本体库作为数据挖掘的支撑平台,提高国际贸易食品信息的数据存储能力和异构数据挖掘效率,实现信息共享,同时也为国际贸易食品安全预警和突发事件处置等方面提供决策支持。

在国际贸易食品行业相关领域,云服务体系已在溯源系统、风险管理系统、全供应链监管、一站式检测信息平台、食品安全与营养平台等垂直领域得到了较好的应用。

陈光晓等[1]基于云服务体系,架构了农产品质量监管与溯源系统(图8.1)。该系统以云服务体系为中心,实现了溯源数据采集与汇聚,终端设备管理和数据可视化的4个主要功能模块。在此基础之上,云服务体系能进一步连接到四种不同的扩展,包括:

① 具有数据解析与存储、设备接入端口的农产品物联网平台;

② 构建基于农产品数据的知识模型与知识库,如仓储与物流技术库、市场销售信息库、果园管理专家知识库和栽培技术库,覆盖农产品的全流程;

③ 辅助处理农产品的相关业务,针对农业食品的种植、仓储、市场准入和销售进行统一管理,基于云服务体系的数据共享功能对供应链上的产品进行规范化监督;

④ 就具体场景应用环节而言,则在使用了云服务体系共享的分析数据的基础上,实现农业食品产品的种植指导、召回分析、质量安全预警与全产业链追溯。

该质量监管与溯源系统通过运用云服务技术,收集、分析和可视化农产品数据,引入的边缘计算技术能够实现多种无线通信协议的接入,解决了传统溯源系统数据来源单一、数据采集困难和数据分析人工误差率高等问题,并通过区块链技术为数据共享的安全性提供了有效的保障,也展现了云服务技术在溯源管理领域的优越性。

蔡照鹏等[2]人则利用云服务技术对易腐食品如冷鲜肉类、海鲜类等市场占有率较大但

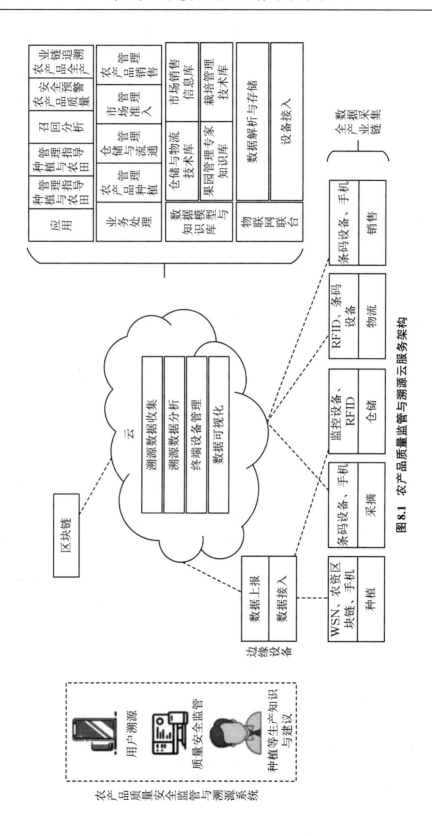

图 8.1　农产品质量监管与溯源云服务架构

食品安全风险系数较高的食品种类,构建了具有针对性的风险预警云体系,其框架如图8.2所示。该体系从下至上分为了4层,包括感知层、网络层、预警层和应用层,其中感知层是为了获取易腐食品的多维数据集和多种信息源;网络层起到了连接感知层与预警层的作用;预警层承担了云体系的主要功能,即易腐食品数据处理的所有工作,包括数据的采集、清洗、汇聚和存储等,基于支持向量机预警模型的构建及大数据分析的预警信息处理,该预警层可获得易腐食品的风险评估、预警及相应的处置信息;在应用层,则是面向用户端模块,将云体系处理的食品产品加工、存储运输和销售的各环节数据与预警信息,通过拓展应用层及时推送至公众及相关工作人员。该云服务体系在冷鲜肉类上进行了可行性测试,发现其预警值与测试值的误差在可接受的范围之内,同时对数据可视化技术进行了创新,使得易腐食品的管控监督更标准化、透明化。

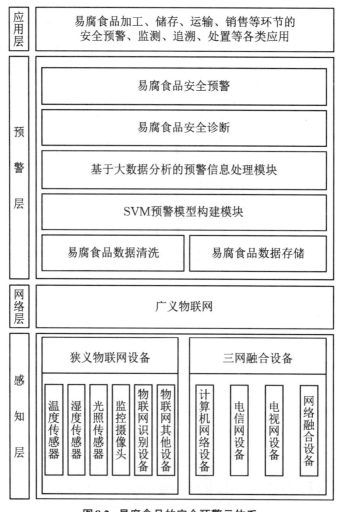

图8.2　易腐食品的安全预警云体系

张桂红等[3]人则基于大数据构建了食品安全与营养云平台。该平台是以实验室管理系统数据为基础,以云计算和大数据技术为核心为平台架构方案,以食品安全为代表的公共服务领域大数据产业发展提供架构方案、服务模式等研究成果。经较长时间的应用成效表明,该平台能较好地提高相关数据的处理速度和精度,提升食品行业的信息化水平,完善涵盖监管体系、法律体系、标准体系、质控检测体系、信息反馈体系和社会宣传体系等多个方面的食品安全体系,提升政府相关部门的监管水平,促进企业提升产品质量意识,维护公众的知情权与选择权,保障社会媒体的可靠信息来源具有积极的作用。而且该平台能与消费者轻松搭建沟通交流的桥梁,避免了数据壁垒和数据鸿沟等问题出现,并为政府相关部门科学制定产业规划、风险防控等政策提供参考和依据。

何涛等人[4]针对存在风险信息的食品,构建了全链路的风险监管云服务平台。该平台全链路食品安全监管云平台按照"生产经营者自律、食品监管、消费者监督"三位一体的监管模式,按照数据的流通过程分为资源层、数据访问层、数据集成交换层、应用接入层、业务应用层5个层次。根据食品风险监管的不同业务场景和习惯,提供了搭建在电脑 Web 页面端使用的监管云平台应用系统(图8.3)和移动互联网终端部署应用,使主管部门及时、全面、准确、掌握管理辖区内食品生产、经营单位的详细信息和整体运行情况,实现远程监管,不因监管场地所受限。该平台面向食品监管部门的内部业务、各方食品生产经营者以及食品市场消费者,并在这些基础上引入第三方检测服务和保险公司,实现了多方参与,全供应链协调的食品安全监管过程。

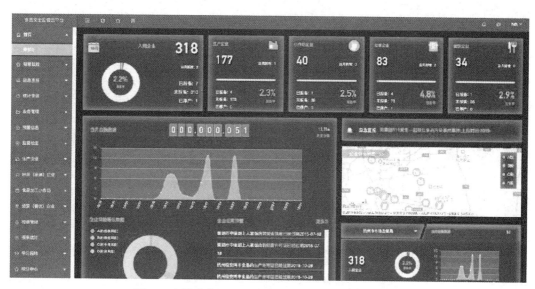

图8.3　全链路食品风险监管智慧云监管平台操作界面

如图8.4所示,该平台的资源层主要汇聚了食品风险监管所需的设备,包括实体设备(实验室摄像头、网络设备、温度湿度采集设备等)和虚拟设备(链接所需的政务云平台、网络安全设备等)。资源层收集的数据则汇聚到平台的数据层,并在数据层进行标准化的通用数据访问,将不同的信息来源如企业信息数据库、电子台账数据库、视频监控信息库、决策分析算法库和舆情投诉评价信息库等的数据进行统一处理。驯化后的数据可进入数据共享交换层实施云平台的数据集成交换处理,该数据共享交换层主要连接了数据层与应用接入层。应用接入层主要包含了数据处理所需要使用到的技术组件,包括 Workflow 工作流技术、报表组件、计划组件、审计组件、日志组件、安全组件以及异常捕获组件。该层在处理数据的同时,也将输出接口进行了标准化的统一,通过规定的业务服务器接口与应用层进行对接。应用层主要面向了食品风险管理的各个环节的参与人员,因此应用场景也进行了一一对应,如针对生产环节,云平台提供了PC端页面,生产企业在企业端上传生产经营数据,可供监管部门在执法端对生产企业进行监管;销售环节与生产环节类似,参与人员从生产企业替换成餐饮销售企业;针对信息公开环节,公众可以通过云平台提供的数据脱密后的食品信息,而获得安全监管环节发布的食品风险预警信息,及时调整个体化的食品采购决策。

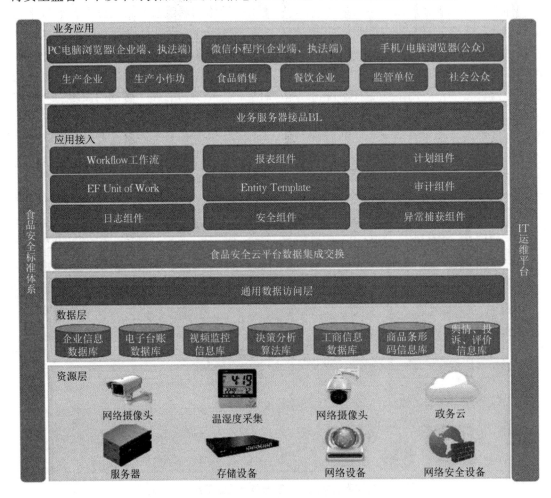

图8.4　全链路的食品风险监管云服务平台

近年来,除了口岸食品智慧实验室的"法检",快检技术也在食品安全监管工作得到广泛应用,快检技术可以克服食品监管过程中定量检测的耗时长、成本高等缺点,在一定程度上与法检相辅相成,提供快速高效的食品安全风险监管模式。基于此,李若良[5]提出了一种基于快速检测的食品安全在线检测云平台。该平台在物联网技术的支撑下,食品安全在线智能化检测平台通过红外感应器、激光扫描器、射频识别装置以及GPS定位系统等实现了信息传感的互联互通,这种智能化的识别、定位、跟踪、监控以及管理体系结合快速检测技术形成了全新的食品安全在线智能化检测感知网络。食品安全监管部门可以通过该云平台定期或不定期地进行食品安全抽查,以物联网技术和食品身份识别技术为手段实现快速检测结果的上传、分析、预警,并结合GPS定位实现产品质量的持续追溯,同时搭建一个基于物联网的食品安全检测设备和检测试剂的服务云,为政府、食品生产和销售企业以及公众提供食品安全检测资源(图8.5)。

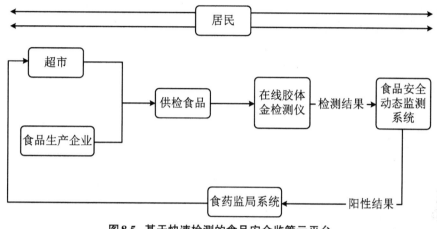

图8.5 基于快速检测的食品安全监管云平台

8.2　智慧实验室云服务体系

在当前国际贸易食品领域中,云服务体系在多个垂直行业都得到了较好的应用,但也发现其有不足之处,如架构层级复杂,云服务体系的优势无法充分发挥,在智慧实验室的垂直行业存在应用空白等。针对这些问题,本章主要研究了智慧实验室云服务体系。

随着大数据在不同领域的深入应用,其结合人工智能、云计算等新一代信息技术的场景赋能越来越多。纵观国内外实验室的建设现状可以发现,因不同时期的采购政策所采购的仪器设备不尽相同,即使是同一检测项目也因所使用不同品牌的仪器设备,输出的数据也千差万别,导致仪器设备数据采集难度大、人力物力成本居高不下的局面。在此背景下,云计算技术以其处理数据的高效性、公开信息的便捷性以及分布式管理的可靠性,在智慧实验室建设中获得了较好的应用。同时,区别于传统的单纯使用公有云与私有云,当前云计算技术已经能够通过结合上述两种方式,构建混合云,以适应更多更复杂的应用场景。当前在构建新一代智慧实验室的领域中,数字化实验室全流程管理系统已经成为主流的研究方向,因此体系化建设也成为当前智慧实验室领域的热点问题。在智慧实验室中,参与不同环节的实验室工作人员能在统一平台上进行工作,实验数据能实时进行交互与使用,面向公众的公开信息能及时、透明地更新,都是智慧实验室系统最终的建设目标。

近年来,我国有很多实验室,特别是海关智慧实验室充分利用大数据、云计算、物联网等前沿信息技术,构建集由数据分析、云计算、数据采集于一体的智慧实验室综合管理平台,实

现了全流程电子单证交换、全流程样品追踪等核心功能,在信息化管理上有了很大改善,但仍存在以下难点:

　　① 人工录入数据差错率高,且检测周期长;

　　② 因实验室样品流转程序和环节多而杂,无法实现有序化管理;

　　③ 智能管控不足,无法实时对数据和样品实现云端智能化管控。

　　以某海关实验室信息管理系统为例,如图8.6所示,该系统详细地提供了一套从方案设计到最后验收的全流程实验室信息管理模式;提出了将设备云、系统云和平台云结合,即三级SaaS体系,通过构建三级SaaS体系将各级服务器相连接,形成一个完整的体系链,从数据采集到智能管理,更好地服务于国际贸易。

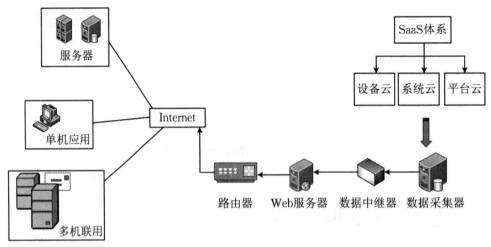

图8.6　云计算下的SaaS体系

8.3　总体设计

　　在海关风险管控领域,构建SaaS云服务体系可以解决以上提出的问题,从管理层面上分为三级,即设备云、系统云和平台云。设备云利用设备导出的海量数据的高效提取和精准匹配,实现缩短检测周期,降低数据差错率的目的;系统云以LIMS(Laboratory Information Management System,实验室信息管理系统)为支撑,运用多载体标签实现样品有序化管理;平台云实现对设备云和系统云的云端统筹智能化管控。三者互联互通,构成三级SaaS云服务体系,并将其应用至海关智慧实验室。

　　针对现有智慧实验室存在人工录入数据差错率高、样品流转管理难、云端智能化管控不足等问题,提出了构建基于SaaS模式的智慧实验室三级云服务体系(图8.7)。

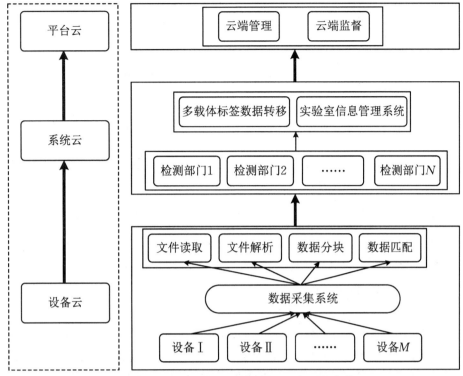

图8.7 基于SaaS模式的智慧实验室三级云服务体系

该云服务体系共由3级架构组成,既避免了架构层数过多带来的数据复杂处理流程,也避免了由于架构层数太少造成的数据分析不到位、信息沟通不流畅的问题。其中,设备云主要集成了数据采集系统,面向实验室中多种类的检测设备进行数据收集,以达到文件读取、文件解析、数据分块和数据匹配的功能。在设备云中处理好的数据将传输到系统云中,根据设备云中数据的分类,可以辨析不同数据来源的输送方向,并在不同检测部门的统一协调下,对实验检测数据进行标准化处理,多载体标签数据转换技术和LIMS的相关技术作为系统云的技术支撑。平台云部分则是基于设备云的数据收集和系统云的数据处理,对所有数据进行云端管理和监督,以达到数据共享的目的[6]。

8.4 设备云构建

设备云是智慧实验室中SaaS三层云服务体系中最基础的部分,其主要任务是利用云数据接入技术,经过规定的编码规则,将食品检测的结果文件进行解析,将仪器设备上的数据直接由数据采集系统经过文件读取、文件解析、数据分块以及数据匹配处理后传输到云端,以供系统云与平台云使用。如图8.8所示,设备云的数据采集以及处理流程主要分为7个部分,包括读取文件、解析文件、数据分块、数据块索引、调用匹配方式、字符串匹配后最终进行数据采集。其中,字符串匹配是设备云算法中需要解决的重点难点问题,由此研究重点也针对这一部分展开。

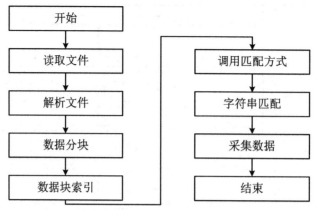

图8.8 设备云算法流程

8.4.1 数据采集技术

随着科技的发展与技术的更新迭代,国际贸易食品智慧实验室中需要采集的数据种类与数据数量都有较大的增长,因此当前的数据采集工作已从传统的手工录入方式,演进为自动化数据采集方式,在不同类型的国际贸易食品智慧实验室中都使用了具有专业化的数据采集方法。在材料力学领域,智慧实验室的业务数据主要包括分析方法管理和检测项目管理,其中检测项目管理是核心,实验室的仪器数据是关键基础内容。由于采集仪器又分为工作站仪器、串口仪器和USB仪器这三种方式,因此在该实验室中,提出了两种设备采集模式,与LIMS(实验室信息管理系统)的单向传输和双向传输。使用这样的方法,便使得实验室能够自动采集实验数据,减少实验工作人员的工作量,提升检测效率。

在离散制造业车间中,需要从工作人员、仪器、物料、方法、测试以及环境这六个方面来收集生产数据,因此该生产数据具有多源异构的特点,即数据来源、传输接口以及传输协议的不同。对此问题,李展鹏等[7]人提出了一种基于FPGA的并行可配置采集方法,针对多源异构的生产数据构建了一个三层数据采集框架,包括并行采集层、可配置采集层和应用验证层。在并行采集层,该框架针对不同来源的生产数据设置了对应不同的物理接口,通过统一的可编程I/O单元进入可配置采集层。从并行采集层到可配置采集层使用单向传输,这样的配置就减少了数据传输的不必要开销。在可配置采集层对采集到的数据在动态域中进行格式重构后,将其传输到RAM缓存域中,再在FPGA的静态域中进行数据融合和数据封装的进一步处理。数据在可配置采集层处理完毕后进入应用验证层,这两层的传输方式为双向传输,即应用系统既可以使用处理好的生产数据,也可以对可配置采集层进行配置。该框架下的数据采集部分接口与协议可动态地根据需要进行配置,在降低能耗的同时,提升了数据多源异构、仪器高集成、方法可配置的数据采集模式的效率。

在能源行业,Sofia Arora等[8]人提出了一种在保证数据安全的情况下又能有效节约能耗的利用物联网进行数据采集的方法SEED(Secure and Energy Efficient Data-collection),在这一方法中,他们使用了中间服务器对物联网收集到的数据进行处理,再将处理好的数据传输至数据库中进行存储。由于中间服务器的数量较多,因此数据在传输时需要先对最近距离进行计算,从计算的结果中得到最优匹配的中间服务器。在匹配好服务器后,传感器就能进行数据采集工作。在数据存储端,该方法主要利用了对称加密算法 MD_5 对数据进行加密传输,即在中间服务器与存储端进行数据传输的时候采用的是加密传输技术,在存储端还会对传输过来的采集数据进行验证,这样就保证了采集数据的安全性与完整性。

8.4.2　实验原始记录数据匹配技术

由相关技术可以看出,不同专业领域的国际贸易食品智慧实验室数据采集方法需要解决不同的专业领域难点。在构建食品检测国际贸易食品智慧实验室时,则需要考虑食品检测领域的数据采集重点难点问题。进口食品由于运输链条较长,来源产地多元,则需要较多的检测项目才能保证食品安全检测的可靠性。而检测项目的多样性给进口食品安全检测数据的采集带来了数据偶然性、差错率高、检测时间长等问题。为解决这一问题,本研究对CDC(Content-Defined Chunking)算法进行专业化改进,在食品检测的原始记录匹配的过程中减少了内存占用量且提升了分块吞吐量[9]。

该研究主要分为两个流程,首先是对原始记录进行抓取,再对已抓取的原始记录进行数据匹配过程。

在原始记录抓取阶段,本研究主要采用了基于栅栏因子的通用实验原始记录文件自动抓取技术,如图8.9所示,该文件抓取技术建立了文件创建时间初筛和文件Hash值精筛两项栅栏。在初筛时,能以低计算要求和低计算量的优势过滤全部非当日文件;在精筛时,通过计算文件整体Hash值的方法准确过滤当日已读取文件。

该算法具体的步骤描述如下:

① 将实验原始记录文件保存在A文件夹中;

② 全部文件保存完毕后,启动实验原始记录文件智能匹配软件;

③ 软件自动读取系统时间,并转换为年月日格式,得到时间栅栏因子;

④ 使用队列结构实现广度优先遍历,先从头部取出母文件名打印并移除,然后把母文件夹下的子文件名添加到队列,这样在遍历的时候,文件名的层级是相同的,从而实现广度优先遍历文件夹,获取文件;

⑤ 通过指定路径文件所对应的File对象,提取当前FileInfo对象的创建时间,将时间转换为年月日格式;

⑥ 比较文件属性的年月日创建时间与系统年月日时间栅栏因子是否为当日检测所得的实验原始记录文件;若时间相同,表示文件为当日检测所得的实验原始记录文件,按步骤⑦进行Hash计算;若时间不同,表示文件非当日实验原始记录文件;

⑦ 将整个文件作为一个颗粒度,利用SHA-2 Hash算法计算文件的Hash值,得到Hash值栅栏因子;

⑧ 比较文件Hash值与已储存Hash值栅栏因子是否有重复,其中已储存Hash值是指每次读取文件所保存的文件Hash值,若重复,表示之前已读取过该文件;若Hash值不重复,则

继续步骤⑨；

⑨ 抓取文件并储存Hash值；

⑩ 通过文件搬运的方法，将非当日实验原始记录文件、重复文件和读取过的文件剪切至B文件夹保存，以方便后续读取新文件。

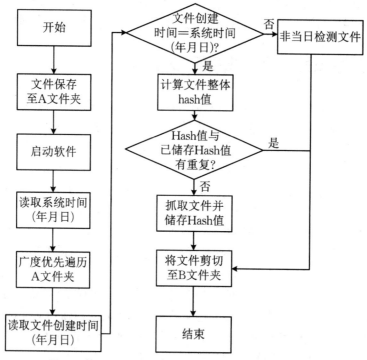

图8.9　基于栅栏因子实验原始记录文件自动抓取技术

经过以上的算法步骤流程，原始记录除了能被自动抓取，同时还能通过判断原始记录是否重复，利用栅栏因子过滤掉已读取的文件，降低了原始记录文件的重复率，提升了原始记录的存储效率。

在对已自动抓取的实验原始记录文件进行字符串匹配时，需要经过预处理和匹配两个过程。因此，本阶段的研究将由两个算法来组合完成。

首先，本研究基于CDC算法对数据分块进行了改进。CDC算法是应用Rabin指纹将文件分割成长度大小不一的分块策略，用一个固定大小的滑动窗口来划分文件，当滑动窗口的Rabin指纹值与期望值相匹配时，在该位置划分一个分割点，重复这个过程，直至整个文件被划分，最终文件将按照预先设定的分割点被划分成数据块。本研究根据检测设备输出的实验原始记录文件有着固定文件格式的特点，通过改进传统的CDC，设计一种适用于格式固定的文件分块算法，其流程如图8.10所示。

该算法的具体实现过程描述如下：

① 读取已抓取的文件；

② 设定一个大小为w的滑动窗口，以行与行间距之和的高度为1个单元进行滑动，直至滑动窗口被数据装载完毕；

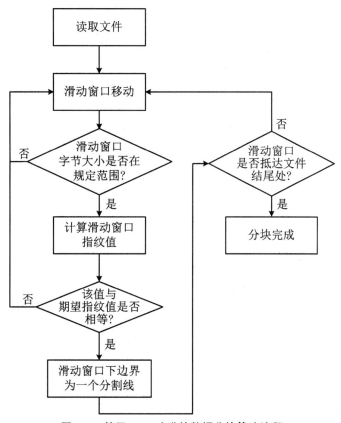

图8.10　基于CDC改进的数据分块算法流程

③ 设定滑动窗口内字节值大小范围,在滑动窗口被数据装载完后,比较滑动窗口字节大小是否在设定范围内,若是,跳到步骤④;否则,滑动1个单位并重复步骤②;

④ 计算其窗口内的Rabin指纹值;

⑤ 比较Rabin指纹值与循序渐进表中预先设定的滑动窗口期望指纹值。若两值相等,则继续步骤⑥;若两值不相等,重复步骤②滑动一个单位;

⑥ 以滑动窗口下边界作分割线,对文本进行分割;

⑦ 判断滑动窗口是否抵达文件结尾处,即文件是否分块完毕,若是,则文件分块完成;否则,滑动1个单位并重复步骤②。

此过程中,循序渐进表先设定模式串对应的期望指纹值,根据文本匹配的模式串种类和顺序确定表格匹配顺序。假设第1个模式串对应的期望指纹值为A,滑动窗口某位置D的Rabin指纹值为f,当滑动窗口某位置时若$f \bmod D = A$,则将位置D的下边界作为一个分割线,创建1个分块,以此类推。这样的数据分块模式能使模式串在数据块前段完成字符串匹配,减少匹配其余文本的操作,从而提高了匹配速度。

与传统的CDC算法相比,该算法有以下改进:

① 设定了以行与行间距之和的高度为滑动窗口向下移动的1个单位。与传统CDC算法根据1个字符为单位向右移动相比,本研究算法可大幅减少匹配次数,缩短分块时间。

② 规定了滑动窗口内字节大小的范围,初步过滤掉大部分不符合分割条件的滑动窗口

位置。传统CDC算法每滑动1次滑动窗口,都需要计算1次滑动窗口的Rabin指纹值,并与设定的期望值进行比较,而本研究可减少滑动窗口的Rabin指纹值的计算次数,有效降低分块算法的计算量。

③ 制定了滑动窗口期望指纹值的循序渐进表。传统CDC算法由于设定固定期望值,易将待匹配数据一分为二,分属到2个数据块中,导致匹配失败,而本研究算法能更精准地划分文本数据块的大小,有效避免这种情况的发生。

在实验原始记录完成了数据分块的预处理后,就可以进行最重要的字符串匹配环节。本研究针对实验原始记录具有文本串较大而模式串较少的特点,提出了基于数据块索引的字符串匹配优化算法。具体的做法为,在文件分块后,将数据块中的Hash值与模式串和数据块为地址组成数据块检索表。接着,模式串通过数据块索引表快速匹配到相应数据块。最后,模式串利用单模式匹配BF(Brute-Force)算法与映射的数据块进行字符串匹配,得到字符串匹配结果。数据块索引表如表8.1所示,其中,数据块索引表的每条记录都以数据块身份标识号(identity document,ID)作为主键;数据块位地址表示数据实际的物理位置,数据块索引表中还保存着数据块Hash值、对应的模式串。所有记录根据数据块ID存放在数据块索引表中,以此来保证查找的速度,降低匹配所需时间。

表8.1 数据块索引表

ID	Hash 值	模 式 串	位 地 址
Chunk-1	Chunk1-Hash	P_1	1-H
Chunk-2	Chunk2-Hash	P_2	2-H
⋮	⋮	⋮	⋮
Chunk-n	Chunk$n$-Hash	P_n	n-H

模式串与数据块的相互匹配可根据模式串的长短选择适合的单模式匹配算法,以提高匹配效率。当模式串匹配的文本位置较集中时,可将文本划在一个数据块中,将单模式匹配算法转化为多模式进行精准匹配,从而减少分块数量,避免出现过小分块。通过建立模式串与数据块之间对应的映射关系,从而成功地构建灵活多变的模式串匹配算法。该算法不仅可提高字符串匹配效率,还可适用于不同的实验原始记录文件。

本研究设计并运用实验原始记录文件匹配算法,对文本数据进行分块和匹配,保证了数据的自动化采集,推动了高效运转的设备云的构建。通过对设备云的构建,可快速获取和共享数据,为系统云与平台云提供了重要的数据支撑,为形成全面智能化管控的云服务体系提供准确、高效的基础数据接口。

8.5　系统云构建

在海关云服务、云监管体系中,系统云承载着多个部门共同协调的重要作用。其中包括进口食品智能风险监控系统、实验室管理系统、企业应用、海关口岸一线的应用和海关风控环节的应用。系统云以 LIMS 系统为支撑,将样品信息和数据充分整合和运用,是实验室样品检测信息载入、存储、交流和加工的科学高效管理系统,是 SaaS 云服务体系不可缺少的一部分。

系统云以 LIMS 系统为支撑,将样品信息和数据充分整合和运用,是实验室样品检测信息载入、存储、交流和加工的科学高效管理系统,是 SaaS 云服务体系不可缺少的一部分。本研究对条形码、二维码等多载体实验室样品标签进行信息加载、数据转换,以达到样品信息数据化、可视化的目的,并将其应用至实验室样品的全流程管理中,实现对样品全流程、多环节的有序化管控。

8.5.1　多载体标签技术

食品检测实验室常用多载体标签为条形码和二维码,其中 EAN-13 是实验室常用的条形码协议和标准(信息容量小),由厂商识别代码、项目识别代码和校验码三部分组成,而 QR 码是实验室常用的二维码(信息容量大),包括样品编号码、产品标识符、厂商识别代码、项目识别代码、校验码、样品来源码、时间码、检测码、链接码等。以某海关食品检测实验室为例,样品在分样前采用 EAN-13 储存样品名称、样品来源等信息,在样品制备后采用 QR 码载入样品名称、样品来源和检测数据、检测时间等大量信息。样品信息的增加导致了样品流转过程中需要使用不同的载体标签,而标签载体的不同给样品管理带来了困难。因此,将 EAN-13 中的样品信息映射至 QR 码中,对两者进行数据转换,并按需将人、机、料、法、环等信息载入 QR 码,以便对样品和检测质量进行管理和监督,具体如图 8.11 所示。

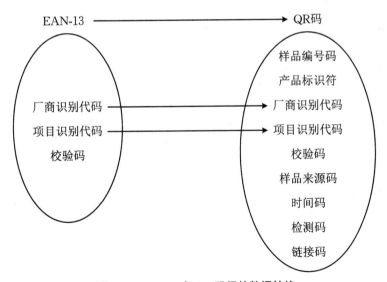

图 8.11　EAN-13 与 QR 码间的数据转换

将 EAN-13 中的厂商识别代码、项目识别代码映射至 QR 码对应的位置,由于 QR 码有特定格式的校验码,因此无须对 EAN-13 中的检验码进行映射,可将样品编号码、产品标识符、校验码、样品来源码、时间码、检测码、链接码直接添加至 QR 码的相应位置。其中,链接码衔接着系统云的数据库,该数据库包括各个检测环节的检测部门、检测人员、仪器设备、检测数据、检测时间、检测材料以及实验室温湿度等实时信息。通过对多载体标签进行数据转换,保证了样品检测所需关键信息能被及时载入并传递至下一环节,在样品流转过程中可以不断补充样品的更多信息,解决了样品管理时效性差的问题,进一步提升了检测效率。

8.5.2　样品流转管理技术

样品流转管理贯穿整个食品检测实验室核心业务处理过程。食品检测实验室业务流程主要包括样品流转的可追踪流程、可追踪内容以及可追踪记录。其中,可追踪流程包含报检申请、检测能力评审、EAN-13生成、样品制备、QR码生成、样品检测、检测结果、检测报告等环节。每个环节包含对应的可追踪内容,包括报检人、报检材料、检测项目、检测环境、检测仪器、检测记录、数据处理、报告审核、报告签发等。可追踪记录承载着样品全流程信息,包括系统自动生成报检记录、样品标签信息以及LIMS样品检测数据。LIMS样品流转流程如图8.12所示。

样品流转环节的主要特点是全流程的可追踪性。根据智慧实验室的检测流程,在LIMS中主要可以分为3个部分:

(1) 检测申请环节

该环节的主要工作就是提出报检申请,其内容包括报检人信息、受理人信息以及需要报检的材料。在系统云中,该部分存储的记录为LIMS生成的报检记录。

(2) 检测准备环节

该环节的主要工作包括受理部门的检测能力评审、生成EAN-13、样品制备和生成QR码。在检测能力评审过程,主要考虑的信息包括检测项目名称和与之对应的国家、行业和SOP标准;在生成EAN-13的过程中,要关注被检测的样品名称和样品来源;在样品制备过程中,主要聚焦样品的接收、分类、处理和储存的信息;在前面几个环节的基础之上,可以进行QR码的生成,其记录了样品在检测准备过程中的多维度详细信息,包括EAN-13映射的厂商识别代码、项目识别代码、样品编号、产品标识、样品来源、时间信息、检测信息(检测部门、项目、方法等)以及链接。QR码的详细技术内容参见8.4.1小节。

(3) 正式检测环节

该环节的主要工作包括检测样品、生成检测结果以及生成检测报告。在检测样品阶段,关注的重点信息为实行检测的部门、人员、设备、环境和时间;在生成检测结果阶段,主要留存的信息包括检测记录、数据的处理、采集和传输过程,是否顺利以及保证了数据安全;在生成检测报告的阶段,主要进行报告的拟制、审核以及最终签发的监督管理。系统云在此环节记录LIMS系统存储的样品检测信息,包括样品检测的部门、人员、仪器、材料、环境、时间、结果以及报告等。

在样品流转过程中,可通过风险分析,系统云自动设置某些影响实验室检测效率和检测质量的环节为关键控制点,利用对这些控制点的监控,不但能规范样品管理,还能确保检测结果的准确性和有效性,同时也保障了检测质量控制。整个过程采用多载体标签数据转换,实现样品的接收、制备、标识、处置、流转、检测等环节全流程精细化的实时监控和有序化管

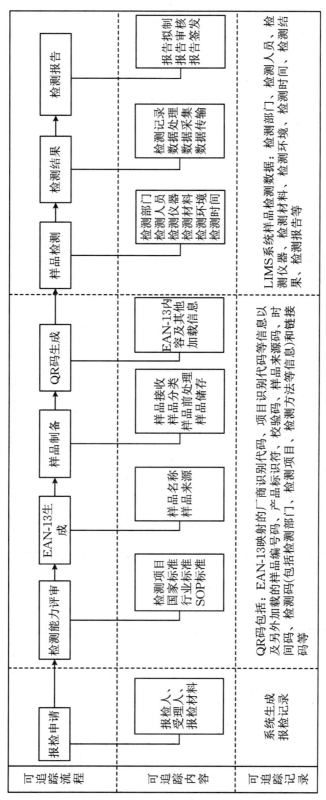

图 8.12　LIMS 样品流转流程图

理。通过完整的样品流转环节链,将LIMS样品检测数据等纳入可管控的系统云。构建实验室智能化信息管理的系统云,进而与设备云、平台云进行互联互通,实现对样品流转有序化管控。

8.6 平台云构建

如图8.13所示,平台云包括展示层、应用层、系统层、数据层和硬件层。硬件层包含云存储集群、综合分析计算集群、接口与管理服务器,在云端上采用数据传输接口对样品信息和数据等集群进行智能化管控。数据层储存查询索引信息、数据信息、预警信息和多载体标签包含的样品信息,构建了实验室信息数据库。系统层利用LIMS实现对样品流转管理过程的所有检测信息和实验数据的分析和存储。应用层通过创建查询索引表,对实验数据进行字符串匹配,实现数据自动采集,对样品流转环节进行全过程管理以及对网络、系统信息进行权限设定和管理。展示层直接面向用户,运用网络和系统实时追踪样品检测信息,查询样品检测情况,了解样品检测结果。

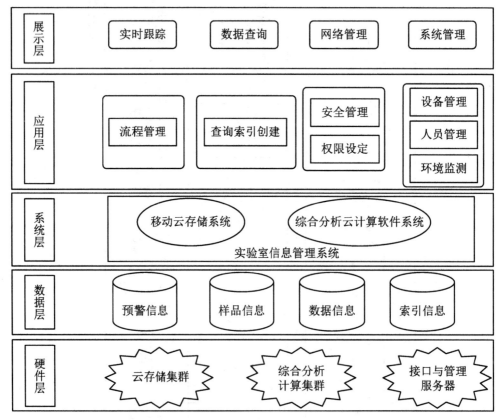

图8.13 智慧实验室三级SaaS模式平台云架构

平台云可为实验负责人和管理人员快速获取决策性支持的实验数据和样品信息,进而对前端的数据采集设备和中端 LIMS 系统进行反馈性的管控,实现了多用户集群数据的云端综合分析计算和云端存储,不仅与设备云、系统云互联互通,而且为两者提供了技术共享和专业服务。

8.6.1　大数据存储技术

随着科技的进步,数据的属性已发生了极大的改变,从过去传统的小批量数据逐步扩展成规模和价值都更高的大数据,从过去的静态数据转变为现在的即时动态数据,由此也对数据存储技术提出了新要求。面对规模愈加庞大的数据,当前的数据存储方式多采用分布式存储,在增加存储规模的同时,也使得数据的处理与取用更加便捷。

在医疗领域,Aqsa Mohiyuddin 等[10]提出了一种使用神经混沌推理系统为数据存储提供安全保护的数据存储系统 ANFIS(Adaptive Neuro-Fuzzy Inference System),该系统构建了一个三层结构的医疗物联网 MIoT,自下到上包括感知层、网络层以及应用层。其中感知层主要是从医疗传感器中获得数据与信息;网络层主要的作用是对感知层获得的数据与信息进行处理;应用层则是连接医疗的应用与服务,对外提供医疗信息。为了保证 MIoT 的正常运行,其中最重要的研究就是保证数据存储具有安全性与可靠性。为了达到这个目的,该研究主要利用混沌推理方式,对数据块存储进行计算优化,其算法流程如图 8.14 所示。

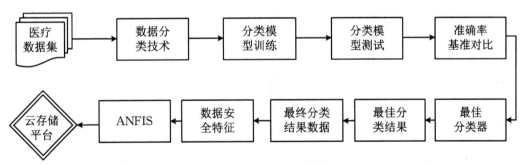

图 8.14　ANFIS 云存储流程

其算法从数据集的获取到存储一共经历 9 个环节,在前 4 个环节中,主要是获得医疗数据集上的最佳分类,并记录下获得最佳分类时的分类器参数与分类结果,结合数据的安全特征,一起进入 ANFIS 系统进行计算,然后分配给对应的云平台服务器。这样不仅保证了数据分类的准确性,同时也减少了对数据集使用时再进行处理的环节,极大节约了从云上读取数据的能耗。

同样,在地震勘探领域,大数据样本的采集及存储优化也是当前该领域在推进信息化的一个重点突破目标。杨河山等[11]针对地震勘探数据单一文件数据量大且非结构化的特点下,利用 Hadoop 分布式文件系统(HDFS)的大文件分割和合并,对地震勘探数据生成 3 个不同维度的冗余存储,从而提高数据样本的采集效率。在将地震勘探数据划分为 X,Y,Z 3 个维度的切片数据后,该研究设计了两种存储方案进行读取测试,存储方案①仅按 X 方向优化存储地震勘探数据,而存储方案②分别按X,Y,Z 3个方向进行优化存储。从测试实验表8.2中可以明显看出,在对存储方案①进行切片读取时,未优化的Y和Z方向的切片读取时间与优化后的存储方案②具有3倍以上的差异,表明针对不同读取方向对地震勘探数据进行优化存储,能够显著提高地震勘探大数据样本采集的数据访问效率。

同样,在智能交通行业,王涛涛等[12]也提出了分布式三层存储系统对智能交通大数据进行存储,并通过超混沌算法重排编码,利用非线性向量量化方法实现交通大数据同台融合加密,构建加密、解密密钥,完成已存储的智能交通大数据的加密防护。该算法在存储的过程中分布均衡度较高、负载均衡性较低,且在读、写数据的使用的时间较少,其存储性能更加稳定,且保证了数据的安全与完整。

表8.2　不同存储方案数据访问时间测试结果

文件编号	切片读取方向	随机切片平均读取时间(s)		遍历所有切片时间(s)	
		存储方案①	存储方案②	存储方案①	存储方案②
文件1	X	0.67	0.68	279.83	284.00
	Y	3.10	0.96	930.00	287.38
	Z	0.51	0.12	2537.40	578.69
文件2	X	1.42	1.42	995.91	995.65
	Y	5.83	1.95	2 915.00	973.91
	Z	1.24	0.36	7 441.24	2 164.10
文件3	X	2.38	2.43	2 383.52	2 433.99
	Y	8.40	2.79	7 564.06	2 506.85
	Z	2.79	0.86	16 722.32	5 152.83

于国龙等[13]也提出了一种基于优化量子粒子群算法(QPSO)的大数据云存储调度方法,提升了数据在云平台上的全局搜索性能,能够快速地为大数据云存储平台提供最佳任务调度策略。

通过以上研究可以发现,云平台的大数据存储技术已从少量到多量转化,因此对数据的分块和分类已经成为数据存储预处理工作的必要环节,同时,为了更好地提供数据,设备云平台除了要进行数据的高效存储,还要保持大数据的安全可靠性。

8.6.2　并行化实体识别模型

在基于SaaS模式的食品监测实验室三级云服务体系平台云的应用中,为了快速获取决策性支持的实验数据和样品信息,其中针对食品检测报告的命名实体识别是一个重要工作。本研究基于平台云的应用背景,针对大数据场景下现有命名实体识别存在的数据处理效率较低的问题,提出一种并行化的Block-BAC模型[14],在基于内容可变长度分块(CDC)算法的基础上,进行优化改进;在数据分块的基础之上,再对实验检测报告进行命名实体识别;通过使用局部注意力优化机制,有效减少了模型的隐藏层节点,并将实体识别时间缩短,节省了时间平台云应用场景下的命名实体识别时间开支。

如图 8.15 所示,该模型基于 Hadoop 架构,包括数据分块预处理、BiGRU 神经网络、局部注意力机制、全连接和 CRF 5 个部分。其中,BiGRU 和 CRF 直接使用了 BERT-BAC 模型所用方法。BERT-BAC 模型在 BiGRU-CRF 的基础上,使用了 BERT 预训练语言来增加词向量的信息表达,然后运用全局注意力机制充分挖掘文本的内部特征,采取增加隐层节点提升 F_1 值的策略,将 F_1 值提升了 8%。该方法的优点在于使用双向的 BERT 预训练语言,信息表达比基于特征和基于微调的方法效果更佳,将词表征为向量形式,可以使词向量贴合语境。其次,运用全局注意力机制学习句子中词与词之间的信息,有选择地关注重要信息,可满足准确识别实体的需求,但也造成了效益背反现象:

① BERT 预训练语言中递归神经网络、自注意力机制与全局注意力机制、BiGRU 的学习存在重复,使计算复杂度增加,模型训练时间长;

② 模型网络结构复杂,增加了隐层节点,学习能力得以提升,但响应速度慢,实体识别时间长。

在 Hadoop 架构上,结合文本在命名实体识别中的特点,根据并行化需求将文本进行分块预处理。然后,进入 Map 并行处理阶段,将各个数据块分别通过 Embedding 层得到的词嵌入向量输入 BiGRU 神经网络中,挖掘该数据块的全局特征,得到该数据块 t 时刻的隐藏状态 $\overrightarrow{h_t}$ 和 $\overleftarrow{h_t}$。接着,以 $\overrightarrow{h_t}$ 和 $\overleftarrow{h_t}$ 为当前时间步,采用局部注意力机制补足数据块局部特征,输出当前时间步的特征信息 h_t。最后,进入 Reduce 阶段设定全连接层的对所有数据块的特征信息 h_t 进行加权求和,连接 softmax 得到输出特征向量。并通过 CRF 模型的正则化的极大似然估计,输出最佳序列,得到实体识别结果。

其中,基于 Hadoop 的并行处理不仅限于某个设备一个文本的各个数据块之间,同理还可以实现对不同设备多个文本的并行处理,将不同设备识别的多个实体多源融合。在实际运用中能够减少操作设备的人力资源,缩短数据处理时间,提高工作效率。Hadoop 的两个核心功能是分布式存储和数据并行处理,由 HDFS 和 MapReduce 实现。HDFS 是分布式文件系统,提供具有高容错性能和跨集群管理数据的有效方。

本研究采用 MapReduce 实现高性能并行化计算,并运用 HDFS 完成底层数据储存。其中,MapReduce 主要分为 Map 和 Reduce 两个阶段进行工作,首先将文本分块成若干个小数据块,然后将数据块发送到具体的节点进行 Map 阶段处理,处理过程直接调用模型的并行处理版块进行处理,在每一个节点上,Map 会同时进行处理,Hadoop 的并行化便体现在此,由 Embedding 层、BiGRU 层和局部注意力优化机制层串联组成。之后 Reduce 阶段设定全连接层通道将 Map 输出的结果合并,最后连接 CRF 层输出识别结果,MapReduce 示例如图 8.16 所示。

可以看出数据块经过 Map 处理,识别数据块 n 的实体 m,得到特征信息 $h_t(n,m)$;然后根据 Map 输出的识别实体 m 进行分区,分区由用户定义的 $partition$ 函数控制;每个 Reduce 任务对应一个分区,多个 Reduce 阶段是独立指定的,将 Reduce 对应分区的实体特征信息加权求和,输出结果。而常用的单个实体识别,只需一个 Reduce 任务,将 Map 输出的数据直接合

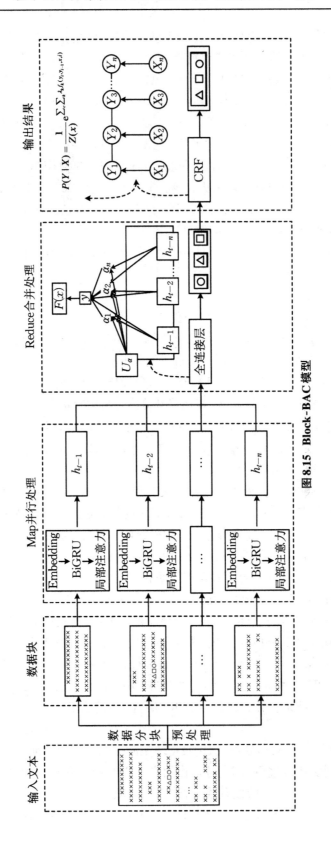

图 8.15　Block-BAC 模型

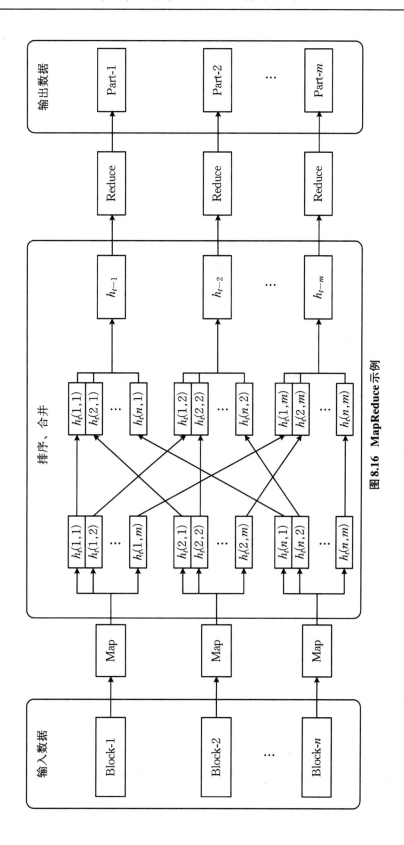

图 8.16　**MapReduce** 示例

并处理。当出现文件过大的情况,设备数据块对应HDFS底层数据存储会出现内存不足的现象,此时系统会出现异常,弹出"计算机的内存不足,请保存文件并关闭这些程序"对话框,需人为重启系统,并将文件分成多份重新输入。并且,由于设备配置参数的不同,设置Map节点个数应能保证系统的运行,以防出现"应用程序发生异常"的情况。

小结

通过构建基于SaaS的三级云服务体系,并将其应用于海关食品检测实验室。构建的设备云、系统云和平台云在数据的差错率、样品的流转管理及对数据和样品信息智能化管控等方面表现出良好的效果。在设备云中,提出的实验原始记录文件匹配算法实现数据自动采集,提升了数据在传输过程中的准确性和安全性,证明了设备云的优异性。在系统云中,对EAN-13和QR码载体标签数据加载转换,保证了样品的有序化管理,验证了系统云的高效性。平台云对检测数据以及多载体标签信息的收集、汇总和监控,确保了数据和样品等信息的可追溯性和安全性,实现了对设备云与系统云的智能化管控,并且提出了基于平台云的并行化实体识别模型,有效提高了实验检测报告的数据分析与运用。通过三级云紧密联系、互联互通,食品检测实验室高效解决了业务需求,提升了管理水平,实现了智能化功能,为食品安全风险监测提供有效的保障。

参考文献

[1] 陈光晓,陈辉,问静波,等.基于物联网的农产品质量监管与溯源系统设计[J].计算机技术与发展,2023,33(1):27-33,73.

[2] 蔡照鹏,徐林.易腐食品安全预警云体系构建研究[J].河南城建学院学报,2018,27(6):64-70.

[3] 张桂红,李翠翠.基于大数据的食品安全与营养云平台服务模式研究[J].食品安全导刊,2020,(12):182,184.

[4] 何涛,桑丽雅,叶茂,等.全链路食品安全监管云平台的设计研究与应用[J].食品安全质量检测学报,2020,11(18):6581-6586.

[5] 李若良.基于快速检测的食品安全在线智能化检测技术研究[J].食品安全导刊,2022,(34):144-147.

[6] 蔡伊娜,彭磷,何晓燕,等.基于SaaS模式的食品检测实验室三级云服务体系研究[J].实验技术与管理,2021,38(11):15-19.

[7] 李展鹏,邹孝付,苏雍贺,等.基于FPGA的多源异构数据并行可配置采集方法[J].计算机集成制造系统,2021,27(4):1008-1020.

[8] ARORA S, BATRA I, MALIK A, et al. Seed: Secure and energy efficient data-collection method for IoT network[J]. Multimedia Tools and Applications, 2023, 82(2): 3139-3153.

[9] 蔡伊娜,陈新,覃志武,等.基于改进CDC的实验原始记录匹配算法[J].深圳大学学报(理工版),2022,39(5):509-514.

[10] MOHIYUDDIN A, JAVED A R, CHAKRABORTY C, et al. Secure cloud storage for medical IoT

data using adaptive neuro-fuzzy inference system[J]. International Journal of Fuzzy Systems，2022，24 (2)：1203-1215.

[11]　杨河山,张世明,曹小朋,等.基于Hadoop分布式文件系统的地震勘探大数据样本采集及存储优化 [J].油气地质与采收率,2022,29(1):121-127.

[12]　王涛涛,姚磊岳.面向智能交通系统的大数据分布式存储算法[J].计算机仿真,2022,39(1):138-142.

[13]　于国龙,崔忠伟,熊伟程,等.一种基于优化QPSO的大数据云存储调度方法研究[J].计算机应用与 软件,2021,38(11):263-268,321.

[14]　蔡伊娜,包先雨,林燕奎,等.基于Hadoop的并行化命名实体识别模型研究[J].实验技术与管理, 2022,39(2):7-12,39.

第9章　智慧实验室信息化标准体系

9.1　研究背景

在全球化背景下,我国食品贸易活动日益频繁,食品贸易通关环节是国际贸易中的关键一环,国际贸易规则正面临重构,目前WTO《贸易便利化协定》、TPP《跨太平洋伙伴关系协定》《全球贸易安全与便利标准框架》等国际贸易便利化标准逐步实施,不断影响和推进着食品行业的变革。海关作为食品贸易便利化的第一方阵,不仅肩负着捍卫国门安全的重任,在开展贸易便利化过程中也扮演着非常重要的角色。近年来,我国海关积极推进贸易便利化的各项工作,通过提升政务公开、无纸化、单一窗口、改革海关监管制度、加强边境合作等形式,逐步落实"信息互换、监管互认、执法互助",不断推动口岸管理相关部门通关协作,形成集约高效、协调统一的一体化通关管理格局,促进我国食品对外贸易向更高水平、更高质量发展。本章将视角聚焦在智慧实验室标准化领域的国内外现状的对比,尝试提出适合我国食品贸易发展格局下的信息化标准体系,着力解决食品贸易通关要素自由流通的障碍。它不仅实现了国际贸易食品安全监管各项技术和流程的体系化、标准化、规范化运行,为云平台、数据湖等全国复制推广提供了标准支持,以期通过标准的落地、科技成果的转化,实现科技引领支撑作用,完成管理效率和信息化手段的自我完善与提升,释放食品贸易所带来的更多红利。

基于海关系统及其他政府机构向数字化、智能化发展转型的关键时期,面对口岸复杂多样、瞬息万变的出入境监管需求,海关智慧实验室的建设探索既有丰富的时代内涵,又有着鲜明的现实意义。在国际贸易食品安全方面,口岸实验室确实起到了保驾护航作用。如何在当前全球化进程加速且区域一体化的背景下,充分利用数字化转型中的新概念和新技术,以期高效管控实验室的"人机料法环",逐步打造与海关系统需求的智慧实验室相适应的信息化标准体系,从而更好地完成系统内外承接的各项食品检测任务,也为海关现场执法把关提供技术支撑和决策依据。

随着社会经济和对外贸易的不断发展,进口食品逐渐走入了越来越多寻常百姓家。但在保障进口食品安全方面,由于每个国家的食品安全监管水平参差不齐,各国食品安全及其国际贸易相关标准也不尽相同,因此,随着进口食品品种和数量的逐年增加,我国国际贸易食品质量和安全方面的问题也日益凸显。

无论从原国家质检总局的网站还是现在的海关总署网站上都不难发现每个月全国各口岸均有检出不合格的入境食品情况,每个月少则百余批、多则数百批的进口食品因安全质量问题被退货或者销毁,葡萄酒、奶粉、肉制品、休闲食品等各种产品都榜上有名;不合格原因也从微生物、重金属到超限量使用添加剂等不一而足,其中不乏"桂格麦片""韩国乐天""德芙"等知名品牌。由此可见,进口食品的"健康""安全"的确无法令广大老百姓放心,然而食品安全问题燃点低、触点多,容易引发社会问题、政治问题,因此,建立食品标准化可追溯体系的呼声日益高涨。目前,在相关政府部门的支持推动下,北京、上海、深圳等多个城市地区已经开展了对蔬菜和猪肉等重点民生食品的可追溯体系的试点工作。截至目前,食品可追溯体系还只是应用于我国部分地区的少数种类食品而已,因此建立一套完善的国际贸易食品标准化可追溯体系迫在眉睫。

食品产业的高质量发展也是经济社会高质量发展的重要内容,食品安全更是重要的民生工程和民心工程。随着生活水平的提高,人民群众对高质量且美味安全的国际贸易食品等美好生活的需求也在日益增长。当前,我国国际贸易食品安全形势总体稳定向好,但仍存在一些风险隐患。由于食品贸易过程所涉及的环节多、链条长、参与主体多样化、监管难度大,一些食品安全风险隐患仍需持续综合治理并排除。守护"舌尖上的安全",通过科技手段,加强智慧实验室标准化建设,加强对国际贸易食品安全监管效能,稳步推进打造国内领先、国际一流、市民满意的确保食品安全的智慧实验室信息化标准体系,构建从质量安全保障到品质营养提升的全方位食品安全治理体系,从而有效保障有质量、可持续的食品供给。

此外,严守贸易食品安全,是海关执法牢不可破的底线,是落实总体国家安全观、维护非传统国家安全的必然要求。食品安全问题不仅关系到人民群众的身体健康,还关系到国家的经济发展及和谐稳定,因此各国政府对食品安全要求日益提高。近年来,境内外食品安全"黑天鹅"事件频发,风险防控正从传统的食品质量安全向非传统安全风险聚焦。例如,防控非洲猪瘟疫情、打击伪报瞒报方式国际贸易未获准入冻品、查发伪造卫生证书进口水产品等工作,都是新形势下守护国门安全的新任务、新要求。大数据、区块链、人工智能、物联网等新技术的发展,也引领了进口食品企业数字化转型升级,为食品安全和食品企业破局提供了更多可能,更为食品安全提供了技术保障。同时,进口食品风险监控体系以信息化数据为支撑,也迫切需要服务于国际贸易食品的智慧实验室加快信息化建设转型升级的步伐。

加强智慧实验室建设是实施科技兴关、应用进口食品风险监控技术加强进口食品质量监管和快速通关的需求。党的十八大以来,以习近平同志为核心的党中央高度重视科技创新,习近平总书记作出一系列重要论述,为新时代大力推进科技创新战略部署、全面建成社会主义现代化强国注入了强劲动力,也为实施科技兴关指明了前进方向、提供了根本遵循。近年来,全国海关科技战线担当奉献、改革创新,大力推进科技创新应用,坚持海关在国内国际双循环的高质量发展定位,坚持以创新驱动的高质量发展的动力,积极打造高效、透明、标准化的一线执法环节。推动国际社会理解、认同中国贸易食品风险监控体系,促进国内国际双循环更加畅通。

从技术来看,国际贸易食品风险监控体系的建立,可以实现国际贸易食品批次管理和一标一码追溯管理。目前对原产地供应商的工厂有了认证,将来可以对原产地生产的每一个产品附加认证。基于一标一码的管理体系,建立国际贸易食品的单品身份数据库,提供精细化管理数据支撑,符合快速通关的需求。此外,针对国际贸易食品的风险分析和预警,有助于提高风险管理的针对性,也符合快速通关的需求。

因此,坚持科技融合的高质量发展支撑,加快国际贸易食品安全信息化和实验室体系建设,是破题关键。以引领贸易食品安全高质量发展、支撑"双区建设"为主要方向,推动新一代信息技术与贸易食品安全监管全方位深度融合,推进"贸易食品安全信息化工程"建设,实现食品安全信息的智慧采集、食品安全风险的智慧预警、检验监管结果的智慧研判、监管措施的智慧调整,全面提升贸易食品安全智能化监管水平。充分发挥国家级贸易食品质量安全风险验证评价实验室等重点实验室技术支撑作用,提升检测结果权威性;优化实验仪器设备配置和智能化运作水平,加大对高通量筛查等检验检测新技术研发力度,有效提升关区贸易食品检验检测能力和检测速度。

9.2 现状及问题

智慧实验室信息化标准体系是衡量贸易便利化的重要指标之一。近年来,在各地、各部门的共同努力下,境内各级海关已建立起了比较完善的智慧实验室信息化体系。

以深圳海关为例,已构建起了多层次全方位立体化的智慧实验室体系,全面提升了重大风险防范化解能力,显著提高了检验检测的标准化、精准性和有效性。

(1) 着力搭建"互联网+食品"信息平台

采用"互联网+""云计算"等现代信息技术开发"智慧实验室系统",实现检测图谱分析、检测数据获取计算、结果报告的全流程自动化、智能化,杜绝人为计算可能带来的错漏风险,确保检测结果计算"零差错",检测周期缩短约30%,有效提升了进出境货物检测效能。

(2) 突出标准引领,提升实验室检测风险预警的软实力

积极服务粤港澳大湾区建设,参与制定国际标准9项,国家标准40多项,行业标准500多项,发布首批7项国家供港食品实验室检测联盟标准,建立国内首套生态安全港建设技术标准体系和跨境电商监管标准体系。主动融入全球治理,积极探索"中国标准"走出去的路径,增强中国标准的国际话语权,才能更好地带动中国资本、中国企业和中国技术走向世界;同时也研究"中国标准"全国范围内广泛应用的互认互通,加强食品安全风险管控,筑牢国门安全防线。

近年来,为贯彻党中央、国务院的决策部署,海关总署作为优化口岸营商环境、促进贸易便利化工作的先锋部门,各级海关认真落实《优化营商环境条例》,持续深化"放管服"改革,聚焦智慧实验室信息化标准体系建设,采取一系列有效措施,不断提升检测能力,提高食品安全风险管控水平,加快营造市场化、标准化、国际化的口岸营商环境。通过精准推动实验室标准化、智慧化、集成化向纵深发展,实现了不同人员聚合、设备整合、资源融合,对大型分析仪器设备联网管理、远程控制,提高了检测工作效率和设备使用效能,开发建设实验室信息化体系运行的监控系统和公共服务平台,高效解决了业务需求,提升了管理水平,实现了智能化功能,为食品安全风险监测提供标准化保障,打通了智慧实验室建设的"最后一公里"。此外,围绕实验室能力提升这个"抓手",探索共建共赢、协同发展的合作机制,狠抓科

技队伍建设、信息化建设、检测能力建设,加强科研攻关和成果转化,在海关实验室协同发展方面形成优势互补、协同创新的实验室体系,更好地为海关执法提供技术支撑。

目前,我国智慧实验室信息技术已经取得较好的应用和推广,但是国际贸易食品的质量安全问题频发,不断地给智慧实验室信息化建设带来了新的挑战。国内尚缺乏完善的智慧实验室信息标准化体系,很难实现全流程、全链条的国际贸易食品风险监控。因现有追溯信息存在碎片化、具体化、陈旧化特点,多数集中于高附加值的酒类、肉类农产品安全保障应用方面;有关国际贸易食品风险预警信息资料,多数停留在"表格化""流水账"形式,难以发挥应有的监督、预警以及追溯作用,无法满足消费者、企业、政府监管部门日益增高的生活、生产、监管工作需要。

具体来说,其信息化体系建设问题集中在以下3个方面:

(1) 实验室有关食品风险追溯体系亟待完善

加强实验室风险追溯系统研究与规划,建立国际贸易食品实验室追溯体系的系列标准;鼓励企业、技术机构和行业协会等以商业运作等方式,完善风险数据库,开发、建设维护和推广实验室食品风险监控体系,实现对国际贸易食品以进口批次为单位进行信息化风险监控管理。在现行海关HS编码的基础上,细化完善国际贸易食品品类管理规则,拟定对应的试行标准规范,对国际贸易食品实行一物一码信息化追溯办法。通过统一的采集指标、统一的编码规则、统一的数据传输格式、统一的接口规范、统一的追溯规程,推进对国际贸易食品追溯的标准化、信息化、安全化管理,实现与实验室风险监控相关的多个系统平台互联互通,保证国际贸易食品风险追溯平台的灵活性、兼容性、延展性,充分发挥实验室信息化追溯的实际效益和潜在效益。

(2) 实验室食品安全风险研判能力有待提升

通过实验室食品风险监控体系的建设,从产业政策、监管效果、质量风险等全方位开展持续深入的研究。借助网络信息收集、信息筛选、信息分析等手段,对问题易发、薄弱环节强化风险自主研判,不断拓宽发现问题的渠道,强化行政执法与日常监管衔接,以点带面、由表及里研判食品安全风险,找准工作切入点,强化目标导向,提升食品安全问题发现能力,有效提升各级监管部门对于食品安全风险的研判能力,用好信息化监管手段,注重数据共享互通,强化部门间风险信息共享,风险联防,确保食品监管工作取得实效。

(3) 实验室食品风险预警及管控能力还需加强

通过建立国际贸易食品的智慧实验室风险监控体系,研究有利于巩固食品安全制度基础的联动机制建设以及有利于保障我国食品安全技术支撑的协同治理机制,包括指标体系以及分析系统、预警系统、响应系统和再评估系统,借助追溯数据库和风险分析数据库的支撑,对食品安全抽检监测大数据深入挖掘和智能分析,建立相应的风险分析预警模型,从时间、区域、批次等不同维度开展食品安全风险预警分析,并在口岸执法工作中应用。并根据已有的风险预警信息,紧紧围绕人民群众关心关切,以问题为导向,聚焦国际贸易食品安全风险较高的品种、项目和区域,对检出不合格的食品开展跟踪抽检,并按照"四个最严"要求开展管控,从信息标准化建设方面实现职能上的良性互补、政策上的紧密衔接、管理上的互相支撑,严防食品安全风险。

因此,本章提出了智慧实验室信息化架构以及实现方法,实现实验室管理体系高度自动化、信息管理科学、服务高质量运维、使用灵活方便、数据处理精准高效、环境安全舒适等特点,能够满足智慧实验室信息标准化发展的需要。

9.3　标准体系架构

本章设计了智慧实验室信息化标准体系,主要分为构建智慧实验室的贸易食品风险信息云平台(图9.1)和风险信息处理分析体系(图9.2)两个部分。

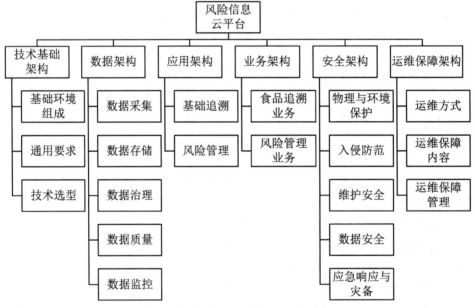

图9.1　风险信息云平台系列标准架构

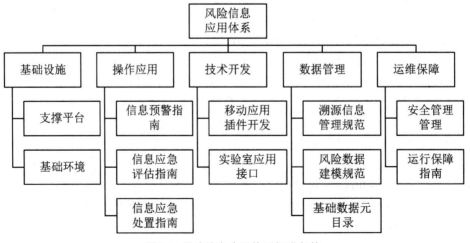

图9.2　风险信息应用体系标准架构

9.3.1　云平台系列标准

贸易食品风险信息云平台以对国家食品风险管理决策提供科学依据和数据支撑为主要目标,实现贸易食品风险监控数据的标准化与智能化采集、汇聚、加工、研判、通报和发布为一体的云平台。

该云平台应遵守以下一般性原则:

1. 公开性

通过贸易食品风险信息云平台及时、准确地公开与贸易食品风险管理相关的政策法规、业务指南和公共服务事项的信息。

2. 安全性

贸易食品风险信息云平台建立安全管理机制,妥善处理信息公开与保护国家秘密、商业秘密和个人隐私的关系,提供安全、稳定、可恢复的服务保障。

3. 科学性

在遵循相关法律法规前提下,业务流程力求便捷、科学、高效,云平台设计界面友好、操作简单,符合用户一般使用习惯。

4. 时效性

支持对用户的追溯及预警等信息的及时查询。

5. 兼容性

提供规范的数据接口和支持多种数据库环境,与海关相关监管系统和其他应用系统兼容/集成,具有升级、拓展的能力。

该云平台的总体架构涉及技术基础、数据、应用、业务、安全、运维保障。

9.3.1.1　技术基础架构

9.3.1.1.1　基础环境的组成

1. 开发环境

开发环境是指贸易食品风险信息云平台系统开发所涉及的编码、编译以及发布和单元测试等若干活动。开发环境技术选型应保持与生产环境一致。

2. 测试环境

测试环境是指贸易食品风险信息云平台软件进行功能测试、性能测试、回归测试、安全测试。测试环境可独立搭建,也可和开发环境共用资源,后者可统一称为开发测试环境。测试环境技术选型应保持与生产环境一致。

3. 生产环境

生产环境是贸易食品风险信息云平台软件系统部署上线后向最终用户提供服务的操作运行环境,包括虚拟化软件、数据库、操作系统、中间件等。

生产环境是贸易食品风险信息云平台面向最终用户的运行环境,在稳定性、性能、安全性等方面具有最高要求。

生产环境应集中部署在隔离的物理区域,与开发环境、测试环境以及服务于其他客户的平台和系统区分开。

9.3.1.1.2　通用要求

1. 稳定性

基础环境应在正常业务需求增加的情况下保持稳定运行,并具备一定应对突发业务情况的能力。采购的软硬件产品应兼容并经过相关专业评测,并已进入市场至少6个月。

2. 高性能

基础环境应具有高速处理事务、快速响应需求的能力。软硬件的购置可参考专业评测机构发布的评测指标,必要时应通过系统总体模拟测试来评价。

3. 可管理性

基础环境应为用户提供便捷的管理工具和手段进行分发、部署、配置使用、升级和监控。

4. 安全性

基础环境应能通过用户认证、权限管理、数据加密等手段使其所控制的系统始终处于安全状态。

5. 可扩展性

对于业务量的增加,基础环境应能支持自身分阶段实施的扩容以及硬件纵向(通过在原机上加大配置)或横向(通过增加多台机器)的扩展。

9.3.1.1.3　技术选型

1. 开发语言

贸易食品风险信息云平台使用B/S(浏览器/服务器)架构,所使用开发语言应具有跨平台、可移植、开源等特性。宜使用Java,JavaScript,Html5等开发语言及技术,如有其他需求,可以考虑使用其他语言。

2. 操作系统

操作系统的选择应充分考虑性能、易用性、安全性与底层硬件兼容性等因素,从海关总署软件产品白名单中,选取大范围应用,成熟,继续使用或逐渐推广的产品。

3. 安全防护软件

贸易食品风险信息云平台开发环境、测试环境和生产环境所使用的服务器和客户端必须安装安全防护软件。

4. 数据库

贸易食品风险信息云平台主要使用关系型数据库进行数据存储。数据库软件应从海关总署软件产品白名单中选取大范围应用,成熟,继续使用或逐渐推广的产品。

5. 中间件

贸易食品风险信息云平台中间件的选择应综合考虑开发语言、性能、跨平台等特性,从海关总署软件产品白名单中选取大范围应用,成熟,继续使用或逐渐推广的产品。

6. 数据通信接口

贸易食品风险信息云平台进行大数据量、跨网段通信操作时,采用MQ消息队列技术实现,进行小数据量、非跨网段实时通信操作时,使用WebService接口技术实现。

具体的数据通信方式选择应从用户需求出发,综合考虑数据量、网络带宽、实时性等要求,做出合适选择。

7. 资源需求表

完成技术选型后,应填写基础环境资源需求表,具体内容见表9.1。

表9.1 基础环境需求表

服 务 器 资 源						
部署地点	××海关		部署区域	管理网(或统称业务网)		
规格配置	操作系统版本	本地磁盘	数量	用途说明	部署软件及版本	特殊说明
××	××	××	××	××	××	××
××	××	××	××	××	××	××
××	××	××	××	××	××	××
××	××	××	××	××	××	××
存 储 资 源						
数据类型	试运行期数据量		年/月/日增长量		特殊说明	
××	××		××		××	
××	××		××		××	
××	××		××		××	
××	××		××		××	

9.3.1.2 数据架构

贸易食品风险信息云平台的数据架构规划应满足贸易食品安全、溯源、风险预警数据的标准化与智能化采集、汇聚、加工、研判、通报和发布的业务需求。其数据架构应包括:数据采集、数据存储、数据治理、数据计算、数据质量、数据监控以及数据服务7个子架构,详见图9.3。

1. 数据采集

数据采集为贸易食品风险信息云平台提供贸易食品安全、溯源、风险预警数据的标准化与智能化采集,应包括数据抽取、数据清洗、数据合并、数据转化、数据分发。

2. 数据存储

结构化数据存储到基础信息汇集资源库,非结构化数据存储到文件中心,应包括基础信息汇集资源库、文件中心。

3. 数据治理

数据治理应提高贸易食品风险信息云平台的数据质量,确保数据的安全性、保密性、完整性及可用性,实现数据资源的共享,推进数据资源的整合、服务和共享,充分发挥数据资产作用,应包括元数据管理、数据标准管理、数据资产管理、数据安全管理、主数据管理。

图9.3　贸易食品风险信息云平台数据架构

4. 数据质量

数据质量保障贸易食品安全、溯源、风险预警数据的完整准确,为贸易食品风险信息云平台提供高质量的业务数据,应包括以下内容:

(1) 数据完整性校验

应通过多种技术手段对数据的记录和信息是否完整,是否存在缺失的情况进行校验。

(2) 数据准确性校验

应对数据中记录的信息和数据是否准确,是否存在异常或者错误的信息进行校验。

(3) 数据一致性校验

应对同一指标在不同地方的结果是否一致进行校验。

(4) 及时性响应

通过云计算保障数据的采集、计算、统计、查询快速、高效,保障数据在约定时间内完成响应。

5. 数据计算

数据计算应借助多模态高性能分析计算引擎,对海量的贸易食品安全、溯源、风险预警数据进行分析、计算、利用,基于对数据模型的理解,不断对贸易食品风险信息云平台的数据进行迭代加工,从数据中提炼有价值的信息,最终形成安全信息主题库、溯源主体信息库、溯源信息主题库、海关业务主题库、数据模型主题库、预警信息主题库,包括协同计算实时流处理、批处理交互式查询。

6. 数据监控

数据监控提供对贸易食品风险信息云平台异常数据的发现及处理,应包括异常数据(定义异常数据识别特征及特征值、数据监控范围)、数据异常发现及精准定位(通过基线预警、日志告警、不断优化异常数据定位算法)、数据分析(提供数据诊断决策,收集数据采集、数据治理等各个环节的数据特征,做出可以用于数据处理的最优决策)、数据处理(根据数据分析决策,实现数据快速处理,包括重复数据清理、错误数据清理等操作)、数据跟踪(实现异常数据处置后的跟踪)。

7. 数据服务

数据服务为贸易食品风险信息云平台数据消费提供高质量的贸易食品安全、溯源、风险预警数据,并自由发掘数据的潜能和价值,为贸易食品风险信息云平台国际化翻译服务、追溯解码服务、主数据服务、自动预警服务、信息推送服务、溯源跟踪服务提供数据支撑,应包元数据查询服务、主数据查询服务、组合查询服务、数据可视化服务、多维数据库查询服务、基础数据查询服务、主数据订阅发布服务、数据生命周期管理服务。

9.3.1.3 安全架构

贸易食品风险云平台的安全架构涉及10个安全类别:保障基础设施的安全要求包括物理与环境保护、云平台通信保护;云平台的安全使用要求包括访问控制、入侵防范、维护安全、数据安全;保障业务的可持续发展包括应急响应与灾备、审计、风险评估与持续监控以及云平台的组织管理保障等方面。

1. 物理与环境保护

应对机房进行监控,限制各类人员与运行中的云计算平台设备进行物理接触,控制、鉴别和记录进入机房的人员。

2. 云平台通信保护

云平台通信保护要求包括:

① 应采用结构化设计、软件开发技术和软件工程方法有效保护云平台的安全性;

② 在连接外部系统的边界和内部关键边界上,应对通信进行监控;

③ 允许外部公开访问的网络,应与内部网络实现虚拟网络之间的隔离;

④ 网络出入口应实施恶意代码防护机制。

3. 访问控制

访问控制要求包括：

① 不同等级的网络区域边界应部署访问控制机制，设置访问控制规则；

② 当虚拟机迁移时，访问控制策略应随其迁移；

③ 允许云平台用户设置不同虚拟机之间的访问控制策略；

④ 在允许人员、进程、设备访问云平台之前，应对其进行身份标识及鉴别，并限制其可执行的操作和使用的功能。

4. 入侵防范

入侵防范要求包括：

① 应具有检测到云平台用户发起的网络攻击行为的能力，并应记录攻击类型、攻击时间、攻击流量等；

② 应具有检测到虚拟机与虚拟机之间的异常流量的能力。

5. 维护安全

维护安全要求包括：

① 对所使用的工具、技术、机制以及维护人员应进行有效的控制，且做好相关记录；

② 应针对重要业务系统提供加固的操作系统镜像或操作系统安全加固服务；

③ 虚拟机镜像、快照完整性应提供校验功能，防止虚拟机镜像被恶意篡改；

④ 虚拟机所使用的内存和存储空间回收时应完全清除；

⑤ 云平台用户删除业务应用数据时，云平台应将云存储中的副本删除。

6. 数据安全

数据安全要求包括：

① 虚拟机迁移过程中应保护重要数据的完整性，并在检测到完整性受到破坏时采取必要的恢复措施；

② 平台用户应在本地保存其业务数据的备份；

③ 应提供查询云平台用户数据及备份存储位置的能力；

④ 应采用密码技术保证重要数据在存储过程中的保密性。

7. 应急响应与灾备

符合 GB/T 31168 相关安全要求。

8. 审计

审计要求包括：

① 应对云平台用户在远程管理时执行的特权命令进行审计，制定可审计事件清单，清单至少包括虚拟机删除、虚拟机重启，明确审计记录内容，实施审计并妥善保存审计记录；

② 审计记录应进行定期分析和审查；

③ 应防范对审计记录的非授权访问、修改和删除行为。

9. 风险评估与持续监控

风险评估与持续监控要求包括：

① 定期或在威胁环境发生变化时，应对云平台进行风险评估，确保云平台的安全风险

处于可接受水平;

② 应制定监控目标清单,对目标进行持续安全监控,并在发生异常和非授权情况时发出警报。

10. 组织管理保障

组织管理保障要求包括:

① 建立信息安全管理框架,如成立安全管理小组作为信息安全的责任部门;

② 制定信息安全规章制度;

③ 接触客户信息或业务的各类人员上岗时应具备履行其安全责任的素质和能力;

④ 授予自然人访问权限之前应对其进行审查并定期复查,在人员调动或离职时履行安全程序,对于违反安全规定的人员进行处罚。

按照国家有关的信息安全技术网络等级保护要求,并结合海关对应等保级别,本项目的等保级别不低于二级。

9.3.1.4 业务架构

贸易食品风险信息云平台追溯业务流程包括企业备案、信息申报及追溯码申请、食品追溯信息查询。

1. 企业备案

在开展贸易食品追溯业务前,企业应当通过贸易食品风险信息云平台企业端向业务主管部门备案。企业备案流程见图9.4,具体步骤如下:

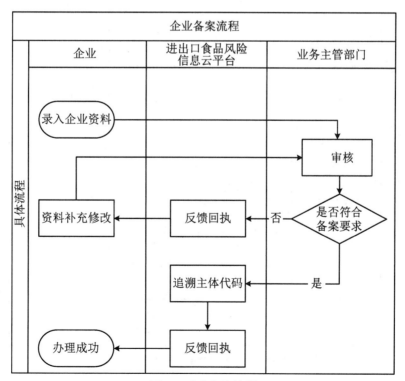

图9.4 企业备案流程

（1）企业通过贸易食品风险信息云平台企业端填写企业备案信息并提交平台审核

需填写信息包括但不限于：法人责任主体名称、统一社会信用代码、法人责任主体类型、法定代表人身份证号码、行业代码、生产/经营许可证号、经营地址、联系人。

（2）业务主管部门查看提交的企业备案信息

对资料齐全且符合备案要求的企业，完成审核并自动生成追溯责任主体代码，反馈审核通过回执；对不符合备案要求的企业，反馈审核不通过回执，企业可对资料补充或修改后重新提交至云平台。

2. 信息申报及追溯码申请

食品追溯相关企业通过贸易食品风险信息云平台企业端向业务主管部门预申报贸易食品信息及申请追溯码。信息申报及追溯码申请流程见图9.5，具体步骤如下：

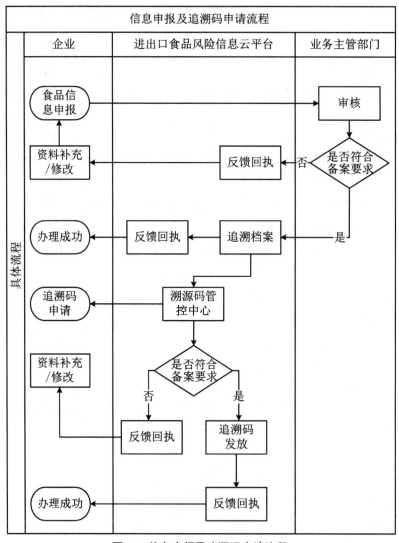

图9.5　信息申报及追溯码申请流程

（1）贸易食品追溯相关企业如实申报贸易食品相关信息

申报信息包括但不限于：食品类型、食品名称、食品编号、生产批次号、零售包装数量、总重量、数量、零售食品的重量等。

（2）业务主管部门审核

对符合申报要求的，审核通过并由贸易食品风险信息云平台自动根据申报内容形成贸易食品追溯档案，反馈申报通过回执；对不符合申报要求的，反馈申报不通过回执，企业可对信息补充或修改后重新提交。

（3）企业申请追溯码

企业在贸易食品追溯档案下申请该批进口食品的追溯码，通过备案账号及APP扫码（账号唯一授权的二维码）登录云平台，线上申请统一追溯码。

注：该追溯码是对追溯食品可追溯单元所赋予的码值。赋码载体包括但不限于：包装标识、追溯标签、追溯身份卡或交易凭证等。

（4）平台发放追溯码

贸易食品风险信息云平台提供统一溯源码管控中心，对食品追溯码统一授权发放。系统自动根据审核条件核查追溯码申请信息，信息申请通过后，系统根据编码标准发送同等数量通关追溯码，同时自动执行赋码动作，为追溯码赋予实际食品身份信息。对审核不通过的，反馈审核不通过回执，企业可对信息补充或修改后重新提交。

3. 食品追溯信息查询

通过贸易食品风险信息云平台采集或由追溯参与方更新追溯数据至云平台系统，提供追溯信息查询服务。食品追溯信息查询流程见图9.6，风险预警流程见图9.7，主要包含以下内容：

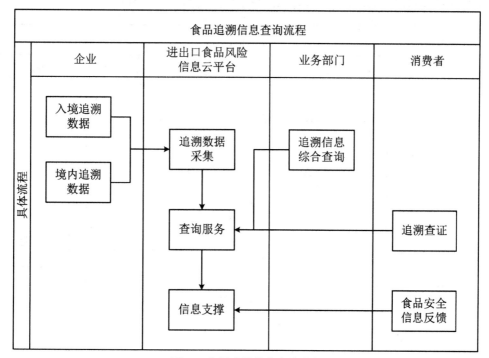

图9.6　食品追溯信息查询流程

（1）入境追溯数据采集

食品入境前，通过贸易食品风险信息云平台采集或由追溯参与方将待通关食品的追溯数据收集更新至平台系统，获取进口食品在入境前的物流与船运溯源信息；云平台系统根据统一分配的追溯码（进口批）、追溯码的赋码食品，进行进口批食品匹配。食品运输信息，包括但不限于：物流责任主体代码、物流责任主体名称、托运责任主体代码、托运责任主体名称、接收责任主体代码、接收责任主体名称、食品代码、食品名称、物流单号、物流环境信息、运输单元追溯码和运输车牌号等。

（2）境内追溯数据采集

通过贸易食品风险信息云平台与第三方系统对接采集，或由追溯参与方将国内流通追溯数据上传至平台，获取产品流向及分销信息。数据内容包括但不限于：食品仓储信息、食品运输信息、食品消费（使用）信息等。

（3）追溯信息综合查询

为相关业务部门提供查询功能，报表信息包括但不限于食品输出国家、生产企业、物流企业、通关口岸、食品类别、食品品名、风险项目、国内进口商、进口批等维度，多重组合、多重粒度对拟追溯主体信息进行查询、跟踪。

（4）消费者溯源查证

为消费者提供查询入口，消费者可通过专用APP扫描企业提供的查验报告中的二维码，查询通关与检验等溯源信息。

（5）食品安全信息反馈

为消费者提供进口食品安全信息举报窗口，作为食品安全风险来源反馈之一，系统可依据食品追溯链路情况，为海关相关监管部门提供食品去向信息支撑。

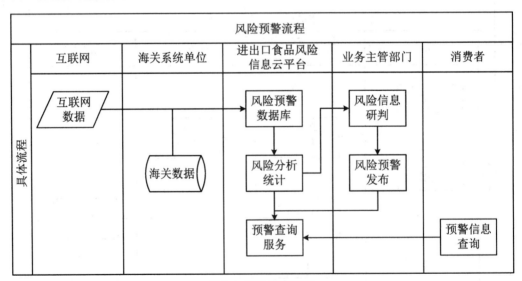

图9.7　风险预警流程

9.3.1.5 运维保障架构

9.3.1.5.1 运维保障内容

1. 概述

贸易食品风险信息云平台系统运维保障内容是指针对系统所开展的调研评估、例行操作、响应支持和优化改善四种类型的运维活动。

2. 调研评估

通过对贸易食品风险信息云平台系统的运行现状和未来预期进行调研和分析,根据业务需求,提出服务方案。方案内容包括:需求调研,需求变更评估,系统优化方案评估,软件补丁评估,软件升级评估,系统配置需求的调研、评估,重大配置变更评估,系统迁移调研、评估等。

3. 例行操作

(1) 监控

贸易食品风险信息云平台监控是指采用各类工具和技术,对系统的功能、性能和稳定性等运行状况和发展趋势进行记录、分析和告警。监控内容包括但不限于境外生产信息填报、境外出口信息填报、境内进口信息填报、进口分销信息填报、境内分销信息填报、信息图表展示功能、多源信息融合、术语映射表、实时态势理解、追溯信息管理、食品风险评估、态势预测分析。

(2) 预防性检查

贸易食品风险信息云平台系统的预防性检查包括:功能检查、性能检查和安全性检查等。预防性检查内容包括但不限于:

① 系统功能的预防性检查,操作响应的稳定性等;

② 系统安全审计信息检查;

③ 软件或硬件升级、改造或更换后,应用系统的稳定性;

④ 进程及资源消耗检查、分析;

⑤ 系统的漏洞扫描、补丁检查;

⑥ 系统病毒定期查杀;

⑦ 系统的口令安全情况;

⑧ 系统的日志分析。

(3) 常规作业

贸易食品风险信息云平台系统的常规作业内容包括但不限于:

① 垃圾数据清理;

② 系统错误修复;

③ 软件补丁安装;

④ 信息发布;

⑤ 数据备份;

⑥ 数据迁移；

⑦ 版本升级；

⑧ 日志管理；

⑨ 启动或停止服务或进程；

⑩ 更新系统或用户密码；

⑪ 建立或终止会话连接；

⑫ 作业提交；

⑬ 软件备份。

4. 响应支持

（1）事件驱动响应

针对贸易食品风险信息云平台系统故障而进行的响应服务，包括但不限于：

① 应用级启停；

② 系统级启停；

③ 系统数据填报、编辑、发送、审核、查询、比对、统计分析等功能响应失败的问题排查及修复；

④ 浏览器响应失败的问题排查及修复。

（2）服务请求响应

根据贸易食品风险信息云平台系统运行需要或需方、服务相关方的请求，进行及时响应和处理，包括但不限于：

① 按服务请求指示进行用户增加；

② 口令修改和找回；

③ 参数调整；

④ 权限配置；

⑤ 流程配置；

⑥ 表单配置。

（3）应急响应

贸易食品风险信息云平台系统的应急响应符合GB/T 28827.3的要求。

（4）优化改善

贸易食品风险信息云平台系统的优化改善，包括但不限于：

① 与操作系统、数据库、应用服务器中间件等的集成性优化；

② 填报、编辑、发送、审核、查询、比对、统计分析等功能的集成性优化或操作的易用性优化改善；

③ 对画像分析的执行效果的优化改善；

④ 对风险预警模型的优化改善；

⑤ 性能和可靠性优化改善；

⑥ 业务逻辑优化改善；

⑦ 业务符合度优化改善；

⑧ 应用消息队列、共享内存优化；

⑨ 应用服务能力优化,例如应用进程数、应用线程数的优化;

⑩ 应用日志级别及日志空间的调整;

⑪ 应用版本升级。

9.3.1.5.2 运维保障管理

1. 概述

贸易食品风险信息云平台系统运维保障管理包括资源管理、监控管理、服务请求管理、故障管理、问题管理、变更管理、发布管理、级联管理、容灾管理、知识库管理、系统管理等类型的管理活动。

贸易食品风险信息云平台系统运维保障要求宜按照HS/T 42—2014"三级运维服务保障"等级划分及相关要求执行。

2. 资源管理

（1）资源建档

根据贸易食品风险信息云平台系统资源的基础特征属性参数、资源间关系建立资源信息档案,构建完整的资源管理信息库。资源管理信息库记录的信息包括但不限于:系统配置、网络拓扑结构、网络IP地址、设备型号、端口资源、板卡型号、编码信息、软件配置、位置信息。

（2）资源类型管理

对贸易食品风险信息云平台系统的资源类型和性质进行分类和定义。资源类别是指计算机设备、网络设备、安全设备、IP地址、软件资产等;资源性质是指软件、硬件、耗材等。

（3）资源目录管理

按照资产目录体系进行目录分类管理,其中软硬件产品目录包括但不限于该产品的使用年限、厂商、价格、保修年限、固定资产折旧方法等信息。

（4）全生命周期管理

对资产目录定义的各类资源实现全生命周期的管理,主要包括资源的需求规划、新增（资源入库）、领用、维护、调拨、变更、报废等一系列操作管理。

3. 监控管理

（1）基础资源运行监控

对贸易食品风险信息云平台系统的基础资源运行监控包括服务器、存储设备、数据库、中间件、业务系统等基础资源的监测和控制;根据不同情况设置不同告警级别及阈值;自动报警、自动响应和自动处理;对监控的历史数据进行存档和查看。内容应包括但不限于:

① 服务器运行监控:监控内容包括基本信息、CPU负载、内存利用率。应用进程、文件系统、磁盘空间和吞吐、事件与错误日志等。

② 存储设备运行监控:监控内容包括容量、转速、缓存、数据传输率、读取速度和写入速度等信息。

③ 数据库运行监控:监控内容包括工作负载、配置、数据库表空间的利用情况、数据文件和数据设备的读写命中率、数据碎片的情况、数据库的进程状态、数据库内存利用状态、与

关联系统数据交换量等属性。

④ 中间件运行监控:监控内容对象包括配置信息、连接池、线程队列、负载监测、通道情况监测等参数。分析和监测中间件的各项运行状态参数。

⑤ 业务系统运行监控:以业务为主线,实现面向业务的监测和管理,监控内容包括业务数据处理状态、速度、积压情况,以及应用运行状态、应用连接数、进程、服务(端口)状态等,并能够实现阈值设定、故障告警、告警级别设置、流程管理、统计通报等功能。

(2) 网络资源运行监控

包括网络设备自动发现、拓扑自动生成、网络故障管理、网络设备性能管理、网络链路流量管理、网络安全管理等内容,支持网络管理协议 SNMP v1/v2/v3,支持对多厂商路由交换设备的监控和管理。

(3) 安全资源运行监控

监测和管理安全设备的运行状态,对安全事件、脆弱性、配置、可用性与安全相关的数据进行统一采集、集中分析,并进行宏观可视化展现,发现事件或安全风险时可实时触发告警。

4. 服务请求管理

制定贸易食品风险云平台服务请求管理制度,规定服务请求处理流程,向用户提供技术咨询、服务受理、跟踪反馈等专业服务。服务请求应包括但不限于:

① 有效处理和及时反馈用户的咨询和请求;

② 遵守属地管理、首问负责的原则,设立统一入口,分线支撑;

③ 根据对外发布的服务目录和标准进行限时处置,并设立跟踪、反馈和评价机制。

5. 故障管理

制定贸易食品风险信息云平台故障报告和处理管理制度,明确不同故障的报告、处理和响应流程,规定故障的处理管理职责等。故障管理应包括但不限于:

① 上报所发现的事件;

② 应当按照发生时受影响海关的规模、影响范围、对业务的影响程度等指标确定故障级别,实行分级管理,不同级别故障应当明确相应的处理时限;

③ 在故障报告和响应处理过程中,分析和鉴定事件产生的原因,搜集证据,记录处理过程,形成相关日志记录。

6. 问题管理

制定贸易食品风险信息云平台问题管理制度,规定问题处理管理职责等。问题管理应包括但不限于:

① 上报所发现的问题事件;

② 查找问题事件产生的根本原因,制定解决方案和预防措施,形成相关日志记录;

③ 建立问题管理申报和审批流程,依据流程控制处理相关问题。记录问题解决过程,形成知识库。

7. 变更管理

贸易食品风险信息云平台变更管理应包括但不限于:

① 建立变更的申报和审批流程,依据流程控制处理所有的变更,记录变更实施过程;

② 建立中止变更并从失败变更中恢复的流程,明确流程控制方法和人员职责;

③ 明确运维资源变更需求,变更前根据变更需求制定变更方案,变更方案审批后方可实施。

8. 版本管理

贸易食品风险信息云平台运维服务主管部门负责制定版本发布管理制度。版本发布管理制度应通过正式、有效的方式发布,并进行版本控制。

9. 级联管理

将下级的告警信息、运维工单、知识库等同步到上级平台跟踪管理,上级平台下发预警、安全事件、通报等信息,实现系统运维工作的联动与协调。

10. 容灾管理

为使贸易食品风险信息云平台在各种容灾环境下能够确保业务数据的安全性,提供不间断应用服务所进行的相关工作。容灾管理包括但不限于:

① 确保贸易食品风险信息云平台核心业务流程和关键资产在重大灾难性风险面前能够满足业务需求;

② 应与贸易食品风险信息云平台系统同步规划、建设、验收;

③ 应采用异地双活容灾管理方案,应当定期组织开展贸易食品风险信息云平台运维方定期维护知识库。

11. 知识库管理

在运维管理过程中,对贸易食品风险信息云平台历史问题的现象、原因、处理方法等经验进行收集和分析,形成解决方案集合,纳入知识库统一管理,贸易食品风险信息云平台运维方应当定期维护知识库。

12. 系统管理

(1)用户管理

集中管理运维服务用户账号,实现用户信息维护,包括修改、增加、删除等维护功能。

(2)权限管理

根据用户身份从资源使用、用户角色等方面进行分级别、分功能授权,实现权限控制。

(3)日志管理

日志管理应包括但不限于:

① 对贸易食品风险信息云平台的启动自检、故障、恢复、关闭等运行状态信息进行记录;

② 对贸易食品风险信息云平台的用户登录、退出、增加、删除、修改等操作进行记录;

③ 按照日志类型、时间等对日志进行检索与统计分析。

9.3.2　应用系列标准

9.3.2.1　贸易食品风险监测应用支撑平台规范

9.3.2.1.1　应用支撑平台架构

1. 概述

应用支撑平台分为4层:基础设施层、服务平台层、应用层、展现层。基础设施层包括软件开发测试环境、应用系统运行环境、安全运维管理。服务平台层包括统一身份认证、应用服务设计、安全支撑服务、数据交换系统、系统中间件、应用服务集成。应用层包括监测预警、信息查询、数据交互等。展现层包括安全接入、客户端、Web页面等。应用支撑平台架构如图9.8所示。

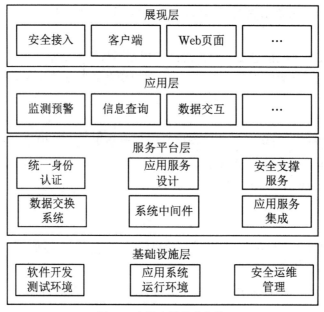

图9.8　应用支撑平台架构

2. 基本要求

应用支撑平台应提供应用集成类、基础工具类、数据集成类、系统服务类等组件,应用系统建设过程中应使用组件进行系统的建设。

(1)应用集成类

包括海关统一门户系统接口、海关统一客户端框架接口组件、H4A统一认证组件、单一窗口统一认证组件等,并提供服务的管理与维护功能,这类组件需要各应用系统根据组件要求进行使用。

(2)数据集成类

包括实时数据同步、消息服务组件、LDAP服务组件等,为数据全生命周期服务及数据备份等功能提供支撑。

（3）基础工具类

包括报表管理、智能表单、工作流管理等，为应用系统的基础功能提供支持。

（4）系统服务类

以 XML 数据格式和页面展示两种方式进行数据的展现，并由应用继承类组件的服务管理与维护功能统一管理，为应用系统之间的数据服务提供支撑。

9.3.2.1.2　统一身份认证

1. 概述

海关内部网络端的统一身份认证采用海关身份认证体系，互联网端的统一身份认证采用电子口岸身份认证体系。应用支撑平台应提供认证管理组件，实现对各应用系统的单点登录和统一用户管理功能。各应用系统应遵循统一身份认证规范，使用单点登录实现应用系统的登录认证，并通过认证平台授权读取接口、身份读取接口、认证读取接口等分别获取海关和外部登录用户信息并进行授权管理。

2. 单点登录

单点登录应符合以下要求：

① 应用系统应基于海关身份认证体系、电子口岸身份认证体系进行用户身份认证；

② 应用支撑平台应提供安全认证网关实现单点登录；

③ 各应用系统应通过安全认证网关 LDAP 进行用户信息同步，用户身份标识应保持一致。

3. 统一用户管理

应用支撑平台应提供统一用户管理功能，各应用系统用户的管理和维护由应用支撑平台通过海关身份认证体系、电子口岸身份认证体系实现，包括组织机构管理、用户管理、系统账号管理等功能。各应用系统的用户信息和机构信息需要与应用支撑平台保持一致。用户和组织数据由应用支撑平台先做预处理，各应用系统与预处理后的用户信息进行同步。

9.3.2.1.3　平台安全要求

1. 安全审计

应用支撑平台及相关应用应具备安全管理模块。安全管理模块应至少包括操作日志记录功能、操作日志分析审计功能，各应用系统应按照要求进行行为审计记录，对产生的日志应至少保存 3 年。

2. 安全等级保护

应符合 GB/T 22239—2019 的第 7 章规定的第二级安全要求。

9.3.2.1.4　服务建设与集成

1. 基本要求

建立服务总线，为不同的应用提供服务路由、消息转换、事件处理等基本功能，为服务处理和调用提供安全、可靠、可互操作的保障。应按照服务设计规范进行服务的设计建设，同时遵循服务集成规范进行服务集成应用。

2. 服务总线

服务总线主要包含基础架构组件(消息总线、协议转换、服务目录、服务路由)、接入组件(访问管理、适配接口)和服务组件,如图9.9所示。

图9.9　服务总线

3. 协议

服务总线应支持开放的标准协议,主要包括报文协议和通信协议。

(1) 报文协议

报文协议宜采用如下协议:

① SOAP:一种轻量级、简单的、基于XML的协议;

② JSON:一种轻量级的数据交换格式,易于阅读和编写。

报文由报文头和报文体组成,报文头又分为请求头与应答头,报文体由不同的服务提供方自行定义。

(2) 通信协议

通信协议宜采用多种公认、成熟和可靠的通信协议,来支撑上层报文数据传输,如HTTPS协议、JMS协议、TCP定制协议等。

4. 服务设计

(1) 服务识别要求

业务部门由于新的业务、业务变更或内部管理的需要,对信息系统提出新的需求。信息系统项目人员通过详细需求收集、分析和梳理,形成需求。服务识别的过程主要是分析需求,判断哪些过程可以抽象为服务,并对符合条件的服务制定其服务规约。服务识别主要的要求如下:

① 新建服务应明显独立于其他服务,并可作为相对独立的逻辑单元按需配置至 IT 资源中;

②服务应在不同的应用、流程中可以重用,从而减少重复的功能实现,降低开发和维护的成本;

③服务应保持适当的颗粒度以保证可与其他服务组合形成新的组合服务;

④服务共享产生的影响可控,同时满足组织安全性等要求。

(2)服务设计原则

服务设计宜遵循以下指导原则:

①原子性:对服务的调用或者成功,或者失败且不产生任何影响;

②一致性:在服务被调用后,应用系统应达到一致的状态,不会产生数据状态不匹配错误;

③隔离性:服务调用不应该被同时在应用系统上运行的其他服务所影响;

④无状态性:服务请求不应依赖于服务实现的状态;

⑤持久性:服务调用成功后,其影响是持续的,不存在可以意外撤销服务调用结果的系统故障。

(3)服务接口定义

服务接口的定义应包含如下内容:

①数据:定义服务与外界之间交互的数据属性,具体包括:

a.数据类型定义:包括基本类型和复杂类型,可使用XML Schema进行定义;

b.数据格式:指在内存、文件或者网络上的各种数据类型的数据如何存放,为解决不同程序语言在内存里存放数据的格式不尽相同的问题,一般使用字符描述复杂类型数据格式,可使用XML格式;

c.数据内容:一般划分为技术和业务两个层级,技术层面内容为服务和外界之间交互的数据报文头信息,业务层面的内容为数据报文内容信息。

②交互方式:定义服务和外界交互的方式,即信息交换的方式,具体包括:

a.接口交互模式:包括请求应答(同步)、请求回调(异步)、发布订阅;

b.接口状态:分为有状态接口和无状态接口。无状态接口,对同一个服务接口进行的多次调用之间不维持任何状态的接口类型;有状态接口,在对同一个接口的多次调用之间可以保持状态的接口类型;

c.接口调用的会话机制:指多个接口之间的调用顺序和规则,包括同一个服务的多个接口之间的调用规则,多个服务的多个接口之间的调用规则;

d.接口通信协议:远程接口所采用的协议,包括HTTP,TCP,SOAP,JMS消息中间件等;

e.其他:如接口调用的安全策略、日志记录等。

(4)服务命名要求

服务命名主要包括如下要求:

①所有的服务名、元素名、操作名应描述其功能的清晰信息,名称应使用混合大小写的方式;

a.元素命名:单词首字母大写,单词标准简写统一大写,例如:

SendMessage

b. 服务命名:单词首字母大写,单词标准简写统一大写,例如:

HTTPService

c. 操作命名:单词首字母大写,单词标准简写统一大写,例如:

SendHTTPMessage

② 参数:参数名提供其功能的清晰信息,名称应使用混合大小写的方式。

a. 输入参数命名:操作命名+In,例如:

SendHTTPMessageIn

b. 输出参数命名:操作命名Out,例如:

SendHTTPMessageOut

c. 在保持清晰的情况下,使用尽可能短的名称。

5. 服务开发与测试

服务开发与测试流程应按照海关相关规范执行,主要包括:

① 服务开发和服务单元测试;

② 编写测试用例和测试计划;

③ 服务集成测试,主要包括服务接口集成测试、性能测试、业务场景的测试等;

④ 输出测试报告,整理部署说明。

6. 服务上线与发布

服务上线和发布应按照海关相关管理规范执行。

9.3.2.2 贸易食品风险信息系统安全管理指南

9.3.2.2.1 总体要求

① 根据海关对应等保级别,贸易食品风险信息系统遵循的等级保护不应低于GB/T 22239—2019的二级保护;

② 应确保贸易食品风险信息系统(以下简称信息系统)的机密性、可用性及完整性。保证业务的连续,使业务风险最小化、信息安全程度最大化;

③ 应确保信息系统操作人员得到有效合理的管理,并提高员工的信息安全意识;

④ 应当确保重要信息资产的物理环境以及设备内的信息在安全区域得到有效的保护,防止不当的访问、损坏和干扰;

⑤ 应对网络进行管理和控制,明确网络安全服务要求,适当隔离网络中的信息服务、用户及系统信息,进行必要的账号管理;

⑥ 应积极收集信息安全方面的信息,采取必要的措施,保证交换信息、操作信息处理设备和信息系统时的安全。

9.3.2.2.2 人员安全管理

① 信息系统操作人员应注意保护信息系统的数据安全,签订保密协议书并做出安全承诺;

② 对信息系统操作人员实行定期考查制度,并定期接受安全以及业务能力的培训,加

强安全风险防范意识以及业务操作能力;

③ 信息系统操作人员离岗时,应及时终止离岗人员的所有信息系统访问权限。

9.3.2.2.3 账号口令管理

1. 账号管理

账号管理安全应符合以下要求:

① 授权管理遵循最小权限及职责分离的原则;

② 信息系统管理账号的新增、变更、停用、或注销需经过相应的系统管理部门负责人授权并形成审计记录;

③ 应注意操作系统和数据库系统特权用户的权限分离;

④ 应注意不同网络之间的账号权限管理,如内网和外网的账号权限控制;

⑤ 应定期对信息系统的管理及使用情况进行检查;

⑥ 信息系统账号分为应用账号、运维账号,内网应用用户的账号应采用 H4A 管理系统统一管理。

2. 口令管理

口令管理安全应符合以下要求:

① 对必须存在的系统账号,不应使用缺省的口令或者弱口令,操作系统、数据库系统、中间件、业务应用系统及硬件设备的普通用户账号和管理员账号不得使用缺省口令;

② 应区分普通用户账号和管理员账号的口令;

③ 系统账号的口令应以加密形式显示,同时,最小口令长度、修改口令的时间间隔、口令的唯一性、口令过期失效后允许入网的宽限次数,都应得到限制。

9.3.2.2.4 运行安全管理

1. 系统安全管理

身份鉴别应符合以下要求:

① 应提供用户身份标识唯一和鉴别信息复杂度检查功能,保证系统中不存在重复用户身份标识,身份鉴别信息不易被冒用;

② 应更改默认的系统管理员账号和口令,管理员账号应采用实名制;

③ 应启用控制台锁定功能,屏幕保护程序在恢复控制台显示之前,应要求用户名和口令的认证;

④ 应设置登录失败处理功能,并且采取结束会话、限制非法登录次数和自动退出等措施;

⑤ 关键信息系统应定期进行漏洞检查,并确定是否需要进行安全加固;应定期更新操作系统防病毒软件特征库;

⑥ 只启用系统需要的服务,限制或关闭不需要的服务或端口;

⑦ 系统应进行必要的漏洞扫描,需要安装补丁的系统在安装前应经过测试;

⑧ 应采用合适的技术手段,对系统的运行状态进行监控,系统管理员宜定期对信息系统的运行情况进行统计分析,编制运维或巡检报告,当系统性能和容量未能满足业务需求

时,应及时做出调整;

⑨ 应对日志做定期备份,对日志的访问采用严格访问控制,防止日志丢失或被篡改,对日志的操作应有记录。

2. 恶意代码防范

恶意代码防范应符合以下要求:

① 在指定范围内(包括相关物理终端及服务器、虚拟化桌面及服务器)部署防病毒系统,应开启防卸载、防退出密码保护功能;

② 宜每两周进行一次全盘扫描,每周进行一次快速扫描;

③ 应定期检查恶意代码库的升级情况,对截获的恶意代码进行及时分析处理;

④ 安装防病毒系统的计算机终端应及时更新病毒库版本。

3. 数据安全管理

数据安全应符合以下要求:

① 应基于信息安全策略,制定备份策略,并保证备份的有效性和可靠性;

② 根据业务数据的重要程度,应设定相应的备份策略,选择的备份方式包括完全备份、差异备份、增量备份;

③ 对已备份的数据宜定期开展恢复演练,以保证备份的可用性和灾难恢复系统的可靠性。

9.3.2.2.5　信息系统审计控制

① 内、外部对信息系统审计前,应制定详细、周全的审计计划和方案,降低对业务的影响以及业务中断的风险,得到授权情况下方可实施审计活动;

② 能影响系统可用性的审计测试应在非业务时间段来完成;

③ 所有访问应被监视和记录,以产生参考踪迹;

④ 应留存审计日志不少于6个月。

9.3.2.2.6　网络安全管理

① 应根据网络所承载业务的类型、重要性,进行安全区域的划分,以便于网络安全控制的实施;

② 对所有对外接入局域网和电子口岸专网的设备进行网络准入控制,对网络数据流进行监控,对网络行为进行分析,实施基于应用协议和应用内容的访问控制,防范网络攻击;

③ 应当以防攻击、防挂马、防篡改、防瘫痪、防窃密为目标,加强信息系统的安全监控与技术防护措施建设;

④ 采取管理和技术措施,限制网络终端只可使用授权的IP地址,防止IP地址欺骗和冲突的发生;

⑤ 所有网络服务的安全机制、服务水平和管理要求,应予以明确并列入网络服务协议中;

⑥ 对网络设备的远程访问应使用加密链路,如使用SSH,HTTPS等技术。

9.3.2.3　贸易食品风险信息系统运行管理指南

9.3.2.3.1　基本要求

① 贸易食品风险信息系统运行管理工作按照"谁主管、谁负责,谁运行、谁负责"的原则,逐级建立信息系统运行责任制;

② 各单位应设置运行服务、技术支持和质量评测等信息系统运行管理岗位,依托信息化手段开展运行管理工作;

③ 在立项阶段宜同步考虑后期运维经费需求,并在进入运维阶段前提出明确的资金需求方案经审批后纳入预算统筹考虑;

④ 应根据信息系统的重要性、实时性等因素实行分等级管理;

⑤ 应建立持续改进工作机制,定期对运行情况进行评估改进;

⑥ 应符合海关信息化系统相关运行管理制度和规范等要求。

9.3.2.3.2　准入

1. 概述

贸易食品风险信息系统准入指信息系统上线运行的管理及实施,主要工作包括:外购应用软件、系统软件或者平台软件等基础软件的安装部署;以定制开发为主的应用系统的正式上线运行。

2. 基础软件安装部署

在部署及投入运行前应通过相关安全检查及风险评估,对评估存在高风险漏洞、严重隐患的软件,在安全整改完成前不可以接入正式运行环境。

3. 系统上线运行

上线前,应用系统应满足合规性检查及安全评估,完成原版库入库、基础环境就绪、操作日志记录功能完善等上线启动条件,并经运行职能管理部门和业务主管部门审核。

建设单位宜提供必要的运行维护技术手段、文档和培训,并在运行稳定后开展技术支持移交。

上线后,运行单位宜确定运维服务方案并对运维服务保障等级配套要求、监控手段、处置预案及跨网传输等方面进行复核。

9.3.2.3.3　准出

1. 概述

贸易食品风险信息系统准出指信息系统退出运行的管理及实施,主要工作包括:

① 外购应用软件、系统软件或者平台软件等基础软件的退出运行;

② 以定制开发为主的应用系统下线。

2. 下线要求

宜加强应用系统效益及绩效评估,对不再使用或者绩效不达标的软件,业务应用系统主管部门宜及时提出下线建议及下线系统的数据处置方式。

由于业务调整等工作原因,业务主管部门可以与运行职能管理部门协商,通知运行单位对信息系统进行临时停用,系统临时停用不宜超过6个月。

对于发现有高风险漏洞及严重隐患,对信息系统运行造成严重影响的信息系统,在整改完成前,运行单位宜与运行职能管理部门协商后停用。

系统运行过程中,安全性、故障率、用户评价等运行指标不满足新的实际工作场景的要求,系统没有业务支持或不再有运行需求的,运行单位宜联合建设单位提出系统下线或者升级改造建议。

贸易食品风险信息系统下线退出运行前,运行单位宜会同业务主管部门和建设单位共同评估与其他信息系统的关联关系,并做好相关后续处理工作。

9.3.2.3.4　运维保障

1. 概述

贸易食品风险信息系统运维保障主要包括服务请求、监控管理、故障管理、问题管理、变更管理、配置管理、容量管理、容灾管理、知识管理等工作。

2. 服务请求

服务请求应遵循属地管理、首问负责的原则,设立统一入口,分线支持,根据对外发布的服务目录和标准进行限时处置,并设立跟踪、反馈和评价机制。

3. 监控管理

监控管理目标是保障信息系统正常运行,及时发现和有效处置异常情况或者隐患。宜根据监控需求制定监控预案,确保监控实施的全面有效。

4. 故障管理

故障管理应按照发生时受影响的规模、影响范围、受影响信息系统运维保障等级、对业务的影响程度等指标确定故障级别,实行分级管理,不同级别故障应明确相应的处理时限。应遵循"即现即报""核实准确"和"逐级上报"的原则,超出时限未处理完毕的故障应提高报告级别。

5. 问题管理

问题管理目标是通过主动发现根源错误及风险隐患,提出修复方法,将其对业务的不利影响最小化。应按照问题对业务影响程度、问题紧急解决程度及问题引发的风险共同确定问题优先级,并实行分级管理。

6. 变更管理

变更管理是防止或者减少变更对业务的消极影响,确保对信息系统的变动更新都能以有效、快速、标准、可控的方法和步骤进行。应按照信息系统运行保障级别、变更影响程度、变更风险等因素确定变更级别并实行分级管理。

7. 配置管理

配置管理是统一管理各类IT组件的属性信息和相互关系,辅助运行分析决策,提高运行管理质量。应统一管理要求,力求配置数据及时、准确、完整。

8. 容量管理

容量管理是保证在可以接受的成本下,IT容量能够按约定的要求提供,并满足业务持续增长的要求。宜定期对所负责的信息系统和IT资源进行性能分析,及时关注容量升级要求并做好扩容计划,保证IT资源的充分利用。

9. 容灾管理

容灾管理是确保核心业务流程和关键生产在重大灾难性风险面前能够满足业务需求。信息系统容灾管理和应急处置预案应与信息系统同步规划、建设、验收,重要信息系统宜定期组织开展灾备演练。

10. 知识管理

知识管理应将相关知识纳入知识库统一管理,各级运行单位宜定期维护知识库,并由专家小组对知识库中的数据进行规范化管理。

9.3.2.3.5　运维持续改进

1. 量化评估体系建立

宜建立统一的信息系统运行管理量化评估体系,用以评价信息系统使用情况、维护成本、运维服务质量、运维过程质量等方面。

2. 定期评估

各级运行单位应参照统一发布的运维量化相关指标定期组织对运行情况进行评估,并上报。根据评估结果组织相关单位制订改进计划,实施改进。

3. 定期监督与经验交流

宜定期监督和评估运行质量,组织运行单位和建设单位进行经验交流,提出改进需求并组织落实。

9.3.2.4　贸易食品风险溯源信息管理规范

9.3.2.4.1　基本原则

1. 真实性

风险溯源信息应由真实对象或者环境所产生,并能反映食品的真实状况,应做到所有需要记录的时间、地理位置、状态等信息真实可靠,确保其可追溯性。

2. 可靠性

风险溯源信息参与方应建立一套信任体系,能够实现食品追溯管理过程中价值信息的可靠性交换。

3. 时效性

风险溯源信息应及时上报、及时更新,确保有效。

9.3.2.4.2　信息描述

1. 基本信息

在食品生产加工阶段产生的信息,主要包括原材料、生产信息、食品特征信息和食品编码信息、危害信息。

(1) 原材料信息

食品主要的原材料成分信息。

(2) 生产信息

与产品生产加工相关的信息。

（3）特征信息

食品自身属性和质量证明相关的信息。

（4）编码信息

全球供应链中食品唯一编码标识的信息。

（5）危害信息

检测过程中发现的可能危害物质信息。

2. 物流信息

食品从供应地经过运输、存储、装卸、搬运、包装、流通加工、配送等各种物流活动所产生的信息，主要包括运输信息、仓储信息和配送信息等。

3. 通关信息

在口岸办理通关业务时所产生的信息，包括通关状态信息、完税信息和放行信息等。

4. 消费反馈信息

消费者在使用食品后反馈的相关信息。

9.3.2.4.3　相关方要求

1. 概述

风险溯源信息相关方主要包含风险溯源需求方、风险溯源信息提供方、风险溯源服务提供方，具体如下：

① 风险溯源需求方是指提出风险溯源需求的组织或个人；

② 风险溯源信息提供方指参与风险溯源活动，并根据溯源需求提供相应溯源信息的组织或个人，可以是溯源活动的各节点参与方；

③ 风险溯源服务提供方是指通过溯源信息平台对产品溯源信息进行采集、处理，并提供溯源信息服务的组织或个人，可以是溯源活动的各节点参与方，也可以是第三方机构。

2. 信息提供方要求

贸易食品溯源信息提供方应符合GB/T 36061—2018要求。

3. 服务提供方要求

贸易食品溯源服务提供方的要求如下：

① 应建立对贸易食品溯源信息进行收集、审核、更新、处置等溯源信息管理制度；

② 应建立开展产品溯源服务的检验/验证管理制度；

③ 应具备向溯源需求方提供食品溯源信息和实地验证服务的技术能力；

④ 应建立能够收集溯源结果反馈意见的渠道；

⑤ 应具备信息采集、交换与共享、溯源方式选择、信息查询和挖掘分析、溯源结果反馈的能力。

9.3.2.4.4　信息管理要求

1. 信息编码与标识的要求

进口产品溯源信息的编码与标识应符合GB/T 36061—2018中8.2的要求。

出口产品溯源信息的编码与标识应符合产品出口目的国或地区的法律法规要求。

2. 信息采集与处理的要求

采集方法:信息化手段自动采集。

信息处理要求包括:

① 剔除冗余和噪声信息;

② 提取要素包括核心信息和附加信息;

③ 利用信息挖掘,对已发生的风险从时间、来源、区域等多维度进行分析;

④ 信息存储可实现两级存储模式,第一级为初次采集到的信息,第二级为经过风险信息预处理、要素提取之后开展的各类存储活动。

3. 信息展示的要求

溯源信息平台对外展示溯源信息,信息展示按照GB/T 32703的相关规定进行。

溯源信息平台对溯源信息的展示设置查询期限和权限,被查询时可显示本批次产品数量和已经被查询的次数。

4. 信息共享及使用的要求

进口产品溯源信息的共享应符合GB/T 36061—2018中8.3.2的要求。

出口产品溯源信息的共享应符合产品出口目的国或地区的法律法规要求。

所有产品溯源信息的使用均需遵循海关业务数据使用相关管理规定。

5. 信息保存的要求

溯源信息的保存应符合GB/T 36061—2018中8.3.1的要求。

溯源信息应满足政府监管部门的调阅取证等监管要求。

溯源信息应进行定期备份。

溯源信息存储宜采用光盘、磁盘、电子设备、云存储等方式。

存放信息的各类介质应采取相应的保护措施,防止被盗、被毁和受损;需删除和销毁的数据,应具备有效的管理和审批手续,防止信息丢失或被非法拷贝。应采取相应技术手段确保数据安全,防止数据被非法泄露和篡改。

9.3.2.5　贸易食品检测实验室应用接口技术规范

9.3.2.5.1　接口基本要求

1. 接口基本要求

① 采用HTTP或HTTPS协议作为底层承载协议;采用HTTP协议时,应符合IETF RFC 2616的规定;采用HTTPS协议时,应符合IETF RFC 2818的规定;

② 接口请求时采用POST方法;

③ 接口请求与接口响应均采用JSON数据格式;

④ 采用符合IETF RFC 3629规定的UTF-8字符集;

⑤ 采用符合GB/T 7408—2005规定的日期类型;

⑥ 建立接口日志记录,能识别数据异常或追溯交换数据情况。

2. 接口架构

接口架构如图9.10所示。

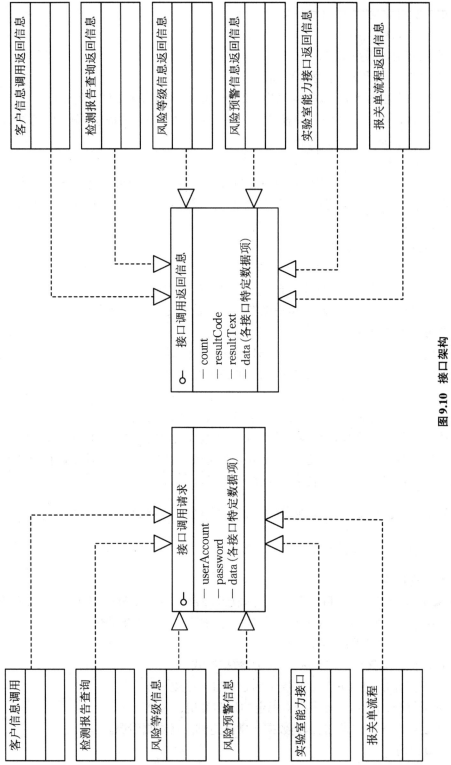

图9.10　接口架构

9.3.2.5.2　接口方法与调用说明

1. 客户信息调用接口

（1）接口方法及说明

接口标识符：getCustomerInfo。

接口说明：用户验证账号密码并输入客户代码或统一代码后，可获取该客户的详细信息。

（2）输入参数及说明

输入参数及说明见表9.2。

表9.2　客户信息输入参数及说明

输入参数		数据类型	非空	说　　明
userAccount		string	是	用户账号
password		string	是	用户账户对应的密码
data	customerCode	string	否	数据	客户代码（客户代码与统一代码两者提供一个）
	unitCode	string	否		统一代码（客户代码与统一代码两者提供一个）

（3）接口返回参数及说明

接口返回参数及说明见表9.3。

表9.3　客户信息接口返回参数及说明

返回参数		数据类型	非空	说　　明
count		int	否	返回的行数
resultCode		string	是	接口响应代码，参见附录A
resultText		string	是	接口响应信息（接口响应具体信息及错误原因）
data	customerCode	string	否	数据	客户代码
	unitCode	string	否		统一代码
	customerName	string	否		客户名称
	customerAddress	string	否		客户地址
	customerContact	string	否		联系人
	customerTel	string	否		联系电话
	customerMail	string	否		联系邮箱
	businessType	string	否		业务分类
	customerOrg	string	否		所属机构
	customerType	string	否		客户分类
	customerCredit	string	否		客户信用
	customerLastDate	date	否		最新申报日期

2. 检测报告查询接口

（1）接口方法及说明

接口标识符：getReport。

接口说明：用户验证账号密码及输入申报单号后，可获取该申报单的检测报告。

（2）接口输入参数及说明

接口输入参数及说明见表9.4。

表9.4　检测报告接口输入参数及说明

输入参数		数据类型	非空	说　　　明	
userAccount		string	是	用户账号	
password		string	是	用户账户对应的密码	
data	declNo	string	是	数据	要查询的申报单号

（3）接口返回参数及说明

接口返回参数及说明见表9.5。

表9.5　检测报告接口返回参数及说明

返回参数		数据类型	非空	说　　　明	
count		int	否	返回的行数	
resultCode		string	是	接口响应代码，参见附录A	
resultText		string	是	接口响应信息（接口响应具体信息及错误原因）	
data	declNo	string	是	数据	申报单号
	applicant	string	否		申请人
	applicantAddr	string	否		申请人地址
	goodsName	string	否		申报品名
	sampleQty	float	否		送样数量
	sampleQtyUnit	string	否		送样数量单位
	sampleDesc	string	否		样品描述
	sampleMark	string	否		样品标记
	receiveDate	date	否		样品接收日期
	testBeginDate	date	否		样品检测开始日期
	testEndDate	date	否		样品检测完成日期
	testItem	string	否		检测项目
	testResult	string	否		检测结果（多行记录，每行包括以下内容）
	itemResult	string	否		项目检测结果
	testMetric	string	否		项目检测结果单位
	testMethod	string	否		检测方法

3. 风险等级信息接口

（1）接口方法及说明

接口标识符：getRiskLevel。

接口说明：用户验证账号密码及输入HS编码/产品名称/产地后，即可获取到相关风险等级信息。

（2）接口输入参数及说明

接口输入参数及说明见表9.6。

表9.6　风险等级信息接口输入参数及说明

输入参数		数据类型	非空	说　　明	
userAccount		string	是	用户账号	
password		string	是	用户账户对应的密码	
data	hsCode	string	否	数据	需要查询的HS编码（HS编码/产品名称/产地至少其中之一不为空）
	productName	string	否		需要查询的产品名称（HS编码/产品名称/产地至少其中之一不为空）
	placeOfOrigin	string	否		需要查询的产地（HS编码/产品名称/产地至少其中之一不为空）

（3）接口返回参数及说明

接口返回参数及说明见表9.7。

表9.7　风险等级信息接口返回参数及说明

返回参数		数据类型	非空	说　　明	
count		int	否	返回的行数	
resultCode		string	是	接口响应代码，参见附录A	
resultText		string	是	接口响应信息（接口响应具体信息及错误原因）	
data	hsCode	string	否	数据	HS编码
	productName	string	否		产品名称
	placeOfOrigin	string	否		产地
	corporate	string	否		企业
	riskItem	string	否		风险项目
	riskLevel	string	否		风险等级
	remark	string	否		备注

4. 风险预警信息接口

（1）接口方法及说明

接口标识符：getAlertInfo。

接口说明：用户验证账号密码及输入HS编码/产品名称/产地后，可获取到相关的风险预警信息。

（2）接口输入参数及说明

接口输入参数及说明见表9.8。

表9.8　风险预警信息接口输入参数及说明

输入参数		数据类型	非空	说　　明
userAccount		string	是	用户账号
password		string	是	用户账户对应的密码
data	hsCode	string	否	需要查询的HS编码（HS编码/产品名称/产地至少其中之一不为空）
	productName	string	否	需要查询的产品名称（HS编码/产品名称/产地至少其中之一不为空）
	placeOfOrigin	string	否	需要查询的产地（HS编码/产品名称/产地至少其中之一不为空）
	beginDate	date	否	查询的起始日期（为空的话表示从系统上线开始）
	endDate	date	否	查询的结束日期（为空的话表示到当前日期为止）

（3）接口返回参数及说明

接口返回参数及说明见表9.9。

表9.9　风险预警信息接口返回参数及说明

返回参数		数据类型	非空	说　　明
count		int	否	返回的行数
resultCode		string	是	接口响应代码，参见附录A
resultText		string	是	接口响应信息（接口响应具体信息及错误原因）
data	hsCode	string	否	HS编码
	productName	string	否	产品名称
	placeOfOrigin	string	否	产地
	riskTime	date	否	风险预警时间
	corporate	string	否	企业
	riskItem	string	否	风险项目
	riskLevel	string	否	风险等级
	remark	string	否	备注

5. 实验室能力接口

（1）接口方法及说明

接口标识符：getLabAbility。

接口说明：用户验证账号密码及输入实验室名称后，可获取到该实验室的检测能力信息。

（2）接口输入参数及说明

接口输入参数及说明见表9.10。

表9.10　实验室能力接口输入参数及说明

输入参数		数据类型	非空	说　　明	
userAccount		string	是	用户账号	
password		string	是	用户账户对应的密码	
data	labName	string	否	数据	实验室名称

（3）接口返回参数及说明

接口返回参数及说明见表9.11。

表9.11　实验室能力接口返回参数及说明

返回参数		数据类型	非空	说　　明	
count		int	否	返回的行数	
resultCode		string	是	接口响应代码	
resultText		string	是	接口响应信息（接口响应具体信息及错误原因）	
data	testItem	string	是	数据	检测项目
	testMethod	string	是		检测方法
	isCma	boolean	是		是否CMA认定
	isCnas	boolean	是		是否CNAS认可

6. 报关单流程接口

（1）接口方法及说明

接口标识符：getDeclProcessInfo。

接口说明：用户验证账号密码及输入报关单号后，可获取到该报关单当前的流程信息。

（2）接口输入参数及说明

接口输入参数及说明见表9.12。

表9.12　报关单流程查询接口输入参数及说明

输入参数		数据类型	非空	说　　明	
userAccount		string	是	用户账号	
password		string	是	用户账户对应的密码	
data	declNo	string	否	数据	要查询的申报单号

（3）接口返回参数及说明

接口返回参数及说明见表9.13。

表9.13　报关单流程查询接口返回参数及说明

返回参数		数据类型	非空	说　　明	
count		int	否	返回的行数	
resultCode		string	是	接口响应代码,参见附录A	
resultText		string	是	接口响应信息(接口响应具体信息及错误原因)	
data	declNo	string	否	数据	申报单号
	currentProcessCode	string	否		当前流程节点名称

小结

　　随着海关系统和政府机构向数字化、智能化发展转型浪潮的兴起,基于先进信息技术与前沿管理理念的智慧实验室建设也迈入了新纪元。本章提出了关于智慧实验室信息化的系列标准体系,其主旨是为了实现该云平台标准化应用推广。为国家食品风险管理决策提供科学依据和数据支撑作为研究目标,该平台的开发应用,其应用前景则是对该云平台的数据信息分析、开发、应用、管理、维护等方面的操作,因而实现了贸易食品风险监控数据的标准化与智能化采集、汇聚、加工、研判、通报和发布为一体的云平台。

　　智慧实验室信息化标准体系的创新、应用和推广,能进一步强化贸易食品安全监管,构建大食品安全工作格局。同时,借助标准化管理技术,提升食品安全整体管理水平,使高质量、高水平发展成为提升国际贸易食品合作共赢的全新优势。

参考文献

[1]　黄建宇,谷玥婵,杨廷,等.海关系统智慧实验室建设的研究[J].质量安全与检验检测,2021,31(3):66-67.

第10章　国际贸易食品编码规范

10.1　研究背景

10.1.1　编码组织

10.1.1.1　国际物品编码协会

商品条码在国际上的管理机构是国际物品编码协会(GS1),前身由美国统一代码委员会和欧洲物品编码协会组成。

1970年,美国食品工业委员会在食品行业进行了条码应用的先行先试,首次实现食品的零售结算。3年后,美国统一代码委员会(UCC)选定UPC码制作为北美通用产品代码。1974年,美国第一次尝试在连锁超市使用条码销售商品,实现了零售结算的自动化,标志着条码技术进入了全新的发展阶段。UPC码的推广促进了条码在美国的应用。1977年,欧洲共同体开发出了与UPC码兼容的欧洲物品编码系统,简称EAN系统,并成立欧洲物品编码协会(EAN)。

随着世界其他国家和地区的编码组织相继加入,1981年,欧洲物品编码协会更名为国际物品编码协会,总部设在比利时首都布鲁塞尔。国际物品编码协会自成立以来,不断加强与美国统一编码委员会(UCC)的合作,先后两次达成EAN/UCC联盟协议,以共同开发管理EAN/UCC系统。

2002年的11月26日,国际物品编码协会(EAN)与美国统一代码委员会(UCC)正式合并。2005年正式更名为国际物品编码协会(GS1),在全球推广统一、通用的,包括产品、位置和服务的编码、数据载体技术以及电子数据交换技术的GS1系统。

至今,以商品条码为基础发展而来的GS1全球统一标识系统已经被广泛应用于医疗保健、零售业等多个领域。

在医疗保健领域中,推行全球标准在商业医疗和临床流程中的统一,构建可互操作、高质量和高效的医疗保健服务,从而能够使患者受益。2021年12月,GS1医疗保健公司发布了其对每个医疗产品只使用一个GS1条码的建议,在其成员担任全球卫生信息学标准化联合倡议理事会(JIC)主席期间,持续推动对GS1在卫生信息学领域的作用以及JIC与监管机构和世卫组织的工作。

零售行业中,通过提供准确的、完整的、协调的数字产品信息,从而对产品身份进行验证,保障供应链的高效、弹性与透明度。GIS帮助食品类零售商等实现产品的可追溯性,提升监管效率,实现可持续发展。

在交易平台方面,建立GTIN为全球贸易项目代码(Global Trade Item Number),是编码系统中应用最广泛的标识代码。GTIN是为全球贸易项目提供唯一标识的一种代码(称代码结构),有4种不同的代码结构:GTIN-13,GTIN-14,GTIN-8和GTIN-12。这4种结构针对不同包装形态的商品进行唯一编码,从而保证该项目在相关的领域中具有全球唯一的识别码。对贸易项目进行编码和符号标示,能够实现商品零售(POS)、进货、存补货、销售分析及其他业务运作的自动化。

10.1.1.2　中国物品编码中心

中国物品编码中心于1988年成立,是统一组织、协调、管理我国商品条码、物品编码与自动识别技术的专门机构,隶属于国家市场监督管理总局,1991年4月代表我国加入国际物品编码组织(GS1),负责推广国际通用的、开放的、跨行业的全球统一标识系统和供应链管理标准,向社会提供公共服务平台和标准化解决方案。

中国物品编码中心在全国设有47个分支机构,形成了覆盖全国的集编码管理、技术研发、标准制定、应用推广以及技术服务为一体的工作体系。物品编码与自动识别技术已广泛应用于零售、制造、物流、电子商务、移动商务、电子政务、医疗卫生、产品质量追溯、图书音像等国民经济和社会发展的诸多领域。全球统一标识系统是全球应用最为广泛的商务语言,商品条码是其基础和核心。截至目前,编码中心累计向100多万家企业提供了商品条码服务,全国有上亿种商品上印有商品条码。

中国物品编码中心的主要职责是:

① 负责拟订并组织实施全国商品条码、物品编码、产品电子代码与标识工作的规章制度及工作规划;

② 统一组织、协调全国条码工作,承担全国商品条码、物品编码、产品电子代码与标识管理的实施工作,并负责统一注册、统一赋码;

③ 履行国际物品编码组织(GS1)成员职责,参加有关国际组织的各项活动,按照国际通用规则推广、应用和发展全球统一标识系统及相关技术;

④ 组织建立国家物品编码体系及自动识别技术标识体系,开展物品编码、条码、二维码、射频等自动识别技术研究;

⑤ 承担物品编码及自动识别技术领域相关国家标准和技术规范的编制修订工作;

⑥ 承担国家物品编码与标识体系的推广应用工作,承担市场监管相关业务领域中的编码与标识服务工作;

⑦ 承担国家物品编码信息数据库的建设和管理,组织开展相关信息服务工作;

⑧ 组织开展对全国商品条码系统成员的培训、咨询及条码质量检测等技术服务工作;

⑨ 承办国家市场监督管理总局交办的其他工作。

编码中心作为我国编码技术的研究阵地,在"八五""九五"期间均承担了一系列国家级的重大研究课题,为我国条码应用做了深入研究,并取得了一系列具有自主知识产权的科研成果。同时,编码中心也促进了条码技术应用由商业零售业向运输、物流、服务等国民经济和社会生活的诸多领域拓展。由于我国条码应用和研究取得的成绩显著,条码工作被国家列入"十五"计划纲要。在"十一五"和"十二五"期间,编码中心以服务经济社会发展、服务政府监管、服务行业企业和服务民生为宗旨,全面履行国家赋予的物品编码管理职能,物品编码工作体系进一步完善,服务能力进一步提升,科研创新能力进一步增强,重点领域应用进一步深化,国际化水平进一步提高,实现了物品编码事业的健康可持续发展。

商品条码技术及应用在我国经历了 4 个发展阶段[2]:

1986—1995 年的起步阶段。1986 年,原国家编码局标准信息分类编码研究所设立编码研究室(后改为编码中心),进行条码技术基础研究,并为我国企业办理国际通用的条码,解决了产品出口的瓶颈问题。

1996—2002 年的快速发展阶段。在这一时期,中国的物品编码技术日臻成熟,《商品条码管理办法》的出台,规范了商品条码的应用,较好地满足了我国商业流通自动化的需求。

2003—2008 年的全面发展阶段。在这一时期,中国的条码推进工程的实施,推动了各行业和各领域条码技术的广泛应用。

2009 年至今的创新发展阶段。这一时期加强了国家物品编码管理体系和物联网编码标识的研究,使自动识别技术更好地服务于网络经济和政府监管。目前,我国使用商品条码的产品总数有 8 000 多万种,产品数据市场覆盖率超过 50%,建立了全球领先的商品信息数据库,基本满足了我国经济社会发展的应用需求,在商品流通、电子商务、产品质量监管以及产品信息交换等方面发挥着重要作用。近年来我国的物品编码工作在管理、重点领域应用、数据共享、技术研究等多个方面,都处于国际领先地位。我国商品条码在电子商务中的深度应用成为其他编码组织学习的焦点,商品数据库建设与商品数据应用工作成为国际表率,植入性医疗器械追溯工作得到多个国际组织的赞许。

10.1.2　国内编码现状

10.1.2.1　HS 编码

10.1.2.1.1　HS 编码的产生与发展

HS 编码即海关编码,为编码协调制度的简称。其全称为《商品名称及编码协调制度的国际公约》(International Convention for Harmonized Commodity Description and Coding System)简称协调制度(Harmonized System,缩写为 HS),是 1983 年 6 月海关合作理事会(现名世界海关组织)主持制定的一部供海关、统计、国际贸易管理及与国际贸易有关各方共同使用的商品分类编码体系。

HS 编码"协调"制度涵盖了《海关合作理事会税则商品分类目录》(CCCN)和联合国的《国际贸易标准分类》(SITC)两大分类编码体系,是系统的、多用途的国际贸易商品分类体系。它除了用于海关税则和贸易统计外,对运输商品的计费、统计、计算机数据传递、国际贸易单证简化以及普遍优惠制税号的利用等方面,都提供了一套可使用的国际贸易商品分类体系。

从1992年1月1日起,我国国际贸易税则采用世界海关组织《商品名称及编码协调制度》(简称HS),该制度是一部科学的、系统的国际贸易商品分类体系,采用六位编码,适用于税则、统计、生产、运输、贸易管制、检验检疫等多方面,目前全球贸易量98%以上使用这一目录,已成为国际贸易的一种标准语言。我国国际贸易税则采用十位编码,前八位等效采用HS编码,后两位是我国子目,它是在HS分类原则和方法基础上,根据我国国际贸易商品的实际情况延伸的两位编码。

HS于1988年1月1日正式开始实施,每4年修订1次。世界上已有200多个国家使用HS,全球贸易总量98%以上的货物都是以HS分类的。HS的总体结构包括三大部分:归类规则;类、章及子目注释;按顺序编排的目与子目编码及条文。这三部分是HS的法律性条文,具有严格的法律效力和严密的逻辑性。HS首先列明6条归类总规则,规定了使用HS对商品进行分类时必须遵守的分类原则和方法。HS的许多类和章在开头均列有注释(类注、章注或子目注释),严格界定了归入该类或该章中的商品范围,阐述HS中专用术语的定义或区分某些商品的技术标准及界限。

HS采用六位数编码,把全部国际贸易商品分为22类,98章。章以下再分为目和子目。商品编码第一、二位数码代表"章",第三、四位数码代表"目"(Heading),第五、六位数码代表"子目"(Subheading)。前6位数是HS国际标准编码,HS有1 241个四位数的税目,5 113个六位数子目。

在HS中,"类"基本上是按经济部门划分的,如食品、饮料和烟酒在第四类,化学工业及其相关工业产品在第六类,纺织原料及制品在第十一类,机电设备在第十六类。HS"章"分类基本采取两种办法:一是按商品原材料的属性分类,相同原料的产品一般归入同一章,二是按商品的用途或性能分类。

类次以及同一个类的章次的排序原则是:

① 存在物质属性差别时,先动物产品,再植物产品,再矿物产品,最后化学及相关产品,如活体动物及动物产品在第一类,植物产品在第二类,矿物产品在第三类,化学及相关工业产品在第六类;又如第十一类中第五十、五十一章为动物纤维产品,第五十二、五十三章为植物纤维产品,第五十四、五十五章为化学纤维产品。

② 存在加工关联时,依照加工程序,由低向高递增序次,如牛肉在第一类第二章,牛肉罐头在第四类第十六章。

同一个章内商品存在加工关联的,依据其加工程度,由低到高逐次排列,原材料商品在前,半制成品居中,制成品居后,如第五十二章棉花分属品目52.01—52.03,棉纱线分属品目52.04—52.07,棉机织物分属品目52.08—52.12。

10.1.2.1.2　HS编码的主要功能

海关编码的主要作用是海关对国际贸易的商品实施监管和统计,根据不同HS编码的商品实施不同的监管、关税和增值税的征缴等。商品如需国际贸易到达某国家,必须通过该商品所属的 HS 向海关申报,便于各国进行该商品类型的贸易统计。此外,根据 HS 编码可以查询不同货物的国际贸易监管条件,例如是否需要通关单、进口许可证、3C 证书等。每个 HS 编码都会对应一组关税、增值税及退税税率,海关会根据不同编码的商品实施不同的监管及关税、增值税的征缴,商检局也根据这个编码对需要检验的商品实施检验,税务部门需要根据编码来确认是否享受退税和可以退税的税率。

以中国的海关编码为例,84391000.00 为制造纤维素纸浆的机器,其进口关税最惠国税率 8.4%、普通税率 30.0%,增值税率 17.0%。对应税率中,中国与东盟 10 国有更优惠的税率,与中国台湾签订有两岸框架合作协议,即 ECFA,具体对应的税率可另行查询。

海关编码承载了关税和非关税政策的各项信息,而作为货物通关的唯一商品编码,准确的商品归类,对征收关税,统计数据,打击走私、违规行为,对我国实施的部分反倾销、反补贴、配额等贸易管理都有较大的帮助。

10.1.2.2　GS1 编码

10.1.2.2.1　GTIN 编码

GTIN 是全球贸易项目代码(Global Trade Item Number),是国际物品编码协会(GS1)标准中应用最广泛的一种标识代码,为全球贸易项目提供唯一标识的一种代码(称代码结构)。该编码通过对贸易项目进行编码和符号进行标示,能够实现商品零售(POS)、进货、存补货、销售分析及其他业务运作的自动化。

GTIN 共 4 种不同的代码结构:非零售商品标识代码 GTIN-14、零售商品标识代码 GTIN-13(原称 EAN-13)、零售商品标识代码 GTIN-12(原称 UPC-12)、零售商品标识代码 GTIN-8(原称 EAN-8)。

以 GTIN-13 为例,具体代码结构见表 10.1。

表 10.1　GTIN 代码结构

结构种类	厂商识别代码	商品项目代码	检验码
结构一	$X_{13}X_{12}X_{11}X_{10}X_9X_8X_7$	$X_6X_5X_4X_3X_2$	X_1
结构二	$X_{13}X_{12}X_{11}X_{10}X_9X_8X_7X_6$	$X_5X_4X_3X_2$	X_1
结构三	$X_{13}X_{12}X_{11}X_{10}X_9X_8X_7X_6X_5$	$X_4X_3X_2$	X_1
结构四	$X_{13}X_{12}X_{11}X_{10}X_9X_8X_7X_6X_5X_4$	X_3X_2	X_1

厂商识别代码(7～10 位):由中国物品编码中心负责分配和管理。

前缀码(前 3 位):厂商识别代码左起 3 位,由国际物品编码协会分配给各国物品编码组织。

例如,中国的前缀码为 690～699,也叫境内条码,前缀码为 690、691 的采用结构一(7＋5＋1),前缀码为 692～695 的采用结构二(8＋4＋1)。

商品项目代码(5～2 位):一般由厂商编制,也可由中国物品编码中心负责编制。

校验位(末位):用于检验整个编码的正误。

GTIN 是给产品颁发的"身份证"和"通行证",作为产品的背书,通常可以在产品包装的条形码上或书籍的封面找到,是商品流通过程中的全球唯一身份标识。

10.1.2.2.2　SSCC 编码

SSCC 是 Serial Shipping Container Code 的简称,其中文名称为系列货运包装箱代码。SSCC 可以为物流单元提供具有全球唯一性的身份标识,它可以用 GS1-128 条码、二维码表示,由扩展位、厂商识别代码、系列号和校验码组成,其中,扩展位用于增加 SSCC 的容量,由企业自行分配。厂商识别代码由中国物品编码中心分配给企业。系列号由企业自行分配,一般为流水号,不表示任何含义。校验码根据标准公式计算得出。物流运输过程中,通过扫描识读物流单元上承载 SSCC 信息的条码符号,建立商品流通与相关信息间的链接,跟踪和记录物流单元的实际流动,为商品追溯提供物流过程信息。

10.1.2.2.3　GLN 编码

全球参与方位置代码(Global Location Number,GLN)是对参与供应链等活动的法律实体、功能实体和物理实体进行唯一标识的代码,简称位置码或全球位置码[3]。位置代码由厂商识别代码、位置参考代码和校验码组成,用 13 位数字表示,具体结构如表 10.2 所示。

表 10.2　GLN 代码结构

结构种类	厂商识别代码	位置参考代码	校验码
结构一	$N_1N_2N_3N_4N_5N_6N_7$	$N_8N_9N_{10}N_{11}N_{12}$	N_{13}
结构二	$N_1N_2N_3N_4N_5N_6N_7N_8$	$N_9N_{10}N_{11}N_{12}$	N_{13}
结构三	$N_1N_2N_3N_4N_5N_6N_7N_8N_9$	$N_{10}N_{11}N_{12}$	N_{13}

法律实体是指合法存在的机构,如:供应商、客户、银行、承运商等。

功能实体是指法律实体内具体的部门,如:某公司的财务部。

物理实体是指具体的位置,如:建筑物的某个房间、仓库或仓库的某个门、交货地等。

10.1.2.2.4　GRAI 编码

全球可回收资产代码(Global Returnable Asset Identifier,GRAI)是 GS1 全球统一编码标识体系中,用于标识可回收资产的一种编码数据结构,具有全球唯一性。通常,可回收资产是指具有一定价值,可再次使用的包装或运输设备,例如,啤酒桶、高压气瓶、塑料托盘或板条箱等。

按照不同的厂商识别代码位数,GRAI 可以分为 4 种结构,其固定长度均为 14 位,其编码规则为:首位为填充位,固定为"0";厂商识别代码需在中国物品编码中心申请注册获得;资产类型代码 2~5 位数字由厂商识别代码注册者本着唯一、不变等原则自行编制,代表产品品类属性;校验码按照 GB/T 23833—2022 规定的规则计算生成。系列号为非必选项,由厂商识别代码注册者自行编制,可以是数字和字母组成,最长 16 位(表 10.3)。应用时,GRAI 的应用标识符(AI)固定为 8003。

表 10.3　GRAI 代码结构

结构种类	填充位	厂商识别代码	位置参考代码	校验码	系列号（可选）
结构一	0	$N_1N_2N_3N_4N_5N_6N_7$	$N_8N_9N_{10}N_{11}N_{12}$	N_{13}	$X_1-X_j(j{\leqslant}16)$
结构二	0	$N_1N_2N_3N_4N_5N_6N_7N_8$	$N_9N_{10}N_{11}N_{12}$	N_{13}	$X_1-X_j(j{\leqslant}16)$
结构三	0	$N_1N_2N_3N_4N_5N_6N_7N_8N_9$	$N_{10}N_{11}N_{12}$	N_{13}	$X_1-X_j(j{\leqslant}16)$
结构四	0	$N_1N_2N_3N_4N_5N_6N_7N_8N_9N_{10}$	$N_{11}N_{12}$	N_{13}	$X_1-X_j(j{\leqslant}16)$

10.1.2.2.5　GIAI 编码

全球单个资产代码（Global Individual Asset Identifier，GIAI）是 GS1 全球统一编码标识体系中，用于标识单个资产的编码数据结构，具有全球唯一性。通常，单个资产是指由一定特性构成的一项物理实体。

GIAI 分为厂商识别代码和单个资产参考代码两部分，由不大于 30 位的数字字母代码构成。按照不同的厂商识别代码位数，GIAI 分为 4 种结构，其编码规则为：厂商识别代码需在编码中心申请注册获得；单个资产参考代码为数字和字母构成，按照不同结构种类，最长不超过 20～23 位，由厂商识别代码注册者自行编制，但需保证编码的唯一性。应用时，GIAI 的应用标识符（AI）固定为 8004（表 10.4）。

表 10.4　GIAI 代码结构

结构种类	厂商识别代码	单个资产参考代码
结构一	$N_1N_2N_3N_4N_5N_6N_7$	$X_1-X_j(j{\leqslant}30)$
结构二	$N_1N_2N_3N_4N_5N_6N_7N_8$	$X_1-X_j(j{\leqslant}30)$
结构三	$N_1N_2N_3N_4N_5N_6N_7N_8N_9$	$X_1-X_j(j{\leqslant}30)$
结构四	$N_1N_2N_3N_4N_5N_6N_7N_8N_9N_{10}$	$X_1-X_j(j{\leqslant}30)$

在 GS1 标准体系下，全球可回收资产代码（GRAI）和全球单个资产代码（GIAI）体现了高度的科学性、唯一性、规范性，不但便于灵活、广泛地应用，还便于世界范围内的统一，为数据流转和共享提供了根本保证。

10.1.2.2.6　GSRN 编码

EAN·UCC 全球服务关系代码（GSRN）可用来标识服务关系中的服务接受方。它为服务提供方提供了一个准确唯一的标识代码，用以存储与提供给服务接受方服务的有关数据。全球服务关系代码（GSRN）是访问计算机中存储的或通过 EDI 传输的信息关键字。

GSRN 编码是由 4 段数据组成的一组 22 位数字构成[4]：第一部分 AI 由 4 位数字组成，标识数据含义与格式的字符；第二部分厂商识别代码由 9 位数字组成，中国物品编码中心负责分配和管理，由承担试点单位北京节能环保中心注册成为中国商品条码系统成员，拥有自己的产品和服务标注商品条码的权利；第三部分服务项目代码由 8 位数字组成，由北京节能环保中心依据流水号、无含义性原则编制，以标识服务关系中废旧电器物品的个体，用于记录回收各环节参与方信息数据交换；第四部分校验位用于检验整个编码的正误。

10.1.2.2.7　GDTI 编码

全球文书类型编码标准(Global Document Type Identifier, GDTI)适用于纸质、电子或数字类型的各种文书,可用于标识发票、所有权证、毕业文凭、驾驶证、证明文书的文书类型和等级[5]。GDTI 可用条码的方式加载在电子证书上,也可以直接印刷在纸质证书上,并利用该编码实现证书识别、证书管理、信息检索、证书追踪和证书防伪。

按照《GS1通用规范(第18版)》和 GB/T 16986—2018《商品条码应用标识符》,采用全球文件/单证类型代码应用标识符(GDTI)AI(253)的编码方案对科技项目进行唯一编码是合适的选择[6]。AI(253)为固定使用,代表该类型编码指向为科研项目(以一份申报书为一个科技项目)。GDTI 中 N1 至 N9 为科技管理部门所在单位注册的厂商识别代码,目前发码基本为9位;N10 至 N12 为科技管理部门自定义的项目类型代码,可以依据工作需要自行设置,如,N10 为项目性质代码(基础研究类、平台建设类、成果转化类等);N11 至 N12 为项目领域代码(标准类、计量类、质量类、特种设备类等);N13 为校验码,依据 GB/T 16986—2018《商品条码应用标识符》中附录B的要求进行计算得出。序列代码赋予是科技项目唯一的标识,最多不超过17位数字,一般选择8位即可,如"20191234",2019代表申报年份,1234代表申报顺序号。

10.2　规范与应用

10.2.1　实验室编码体系规则

目前国内检验检疫系统的实验室管理尚未形成统一的贸易食品实验室编码体系与编码规则。在检验检疫系统信息化日益完善的背景下,这给各地食品实验室的信息交流带来了障碍。由于缺乏统一的贸易食品实验室编码规则和编码体系,同一个实验室的内部数据无法有效的集成,同一类实验室间的数据不能有效进行交换,同一个实验在不同实验室中有着不同的编号与代码,给大数据的统一带来不便。为了解决以上问题,本研究从实验室实际工作出发,根据日常经验,参考国际贸易商品编码体系原则,制定了有关贸易食品实验室的分类代码体系、实验室工作人员、仪器设备分类代码体系和实验室检测项目代码体系。

10.2.1.1　实验室编码规则

实验室编码可分为两个部分,第一部分是实验室代码,用6位流水号表示,该编码是唯一代码,可以作废,新增代码按流水号自动增加;第二部分是分类码,用18位数字表示,具体含义表示如下:

①为实验室成立时间,取4位数字;

②为实验室等级,如1为重点,2为区域,3为常规;

③为实验室检测项目,如微生物、添加剂、有害元素、农药残留、兽药残留、毒素等;

④为业务类别,1为国内质量监督,2为国际贸易检验检疫;

⑤为单位机构代码;

⑥为实验室流水号。

10.2.1.2 实验室人员编码规则

实验室人员编码可分为两个部分,第一部分是实验室人员代码,用8位流水号表示,该编码是唯一代码,可以作废,新增代码按流水号自动增加,人员调动后,编码不变,分类码可以改变;第二部分是分类码,用10位数字表示,具体含义表示如下:

①为实验室人员代码;

②为实验室人员流水号。

10.2.1.3 实验室仪器设备编码规则

仪器设备编码分为两部分:第一部分实验室仪器设备代码,用8位流水号表示,该编码是唯一代码,可以作废,新增代码按流水号自动增加。第二部分为实验室仪器设备分类代码,用18位数字表示,具体含义表示如下:

①为仪器大类代码,如分析仪器,代码为:01;

②为仪器中类代码,如电子光学仪器,代码为:0101;

③为仪器小类代码,如透射电镜,代码为:010101;

④为仪器产区类别:进口为1,国产为2;

⑤为业务类别,1为国内质量监督,2为国际贸易检验检疫;

⑥为实验室代码,取实验室6位代码;

⑦为小类仪器序号。

实验室仪器设备前6位(大类、中类和小类)编码规则如下:注意格式空行

01 分析仪器

  0101 电子光学仪器

   010101 透射电镜

   010102 扫描电镜

   010103 电子探针

010104　电子能谱仪

010105　其他

0102　质谱仪器

010201　有机质谱仪

010202　无机质谱仪

010203　同位素质谱仪

010204　离子探针

010205　其他

0103　X射线仪器

010301　X射线衍射仪

010302　X射线荧光光谱仪

010303　X射线能谱仪

010304　其他

0104　光谱仪器

010401　紫外可见分光光度计

010402　荧光分光光度计

010403　原子吸收分光光度计

010404　原子荧光光谱仪

010405　光电直读光谱仪

010406　激光光谱仪

010407　光谱成像仪

010408　光声光谱仪

010409　红外光谱仪

010410　拉曼光谱仪

010411　圆二色光谱仪

010412　旋光分析仪

010413　其他

0105　色谱仪器

010501　气相色谱仪

010502　液相色谱仪

010503　离子色谱仪

010504　薄层扫描色谱仪

010505　凝胶色谱仪

010506　超临界色谱仪

010507　电泳仪

010508　其他

0106　波谱仪器

010601　核磁共振波谱仪

010602　顺磁共振波谱仪

010603　其他

0107　电化学仪器

010701　电化学传感器

010702　库仑分析仪

010703　极谱仪

010704　电位滴定仪

010705　离子浓度计

010706　酸度计

010707　其他

0108　显微镜及图像分析仪器

010801　光学显微镜

010802　激光共焦显微镜

010803　扫描探针显微镜

010804　图像分析仪

010805　其他

0109　热分析仪器

010901　差热分析仪

010902　示差扫描量热计

010903　热天平

010904　导热系数测定仪

010905　热膨胀系数测定仪

010906　热成像仪

010907　其他

0110　生化分离分析仪器

011001　氨基酸及多肽分析仪

011002　凝胶扫描仪

011003　生物化学发光仪

011004　生化分析仪

011005　酶标仪

011006　DNA合成仪

011007　DNA测序仪

011008　DNA样本制备仪

011009　基因导入仪

011010　多肽合成仪

011011　PCR仪

011012　流式细胞仪

011013　细胞分析仪

011014　细胞融合仪
011015　生物大分子分析系统
011016　蛋白纯化仪
011017　蛋白测序仪
011018　多参数免疫分析仪
011019　蛋白凝胶系统
011020　生物芯片系统
011021　高通量药物筛选仪
011022　SNP遗传多态性分析仪
011023　离心机
011024　其他
0111　　环境与农业分析仪器
011101　大气污染监测仪器
011102　COD分析仪
011103　BOD分析仪
011104　TOC分析仪
011105　烟尘浓度计
011106　油污染测量仪
011107　浊度计
011108　环境噪声测量仪
011109　土壤水分测量仪
011110　土壤养分测试仪
011111　光合测定仪
011112　根系分析仪
011113　叶绿素测定仪
011114　光合作用有效辐射仪
011115　其他
0112　样品前处理及制备仪器
011201　微波消解装置
011202　微波萃取装置
011203　快速溶液萃取装置
011204　固体萃取装置
011205　超临界萃取装置
011206　冷冻干燥机
011207　自动脱水机
011208　旋转薄膜蒸发仪
011219　超薄切片机
011210　组织包埋机

011211　振荡器

011212　热解析装置

011213　热裂解装置

011214　吹扫捕集装置

011215　匀浆机

011216　超声粉碎机

011217　采样装置

011218　其他

0113　其他

02　物理性能测试仪器

0201　力学性能测试仪器

020101　材料实验机

020102　硬度计

020103　高温高压三轴仪

020104　表面界面张力仪

020105　接触角测量仪

020106　粘度计

020107　其他

0202　大地测量仪器

020201　经纬仪

020202　水准仪

020203　其他

0203　光电测量仪器

020301　光放大器

020302　光波长计

020303　光功率计

020304　光时域反射仪

020305　光频域测量仪

020306　光偏振态分析仪

020307　光纤多参数测量仪

020308　其他

0204　声学振动仪器

020401　声速／声衰减测量仪

020402　声呐仪

020403　声学海流剖面仪

020404　声学计程仪

020405　声学悬浮沙浓度计

020406　振动仪

020407　其他

0205　颗粒度测量仪器

020501　粒子计数器

020502　粒度分布测量仪

020503　孔隙度/比表面测量仪

020504　其他

0206　探伤仪器

020601　X射线探伤仪

020602　磁力探伤仪

020603　超声探伤仪

020604　涡流探伤仪

020605　伽马射线探伤仪

020606　其他

0207　其他

03　计量仪器

0301　长度计量仪器

030101　测长仪

030102　激光干涉比长仪

030103　三坐标测量机

030104　工具显微镜

030105　投影仪

030106　测角仪

030107　其他

0302　热学计量仪器

030201　标准温度计

030202　光电高温测量仪

030203　热像仪

030204　比热装置

030205　热量计

030206　其他

0303　力学计量仪器

030301　天平

030302　标准测力计

030303　压力计

030304　真空计

030305　流量计

030306　密度计

030307　其他

0304　电磁学计量仪器
　　030401　直/交流电桥
　　030402　电位差计
　　030403　磁强计
　　030404　测场仪
　　030405　其他

0305　时间频率计量仪器
　　030501　原子频率标准
　　030502　石英晶体频率标准
　　030503　其他

0306　声学计量仪器
　　030601　声级计
　　030602　噪声计
　　030603　其他

0307　光学计量仪器
　　030701　光度计
　　030702　色度计
　　030703　光辐射计
　　030704　光反射／透射计
　　030705　其他

0308　其他

04　天文仪器

0401　天体测量仪器
　　040101　多普勒测距仪
　　040102　等高仪
　　040103　天体照相仪
　　040104　赤道仪
　　040105　四轴大型经纬仪
　　040106　其他

0402　地面天文望远镜
　　040201　光学、红外望远镜
　　040202　毫米波望远镜
　　040203　射电望远镜
　　040204　其他

0403　空间天文望远镜
　　040301　X 射线望远镜
　　040302　γ 射线望远镜
　　040303　可见光、紫外和红外望远镜

040304　其他

0404　其他

05　海洋仪器

0501　海洋水文测量仪器

050101　波浪测量仪器

050102　潮汐测量仪器

050103　海流测量仪器

050104　海水温盐测量仪器

050105　海洋深度测量仪器

050106　海冰测量仪器

050107　水色及透明度测量仪器

050108　综合测量仪器

050109　其他

0502　多要素水文气象测量系统

050201　锚系水文气象资料浮标系统

050202　水下多参数综合观测系统

050203　台站水文气象自动观测系统

050204　船用水文气象自动观测系统

050205　其他

0503　海洋生物调查仪器

050301　叶绿素与初级生产力调查仪器

050302　微生物调查仪器

050303　浮游生物调查仪器

050304　底栖生物调查仪器

050305　其他

0504　海水物理量测量仪器

050401　海水声学特性测量仪器

050402　海洋水体光学特性测量仪器

050403　海洋电磁学测量仪器

050404　其他

0505　海洋遥感／遥测仪器

050501　海洋表面波雷达(高频地波)

050502　多光谱扫描仪

050503　合成孔径雷达

050504　多模态微波仪

050505　雷达高度计

050506　多波段CCD相机

050507　机载红外测温仪

　050508　中分辨率成像光谱仪

　050509　海洋水色测量仪

　050510　其他

0506　海洋采样设备

　050601　采水器

　050602　底质采样器

　050603　生物采样器

　050604　地质采样器

　050605　其他

0507　其他

06　地球探测仪器

0601　电法仪器

　060101　直流电法仪

　060102　交流电法仪

　060103　激发极化法仪

　060104　其他

0602　电磁法仪器

　060201　大地电磁法仪

　060202　瞬变电磁法仪

　060203　频率域电磁法仪

　060204　混场源电磁法仪

　060205　核磁共振找水仪

　060206　地质雷达

　060207　其他

0603　磁法仪器

　060301　磁通门磁力仪

　060302　质子旋进磁力仪

　060303　光泵磁力仪

　060304　超导磁力仪

　060305　霍尔效应磁力仪

　060306　磁阻效应磁力仪

　060307　其他

0604　重力仪器

　060401　石英弹簧重力仪

　060402　金属弹簧重力仪

　060403　超导重力仪

　060404　激光重力仪

　060405　重力梯度仪

　　　060406　其他
　　0605　地震仪器
　　　060501　浅层地震仪
　　　060502　深层地震仪
　　　060503　天然地震仪
　　　060504　强震仪
　　　060505　检波器
　　　060506　地震勘探震源
　　　060507　其他
　　0606　地球物理测井仪器
　　　060601　电法测井仪
　　　060602　磁法测井仪
　　　060603　电磁法测井仪
　　　060604　声波测井仪
　　　060605　放射性测井仪
　　　060606　重力测井仪
　　　060607　地震测井仪
　　　060608　核磁共振测井仪
　　　060609　其他
　　0607　岩石矿物测试仪器
　　　060701　磁化率测试仪
　　　060702　密度测试仪
　　　060703　岩石硬度测试仪
　　　060704　原油水分测试仪
　　　060705　岩石电参数测试仪
　　　060706　其他
　　0608　其他

07　大气探测仪器
　　0701　气象台站观测仪器
　　　070101　地面气象观测仪器
　　　070102　自动气象站
　　　070103　大气辐射通量仪
　　0702　高空气象探测仪器
　　　070201　无线电气象探空仪/地面接收设备
　　　070202　臭氧探空仪/特殊要素探测器
　　　070203　气象火箭与箭载传感器
　　　070204　平流层科学气球平台/探测器
　　　070205　系留气艇平台/探测器

070206　其他

0703　特殊大气探测仪器

070301　大气电场仪

070302　雷电定位仪

070303　雷电辐射仪

070304　全天空云成像仪

070305　能见度仪

070306　超声温度、风速脉动仪

070307　气溶胶粒谱仪

070308　云/冰晶粒谱仪

070309　降水粒谱仪

070310　其他

0704　主动大气遥感仪器

070401　微波气象雷达

070402　毫米波测云雷达

070403　晴空探测雷达、风廓线仪

070404　激光雷达

070405　无线电声探测系统

070406　声雷达

070407　其他

0705　被动大气遥感仪器

070501　太阳/大气光谱辐射仪/光度计

070502　紫外大气光谱辐射仪

070503　红外辐射计

070504　微波/毫米波辐射计/波谱仪

070505　全天空成像光谱辐射仪/光度计

070506　微压计

070507　GPS水汽遥感仪

070508　掩星大气探测仪

070509　临边大气探测仪

070510　偏振成像辐射仪

070511　其他

0706　高层大气/电离层探测器

070601　电离层探测仪

070602　中频相干散射雷达

070603　流星雷达

070604　非相干散射雷达

070605　气辉成像光度计

070606 极光成像光度计

070607 其他

0707 对地观测仪器

070701 成像光谱仪

070702 合成孔径雷达

070703 干涉合成孔径雷达

070704 微波散射计

070705 微波高度计

070706 其他

0708 其他

08 电子测量仪器

0801 通用电子测量仪器

080101 直流稳压／稳流电源

080102 信号发生器

080103 示波器

080104 数字频率计

080105 扫频仪

080106 集成电路测试仪

080107 图示仪

080108 频谱分析仪

080109 其他

0802 射频和微波测试仪器

080201 EMI/EMC测试系统

080202 天线和雷达截面测量系统

080203 信号开发和截获测量系统

080204 射频和微波测量系统

080205 其他

0803 通信测量仪器

080301 无线通信测量仪

080302 有线通信测量仪

080303 数字通信测量仪

080304 光通信测量仪

080305 其他

0804 网络分析仪器

080401 矢量分析仪

080402 逻辑分析仪

080403 其他

0805 大规模集成电路测试仪器

080501　数字电路测试系统

080502　模拟电路测试系统

080503　数模混合信号测试系统

080504　其他

0806　其他

09　医学诊断仪器

0901　临床检验分析仪器

090101　血液分析仪

090102　细菌分析仪

090103　尿液分析仪

090104　血气分析仪

090105　其他

0902　影像诊断仪器

090201　X 射线断层扫描诊断仪

090202　核磁共振断层诊断仪

090203　单光子断层成像仪

090204　正电子扫描成像仪

090205　透视激光数字成像系统

090206　X 射线诊断机

090207　超声波诊断机

090208　其他

0903　电子诊察仪器

090301　心电图机

090302　脑电图仪

090303　肌电图仪

090304　眼震电图仪

090305　电声诊断仪

090306　监护系统

090307　肺功能检测仪

090308　血流图仪

090309　电子压力测定装置

090310　神经功能测定仪

090311　内窥镜

090312　其他

0904　其他

10　核仪器

1001　核辐射探测仪器

100101　γ 射线辐射仪

　　　　100102　α射线辐射仪

　　　　100103　β射线辐射仪

　　　　100104　中子辐射仪

　　　　100105　X射线辐射仪

　　　　100106　其他

　　1002　活化分析仪器

　　　　100201　中子活化分析仪

　　　　100202　带电粒子活化分析仪

　　　　100203　其他

　　1003　离子束分析仪器

　　　　100301　沟道效应分析仪

　　　　100302　核反应分析仪

　　　　100303　加速器质谱仪

　　　　100304　背散射分析仪

　　　　100305　其他

　　1004　核效应分析仪器

　　　　100401　正电子湮没仪

　　　　100402　穆斯堡尔谱仪

　　　　100403　扰动角关联和角分布谱仪

　　　　100404　μ介子自旋转动谱仪

　　　　100405　其他

　　1005　中子散射及衍射仪器

　　　　100501　中子散射谱仪

　　　　100502　中子衍射谱仪

　　　　100503　其他

　　1006　其他

11　特种检测仪器

　　1101　射线检测仪器

　　　　110101　高性能射线DR/ICT在线检测装置

　　　　110102　便携式高性能射线DR检测装置

　　　　110103　便携式高性能射线DR/CBS检测装置

　　　　110104　工业X射线机

　　　　110105　射线/污染探测计

　　　　110106　其他

　　1102　超声检测仪器

　　　　110201　超声波测厚仪

　　　　110202　厚钢板超声扫描成像检测仪

　　　　110203　低频超声导波管道减薄远程检测系统

110204　超声波焊缝缺陷高度定量检测仪

110205　非金属超声波检测仪

110206　其他

1103　电磁检测仪器

110301　钢质管道高速漏磁探伤装置

110302　带保温层承压设备脉冲涡流测厚仪

110303　多通道磁记忆检测仪

110304　管线位置探测仪

110305　管道本体腐蚀内检测仪

110306　管道腐蚀防护状态检测仪

110307　油罐底版腐蚀状况漏磁检测仪

110308　表面裂纹漏磁检测仪

110309　智能低频电磁检测扫描仪

110310　杂散电流快速检测仪

110311　其他

1104　声发射检测仪器

110401　多通道声发射仪

110402　全数字化声发射仪

110403　压力管道泄漏声发射检测仪器

110404　声发射检测仪

110405　管道泄漏检测仪

110406　SCOUT 结构在线监测仪

110407　SWEAS 数字式全波形声发射检测系统

110408　智能声发射系列化检测仪器

110409　全数字全波形声发射仪器

110410　其他

1105　光电检测仪器

110501　钢板表面缺陷在线检测仪

110502　复合式气体检测仪

110503　激光测距仪

110504　红外测温仪

110505　加速度测试仪

110506　管道录像检测仪

110507　其他

12　其他仪器

10.2.1.4　实验室检测项目编码规则

原质检系统实验室检测项目编码可分为两个部分:第一部分是实验室检测项目代码,用6位流水号表示,该编码是唯一代码,可以作废,新增代码按流水号自动增加;第二部分是分类码,用18位数字表示,具体含义表示如下:

①为检测产品编码;

②为检测类别,如0001为农药残留,0002为兽药残留,0003为生物毒素,0004为添加剂等;

③为检测项目流水号。

10.2.2　电子标签与条码转换

10.2.2.1　转换模型

电子标签与条码的转换模型见图10.2。

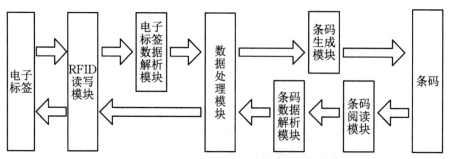

图10.2　电子标签与条码转换模型

该转换模型应满足功能、技术两方面的基本要求。

功能方面,具体分为以下功能:

① RFID读写模块:识别电子标签、读取电子标签信息以及写入电子标签信息;

② 电子标签数据解析模块:对电子标签进行译码并分别提取标签各段的信息;

③ 数据处理模块:实现电子标签编码信息和条码编码信息的相互转换;

④ 条码数据解析模块:对条码进行译码并提取条码各段的信息;

⑤ 条码阅读模块:读取条码并识别条码所包含的信息;

⑥ 条码生成模块:生成条码。

技术方面,电子标签的标签类型应根据实际情况选用工作频率为860 MHz～960 MHz的超高频EPC电子标签或者工作频率为13.56 MHz的高频EPC电子标签。

SGTIN EPC的编码方案为一个具体的贸易项目分配一个唯一标识。

SSCC EPC的编码方案为一个物流单元分配一个唯一标识。

SGLN EPC的编码方案为一个物理位置分配一个唯一标识。

GRAI EPC编码方案为一个特定的可回收资产分配一个唯一标识。

GIAI EPC编码方案为一个特殊资产分配一个唯一标识,其编码见附录E。

GSRN EPC编码方案为一个服务关系分配一个唯一标识。

GDTI EPC编码方案为一个特定文件分配一个唯一标识。

EPC电子标签存储特性应符合EPC HF2.0.3和EPC UHF1.2.0的规定。一个电子标签在逻辑结构上划分为4个存储体,每个存储体可以由一个或一个以上的存储字组成,其存储逻辑见图10.3。进行数据转换的EPC代码存储在电子标签EPC存储器中的EPC字段。

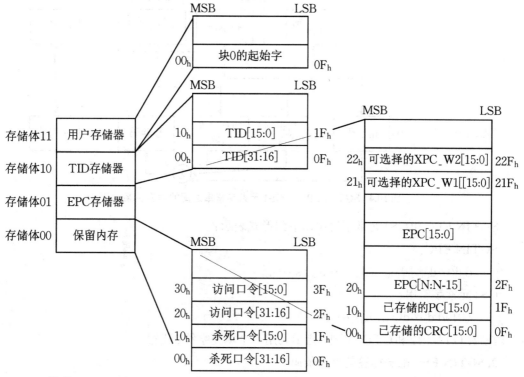

说明:

TID为标签标识号;

PC为协议控制位;

CRC为循环冗余校验码;

MSB为最高有效位;

LSB为最低有效位;

XPC_W1为扩展协议控制位的第一个字;

XPC_W2为扩展协议控制位的第二个字

图10.3 电子标签存储器结构图

10.2.2.2 转换规则

10.2.2.2.1 SGTIN EPC 电子标签与条码

1. 对应关系

SGTIN EPC 对应于加上一个序列号(AI 21)的 GTIN 标识(AI 01),SGTIN 中定义的序列号与 GS1GS13.0 定义的应用标识符 AI(21)所表示的内容相对应。

SGTIN EPC 和对应标识的 GS1 元素字符串之间的对应关系见图 10.4。

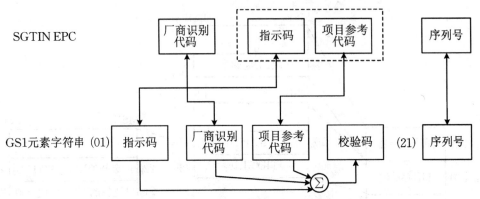

图 10.4 SGTIN EPC 和 GS1 元素字符串之间的对应关系

SGTIN EPC 和 GS1 元素字符串以下列形式表示:

SGTIN EPC:

$$d_2d_3\cdots d_{(L+1)}d_1d_{(L+2)}d_{(L+3)}\cdots d_{13}s_1s_2\cdots s_K;$$

GS1 元素字符串:

$$(01)d_1d_2\cdots d_{14}(21)s_1s_2\cdots s_K$$

注:在 GTIN-12 和 GTIN-13 中,指示码用一个填充字符 0 代替。

2. SGTIN EPC 电子标签转换为条码

SGTIN EPC 电子标签转换为 GTIN 标识(AI 01)的条码方法如下:

① 读取电子标签分区值 P,根据 SGTIN 分区值,获取厂商识别代码的二进制位数 M,分离出厂商识别代码和贸易项代码;

② 将厂商识别代码当作无符号整数,转化为十进制数表示的 L 位数字 $d_2d_3\cdots d_{(L+1)}$,提取厂商识别代码。L 应符合 GS1GS13.0 的规定;

③ 将贸易项代码当作无符号整数,转化为十进制数表示的 $(13-L)$ 位数字 $d_1d_{(L+2)}d_{(L+3)}\cdots d_{13}$,提取指示码 d_1 和项目参考代码 $d_{(L+2)}d_{(L+3)}\cdots d_{13}$;

④ 计算校验码 d_{14},方法见附录 H;

⑤ 生成条码序列号。每个 SI 为一个单个字符或者%xx(百分号后面接两位十六进制数字字符)形式,根据字母数字序列号字符集,将 SI 转化为用于 GS1 元素字符串的图形符号;

⑥ 生成条码数据。

3. 条码转换为 SGTIN EPC 电子标签

GTIN 标识(AI 01)的条码转换为 SGTIN EPC 电子标签方法如下:

① 读取条码,对条码数据 $(01)d_1d_2\cdots d_{14}(21)s_1s_2\cdots s_K$ 进行解码,获取厂商识别代码长度 L,并提取厂商识别代码 $d_2d_3\cdots d_{(L+1)}$ 和项目参考代码 $d_{(L+2)}d_{(L+3)}\cdots d_{13}$;

② 根据 SGTIN 分区值,确定 EPC 电子标签的分区值 P、厂商识别代码字段的二进制位数 M 和指示码加项目参考代码字段的二进制位数 N,分区值应满足:$M+N=44$;

③ 将厂商识别代码 $d_2d_3\cdots d_{(L+1)}$ 当作十进制整数,构造厂商识别代码 $d_2d_3\cdots d_{(L+1)}$,并转化为二进制表示形式;

④ 在项目参考代码 $d_{(L+2)}d_{(L+3)}\cdots d_{13}$ 前增加指示码 d_1,转化为十进制数表示的 $(13-L)$ 位数字,构造贸易项代码 $d_1d_{(L+2)}d_{(L+3)}\cdots d_{13}$,并转化为二进制表示形式;

⑤ 生成序列号。根据字母数字序列号字符集,将每个 SI 转化为对应的字符形式,并转化为二进制表示形式;

⑥ 从最高有效位到最低有效位串联以下位字段构造二进制编码:标头(8 位)、滤值(3 位)、分区值(3 位)、厂商识别代码(M 位)、贸易项代码(N 位)、序列号(SGTIN-96 为 38 位,SGTIN-198 为 140 位),生成 SGTIN EPC 二进制代码;

⑦ 生成 EPC 电子标签数据。

例 10.1

SGTIN EPC:0614141 712345 32a%2Fb;

GS1 元素字符串:(01)7 0614141 12345 1(21)32a/b。

注:空格是用来区分字符串的不同部分,不应被编码。

4. 常见情况示例

GTIN-12 和 GTIN-13:GTIN-12 或者 GTIN-13 转换为 SGTIN EPC 时,应该在 GTIN-12 和 GTIN-13 前加两个或者一个前导零转换为 14 位结构的 GS1 代码。

例 10.2

GTIN-12:614141 12345 2;

对应的 14 位数字:0 0614141 12345 2;

对应的 SGTIN EPC:0614141 01234 $s_1s_2\cdots s_K$。

例 10.3

GTIN-13:0614141 12345 2;

对应的 14 位数字:0 0614141 12345 2;

对应的 SGTIN EPC:0614141 01234 $s_1s_2\cdots s_K$。

注:空格是用来区分字符串的不同部分,不应被编码。

GTIN-8 是 GTIN 里一种用来定义小贸易项目的特殊标识,其转换规则应符合 EPC TDS1.6 的规定。

10.2.2.2.2 SSCC EPC 电子标签与条码

1. 对应关系

SSCC EPC 对应于 GS1GS13.0 定义的 SSCC 标识(AI 00)。

SSCC EPC 和对应标识的 GS1 元素字符串之间的对应关系见图 10.5。

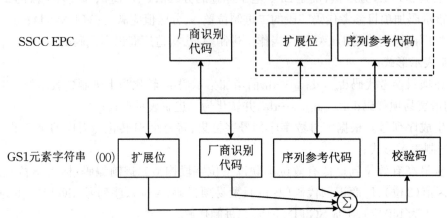

图 10.5 SSCC EPC 和 GS1 元素字符串之间的对应关系

SSCC EPC 和 GS1 元素字符串如下列形式表示:

SSCC EPC:$d_2d_3\cdots d_{(L+1)}d_1d_{(L+2)}d_{(L+3)}\cdots d_{17}$;

GS1 元素字符串:$(00)d_1d_2\cdots d_{18}$。

2. SSCC EPC 电子标签转换为条码

SSCC EPC 电子标签转换为 SSCC 标识(AI 00)的条码方法如下:

① 读取电子标签分区值 P,根据 SSCC 分区值,获取厂商识别代码的二进制位数 M,分离出厂商识别代码和序列代码;

② 将厂商识别代码当作无符号整数,转化为十进制数表示的 L 位数字 $d_2d_3\cdots d_{(L+1)}$,提取厂商识别代码。L 应符合 GS1 中 GS13.0 的规定;

③ 将序列代码当作无符号整数,转化为十进制数表示的 $(17-L)$ 位数字 $d_1d_{(L+2)}d_{(L+3)}\cdots d_{17}$,提取扩展位 d_1 和序列参考代码 $d_{(L+2)}d_{(L+3)}\cdots d_{17}$。

④ 计算校验码 d_{18};

⑤ 生成条码数据。

3. 条码转换为 SSCC EPC 电子标签

SSCC 标识(AI 00)的条码转换为 SSCC EPC 电子标签方法如下:

① 读取条码,对条码数据 $(00)d_1d_2\cdots d_{18}$ 进行解码,获取厂商识别代码长度 L,并提取扩展位 d_1、厂商识别代码 $d_2d_3\cdots d_{(L+1)}$ 和序列参考代码 $d_{(L+2)}d_{(L+3)}\cdots d_{17}$;

② 根据 SSCC 分区值,参见表 B.3,确定 EPC 电子标签的分区值 P、厂商识别代码字段的二进制位数 M 和序列代码字段的二进制位数 N。分区值应满足:$M+N=58$;

③ 将厂商识别代码 $d_2d_3\cdots d_{(L+1)}$ 当作十进制整数,构造厂商识别代码 $d_2d_3\cdots d_{(L+1)}$,并转化为二进制表示形式;

④ 在序列参考代码 $d_{(L+2)}d_{(L+3)}\cdots d_{17}$ 前增加扩展位 d_1，转化为十进制数表示的 $(17-L)$ 位数字，构造序列代码 $d_1d_{(L+2)}d_{(L+3)}\cdots d_{17}$，并转化为二进制表示形式；

⑤ 从最高有效位到最低有效位串联以下位字段构造二进制编码：标头（8位）、滤值（3位）、分区值（3位）、厂商识别代码（M位）、序列代码（N位）。生成 SSCC EPC 二进制代码；

⑥ 生成 EPC 电子标签数据。

例10.4

SSCC EPC：0614141 1234567890；

GS1元素字符串：(00)1 0614141 234567890 8。

注：空格是用来区分字符串的不同部分，不应被编码。

10.2.2.2.3　SGLN EPC 电子标签与条码

1. 对应关系

SGLN EPC 对应于 GS1GS13.0 中定义的无扩展代码的 GLN 标识（AI 414）或者带扩展代码（AI 254）的 GLN 标识（AI 414）。SGLN EPC 扩展代码为单个字符"0"时，表示该标识指示的是一个无扩展代码的 GLN。

无扩展代码的 SGLN EPC 和对应标识的 GS1元素字符串之间的对应关系见图10.6。

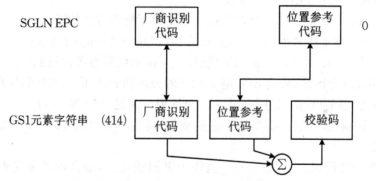

图10.6　无扩展代码的 GLN EPC 与 GS1元素字符串之间的对应关系

带扩展代码的 SGLN EPC 和对应标识的 GS1元素字符串之间的对应关系见图10.7。

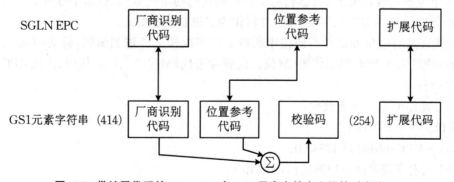

图10.7　带扩展代码的 GLN EPC 与 GS1元素字符串之间的对应关系

SGLN EPC 和 GS1元素字符串用下列形式表示：

SGLN EPC：$d_1d_2\cdots d_Ld_{(L+1)}d_{(L+2)}\cdots d_{12}s_1s_2\cdots s_K$；

GS1 元素字符串：$(414)d_1d_2\cdots d_{13}(254)s_1s_2\cdots s_K$。

2. SGLN EPC 电子标签转换为条码

SGLN EPC 电子标签转换为 GLN 标识（AI 414）的条码方法如下：

① 读取 EPC 电子标签分区值 P，根据 SGLN 分区值表，获取厂商识别代码的二进制位数 M，分离出厂商识别代码、位置参考代码以及扩展代码；

② 将厂商识别代码当作无符号整数，转化为十进制数表示的 L 位数字 $d_1d_2\cdots d_L$，提取厂商识别代码。L 应符合 GS1 中 GS13.0 的规定；

③ 将位置参考代码当作无符号整数，转化为十进制数表示的 $(12-L)$ 位数字 $d_{(L+1)}d_{(L+2)}\cdots d_{12}$，提取位置参考代码；

④ 计算校验码 d_{13}；

⑤ 生成条码扩展代码，每个 SI 为一个单个字符或者 %xx（百分号后面接两位的十六进制数字字符）形式，根据字母数字序列号字符集，将 SI 转化为用于 GS1 元素字符串的图形符号，当 EPC 电子标签中扩展代码位为一个单个字符"0"的情况下，GS1 元素字符串中不生成扩展代码；

⑥ 生成条码数据。

3. 条码转换为 SGLN EPC 电子标签

GLN 标识（AI 414）的条码转换为 SGLN EPC 电子标签方法如下：

① 读取条码，对条码数据 $(414)d_1d_2\cdots d_{13}$ 或者 $(414)d_1d_2\cdots d_{13}(254)s_1s_2\cdots s_K$ 进行解码，获取厂商识别代码长度 L，并提取厂商识别代码 $d_1d_2\cdots d_L$ 和位置参考代码 $d_{(L+1)}d_{(L+2)}\cdots d_{12}$；

② 根据 SGLN 分区值，确定 EPC 电子标签的分区值 P、厂商识别代码字段的二进制位数 M 和位置参考代码字段的二进制位数 N。分区值应满足：$M+N=41$；

③ 将厂商识别代码 $d_1d_2\cdots d_L$ 当作十进制整数，构造厂商识别代码 $d_1d_2\cdots d_L$，并转化为二进制表示形式；

④ 将位置参考代码 $d_{(L+1)}d_{(L+2)}\cdots d_{12}$ 当作十进制整数，构造位置参考代码 $d_{(L+1)}d_{(L+2)}\cdots d_{12}$，并转化为二进制表示形式；

⑤ 生成扩展代码，转化为二进制表示形式。对于无扩展代码的条码数据，用一个单个字符"0"作为 SGLN EPC 扩展代码；对于有扩展代码的条码数据，根据字母数字序列号字符集，将每个 SI 转化为对应的字符形式，并转化为二进制表示形式；

⑥ 从最高有效位到最低有效位串联以下位字段构造二进制编码：标头（8位）、滤值（3位）、分区值（3位）、厂商识别代码（M位）、位置参考代码（N位）、扩展代码，生成 EPC SGLN 二进制代码；

⑦ 生成 EPC 电子标签数据。

例 10.5 （无扩展位）

SGLN EPC：0614141 12345 0；

GS1 元素字符串：(414)0614141 12345 2。

例 10.6 （有扩展位）

SGLN EPC：0614141 12345 32a%2Fb；

GS1元素字符串：(414)0614141 12345 2 (254)32a/b。

注：空格是用来区分字符串的不同部分，不应被编码。

10.2.2.2.4　GRAI EPC电子标签与条码

1. 对应关系

GRAI EPC对应于GS1中GS13.0中定义的序列化的GRAI标识（AI 8003）。

GRAI EPC和对应标识的GS1元素字符串之间的对应关系见图10.8。

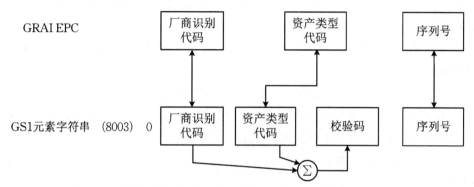

注：GS1元素字符串中，应用标识符(8003)后面包含一个字符"0"，
此零位只作为一个额外的填充字符，不为GRAI标识成分。

图10.8　GRAI EPC和GS1元素字符串之间的对应关系

GRAI EPC和GS1元素字符串如下列形式表示：

GRAI EPC：$d_1d_2 \cdots d_L d_{(L+1)} d_{(L+2)} \cdots d_{12} s_1 s_2 \cdots s_K$；

GS1元素字符串：$(8003)0d_1d_2 \cdots d_{13} s_1 s_2 \cdots s_K$。

2. GRAI EPC电子标签转换为条码

GRAI EPC电子标签转换为GRAI标识（AI 8003）的条码方法如下：

① 读取EPC电子标签分区值P，根据GRAI分区值，获取厂商识别代码的二进制位数M，分离出厂商识别代码和资产类型代码；

② 将厂商识别代码当作无符号整数，转化为十进制数表示的L位数字$d_1d_2 \cdots d_L$，提取厂商识别代码。L应符合GS1中GS13.0的规定；

③ 将资产类型代码当作无符号整数，转化为十进制数表示的$(12-L)$位数字$d_{(L+1)}d_{(L+2)} \cdots d_{12}$，提取资产类型代码$d_{(L+1)}d_{(L+2)} \cdots d_{12}$；

④ 计算校验码d_{13}；

⑤ 生成条码序列号，每个SI为一个单个字符或者％xx（百分号后面接两位的十六进制数字字符）形式，根据字母数字序列号字符集，将SI转化为用于GS1元素字符串的图形符号；

⑥ 在厂商识别代码前加上填充字符"0"；

⑦ 生成条码数据。

3. 条码转换为GRAI EPC电子标签

GRAI标识（AI 8003）的条码转换为GRAI EPC电子标签方法如下：

① 读取条码,对条码数据(8003)0d$_1$d$_2$…d$_{13}$s$_1$s$_2$…s$_K$进行解码,获取厂商识别代码长度L,并提取厂商识别代码d$_1$d$_2$…d$_L$和资产类型代码d$_L$d$_{(L+1)}$d$_{(L+2)}$…d$_{12}$;

② 根据GRAI分区值,,确定EPC电子标签的分区值P、厂商识别代码字段的二进制位数M和资产类型代码字段的二进制位数N,分区值应满足:$M+N=44$;

③ 将厂商识别代码d$_1$d$_2$…d$_L$当作十进制整数,构造厂商识别代码d$_1$d$_2$…d$_L$,并转化为二进制表示形式;

④ 将资产类型代码d$_L$d$_{(L+1)}$d$_{(L+2)}$…d$_{12}$当作十进制整数,构造资产类型代码d$_L$d$_{(L+1)}$d$_{(L+2)}$…d$_{12}$,并转化为二进制表示形式;

⑤ 生成序列号:根据字母数字序列号字符集,将每个SI转化为对应的字符形式,并转化为二进制表示形式;

⑥ 根据从最高有效位到最低有效位串联以下位字段构造二进制编码:标头(8位)、滤值(3位)、分区值(3位)、厂商识别代码(M位)、资产类型代码(N位)、序列号(GRAI-96为38位,GRAI-170为112位),生成EPC GRAI二进制代码;

⑦ 生成EPC电子标签数据。

例10.7

GRAI EPC:0614141 12345 32a%2Fb;

GS1 元素字符串:(8003)0 0614141 12345 2 32a/b。

注:空格是用来区分字符串的不同部分,不应被编码。

10.2.2.2.5　GIAI EPC电子标签与条码

1. 对应关系

GIAI EPC对应于GS1中GS13.0定义的GIAI标识(AI 8018)。

GIAI EPC和对应标识的GS1元素字符串之间的对应关系见图10.9。

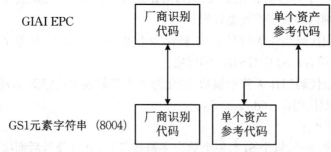

GIAI EPC

GS1元素字符串　(8004)

图10.9　GIAI EPC和GS1元素字符串之间的对应关系

GIAI EPC和GS1元素字符串用下列形式表示:

GIAI EPC:d$_1$d$_2$…d$_L$s$_1$s$_2$…s$_K$;

GS1 元素字符串:(8004)d$_1$d$_2$…d$_L$s$_1$s$_2$…s$_K$。

2. GIAI EPC电子标签转换为条码

GIAI EPC电子标签转换为GIAI标识(AI 8004)的条码方法如下:

① 读取 EPC 电子标签 EPC 字段数据,根据标头判断其编码方案;

② 根据 GIAI 分区值 P,获取厂商识别代码的二进制位数 M,分离出厂商识别代码和单个资产参考代码;

③ 将厂商识别代码当作无符号整数,转化为十进制数表示的 L 位数字 $d_1d_2\cdots d_L$,提取厂商识别代码,L 应符合 GS1 中 GS13.0 的规定;

④ 转换单个资产参考代码 $s_1s_2\cdots s_K$,每个 SI 为一个单个字符或者%xx(一个百分号后面接两位的十六进制数字字符)形式,根据字母数字序列号字符集,将 SI 转化为用于 GS1 元素字符串的图形符号,构造单个资产参考代码;

⑤ 生成条码数据。

3. 条码转换为 GIAI EPC 电子标签

GIAI 标识(AI 8004)的条码转换为 GIAI EPC 电子标签方法如下:

① 读取条码,对条码数据(8004)$d_1d_2\cdots d_Ls_1s_2\cdots s_K$ 进行解码,获取厂商识别代码长度 L,并提取厂商识别代码 $d_1d_2\cdots d_L$ 和单个资产参考代码 $s_1s_2\cdots s_K$。同时,将单个资产参考代码 $s_1s_2\cdots s_K$ 转化为十进制数表示的数字,获取单个资产参考代码长度,用 l 表示;

② 根据 GIAI 分区值,确定 EPC 电子标签的分区值 P、厂商识别代码字段的二进制位数 M 和单个资产参考代码字段的二进制位数 N。对于 GIAI-96,应满足:$M+N=82$;对于 GIAI-202,应满足:$M+N=188$;

③ 将厂商识别代码 $d_1d_2\cdots d_L$ 当作十进制整数,构造厂商识别代码 $d_1d_2\cdots d_L$,并转化为二进制表示形式;

④ 根据字母数字序列号字符集,将每个 SI 转化为对应的字符形式,构造单个资产参考代码 $s_1s_2\cdots s_K$,并转化为二进制表示形式;

⑤ 从最高有效位到最低有效位串联以下位字段构造二进制编码:标头(8位)、滤值(3位)、分区值(3位)、厂商识别代码(M位)、单个资产参考代码(N位)。生成 EPC GIAI 二进制代码。

⑥ 生成 EPC 电子标签数据。

例 10.8

GIAI EPC:0614141 1234567890;

GS1 元素字符串:(8018)0614141 1234567890 2。

注:空格是用来区分字符串的不同部分,不应被编码。

10.2.2.2.6　GSRN EPC 电子标签与条码

1. 对应关系

GSRN EPC 对应于 GS1 中 GS13.0 定义的 GSRN 标识(AI 8018)。

GSRN EPC 和对应标识的 GS1 元素字符串之间的对应关系见图 10.10。

GSRN EPC 和 GS1 元素字符串如下列形式表示:

GSRN EPC:$d_1d_2\cdots d_Ld_{(L+1)}d_{(L+2)}\cdots d_{17}$;

GS1 元素字符串:(8018)$d_1d_2\cdots\cdots d_{18}$。

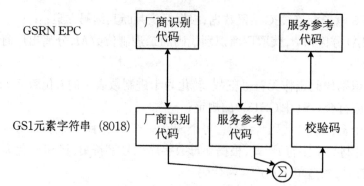

图10.10　GSRN EPC和GS1元素字符串之间的对应关系

2. GSRN EPC电子标签转换为条码

GSRN EPC电子标签转换为GSRN标识(AI 8018)的条码方法如下:

① 读取EPC电子标签分区值P,根据GSRN分区值,获取厂商识别代码的二进制位数M,分离出厂商识别代码和服务参考代码;

② 将厂商识别代码当作无符号整数,转化为十进制数表示的L位数字$d_1d_2\cdots d_L$,提取厂商识别代码,L应符合GS1中GS13.0的规定;

③ 将服务参考代码当作无符号整数,转化为十进制数表示的$(17-L)$位数字$d_{(L+1)}d_{(L+2)}\cdots d_{17}$,提取服务参考代码;

④ 计算校验码d_{16};

⑤ 生成条码数据。

3. 条码转换为GSRN EPC电子标签

GSRN标识(AI 8018)的条码转换为GSRN EPC电子标签方法如下:

① 读取条码,对条码数据$(8018)d_1d_2\cdots d_{18}$进行解码,获取厂商识别代码长度$L$,并提取厂商识别代码$d_1d_2\cdots d_L$和服务参考代码$d_{(L+1)}d_{(L+2)}\cdots d_{17}$;

② 根据GSRN分区值,确定EPC电子标签的分区值P、厂商识别代码字段的二进制位数M和服务参考代码字段的二进制位数N,分区值应满足:$M+N=58$;

③ 将厂商识别代码$d_1d_2\cdots d_L$当作十进制整数,构造厂商识别代码$d_1d_2\cdots d_L$,并转化为二进制表示形式;

④ 将服务参考代码$d_{(L+1)}d_{(L+2)}\cdots d_{17}$当作十进制整数,构造服务参考代码$d_{(L+1)}d_{(L+2)}\cdots d_{17}$,并转化为二进制表示形式;

⑤ 从最高有效位到最低有效位串联以下位字段构造二进制编码:标头(8位)、滤值(3位)、分区值(3位)、厂商识别代码(M位)、服务参考代码(N位),生成EPC GSRN二进制代码;

⑥ 生成EPC电子标签数据。

例10.9

GSRN EPC:0614141 1234567890;

GS1元素字符串:(8018)0614141 1234567890 2。

注:空格是用来区分字符串的不同部分,不应被编码。

10.2.2.2.7 GDTI EPC 电子标签与条码

1. 对应关系

GDTI EPC 对应于 GS1 中 GS13.0 定义的一个序列化的 GDTI 标识。

GDTI EPC 和对应标识的 GS1 元素字符串之间的对应关系见图 10.11。

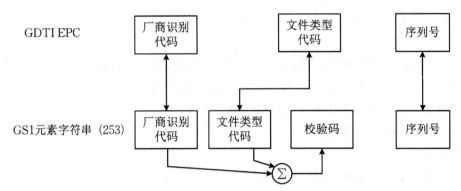

图 10.11　GDTI EPC 与 GS1 元素字符串之间的对应关系

GDTI EPC 和 GS1 元素字符串如下列形式表示：

GDTI EPC：$d_1d_2\cdots d_Ld_{(L+1)}d_{(L+2)}\cdots d_{12}s_1s_2\cdots s_K$。

GS1 元素字符串：$(253)d_1d_2\cdots d_{13}s_1s_2\cdots s_K$。

2. GDTI EPC 电子标签转换为条码

GDTI EPC 电子标签转换为 GDTI 标识（AI 253）的条码方法如下：

① 读取 EPC 电子标签分区值 P，根据 GDTI 分区值，获取厂商识别代码的二进制位数 M，分离出厂商识别代码和文件参考代码；

② 将厂商识别代码当作无符号整数，转化为十进制数表示的 L 位数字 $d_1d_2\cdots d_L$，提取厂商识别代码，L 应符合 GS1 中 GS13.0 的规定；

③ 将文件类型代码当作无符号整数，转化为十进制数表示的 $(12-L)$ 位数字 $d_{(L+1)}d_{(L+2)}\cdots d_{12}$，提取文件类型代码；

④ 计算校验码 d_{13}；

⑤ 生成条码序列号，每个 SI 为一个单个字符或者％xx（百分号后面接两位的十六进制数字字符）形式，根据字母数字序列号字符集，将 SI 转化为用于 GS1 元素字符串的图形符号；

⑥ 生成条码数据。

3. 条码转换为 GDTI EPC 电子标签

GDTI 标识（AI 253）的条码转换为 GDTI EPC 电子标签方法如下：

① 读取条码，对条码数据 $(253)d_1d_2\cdots d_{13}s_1s_2\cdots s_K$ 进行解码，获取厂商识别代码长度 L，并提取厂商识别代码 $d_1d_2\cdots d_L$ 和文件类型参考代码 $d_{(L+1)}d_{(L+2)}\cdots d_{12}$；

② 根据 GDTI 分区值表，确定 EPC 电子标签的分区值 P、厂商识别代码字段的二进制位

数 M 和文件类型代码字段的二进制位数 N。分区值应满足:$M+N=41$;

③ 将厂商识别代码 $d_1d_2\cdots d_L$ 当作十进制整数,构造厂商识别代码 $d_1d_2\cdots d_L$,并转化为二进制表示形式;

④ 将文件类型代码 $d_{(L+1)}d_{(L+2)}\cdots d_{12}$ 当作十进制整数,构造文件类型代码 $d_{(L+1)}d_{(L+2)}\cdots d_{12}$,并转化为二进制表示形式;

⑤ 生成序列号,根据字母数字序列号字符集,将每个 SI 转化为对应的字符形式,并转化为二进制表示形式;

⑥ 从最高有效位到最低有效位串联以下位字段构造二进制编码:标头(8位)、滤值(3位)、分区值(3位)、厂商识别代码(M位)、文件类型代码(N位)、序列号(GDTI-96 为 41 位,GDTI-113 为 58 位),之后生成 EPC GDTI 二进制代码;

⑦ 生成 EPC 电子标签数据。

例 10.10

GDTI EPC: 　0614141 12345 006847

GS1 元素字符串:(253)0614141 12345 2 006847。

注:空格是用来区分字符串的不同部分,不应被编码。

小结

完善的追溯技术可实现产品供应链的完全可追溯性、透明度、信息分享以及可视化管理的优点[4]。为提升食品的可追溯性,为其建立起一套完整的编码体系必不可少。目前,国际上有国际物品编码协会,其与美国统一代码委员会共同建立的全球统一编码标识系统(GS1系统),负责推广国际通用的、开放的、跨行业的全球统一标识系统和供应链管理标准,向社会提供公共服务平台和标准化解决方案。

目前,国际上使用较多的编码有 HS,GTIN,SCC,GLN,GRAI,GIAI,GSRN,GDTI等。国内的实验室管理尚未有统一的贸易食品实验室编码体系以及针对这些编码之间的电子标签与条码转换规则。本章设计了食品实验室编码体系规则、电子标签与条码转换,从而实现同一个实验室的内部数据有效集成与交换,对数据进行标准化、规范化管理。

参考文献

[1] 李大军.POS系统应用[M].北京:清华大学出版社,2004.

[2] 赵建萍.物品编码工作里程碑·加强标准国际话语权:中国物品编码中心主任张成海进入国际编码组织最高决策层[J].条码与信息系统,2016(4):28.

[3] 范宇,柳维辉,钟依伶,等.GS1资产编码在垃圾分类回收中的应用[J].中国自动识别技术,2021(1):75-78.

［4］　周杰,孔维佳.GS1编码体系在北京市家电绿色回收体系中的探索与展望[J].中国自动识别技术,
　　　　2020(1):69-73.

［5］　赵树斌,王健,孔维佳.全球文书类型标识在证书管理暨政务服务中的应用[J].条码与信息系统,
　　　　2018(2):17-20.

［6］　范宇.基于物品编码技术的全生命周期科研项目管理系统初探[J].条码与信息系统,2020(3):18-21.

［7］　张丹.GS1系统助力追溯体系建设[J].条码与信息系统,2019,154(6):20-22.

第11章　国际贸易食品风险数据动态分析库

进入21世纪以来，随着我国社会经济的蓬勃发展，人民追求美好物质生活的要求日益增强，对于食品消费的需求也更加多样化，其中也包括对进口食品的旺盛需求。近年来中国进口食品消费规模高速增长，特别是肉制品、乳制品、水产品、酒精饮料等种类的食品进口量占比较大。同时，在食品全球化流通的背景下，我国进口食品供应链呈现多元化趋势，跨境电商、海外代购、海外淘等新业态、新模式不断涌现，面对日益繁多的进口食品种类和供应渠道，如何把好进口食品安全关成为摆在政府职能部门面前的一个重要的命题。

经过多年的努力和探索实践，我国已经建立起一套以"预防在先、风险管理、全程监控、国际共治"的进口食品质量安全监管制度，覆盖了进口食品安全监管的所有相关环节，总体基本保障了进口食品的安全，然而距离"高质量发展"的目标还有很多突出的问题需要解决，其中包括：

① 食品安全监管大数据共享困难、利用低效；

② 海关智慧实验室检测方法繁多杂乱，与实验室资源不匹配、适用性差；

③ 食品安全侦查与风险监控实验室建设及执行标准不统一。

信息共享不足、检测方法繁杂、执行标准不统一等问题都严重制约了实现进口食品安全监管效能的质的提升和飞跃[1]。

11.1　研究背景

近几年海关总署特别重视大数据技术在海关业务中的应用，在全国范围内建立了包括广东分署的"海关粤港澳大湾区大数据应用创新实验室"在内的多个大数据应用创新实验室；目前大数据技术已经在海关风险防控、口岸安全准入、缉私执法、口岸监管等多种业务场景中应用。在实验室检测业务方面，广州海关技术中心积累了大量的检测数据，通过大数据技术进行数据分析，发掘检测数据价值，对变革实验室业务模式、提高实验室检测效率和业务水平，能够发挥重要作用。目前这些数据来源众多，数据量巨大，形式各异，底层技术差距大，要充分利用这些数据，需要进行数据汇集、数据清洗、数据分析发掘和应用。

大数据应用需研究制定数据治理策略，依据元数据、信息资源目录，从数据采集、数据传输、数据加工、质量控制等方面进行数据治理，按照数据分类进行存储，综合提高数据质量，提升数据应用效果，最终形成信息大数据资源。按照服务管理流程，进行数据服务的统一管理和能力评价；规划大数据应用支撑和基础支撑系统，提高数据平台的数据处理能力；大数据平台提供数据全生命周期监控管理及相应的运维管理;大数据平台各子系统通过统一的登录和桌面集成,实现"一站式"操作。

通过建设"统一监管程序、统一接口规范、统一操作规程"的海关智慧实验室及输入性风险云监管平台,以期实现口岸食品风险精准预警,推动海关智慧实验室由被动抽检向主动防控转变,提升口岸开放和通关便利化水平。而建设海关智慧实验室及输入性风险云监管平台,首先应集成构建具有大量高质量、利用价值高的口岸食品安全动态数据分析库,云监管平台实现对接,可以为云平台的食品安全侦查技术评价、风险点捕捉模型智能监控以及应用接口技术示范等提供强有力的数据支撑[2]。

11.2 总体设计

国际贸易食品风险数据动态分析库采用数据库分层架构的思路,将层次分为数据采集层、数据整合层、数据汇聚层,如图11.1所示。数据采集层包括各海关智慧实验室信息管理系统以及国际贸易食品风险的信息数据,负责与海关智慧实验室通用的eLAB,eCIQ,LIMS等数据信息系统对接,接入并保存源数据;数据整合层整合处理了各来源的可利用数据、不可利用数据以及非结构化数据,负责对原始数据进行调试和驯化;数据汇聚层集成和汇总了经过调试和驯化的数据,并与海关智慧云平台实现有效对接。

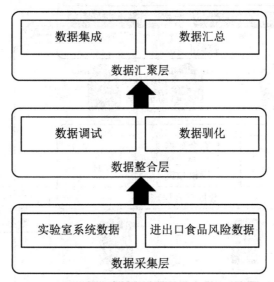

图11.1 国际贸易食品风险数据动态分析库架构

具体来说,在国际贸易食品风险数据动态分析库集成的构建中,针对国际贸易食品风险数据"来源多、体量大、实时更新"的特点,选用GBase 8a Cluster集群产品,将支撑结构化数据存储和计算的数据库建设在MPP数据库上,数据仓库的数据接入采用ETL等技术方式,将进口食品安全各数据源中的结构化数据进行对应。

在数据整合层,则是对数据采集层收集到的数据进行调试与驯化:

① 数据调试技术分别采用数据级融合、特征级融合和决策级融合3个模式。三级融合技术各有优缺点,因此在数据进入数据整合层后,对数据进行分类,分别进行三级融合性能验证。这样就能在针对不同类型的数据选择最优的数据融合方案基础上,达到整体数据整合的最佳整合方案。

② 数据驯化技术则将零散、半结构化和非结构化的国际贸易食品风险数据动态分析库数据抽象成一个大集合,充分利用ZigZag游程编码技术将集合划分为若干数据对象,对每个数据对象进行分层Map映射和数据拷贝,结合MapReduce并行编程模型重新构造为新的数据对象集合并合并成Block,在此基础上每个数据通道独立使用Reduce降维技术,实现口岸食品动态分析数据的高效驯化。

针对大量低密度价值的数据信息,采用数据级、特征级以及决策级三种模式分别对数据进行调试,通过性能验证及优化选择,综合开发适合口岸食品动态数据分析的调试技术。针对大量非结构化数据,则先将数据集合划分为若干数据对象,再对每个数据对象进行分层Map映射和数据拷贝,最终重新构造新的数据对象集合,将非结构化食品数据转化为结构化数据。

数据汇聚层则从宏观方面对国际贸易食品风险数据进行整合后的数据集成与数据汇总,对数据在去冗余之后进行标准化集成,以供风险数据应用的云平台对风险数据分析进行使用。

总体技术路线详见图11.2。

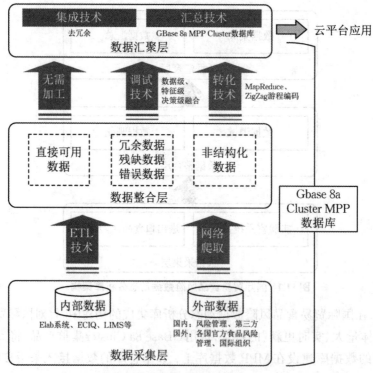

图11.2　国际贸易食品风险数据动态分析库技术路线

11.2.1 数据采集层

国际贸易食品风险数据动态分析库的数据采集层主要工作是对不同来源的数据进行搜集、处理。内部数据的来源主要是业务系统产生的工作数据;外部数据则主要来源于通过网页信息搜集的公开风险数据。针对不同的数据源,也存在着不同的处理方案,包括ETL技术和网络爬取技术。本节对此进行了详细阐述。

11.2.1.1 风险数据类型

国际贸易进口食品安全监管包括国际贸易商备案、检疫审批及准入、境外生产企业注册、风险预警与布控、通关、现场查验、海关智慧实验室检验等多个环节,每个环节都产生了大量的数据。不同环节、不同来源的食品安全大数据包括结构化数据、非结构化数据和半结构化数据,其中,结构化数据包括标准单词、标准域和标准用语(图11.3);半结构化数据包括日志文件、XML文档、JSON文档、电子邮件等数据(图11.4);非结构化数据包括图片、视频、音频、办公文档、文本文字、图像等大字段数据(图11.5)。

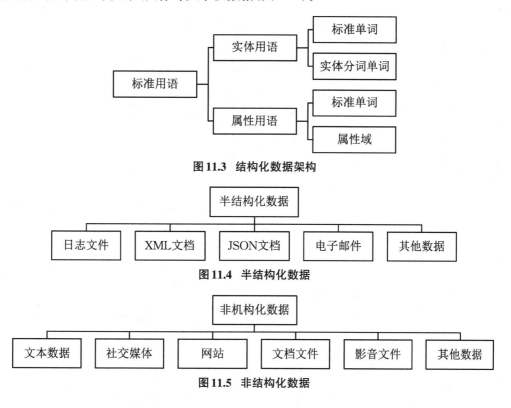

图11.3 结构化数据架构

图11.4 半结构化数据

图11.5 非结构化数据

11.2.1.2 风险数据源

为了构建一个完整的国际贸易食品风险数据动态分析库,需要从多种渠道,如系统内部的信息系统、国内各部委的相关标准通告、国外及国际组织发布的标准通告、第三方网站等,收集、获取大量与国际贸易食品安全相关的数据,并对它们进行整合。如图11.6所示,风险数据源的来源主要为三种,分别是内部数据和外部数据(国内数据、国外数据)。

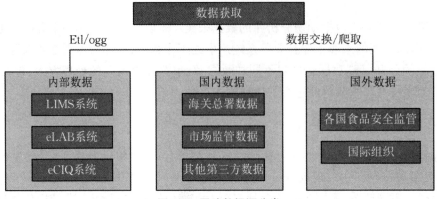

图11.6 风险数据源分类

1. 内部业务系统数据

该数据源主要来自于国际贸易食品安全相关部门的业务系统,主要包括:国际贸易食品安全实验室管理系统的检验检疫报告、实验数据等;eCIQ系统的相关数据;eLAB系统的相关数据以及其他业务系统提供的半结构化与非结构化数据等。

2. 国内数据

该数据源主要来自与国际贸易食品安全相关的网站,如表11.1所示。

表11.1 国际贸易食品国内数据来源

站 点 名 称	网 页 地 址
法律图书馆	http://www.law-lib.com/law/
广东省市场监督管理局	http://amr.gd.gov.cn/zwgk/zdlyxxgk/cjjc/spcj/index.html
国家市场监督管理总局	http://www.samr.gov.cn/zw/wjfb/tg/
技术性贸易措施资讯网	http://www.tbt.org.cn/warningDetail.html?id=Fq9DZDDgBVegXQ8O3jgRhqQoLUZkUp4IBk4yIDO
深圳市市场监督管理局	http://amr.sz.gov.cn/xxgk/qt/ztlm/spaq/spaqjg/index.html
食典通_标准信息动态	https://www.sdtdata.com/fx/fcv1/newsList
食品伙伴网	http://news.foodmate.net/yujing
香港食物安全中心	https://www.cfs.gov.hk/sc_chi/whatsnew/whatsnew_fa/whatsnew_fa.html
中国澳门食品安全中心	https://www.foodsafety.gov.mo/s/foodalert/table
中国 WTO/TBT-SPS 国家通报咨询中心	http://www.tbt-sps.gov.cn/
中华人民共和国海关总署动植物检疫司	http://dzs.customs.gov.cn/dzs/2746776/index.html
中食安信	http://weixin.antionchina.com/Index/View? aid=aiE
海关总署进出口食品安全局	http://jckspj.customs.gov.cn/spj/zwgk75/spaqxx/3893635/index.html

3. 国外数据

该数据源主要来源于各国、各地区的国际贸易食品的相关部门或国际组织发布的官方数据,以提高数据来源的可信度,具体来源如表11.2所示。

表11.2　国际贸易食品国外数据来源

站 点 名 称	国家/地区/国际组织	网 页 地 址
爱尔兰食品安全局	爱尔兰	https://www.fsai.ie/news_centre/food_alerts.html
爱沙尼亚农业和粮食局	爱沙尼亚	https://pta.agri.ee/otsing? search_term=&facets_query=
奥地利卫生与食品安全局	奥地利	https://www. ages. at/produktwarnungen/produktkategorie/lebensmittel/
澳大利亚和新西兰食品标准网	澳大利亚	https://www. foodstandards. gov. au/industry/foodrecalls/recalls/Pages/default.aspx
澳大利亚竞争与消费者协会	澳大利亚	https://www.productsafety.gov.au/recalls? source=recalls
比利时联邦食品链安全局	比利时	https://www.favv-afsca.be/consommateurs/rappelsdeproduits/
冰岛兽医和食品局	冰岛	https://www.mast.is/is/um-mast/frettir/innkallanir/
波兰卫生监督局	波兰	https://www.gov.pl/web/gis/ostrzezenia
丹麦兽医和食品管理局	丹麦	https://www. foedevarestyrelsen. dk/Nyheder/Aktuelt/Sider/Aktuelt.aspx? N1=Pressemeddelelse&N2=Nyhed& N3 =b7598189-2208-48a0-9782-abf12882f74e&#e48d08b9-99e a-4962-8e84-a8b80272670e=％7B％22k％22％3A％22％22％2C％22r％22％3A％5B％7B％22n％22％3A％22ows-Dokumenttyper％22％2C％22t％22％3A％5B％22％5C％22％C7％82％C7％8254696c626167656b616c6474652066c3 b864657661726572％5C％22％22％5D％2C％22o％22％3A％22OR％22％2C％22k％22％3Afalse％2C％22m％22％3A％7B％22％5C％22％C7％82％C7％8254696c6261 67656b616c6474652066c3b864657661726572％5C％ 22％22％3A％ 22Tilbagekaldte％ 20f％ C3％B8devarer％ 22％ 7D％7D％5D％7D
德国联邦消费者保护和食品安全局	德国	https://www. lebensmittelwarnung.de/bvl-lmw-de/liste/lebensmittel/deutschlandweit/10/0
法国市场竞争、消费者事务和欺诈控制总局	法国	https://www. economie. gouv. fr/dgccrf/securite/avis-rappels-produits? page=0
芬兰食品管理局	芬兰	https://www.ruokavirasto.fi/en/search/? query=&page= 1&type=3&sort=1
FAO/WHO 联合食品法典委员(CAC)	国际组织	http://www.codexalimentarius.net/web/index_en.jsp

续表

站 点 名 称	国家/地区/国际组织	网 页 地 址
WTO	国际组织	http://www.wto.org/
国际标准化组织(ISO)	国际组织	http://www.iso.org/iso/en/ISOOnline.frontpage
国际电工组织(IEC)	国际组织	http://www.iec.org/
国际植物保护公约(IPPC)	国际组织	http://www.ippc.int/IPP/
联合国粮农组织(FAO)	国际组织	http://www.fao.org/
世界动物卫生组织(OIE)	国际组织	http://www.oie.int/eng/en_index.htm
世界动物卫生组织-新闻	国际组织	https://www.oie.int/en/pour-les-medias/communiques-de-presse
韩国食品药品安全部	韩国	https://www.mfds.go.kr/brd/m_551/list.do
荷兰卫生、健康和体育部	荷兰	https://www.nvwa.nl/onderwerpen/veiligheidswaarschuwingen/overzicht-veiligheidswaarschuwingen
加拿大卫生部	加拿大	https://healthycanadians.gc.ca/recall-alert-rappel-avis/search-recherche/simple/en?s=&plain_text=&js_en=&page=10&f_mc=1
捷克农业和食品检验局	捷克	https://www.bezpecnostpotravin.cz/rizika/seznam-rizik.aspx
克罗地亚农业和粮食局	克罗地亚	https://www.hapih.hr/potrosacki-kutak/
卢森堡欺诈与食品安全委员会	卢森堡	https://securite-alimentaire.public.lu/fr/actualites.html
美国农业部食品安全检验局	美国	https://www.fsis.usda.gov/recalls
美国食品药品监督管理局	美国	https://www.fda.gov/safety/recalls-market-withdrawals-safety-alerts
挪威食品安全局	挪威	https://www.matportalen.no/verktoy/tilbaketrekkinger/
欧盟食品安全局	欧盟	http://www.efsa.eu.int/
欧盟食品动植物健康司	欧盟	http://europe.eu.int/comm/food/index_en.html
欧盟委员会官网	欧盟	https://webgate.ec.europa.eu/rasff-window/portal/?event=notificationsList&StartRow=1
欧盟委员会主页	欧盟	http://europe.eu.int/comm/index_en.htm
欧盟官方主页	欧盟	http://europe.eu.int/index_en.htm
日本厚生劳动省	日本	https://www.mhlw.go.jp/stf/seisakunitsuite/bunya/kenkou_iryou/shokuhin/yunyu_kanshi/index_00017.html
瑞典食品管理局	瑞典	https://www.livsmedelsverket.se/om-oss/press/aterkallanden
瑞士联邦食品安全和兽医局官方网	瑞士	https://www.blv.admin.ch/blv/fr/home/lebensmittel-und-ernaehrung/rueckrufe-und-oeffentliche-warnungen.html

续表

站 点 名 称	国家/地区/ 国际组织	网 页 地 址
斯洛文尼亚食品兽医和植物保护局	斯洛文尼亚	https://www.gov.si/novice/? year=0&org%5B%5D=71&nrOfItems=20
泰国食品安全促进局	泰国	http://www.foodsafety.moph.go.th/th/news-international-monthly.php
泰国食品安全促进局_国际警告模块	泰国	http://www.foodsafety.moph.go.th/th/news-international.php
西班牙食品安全与营养局	西班牙	https://www.aesan.gob.es/AECOSAN/web/seguridad_alimentaria/subseccion/otras_alertas_alimentarias. htm? https://www.aesan.gob.es/AECOSAN/web/seguridad_alimentaria/subseccion/alertas_de_alergenos. htm? https://www.aesan.gob.es/AECOSAN/web/seguridad_alimentaria/subseccion/alertas_complementos_alimenticios.htm
希腊食品局	希腊	https://www.efet.gr/index.php/el/enimerosi/deltia-typou/anakleiseis-cat
新加坡食品局	新加坡	https://www.sfa.gov.sg/food-information/food-alerts-recalls
匈牙利国家食品链安全办公室	匈牙利	https://portal.nebih.gov.hu/termekvisszahivas
亚太水产养殖网络中心	国际组织	https://enaca.org/
以色列卫生部	以色列	https://www.health.gov.il/NewsAndEvents/Recall/Pages/default.aspx
意大利卫生部	意大利	http://www.salute.gov.it/portale/news/p3_2_1_3_5.jsp?lingua=italiano&menu=notizie&p=avvisi&tipo=richiami
英国食品标准网	英国	https://www.food.gov.uk/news-alerts/search/alerts
越南卫生部食品安全局	越南	https://vfa.gov.vn/tin-tuc/canh-bao-ve-an-toan-thuc-pham.html

11.2.1.3　风险数据获取方法

针对不同类型的国际贸易食品安全数据源,需要采取不同的数据获取方法,从数据获取手段的类型上来讲,具体如下:

11.2.1.3.1　ETL方式

ETL方式主要用于系统内部业务系统(如LIMS/eLAB/eCIQ等),直接从源系统的数据库中抽取出我们需要的数据,使用ETL方式时常用开源ETL工具Kettle。

Kettle是一款国外开源的ETL工具,纯Java编写,可以在Window,Linux,Unix上运行,绿色无须安装,数据抽取高效稳定。Kettle这个ETL工具集,允许用户管理来自不同数据库的数据,通过提供一个图形化的用户环境来描述用户的想法。在Kettle中有两种脚本文件,

Transformation 和 JOB, 如图 11.7 所示, Transformation 主要完成针对数据的基础转换, JOB 则完成整个工作流的控制。

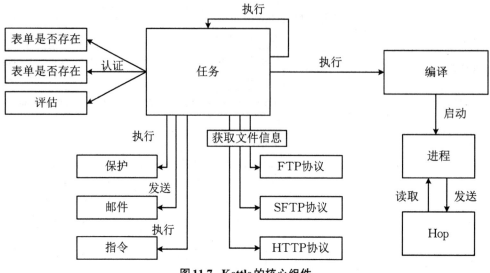

图 11.7　Kettle 的核心组件

其中, 在 Kettle 中使用 Transformation 进行数据的基础转换方式如图 11.8 所示, 首先对不同来源的已进行标准化处理的数据进行对应业务需求的所需字段进行选择, 分别进行相应的数据处理后再进行数据记录合并, 最后形成一张国际贸易食品安全风险信息预警表。

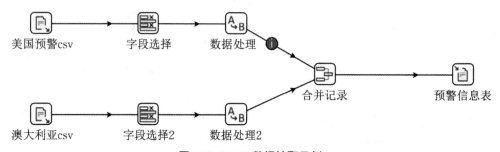

图 11.8　Kettle 数据抽取示例

Kettle 的 JOB 格式使用则较为清晰, 共分为 3 个步骤: 启动、转换与完成(图 11.9)。

图 11.9　Kettle 作业示例

对于通过网络资源下载的文本文件格式数据(txt/csv/xls), 也可以使用 ETL 工具进行导入, 主要分为指定格式文件输入、字段选择、数据转换和表输出 4 个环节(图 11.10)。

图 11.10　Kettle 数据导入示例

11.2.1.3.2　网络爬取

对于从网站获取的国际贸易食品安全风险数据,则通过对国内外网络资源的网页进行分析,采用 Python 中的 requests/ beautifulsoup 库对网页中的内容进行解析、提取,获取有效的数据信息。国际贸易食品安全风险数据网络爬取的工作流程如下:

① 对网站内容进行分析,得到数据来源网页的 url;

① 根据 url,使用 requests 库获取网页的 html 文本;

③ 使用 beautifulsoup 对 html 文本进行解析,获取网页中关心的数据项;

④ 将数据进行组织后进行存储。

对网站获取国际贸易食品安全风险数据的源代码样例如下:

1. 网页获取

```
#导入 requests 和 BeautifulSoup 库
import requests
from bs4 import BeautifulSoup
url = "http://xxx.com/xxx.html"
#获取所有网页信息
response = requests.get(url)
#利用 .text 方法提取响应的文本信息
html = r.text
```

2. 数据获取

```
#利用 BS 库对网页进行解析,得到解析对象 soup
soup =BeautifulSoup(html,'html.parser')
#针对 soup 对象获取其中感兴趣的数据
all_img = soup.find('ul').find_all('img')
img_url_list = [ ]
#遍历感兴趣的数据对象
for img in all_img:
src = img['src']
img_url = src
img_url_list.append(img_rul)
print(img_url)
```

11.2.1.4　风险数据管理

根据国际贸易食品风险数据特点,需要进一步明确国际贸易食品风险元数据业务需求的提出、元数据技术方案的评估及审批流程,以促进国际贸易食品风险元数据管理的规范化,该规范可根据国际贸易食品风险管理态势,对国际贸易食品风险元数据进行定期动态更新和维护,保持国际贸易食品风险元数据一致性。

如图11.11所示,国际贸易食品风险元数据管理流程分成以下4个阶段:

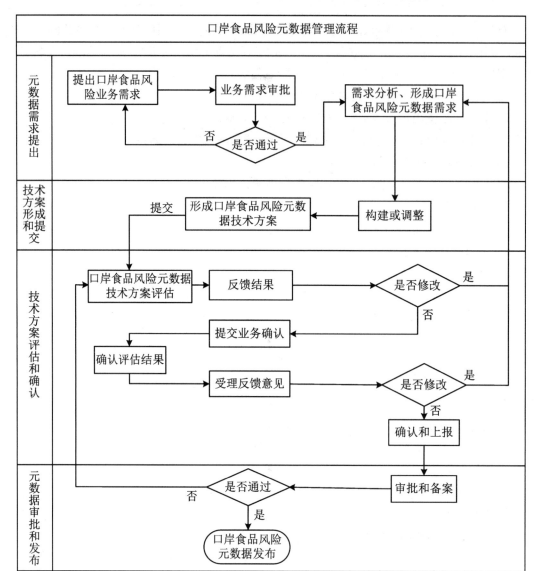

图11.11 国际贸易食品风险元数据管理流程

① 国际贸易食品风险元数据需求的提出;

② 国际贸易食品风险元数据技术方案的形成和提交;

③ 国际贸易食品风险元数据技术方案的评估和确认;

④ 国际贸易食品风险管理元数据的审批和发布。

　　每一阶段的任务都存在着自身的特点,同时也要兼顾与上下游工作的衔接。国际贸易食品风险元数据管理流程每个阶段的工作具体如下:

1. 提出国际贸易食品风险元数据需求

国际贸易食品风险管理部门根据需要提出业务需求。国际贸易食品风险管理业务需求只需与应用系统相关即可,不要求与元数据直接相关。国际贸易食品风险管理部门整理和提出业务需求时,可协调元数据管理部门从技术角度给予协助。

其他部门也可根据实际情况,提出与国际贸易食品风险元数据相关的意见和建议,反馈给相关部门。科技主管部门对应用系统的国际贸易食品风险管理业务需求进行审批。国际贸易食品风险管理业务需求通过审批后,元数据管理部门组织相关单位对该业务需求进行技术分析和提炼,形成国际贸易食品风险元数据需求。

2. 形成国际贸易食品风险元数据技术方案

元数据管理部门组织相关单位在提炼出的国际贸易食品风险元数据需求的基础上,组织构建或调整数据模型,并最终形成国际贸易食品风险元数据需求的技术方案。新增国际贸易食品风险元数据,应根据需要建立新的数据模型;变更或删除元数据,如有需要,应对相应数据模型进行调整,以便匹配相应的国际贸易食品风险元数据变化。

3. 评估和确认国际贸易食品风险元数据技术方案

元数据管理部门负责组织对国际贸易食品风险元数据技术方案进行评估。根据评估结果,对具体方案项目提出修改意见,并反馈给相关单位。

相关单位应在规定时间内对国际贸易食品风险元数据技术方案的评估结果进行确认,并根据不同情况进行处理:

(1)修改

若评估结果中如有修改要求,应重新进行需求分析和模型调整,修改完善国际贸易食品风险元数据技术方案,供元数据管理部门进行再次评估。

(2)提交

若评估结果中无直接修改要求,则提交给国际贸易食品风险管理部门征求业务修改意见。

(3)调整

根据口岸食品风险管理部门的业务修改意见调整国际贸易食品风险元数据技术方案,进行再次评估。

(4)通过

若国际贸易食品风险管理部门无业务修改意见,则接受和最终确认评估结果,并通知元数据管理部门。

元数据管理部门在国际贸易食品风险元数据技术方案评估结果获得确认后,需汇总整理国际贸易食品风险元数据技术方案材料和部门确认情况。

4. 审批和发布国际贸易食品风险元数据技术方案

元数据管理部门在最终确认国际贸易食品风险元数据技术方案后,应将相关技术方案、部门确认情况等技术材料上报给科技主管部门进行最终的审批和备案。

审批通过后,元数据管理部门应按照国际贸易食品风险元数据技术方案正式新增、变更或删除所需的元数据,并通知国际贸易食品风险元数据用户正式发布相关的国际贸易食品风险元数据,并在系统中应用。

若审批未通过,科技主管部门应将处理意见反馈给元数据管理部门,由其重新进行技术评估,并将新的评估结果反馈给相关单位进行确认或重新修改国际贸易食品风险元数据技术方案。

11.2.2　数据整合层

在数据整合层,需要对数据进行进一步的加工后才能进入分析阶段。在国际贸易食品风险数据加工阶段,主要包括数据调试技术和数据驯化技术。

在数据调试技术中,需要分别对数据级融合、特征级融合和决策级融合三个模式进行研究。数据级融合作为国际贸易食品安全大数据融合的最低层次融合,适用于消除国际贸易食品安全数据中的冗余信息,去噪和去异常值。特征级融合属于中间层次,首先提取特征信息,然后再进行融合,可以在数据融合过程中做到较好的信息压缩,减少数据融合的通信量。相对于数据级融合,特征级融合具有更好的实时性。决策级融合属于更高层次的融合,通过各传感器的国际贸易食品安全大数据,在融合之前先完成各自的决策或识别工作,随后将这些决策进行融合,最终获得具有整体一致性的决策结果,但决策级融合的信息损失量最大。

而数据驯化技术则是将零散、半结构化和非结构化的国际贸易食品风险数据建模抽象成一个大集合,充分利用ZigZag游程编码技术将集合划分为若干数据对象,对每个数据对象进行分层Map映射和数据拷贝,结合MapReduce并行编程模型重新构造为新的数据对象集合并合并成Block,在此基础上每个数据通道独立使用Reduce降维技术,实现国际贸易食品风险数据的高效驯化。

11.2.2.1　国际贸易食品风险数据调试技术

针对各数据源存在的大量冗余、错误、残缺或低密度价值的信息,采用数据级、特征级以及决策级融合技术对各种数据进行调试处理。

11.2.2.1.1　数据级融合

数据级融合又叫像素级融合,在整合层中经过数据级融合不仅能够最大程度上保留国际贸易食品风险原始数据的特征,而且能够提供较多的细节信息,其融合过程如图11.12所示。数据级融合作为整合层的最低层次融合,用以消除数据中的冗余信息,去噪和去异常值。

11.2.2.1.2　特征级融合

特征级融合在数据整合层融合过程中属于中间的一个层次,融合过程如图11.13所示。从图中可以看出,特征级融合首先提取国际贸易食品风险数据的特征信息,然后进行融合。特征层融合可以在数据整合层融合过程中做到较好的信息压缩,从而减少了数据融合的通信量。相对于数据级融合,特征级融合具有更好的实时性。在数据整合层中为了保证数据融合精度,特征级融合常采用的方法有:人工神经网络、特征压缩聚类法、卡尔曼滤波等。

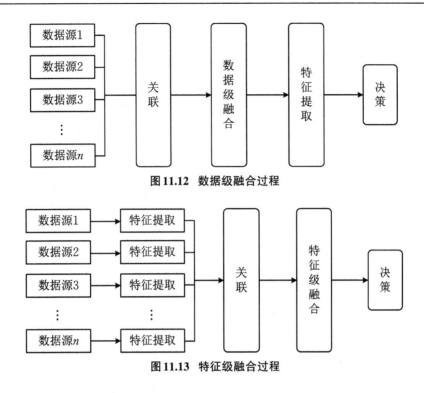

图 11.12　数据级融合过程

图 11.13　特征级融合过程

11.2.2.1.3　决策级融合

决策级融合在数据整合层融合中属于一种更高层次的融合。融合过程如图 11.14 所示。通过各种传感器的数据,在融合之前先完成国际贸易食品风险不同数据来源的各自决策或识别工作,随后将这些风险决策进行融合,最终获得具有整体一致性的决策结果。

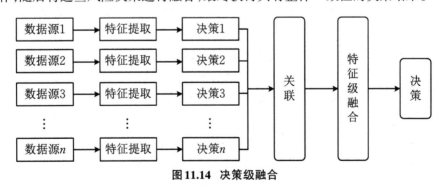

图 11.14　决策级融合

三个层次的融合技术各具优势,数据级融合作为最低层次融合,适用于消除国际贸易食品风险数据中的冗余信息、噪声和异常值。特征级融合属于中间层次,首先提取国际贸易食品风险的特征信息,再进行融合,可在数据融合过程做到较好的信息压缩,减少通信量,相比数据级融合,具有更好的实时性。决策级融合属于高层次融合,各种国际贸易食品风险数据在融合之前先完成各自决策或识别工作,再对这些决策进行融合,最终获得一致性的决策结果,但决策级融合信息损失量最大。三层次融合技术各有优缺点,针对不同的数据分析需求,应选择不同技术。最好的方法就是对数据进行分类,分别进行三级融合性能验证,找到最优方案,综合开发最适用于国际贸易食品风险数据建模的数据调试技术方案。

11.2.2.2　国际贸易食品风险数据驯化技术

在国际贸易食品风险数据类型中,针对零散、半结构化和非结构化数据,主要采用数据对象(Data Object)进行描述。首先将非结构化数据抽象成大集合,利用ZigZag游程编码技术将集合划分为若干数据对象,对每个数据对象进行分层Map映射和数据拷贝,再结合MapReduce并行编程模型重新构造新的数据对象,进行集合,在此基础上每个数据通道独立使用Reduce降维技术,实现非结构化数据的高效驯化。

国际贸易食品风险数据驯化技术的两个关键在于MapReduce模型的使用与ZigZag游程编码技术的使用。

11.2.2.2.1　MapReduce模型

MapReduce模型的核心步骤主要分两部分:Map和Reduce。当用户向MapReduce模型提交一个计算作业时,它会首先把计算作业拆分成若干个Map任务,然后分配到不同的节点上去执行,每一个Map任务处理输入数据中的一部分,当Map任务完成后,它会生成一些中间文件,这些中间文件将会作为Reduce任务的输入数据。Reduce任务的主要目标就是把前面若干个Map的输出汇总并输出。

随着互联网在各个行业领域中的广泛应用,网络中的数据量逐渐增大,其增长速度也随之加快,因此存储方法设计的第一步就是要对非结构化数据进行数据分片:包括垂直分片与水平分片。

已知国际贸易食品风险数据来源中包含着很多的非结构化数据集合,且每一个集合都有各自的特点,通过彼此之间的交互关系组成一套完整的数据链。但传统数据存储方式下所有基本数据的发送与访问都主要集中在单库上,因此数据库存储的压力激增,降低了网络的综合性能。

垂直分片策略是指,拆分数据库中的数据集合,将其中关联性较小的数据拆分到不同的分片节点中,降低多节点访问带来的压力。然而网络与系统程序模块虽然具有独立性,但从总体上来看所有模块之间都存在着或多或少的关联性,因此进行垂直分片时既要综合考虑数据的分离度,又要考虑分片后连接查询开销。

水平分片就是按照一定的分片规则,将数据库中信息存储到多个节点中,令每个节点包含原数据集合的部分记录,通过降低数据规模,以扩大存储效果。分片规则是水平分片方案中的一项难点,需要结合实际访问业务的特点和要求,根据数据特点及范围的分片规则进行数据水平分区。

在对国际贸易食品风险数据进行分片设计的基础上,构建MapReduce模型。当用户访问国际贸易食品风险数据时,通过MapReduce模型完成数据加载、数据查询以及数据分选,利用Hadoop分布式计算提高数据的访问效率。因此可以实现控制程序输入和输出类型的智能选择,利用Map负责任务处理过程中的准备工作,完成对非结构化数据的组织;利用Reduce进行任务处理工作,保证数据存储过程的智能性。

整个系统的MapReduce数据流如图11.15所示。

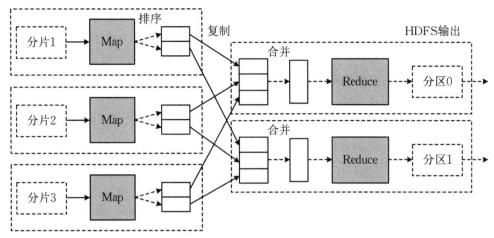

图11.15 MapReduce数据流

MapReduce是一种编程模型,用于大规模数据集(大于1 TB)的并行运算。概念"Map(映射)"和"Reduce(归约)"是它们的主要思想,这都是从函数式编程语言里借来的,还有从矢量编程语言里借来的特性。它极大地方便了不会分布式并行编程的编程人员,将自己的程序运行在分布式系统上。当前的软件实现是指定一个Map(映射)函数,用来把一组键值对映射成一组新的键值对,指定并发的Reduce(归约)函数,用来保证所有映射的键值对中的每一个共享有相同的键组。MapReduce是一个分布式运算程序的编程框架,是用户开发"基于hadoop的数据分析应用"的核心框架。MapReduce核心功能是将用户编写的业务逻辑代码和自带默认组件整合成一个完整的分布式运算程序,并发运行在一个Hadoop集群上。

1. MapReduce的主要功能

(1) 数据划分和计算任务调度

系统自动将一个作业(Job)待处理的大数据划分为很多个数据块,每个数据块对应于一个计算任务(Task),并自动调度计算节点来处理相应的数据块。作业和任务调度功能主要负责分配和调度计算节点(Map节点或Reduce节点),同时负责监控这些节点的执行状态,并负责Map节点执行的同步控制。

(2) 数据/代码互定位

为了减少数据通信,一个基本原则是本地化数据处理,即一个计算节点尽可能处理其本地磁盘上所分布存储的数据,这实现了代码向数据的迁移;当无法进行这种本地化数据处理时,再寻找其他可用节点并将数据从网络上传送给该节点(数据向代码迁移),但将尽可能从数据所在的本地机架上寻找可用节点以减少通信延迟。

(3) 系统优化

为了减少数据通信开销,中间结果数据进入Reduce节点前会进行一定的合并处理;一个Reduce节点所处理的数据可能会来自多个Map节点,为了避免Reduce计算阶段发生数据相关性,Map节点输出的中间结果需使用一定的策略进行适当的划分处理,保证相关性数据发送到同一个Reduce节点;此外,系统还进行一些计算性能优化处理,如对最慢的计算任务采用多备份执行、选最快完成者作为结果。

（4）出错检测和恢复

在以低端商用服务器构成的大规模 MapReduce 计算集群中，节点硬件（主机、磁盘、内存等）出错和软件出错是常态，因此 MapReduce 需要能检测并隔离出错节点，并调度分配新的节点接管出错节点的计算任务。同时，系统还将维护数据存储的可靠性，用多备份冗余存储机制提高数据存储的可靠性，并能及时检测和恢复出错的数据。

2. MapReduce 主要特征

（1）向"外"横向扩展，而非向"上"纵向扩展

MapReduce 集群的构建完全选用价格便宜、易于扩展的低端商用服务器，而非价格昂贵、不易扩展的高端服务器。

对于大规模数据处理而言，由于有大量数据存储需要，显而易见，基于低端服务器的集群远比基于高端服务器的集群优越，这就是为什么 MapReduce 并行计算集群会基于低端服务器实现的原因。

（2）失效被认为是常态

MapReduce 集群中使用大量的低端服务器，节点硬件失效和软件出错是常态，因而一个良好设计、具有高容错性的并行计算系统不能因为节点失效而影响计算服务的质量，任何节点失效都不应当导致结果的不一致或不确定性；任何一个节点失效时，其他节点要能够无缝接管失效节点的计算任务；当失效节点恢复后应能自动无缝加入集群，而不需要管理员人工干预进行系统配置。

MapReduce 并行计算软件框架使用了多种有效的错误检测和恢复机制，如节点自动重启技术，使集群和计算框架具有对付节点失效的健壮性，能有效处理失效节点的检测和恢复。

（3）把处理向数据迁移

传统高性能计算系统通常有很多处理器节点与一些外存储器节点相连，如用存储区域网络（Storage Area, SAN Network）连接的磁盘阵列，因此，大规模数据处理时外存文件数据 I/O 访问会成为一个发挥系统性能的瓶颈。

为了减少大规模数据并行计算系统中的数据通信开销，代之以把数据传送到处理节点（数据向处理器或代码迁移），应当考虑将处理向数据靠拢和迁移。MapReduce 采用了数据/代码互定位的技术方法，计算节点将首先尽量负责计算其本地存储的数据，以发挥数据本地化特点，当节点无法处理本地数据时，根据就近原则寻找其他可用计算节点，并把数据传送到该可用计算节点。

（4）顺序处理数据，避免随机访问数据

大规模数据处理的特点决定了大量的数据记录难以全部存放在内存，而通常只能放在外存中进行处理。由于磁盘的顺序访问要远比随机访问快得多，因此 MapReduce 主要设计为面向顺序式大规模数据的磁盘访问处理。

为了实现面向大数据集批处理的高吞吐量的并行处理，MapReduce 可以利用集群中的大量数据存储节点同时访问数据，以此利用分布集群中大量节点上的磁盘集合提供高带宽的数据访问和传输。

（5）为应用开发者隐藏系统层细节

在软件工程实践指南中，专业程序员认为写程序之所以困难，是因为需要记住太多的编程细节（从变量名到复杂算法的边界情况处理），这对大脑记忆是一个巨大的认知负担，需要高度集中注意力；而编写并行程序则有更多困难，如需要考虑多线程中诸如同步等复杂繁琐的细节。由于并发执行中的不可预测性，程序的调试查错也十分困难；而且，程序员在面对大规模数据处理时需要考虑诸如数据分布存储管理、数据分发、数据通信和同步、计算结果收集等诸多细节问题。

MapReduce提供了一种抽象机制将程序员与系统层细节隔离开，程序员仅需描述需要计算什么（What to compute），而具体怎么去计算（How to compute）就交由系统的执行框架处理，这样程序员可从系统层细节中解放出来，而致力于其应用本身计算问题的算法设计。

（6）平滑无缝的可扩展性

这里指出的可扩展性主要包括两层意义：数据扩展和系统规模扩展性。

理想的软件算法应当能随着数据规模的扩大而表现出持续的有效性，性能上的下降程度应与数据规模扩大的倍数相当；在集群规模上，要求算法的计算性能应能随着节点数的增加保持接近线性程度的增长。绝大多数现有的单机算法达不到以上的理想要求；在内存中维护中间结果数据的单机算法在处理大规模数据时很快失效；从单机到基于大规模集群的并行计算从根本上需要完全不同的算法设计。奇妙的是，MapReduce在很多情形下能具备以上理想的扩展性特征。

多项研究发现，对于很多计算问题，基于MapReduce的计算性能可随节点数目增长保持近似线性的增长。

11.2.2.2.2　ZigZag 游程编码技术

目前，Hadoop平台广泛应用于文本大数据的分析与挖掘，而用于图像视频处理的研究相对较少。目前一些研究实现了Hadoop平台下的图像视频数据类型扩展和MapReduce图像视频处理策略。但这些方法由于没有考虑到图像视频本身的编码结构特征，在图像视频处理时间和系统I/O读写效率上难有较大改进和提升。

在国际贸易食品风险数据驯化技术中，通过将视频图像的离散余弦变换编码特点及相关的Zigzag分布特征信息引入MapReduce模型的拷贝过程中，再将行程编码技术引入MapReduce模型的合并过程，最后对合并后的数据进行Reduce处理。该方法充分考虑了图像的DCT变换特点及相关ZigZag分布特征信息，其拷贝的数据量大小完全可控，拷贝环节内存不易溢出，随后采用行程编码合并后，Reduce过程中的硬盘I/O访问次数将大大地减少，同时MapReduce图像视频处理性能也获得了极大提升。

图11.16为ZigZag映射过程示意图，图11.17为基于ZigZag的MapReduce数据处理方法的流程。

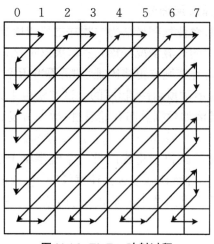

图11.16　ZigZag映射过程

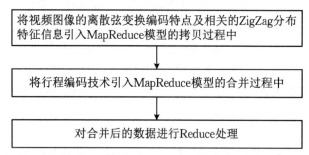

图11.17　基于ZigZag的MapReduce数据处理方法的流程

11.2.3　数据汇聚层

在数据汇聚层,经过整合的数据需要进行深入处理,再汇入数据库中。此层的主要任务是对数据作进一步清洗以及标准化构造,这就需要使用到数据集成与数据汇总技术。

11.2.3.1　数据集成技术

数据集成(Data Integration)是一个数据整合的过程。通过综合各数据源,将拥有不同结构、不同属性的数据整合归纳在一起,就是数据集成。由于不同的数据源定义属性时命名规则不同,存入的数据格式、取值方式、单位都会有不同,因此即便两个值代表的业务意义相同,也不代表存在数据库中的值就是相同的。因此,数据入库前需要进行集成和去冗余,以保证数据质量。

数据集成的本质是整合数据源,因此多个数据源中字段的语义差异、结构差异、字段间的关联关系以及数据的冗余重复,都会是数据集成面临的问题。归纳一下,数据集成主要解决以下几个问题:

1. 字段意义问题

在整合数据源的过程中,很可能出现以下情况:

① 两个数据源中都有一个字段名字叫"Payment",但其实一个数据源中记录的是税前的薪水,另一个数据源中是税后的薪水;

② 两个数据源都有字段记录税前的薪水,但是一个数据源中字段名称为"Payment",另一个数据源中字段名称为"Salary"。

上面这两种情况在数据集成中会经常发生,原因在于现实生活中语义的多样性以及各公司对数据命名的不规范。

为了更好地解决这种问题,首先需要在数据集成前,进行业务调研,确认每个字段的实际意义,不要被不规范的命名误导。

其次,可以整理一张专门用来记录字段命名规则的表格,使字段、表名、数据库名均能自动生成,并统一命名。一旦产生新的规则,还能对规则表实时更新。

2. 数据结构问题

数据结构问题是数据集成中必然会发生的。在整合多个数据源时,出现的问题就是数据结构问题,具体情况有以下几种:

① 字段名称不同,如,同样是存储员工薪水,一个数据源中字段名称是"Salary",另一个数据源中字段名是"Payment";

② 字段数据类型不同,如,同样是存储员工薪水的 Payment 字段,一个数据源中存为 INTEGER 型,另一个数据源中存为 CHAR 型;

③ 字段数据格式不同,如,同样是存储员工薪水的 Payment 数值型字段,一个数据源中使用逗号分隔,另一个数据源中用科学记数法;

④ 字段单位不同,如,同样是存储员工薪水的 Payment 数值型字段,一个数据源中单位是"万元人民币",另一个数据源中是"美元";

⑤ 字段取值范围不同,如,同样是存储员工薪水的 Payment 数值型字段,一个数据源中允许空值,NULL 值,另一个数据源中不允许。

上述问题都会降低国际贸易食品风险数据动态分析库数据集成的效率。解决上述问题的方法就是在数据集成的过程中尽量明确数据字段结构。

3. 字段冗余问题

字段的冗余一般源自字段之间存在强相关性或者几个字段间可以相互推导得到。通过检测字段的相关性,可以侦察到数据冗余,具体方法如下:

(1) 使用卡方检验分类型数据

卡方检验是假设检验中的一种,检验的标准如下:

H0:字段 A 与字段 B 之间相互独立;

H1:字段 A 与字段 B 之间存在相关性;

检验指标为:Pearson X2。

在给定的置信水平下,若有充分证据能拒绝原假设,则字段 A 与 B 之间存在相关性。若不能拒绝原假设,则字段 A 与 B 独立。

(2) 使用相关系数、协方差检验数值型数据

相关系数与协方差矩阵都是衡量字段之间相关性的指标。

简单来说,如果用Pearson相关系数检验数据相关性,则Pearson系数越靠近+1或-1,相关性越大,+1为完全正相关,-1为完全负相关。若Pearson系数为0,则两个字段之间不相关。

如果用协方差衡量数据相关性,如果2个字段协方差绝对值越大,相关性越强;协方差正数时为正相关,协方差负数时为完全负相关;若协方差为0,则两个字段之间不相关。

4. 数据重复问题

检查数据重复记录一般需要通过表的主键确定。因为主键能够确定唯一记录,其有可能是一个字段,也有可能是几个字段的组合。表设计时,一般会设定主键,但也有在实际中表是未经设计的,此时,最好能够对表进行优化,以过滤重复数据。

一般来说,在数据结构中尽量调研每个表的主键。没有主键,就通过调研定义主键,或者对表进行拆分或整合。重复数据入库,不仅会给日后表关联造成极大的影响,也会影响数据分析与挖掘的效果,应尽量避免。

5. 数据冲突问题

数据冲突就是两个数据源的同一个数据的取值记录不一样。造成这种情况的原因除了有录入错误外,还有可能是因为货币计量的方法不同、汇率不同、税收水平不同、评分体系不同等。

解决这种问题,就需要对实际的业务知识有一定的理解,同时,应对数据进行调研,尽量明确造成冲突的原因。如果数据的冲突实在无法避免,就要考虑冲突数据是否都要保留、是否要进行取舍,以及取舍的优先级等。

11.2.3.2 数据汇总技术

根据国际贸易食品风险数据体量大、来源复杂以及更新速度较快的特点,同时对于敏感数据的可靠性要求,国产GBase数据库成为其汇总技术的较优考虑方案。

GBase 8a MPP Cluster由天津南大通用数据技术股份有限公司自主研发,是一款分析型数据库产品,即OLAP数据库产品,它主要应用于数据仓库、数据集市、商业智能以及决策支持系统等使用场景。该产品已通过国家自主可控能力评估,完全具备自主可控,可以用来支撑结构化大数据处理。Gbase 8a MPP Cluster以其独特的扁平架构、高可用性和动态扩展能力,为超大型数据管理提供了一个高性价比的大规模分布式并行数据库管理解决方案,其架构如图11.18所示。

GBase 8a MPP Cluster是大数据时代成熟的分析型MPP数据库。具有联邦构架、海量数据分布式、高效压缩、高效存储结构、智能索引、灵活的数据分布、在线高性能扩展、高并发、高可用、高安全性、易维护、高效加载等核心优势,具体如下。

1. 联邦架构集群部署

基于列存储的完全并行的MPP + Shared Nothing的联邦架构,采用多活Coordinator(Master)节点、数据节点的两级部署结构,避免了单点性能瓶颈和单点故障,对外提供单一的访问地址。Coordinator节点支持最多部署64个;数据节点支持部署300个以上,单数据节点可支持50 TB以上裸数据量,且所有节点无共享,具有对等计算能力。

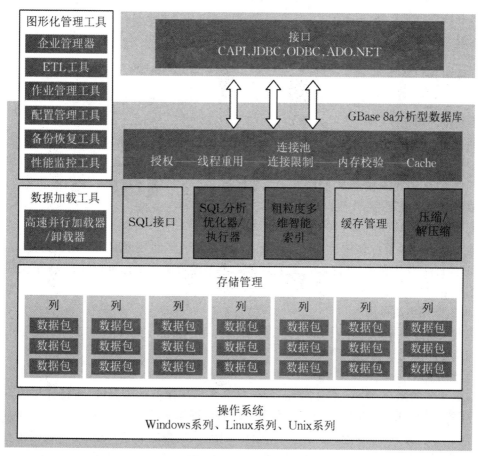

图 11.18　GBase 架构

2. 海量数据分布式压缩存储

集群支持海量数据存储、查询,支持 15 PB 以上的结构化数据,采用 HASH 或 RAN-DOM 分布策略进行数据分布式存储;同时采用先进的压缩算法,减少存储数据所需的空间,并相应地提高 I/O 性能;支持实例级、表级、列级三级压缩;支持基于列存储的数据编码及高效压缩技术;理想情况下,压缩比可超过 1:20。

3. 高效存储结构

采用基于列存储、适合分析优化的存储结构;采用免维护的智能索引;支持行列混合存储的存储结构,有效提高列存数据库在 SELECT * 场景下的查询性能。

4. 智能索引

采用高性能、免维护的粗粒度智能索引技术,索引建立膨胀率不超过百分之一。智能索引包含基于列的统计信息,在数据检索定位时可被直接使用,有效过滤数据,大幅降低数据库磁盘 I/O,大幅提高海量数据的查询性能。

5. 灵活的数据分布

用户可以按照业务场景的需求,自定义数据分布策略,从而在性能、可靠性和灵活性间获得最佳匹配。数据分布策略包括 HASH 分布和 RANDOM 分布。

6. 在线高性能扩展

支持集群节点的在线扩容和缩容,效率更高,对业务的影响更小;在线扩展性能大于 20 TB/h;

7. 高并发

读写不互斥,支持数据的边加载边查询,3节点集群并发能力大于1 000。

8. 数据高可用

通过冗余机制来保证集群的高可用特性,互备分片间可实现数据自动同步。数据通过副本提供冗余保护,数据的副本机制支持1或2个数据副本,支持用户自定义的数据副本分布方式;自动故障探测和管理,自动同步元数据和业务数据,副本故障不影响集群的可用性,支持故障的自动恢复,无须人工干预。

9. 完善的资源管理

通过资源池及资源使用计划的灵活配置,能够实现不同数据库用户的资源隔离,支持对 CPU、内存、磁盘空间、磁盘I/O、并发任务数等关键资源和指标进行管控,能够提供完善的多用户能力。

10. 主备集群高可用

集群支持主备集群高可用模式;支持数据全量、增量同步;支持主备同步回滚机制;支持主备同步错误恢复机制;支持同城灾备。

11. 安全性

提供完善的用户、角色、权限控制策略,提高数据库集群的安全性;支持详尽的审计日志,可配置灵活的审计策略,记录数据库中与数据库操作相关的所有日志,也可以通过图形化的监视工具实现审计管理;支持透明的数据加密:支持数据存储加密,支持数据库密码加密,支持数据加密压缩;支持相关加密函数,如 AES_ENCRYPT(),ENCRYPT(),MD5(),SHA1(),SHA()等;支持库内数据脱敏;支持Kerberos认证方式访问集群和外部数据源。

12. 易维护

提供图形化管理及监控工具,以简化管理员对数据库的管理工作。

13. 数据加载高效性

具备数据库并行加载能力,加载速度随节点增加线性增加,基于策略的数据加载模式,集群整体加载速度大于30 TB/h。

14. 自适应负载

支持通过自适应负载特性允许用户执行任意并发数量的作业,数据库系统根据负载情况,自动决定可允许执行作业的数量,实现参数免调优。

15. Hadoop 备份/恢复

支持与Hadoop之间进行数据备份/恢复,将库内数据备份到Hadoop中,或将Hadoop内的数据文件恢复到库内;Hadoop备份/恢复性能大于100 TB/h。

16. 标准化

支持 SQL 92,SQL 99,SQL 2003 ANSI/ISO 标准,支持 ODBC,JDBC,ADO.NET,OLEDB 等接口规范;支持 C API,Python API,TCL API 等接口;支持 SQL 2003 OLAP 函数。

选用Gbase 8a Cluster 集群产品,将数据存储在MPP数据库,通过ETL,OGG等技术方式,从各信息系统提取课题需要的数据。从各国监管机构收集相关的限量信息、警示通报信息等数据。同时采用统一的数据汇集、传输、转换标准等一系列数据处理标准,将LIMS等各业务系统、各国限量标准、各国警示通报等信息进行关联,兼顾结构化和非结构化两类数据的采集、传输和同步需求,在数据同步方式上提供丰富的全量/增量、同步/异步、定时/及时、手动/自动等数据提取方式以满足各类业务数据提取要求。

11.3　风险数据特征提取

在国际贸易食品风险数据动态分析库中,数据整合层的数据调试部分使用了特征提取技术。特征提取是指将不同类型的数据转换成数值向量方便后续的机器学习和数据挖掘。

特征提取主要用于从分类型变量、文本数据和图像数据中提取特征,下面讲述其提取方法。

11.3.1　分类变量特征提取

一般采用独热编码(One-hot Encoder)[3]或有序编码(Ordinal Encoder)对分类变量进行编码,将其转换为数值向量。

11.3.2　文本类数据特征提取

文本分析是机器学习算法的主要应用领域。然而,原始数据中的符号文字序列不能直接传递给算法,因为算法大多数要求具有固定长度的数字矩阵特征向量,而不是具有可变长度的原始文本文档。

为解决这个问题,通常采用词袋模型[4]进行处理,其步骤如下:

① 词元化(Tokenizing),对每个可能的词元(单词、字或词组)分成字符串并赋予整数形的id,例如通过使用空格和标点符号作为词元分隔符;

② 统计(Counting),统计每个词元在文档中的出现次数;

③ 标准化(Normalizing),在大多数的文档/样本中,可以减少重要的词元的出现次数的权重。

因此,文本的集合可被表示为矩阵形式,每行对应一条文本,每列对应每个文本中出现的词令牌(如单个词)。

11.3.3　图像类数据特征提取

图像特征的提取和选择是图像处理过程中很重要的环节,对后续图像分类有着重要的影响,并且对于图像数据具有样本少、维数高的特点,要从图像中提取有用的信息,必须对图像特征进行降维处理,特征提取与特征选择就是最有效的降维方法,其目的是得到一个反映数据本质结构、识别率更高的特征子空间。

图像的基本特征包括颜色特征、纹理特征、形状特征和空间关系特征[5],由此也可分为以下几类特征提取方法。

11.3.3.1　基于颜色特征的提取方法

颜色特征主要包括颜色直方图;颜色集,对颜色直方图的一种近似,其将图像表达为一个二进制的颜色索引集;颜色矩,其将图像中任何的颜色分布用它的矩来表示;颜色聚合向量;颜色相关图。

颜色特征是一种全局特征,描述了图像或图像区域所对应的景物的表面性质。由于颜色对图像或图像区域的方向、大小等变化不敏感,所以仅凭颜色特征不能很好地捕捉图像中对象的局部特征。另外,如果仅使用颜色特征查询,当数据库很大时,常会将许多不需要的图像也检索出来。颜色直方图是最常用的表达颜色特征的方法,其优点是不受图像旋转和平移变化的影响,进一步借助归一化还可不受图像尺度变化的影响,其缺点是没有表达出颜色空间分布的信息。

11.3.3.2　基于纹理特征的提取方法

通常有基于统计的灰度共生矩阵和能量谱函数法;几何法,例如基于图像基元的结构化方法;模型法,以图像的构造模型为基础,采用模型参数作为纹理特征,典型的方法有随机场模型法;信号处理法,例如小波变换。

纹理特征也是一种全局特征,它也描述了图像或图像区域所对应景物的表面性质。作为一种统计特征,纹理特征常具有旋转不变性,并且对于噪声有较强的抵抗能力。但纹理只是一种物体表面的特性,无法完全反映出物体的本质属性,所以仅利用纹理特征无法获得高层次图像内容,且纹理特征还有一个很明显的缺点是当图像的分辨率变化的时候,所计算出来的纹理可能会有较大偏差。

11.3.3.3　基于形状特征的提取方法

主要有基于边界的提取方法,例如Hough变换、傅里叶变换等;基于区域的提取方法,例如矩不变量、几何矩特征、转动惯量等;其他方法,例如有限元法、旋转函数和小波描述符等。

基于形状特征的检索方法都可以比较有效地利用图像中感兴趣的目标来进行检索,但也存在一些问题,例如当目标有变形时检索结果就不太可靠,且许多形状特征仅描述了目标的局部特征,对全面描述目标有较高的时间和空间要求等。

11.3.3.4　基于空间关系的特征提取方法

该提取方法主要基于空间关系,指的是图像中分割出来的多个目标之间的相互的空间位置或相对方向关系,这些关系可分为连接/邻接关系、交叠/重叠关系和包含/包容关系等。提取图像空间关系特征可以有两种方法：一种方法是首先对图像进行自动分割，划分出图像中所包含的对象或颜色区域，然后根据这些区域提取图像特征，并建立索引；另一种方法则简单地将图像均匀地划分为若干规则子块，然后对每个图像子块提取特征，并建立索引。

空间关系特征的使用可加强对图像内容的描述区分能力，但空间关系特征常对图像或目标的旋转、反转、尺度变化等比较敏感。另外，实际应用中，仅仅利用空间信息往往是不够的，不能有效准确地表达场景信息。

11.4　进口食品风险短文本情报主题挖掘

在文本挖掘领域，主题挖掘（Topic Modeling）技术旨在从大量文本数据中无监督地挖掘出语料中隐含的语义模式。传统主题模型，如概率隐语义分析（probabilistic Latent Semantic Analysis，pLSA）、隐狄利克雷分配（Latent Dirichlet Allocation，LDA）等，作为无监督地从文本数据中进行语义模式挖掘的重要工具，已经被成功应用到众多文本挖掘任务。传统主题模型常常基于词袋假设，它们仅仅根据文档内的词与词的共现关系进行主题建模。社交媒体和新闻报道等文本信息具有文本长度短、信息量大、传播速度快的特点，但是短文本文档内的词与词的共现关系减弱，导致文本主题发现能力降低的痛点。当情报通过短文本传播时，由于短文本中词共现信息的缺乏与不足，传统主题模型所抽主题质量不高的现象表现得尤为明显。如果在主题挖掘过程中利用公开的外部语义知识，能解决主题抽取质量不高的问题。

根据国际贸易食品风险数据的特点，国际贸易食品风险动态分析库集成了一种短文本情报主题挖掘方法（MultiKE-DMM）及其系统。基于融合词向量与实体向量的短文本情报主题挖掘方法首先用知识表达学习模型 TransE 提取知识图谱中实体的关系特征，并将知识图谱中的实体映射成高维空间向量。然后再把实体表达向量和预先训练好的词向量融合形成词的多知识背景表达向量，该向量存储了词与词之间在语义背景和基于现实世界知识背景下的关系。为了将多种知识背景下相关的词尽可能地聚集在一个主题中，我们还额外地引入了基于广义玻利亚球罐（Generalized Polya Urn，GPU）机制的采样策略。该采样策略不仅考虑了多知识背景表达向量来度量词与词在多种知识背景下的相关性，并保证了外部知识在模型求解的过程中融合的准确性，从而提升挖掘主题的质量。

基于融合词向量与实体向量的短文本情报的主题挖掘方法及系统由 3 个模块组成，如图 11.19 所示，它们分别是多知识背景向量构建、多知识背景下相似度度量和相似词增强的Gibbs 采样。

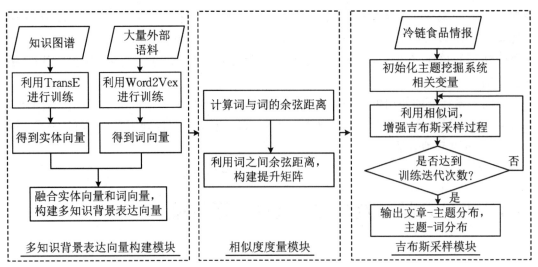

图11.19　面向国际贸易食品风险数据的短文本情报挖掘模型

阐述模型之前,首先定义在主题建模过程中涉及的符号:假定语料库中 $D=\{d_1, d_2, \cdots, d_N\}$ 中包含 N 个文档,文档 $d(d \in D)$ 由 M 个词组成,且被表示为 $d=w_{d,1}, w_{d,2}, \cdots, w_{d,M}$,其中每个词 $w_{d,m}(m \in \{1,2,\cdots,M\})$ 为词表中的一项,词表大小为 V。作为从语料中挖掘出来 K 个隐主题的生成式模型,该方法将生成文档 d 中每一个词 $w_{n,m}$ 的过程定义为如下两步:首先,根据语料库对应的主题分布 Θ 采样一个隐主题 Z_d;再根据隐主题 Z_d 对应的词分布 Φ_{Z_d} 采样对应的词 $w_{d,m}$。

基于国际贸易食品风险数据的短文本情报挖掘模型整体框架共分为3个模块:首先多知识背景表达向量构建模块对不同数据来源的不同数据进行统一的表达;在表达向量被构建的基础上,计算这些表达向量的相似度;最后对于所有的文本数据进行吉布斯采样,达到文本主体挖掘的一致性。

11.4.1　多知识背景向量构建模块

随着深度学习技术的发展,部分模型可对单词关系进行有效的捕捉并予以精准计算。单词经过向量表达后,彼此之间的关系被投影到向量空间。极少共现的单词如果关系密切,那它们在向量空间中的距离也是相近的。另一方面,人理解文章不仅仅依赖于文章本身的内容,还有赖于人拥有的背景知识。因此,外部知识的引入不仅增强了单词间的关系,而且可以帮助模型更深入地理解文章的内容,从而在训练过程中发现高质量的主题。

通过外部语料训练得到的词向量保存了单词间的语义关系,实体向量则捕捉到实体之间面向事实的关系。不同的知识侧重于表达单词间某方面的关系,如果模型仅引用单一的知识去理解文章的内容,那么其对文章的理解是片面的。

为了对文章的内容有全面、多角度的理解,该算法将词向量和实体向量融合形成单词的多知识背景向量(Multi-Knowledge Weighted Embedding,MKWE)。该融合方法认为每种知识对模型理解文章内容的贡献程度是不一样的,这种贡献度可以用贡献度权重 r 来衡量。因

此,融合单词w的词向量v_w和实体向量e_w形成的多知识背景向量s_w的定义如公式11.1所示:

$$s_w = r \times v_w + (1-r) \times e_w \tag{11.1}$$

11.4.2 相似度度量模块

词与词之间的相似性可以通过单词多知识背景向量的距离来度量,距离越近则表示单词间相似度越高。计算向量之间距离的方法有很多种,在本研究中引用余弦距离来计算,即用向量空间中向量之间夹角的余弦距离作为相似度的度量。单词w_i和单词w_j的多知识背景向量分别为s_i和s_j,那么它们之间余弦距离的计算公式如下:

$$\text{similarity}(w_i, w_j) = \cos \sin e(s_i, s_j) = \frac{s_i \cdot s_j}{|s_i| \cdot |s_j|} \tag{11.2}$$

预先设定一个相似性阈值σ用来判断单词是否高度相似,如果两个单词间的余弦距离大于该阈值σ,则认为这两个词是高度相似,相似度阈值σ的大小会影响模型的性能,因此需要在实验环节确定适合的取值。

在词表中的单词存在着以下情形的知识背景:

情形一,单词同时拥有词向量和与之相关的实体向量,那么该词的多知识背景表达向量可以用公式(11.1)方法融合得到。

情形二,单词有且只有一种知识的向量,那么该词的多知识背景向量设定为该词所拥有的知识向量。

情形三,单词没有与之对应的词向量和实体向量,那么对此简单处理,设定该词与词表中其他词的相似性均为零。

高度相似的单词对在采样过程中对彼此起到一定的提升作用。因此,该算法根据单词之间的余弦相似性来构建提升矩阵B(Boost Matrix),其中B_{w_i, w_j}表示在采样过程中单词w_j对单词w_i的提升度,超参数μ表示高度相似词之间的提升度。因此,提升矩阵B的定义如式(11.3)所示。

$$B_{w_i, w_j} = \begin{cases} 1 & (w_i = w_j) \\ \mu & (\text{similarity}(w_i, w_j) \geqslant \sigma, w_i \neq w_j) \\ 0 & (\text{其他}) \end{cases} \tag{11.3}$$

11.4.3 吉布斯采样模块

由于情报信息在内容上是有限的,多数具有相似知识背景的词很少共同地出现。为了提高挖掘主题的一致性,需要将具有相似知识背景的词尽可能分配到同一主题下,因此该算法利用具有相似知识背景的单词去提升Gibbs采样过程[6]。在采样过程中,单词w被分配到主题k下,那么和单词w高度相似的单词也以一定的概率分配到该主题下,从而提高挖掘主题的一致性。基于融合词向量与实体向量的短文本情报主题挖掘方法的Gibbs采样过程在算法1中总结。

主题-词分布 Φ_k^w 可根据公式(11.4)计算得到:

$$\Phi_k^w = \frac{n_k^w + \beta}{n_k + V\beta} \tag{11.4}$$

其中, n_k^w 表示单词 w 出现在主题 k 的频数; n_k 表示词表中所有单词分配给主题 k 的总频数且

$$n_k = \sum_{w \in W} n_k^w$$

近似Gibbs采样公式表示的条件分布如公式(11.5)所示:

$$p(z_d = k | z_{\neg d}, D) \propto \frac{m_{k, \neg d} + \alpha}{D - 1 + K\alpha} \times \frac{\prod_{w \in W} \prod_{j=1}^{n_d^w} (n_{k, \neg d}^w + \beta + j - 1)}{\prod_{i=1}^{n_d} (n_{k, \neg d} + V\beta + i - 1)} \tag{11.5}$$

其中, $m_{k, \neg d}$ 是分配给主题 k 的文章数; $\neg d$ 表示文章 d 被排除在当前计数过程中; α 和 β 是预定义的Dirichlet超参数。

11.5 国际贸易行为动态图数据异常检测方法

海关通关系统中包含大量描述国际贸易行为的关键数据,包括企业商品申报、修改、撤销数据,海关的布控、审单、商品价值验估、征税、查验数据以及商品进出境的相关数据。其中报关单是申请人向海关申请商品国际贸易许可的单据,分为进口商品报关单和出口商品报关单。报关单表头中,记录了口岸编号、进口或出口标志,申报时间等字段。报关单明细表记录了属于同一报关单中的所有商品信息,其中包含商品编码、名称、数量、金额、各项税额等字段。

海关监控异常国际贸易行为面临着各种挑战。首先,检测异常,需要考虑到商品和口岸、商品和商品之间的关系,但是这些关系随着商品种类数、口岸数的增多而变得复杂。商品与口岸的关系是检测异常的一个重要特征。同时,同种类或者相似种类的商品与口岸的关系往往相似,这对检测异常会起到一定作用。因此,检测异常需要考虑到商品和口岸、商品和商品之间的关系。然而,由于经济全球化的深入,海关积累的商品种类多,商品和口岸、商品和商品之间的关系随着商品种类数的增加也迅速变得复杂,给检测异常带来了进一步的挑战;其次,检测异常,还需要考虑商品与口岸关系的变化情况。检测异常,一个重要的依据就是商品与口岸关系的变化情况,例如某商品主要在固定的口岸实现国际贸易,如果突然在另一个口岸进行国际贸易,则很有可能发生了某种异常变化。然而,随着商品种类数的增多,这些关系变得复杂,因此考虑这些关系如何随着时间推移发生变化也是一个挑战。

可使用动态图的形式表示口岸与商品、商品与商品之间的关系以及这些关系如何变化。动态图可以表示对象和对象之间的关系,因此可以有效地表示商品与商品、商品与口岸之间的关系;动态图本身具有不断变化的特性,可以展示商品和口岸的关系如何随着时间的推移而发生变化。

现有的基于图表式学习的方法在提取时序特征时,大多基于滑动窗口循环神经网络结构对窗口内快照的节点进行时序特征提取,但这样提取的时序特征只考虑了窗口内快照节点的短期时序特征,忽略了以往快照的节点状态,导致节点长期时序特征的丢失,这会在一定程度上降低时序特征提取的效果,从而导致异常检测不够全面。

基于长短期时序注意力的动态图,异常边检测算法LSTAN的主要思路为:首先将动态图的中的快照用多层图卷积神经网络(Graph Convolutional Neural Network,GCN)进行一个结构特征提取,并将动态图中的节点映射成高维空间向量;然后将动态图序列按固定窗口大小划分为多个时序块,并在每个时序块内引入多头注意力机制来更好地提取时序特征,更新其向量表达,且每个时序块通过长期记忆状态向量将各个节点的长期时序信息传递给下一个块,从而保存和提取长期时序特征,提升异常边检测性能;最后用动态图中的节点向量去构建边的向量表达,将每条边向量放入非线性激活函数中进行异常打分,找出异常分数大于阈值的异常边数据。

首先定义动态图异常边检测:

动态图 $G=\{G^t\}_{t=1}^T$ 是一个图序列。G^t 代表为在时间戳 t 时的图,对于每张图我们有
$$G^t=\{V^t,E^t\}$$
其中 V^t 和 E^t 代表图 G^t 的点集和边集;$e=(i,j,w)\in E^t$ 代表节点 v_i 和 v_j 之间的一条边,并且权重为 w。我们让 $V=\bigcup_{t=1}^T V^t$ 和 $E=\bigcup_{t=1}^T E^t$ 分别代表动态图 G 总的点集和边集,则我们有
$$n=|V|$$
$A^t\in R^{n\times n}$ 代表每张图的邻接矩阵。

LSTAN主要由3个关键模块组成,如图11.20所示,它们分别是SCFE(结构和上下文特征提取模块)、TFE(动态时序特征提取模块)以及Anomaly Detection(异常检测模块)。

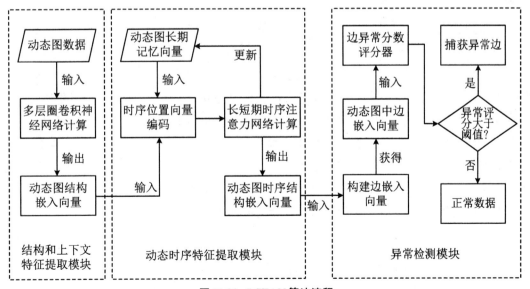

图11.20　LSTAN算法流程

LSTAN的主要思想是将结构特征和时间特征提取到前两个模块的节点表示中,然后在最后一个模块中利用该表示检测异常边缘。在SCFE模块中,我们使用GCN来提取图的结构特征,并在节点之间聚合内容特征。在TFE模块中,我们提出了动态图的多头注意力机制,并将其扩展为分块循环的结构,以此提取动态图的两个主要时间特征:长期和短期时序特征。

11.5.1   SCFE模块

在此模块,我们会对图序列中的每张图 G^t 进行一次多层图卷积操作,以此提取它的结构特征,并获得其顶点向量,具体可以将其描述为

$$\boldsymbol{H}^t = GCN_L(G^t) \tag{11.6}$$

其中, L 代表GCN的层数; $\boldsymbol{H}^t \in \boldsymbol{R}^{n \times d_h}$ 代表图 G^t 每个顶点的向量表达, d_h 为向量的维度。而GCN图卷积网络的具体计算如下所示:

$$Z^{(0)} = X^t \tag{11.7}$$

$$Z^{(l)} = \sigma\left(\tilde{D}^{-\frac{1}{2}} \tilde{A}^t \tilde{D}^{-\frac{1}{2}} Z^{(l-1)} W^{(l)}\right) \tag{11.8}$$

$$\boldsymbol{H}^t = Z^{(L)} = \sigma\left(\tilde{D}^{-\frac{1}{2}} \tilde{A}^t D^{-\frac{1}{2}} \tilde{Z}^{(L-1)} W^{(L)}\right) \tag{11.9}$$

其中, $\sigma(\cdot)$ 代表某种激活函数,例如ReLU激活函数; $\tilde{A}^t = A^t + I_N$, $\widetilde{D_{ii}} = \sum_j A_{ij}^t$ 。这一模块最后得到的输出就是每张图 G^t 的顶点向量矩阵 $\boldsymbol{H}^t$ 。

11.5.2   TFE模块

在该模块中,我们采用动态图多头注意网络并行地将长期和短期时间特征提取到每个节点的表示中。具体来说,首先我们将图序列 G 按窗口大小 k 划分为多个块, $B^i = \{G^{t-k+1}, \cdots, G^t\}$ 表示的是第 i 个块;在经过SCFE模块后,我们获得了每个块的顶点向量序列 $\{H^{t-k+1}, \cdots, H^t\}$ 。在把该序列放入多头自注意力提取时序模块之前,我们还要加入记忆力向量 $\boldsymbol{M}$,因为当前块 B^i 的向量序列只包含了局部的短时的时间特征,我们还需要保留之前的时序特征。因此对于块 B^i 来说,它的输入序列为 $S^i = \{M^{i-1}, H^{t-k+1}, \cdots, H^t\}$ 。特别地,为了方便理解计算过程,我们记 $S_v^i = \{M_v^{i-1}, H_v^{t-k+1}, \cdots, H_v^t\}$ 为块 B^i 中点 v 的一个向量序列。由于多头注意力机制的对称性,序列 S_v^i 本身不会包含先后顺序的位置信息,所以我们要对序列进行一次位置编码 $PE(\cdot)$,并得到多头注意力的输入。获得输入过程如下:

$$\boldsymbol{H}_v^i = \text{pack}\left(PE(S_v^i)\right) \tag{11.10}$$

$$PE(S_v^i) = \{M_v^{i-1} + p^1, H_v^{t-k+1} + p^2, \cdots, H_v^t + p^{k+1}\} \tag{11.11}$$

其中, $p^i \in R^{d_h}$ 为第 i 个位置的编码信息。 $\boldsymbol{H}_v^i \in \boldsymbol{R}^{(k+1) \times d_h}$ 为块 B^i 中顶点 v 的输入序列。

处理完输入序列后,我们将描述多头注意力机制提取时序信息的计算过程,具体过程如下:

$$\boldsymbol{O}_v^i = \{ M_v^i, O_v^{t-k+1}, \cdots, O_v^t \} = \text{MultiHead}(\boldsymbol{H}_v^i) \tag{11.12}$$

$$\text{MultiHead}(\boldsymbol{H}_v^i) = \text{Concat}(head_1, \cdots, head_h)W^O \tag{11.13}$$

$$head_j = \text{Attention}_j(\boldsymbol{H}_v^i) = \text{softmax}\left(\frac{Q_j K_j^\top}{\sqrt{d_z}}\right)V_j \tag{11.14}$$

$$\begin{cases} \boldsymbol{Q}_j = \boldsymbol{H}_v^i \boldsymbol{W}_j^Q \\ \boldsymbol{K}_j = \boldsymbol{H}_v^i \boldsymbol{W}_j^K \\ \boldsymbol{V}_j = \boldsymbol{H}_v^i \boldsymbol{W}_j^V \end{cases} \tag{11.15}$$

其中,$\boldsymbol{O}_v^i$ 为代表块 B^i 中顶点 v 输出向量序列;$\boldsymbol{W}_j^Q \in \boldsymbol{R}^{d_h \times d_z}$,$\boldsymbol{W}_j^K \in \boldsymbol{R}^{d_h \times d_z}$ 和 $\boldsymbol{W}_j^V \in \boldsymbol{R}^{d_h \times d_z}$ 分别是 3 个可学习的参数,而上述过程通过矩阵运算的特性可以让每个点的计算都是并行的。

11.5.3　异常检测模块

经过 SCFE 和 TFE 两个模块处理后,我们得到每个时刻图 G^t 中每个点的向量表达 $\boldsymbol{O}_v^t$。为了检测每张图中的异常边,我们定义了一个评分函数来评价每条边的异常程度,评分函数的定义如下:

$$f(e) = \sigma\left(\text{Concat}(\boldsymbol{O}_i^t, \boldsymbol{O}_j^t)W_a + b\right) \tag{11.16}$$

其中,W_a 和 b 为可学习的参数;$\boldsymbol{O}_i^t$ 和 $\boldsymbol{O}_j^t$ 分别代表边 e 的两个顶点的向量表达;$f(e)$ 的取值范围为 $\{0,1\}$,为了获得最优参数,我们定义了训练时的损失函数,定义如下:

$$L^t = -\sum_{e \in E^t} y_e \lg(f(e)) + (1 - y_e)\lg(1 - f(e)) + \lambda L_{L2} \tag{11.17}$$

其中,y_e 表示边 e 的标签;L_{L2} 为 L2 范数;λ 是一个可调整的超参数。

当模型训练完之后,我们就可以根据函数(11.16)来检测动态图中的异常边了。

11.6　风险数据融合

需要使用数据融合技术对国际贸易食品风险数据动态分析库中的不同来源数据进行深层次的汇总。数据融合方法可以分为经典融合方法和现代融合方法。

经典融合方法一般采用加权平均数法、卡尔曼滤波法、贝叶斯推理法等方法;现代融合方法常常采用神经网络、逻辑模糊法等方法[7],具体结构如图 11.21 所示。

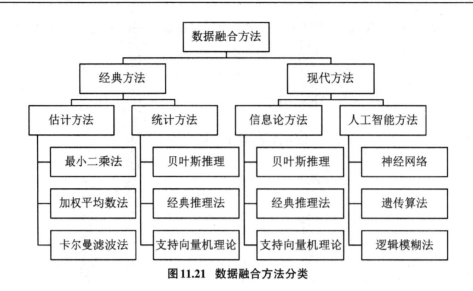

图 11.21　数据融合方法分类

11.6.1　估计方法

估计方法主要包括最小二乘法、加权平均数法、卡尔曼滤波法等线性估计方法以及一些非线性估计方法,主要有高斯滤波法、扩展的卡尔曼滤波法等。

卡尔曼滤波法一般用于动态环境中多传感器信息的实时融合,其算法核心是计算各传感器数据之间的加权平均值,其中,权值与测量方差成反比。在实际应用中,通过调节各传感器的方差值来改变权值,从而得到更可靠的结果。

针对国际贸易食品风险数据融合过程,采用卡尔曼滤波器对多传感器采集的食品安全数据进行融合,不仅可以显著提高容错性,还可以有效降低数据传输运算量。

11.6.2　统计方法

统计方法一般常用的有贝叶斯估计法、支持向量机理论法、经典推理法等方法。

贝叶斯估计法提供了一种按概率理论组合多传感器信息的方法,贝叶斯估计法的理论基础是贝叶斯法则。

通常来说,在先验概率已知的情况下,贝叶斯估计法是融合国际贸易食品风险数据的最佳方法。

11.6.3　信息论方法

信息论方法是在多源数据融合中应用了数理统计知识研究信息的处理和传递,其典型算法有熵方法、模糊理论法、模板法、最小描述长度法等。

模糊理论在数据融合领域应用的实质就是利用一个模糊映射将数据源信息作为输入映射到融合结果的输出空间,其基本思想就是将原本只有的两个取值(0或1)扩展到一个连续的取值范围:[0,1],用这个区间内的一个值来表示元素对某个模糊集的隶属程度。通过这种度量方法能够很好地描述和表达不确定事件。

模糊理论一定程度上克服了概率论方法的缺点,不需要一个确定的概率表达事情可能性,它对"可能性"的分析更加贴近人的处理方式。

在国际贸易食品风险数据融合过程中,模糊集理论方法可以实现口岸食品风险数据的简化,去除冗余信息。

11.6.4　人工智能方法

近几年人工智能方法蓬勃发展,被应用在多个领域,尤其在大数据融合领域应用得十分广泛。人工智能方法一般包括神经网络法、遗传算法、逻辑模糊法等[8]。

神经网络法可以对复杂的非线性映射进行模拟,神经网络具有运算速度快、适应能力强、容错率高等特点,使得其能够很好地适应多源数据融合的处理要求。BP(Back Propagation)神经网络是目前使用最普遍的一种神经网络,它能够采用梯度搜索技术对输入的样本进行学习。运用神经网络方法实现国际贸易食品风险数据融合,可以在不需要大量业务领域知识的情况下仅依赖原始数据样本实现融合,从而大大降低了处理国际贸易食品风险数据的代价。

11.7　应用

11.7.1　风险数据实例

11.7.1.1　风险管理基础数据元目录

通过对海关监管进口食品各环节业务数据的梳理,结合应用部门的业务需求,首先建立《国际贸易食品风险管理基础数据元目录》。该数据元目录规定了国际贸易食品风险管理基础数据元的表达格式、数据元值表达方法、数据元的使用、维护和管理以及数据元目录等技术要求,适用于海关开展口岸食品相关信息化项目的口岸国际贸易食品风险数据定义及数据交换。

数据元目录中每个数据元的标记、名称、英文缩略语按顺序依次排在其表达格式的第1行,并省略属性名称"标记""名称""英文缩略语",其他属性从其表达格式的第2行开始,逐行单独说明。国际贸易食品数据元目录具体内容部分节选如下:

1050 报关单编号 ENTRY_ID
说明:海关接受申报时给予报关单的编号,采用18位数字表示。
表示:C18。
语境:通用。

1300 合同编号 CONTRACT_NO

说明:在国际贸易贸易中,双方或多方当事人根据国际贸易惯例或国家的法律、法规,自愿按照一定条件买卖某种商品所签署的合同(协议)的编号(参见HFC/T 11—2014,1300)。

表示:C32。

同义名称:合同号、合同(协议)号。

语境:通用。

1590 提运单号 BILL_NO

说明:报关单提运单号

表示:C32。

同义名称:提运单编号(参见HFC/T 11—2014,1590)。

语境:通用。

1833 生产批次 PRODUCTION_BATCH_NO

说明:食品生产批次号。

表示:C20。

语境:通用。

2772 发货时间 CNSN_TIME

说明:发货时间。

表示:D15。

值域:采用GB/T 7408中的YYYY-MM-DDThhmmss格式。

语境:通用。

2822 生产日期 PRODUCED_DATE

说明:生产日期,格式为YYYY-MM-DD。

表示:D10。

语境:通用。

2833 发布时间 PUBLISH_TIME

说明:食品风险信息发布时间,网络中获取的食品风险信息的发布的时间,格式为YYYY-MM-DD。

表示:D10。

语境:通用。

3000 国家(地区)名称 COUNTRY_NAME

说明:世界各国和地区的中文名称。

表示:C80。

同义名称:国家中文名称。

值域:采用GB/T 2659《世界各国和地区名称代码》(等效ISO 3166—1)中的中文简称。

语境:通用。

3001 国家(地区)代码 COUNTRY_CODE

说明:世界各国和地区的标识代码。

表示:C3。

同义名称:国别代码、国籍代码。

值域:采用GB/T 2659《世界各国和地区名称代码》(等效 ISO 3166—1)中的3位字符代码。

语境:通用。

3002 国家(地区)名称(英文) COUNTRY_NAME_EN

说明:世界各国和地区的英文名称。

表示:C80。

同义名称:国家英文名称。

值域:采用GB/T 2659《世界各国和地区名称代码》(等效 ISO 3166—1)中的英文简称。

语境:通用。

3003 国家英文简称 COUNTRY_CODE_EN

说明:世界各国和地区的英文简称,采用GB/T 2659《世界各国和地区名称代码》(等效 ISO 3166—1)的3字母代码,如美国为"USA",日本为"JPN"。

表示:C3。

同义名称:国家3字符码。

值域:采用GB/T 2659《世界各国和地区名称代码》(等效 ISO 3166—1)中的3字符代码。

语境:通用。

3008 所在地区 DISTRICT_NAME

说明:按省、市顺序给出机构所在地区的行政区划地区名称。

表示:C80。

值域:采用GB/T 2260《中华人民共和国行政区划代码》中的名称。

语境:通用。

3009 所在地区代码 DISTRICT_CODE

说明:机构所在地区的行政区划地区名称代码(采用GB/T 2260《中华人民共和国行政区划代码》的前4位)。

表示:C4。

值域:采用GB/T 2260《中华人民共和国行政区划代码》的前4位代码。

语境:通用。

3012 地址 ADDRESS

说明:关于机构、人员等所在位置的详细说明。按顺序给出其所属的行政区划地区名称(省、市、县)以及乡(镇)、村、街道名称和门牌号。

表示:C100。

同义名称:地点。

语境:通用。

3030 报关员姓名 DECLARER_NAME

说明:报关员的姓名。

表示:C30。

语境:机构、人员等参与方信息管理。

3031 报关员注册号 DECLARER_REGISTER_NO

说明:报关员在海关的注册号,由报关员首次注册地的2位直属关区代码+6位顺序号组成。

表示:C8。

同义名称:报关员号。

语境:机构、人员等参与方信息管理。

3032 报关员电话号码 DECLARER _TEL

说明:报关员的联系电话号码。

表示:C50。

语境:机构、人员等参与方信息管理。

3350 港口中文名称 PORT_NAME

说明:港口的中文名称。

表示:C32。

同义名称:港口中文名称。

值域:采用GB/T 15514《中华人民共和国口岸及相关地点代码》中的中文名称。

语境:国家、地区、地址、位置信息管理。

3352 港口英文名称 PORT_NAME_EN

说明:港口的英文名称。

表示:C32。

语境:国家、地区、地址、位置信息管理。

3373 关员编号 CUSTOMS_OFFICER_CODE

说明:海关关员的标识代码。

表示:C8。

语境:机构、人员等参与方信息管理。

3530 联系人姓名 CONTACT_NAME

说明:联系人的姓名。

表示:C30。

同义名称:联系人。

语境:机构、人员等参与方信息管理。

3560 企业名称 CORP_NAME

说明:企业的中文名称。

表示:C100。

同义名称:机构名称。

语境:机构、人员等参与方信息管理。

3562 企业地址 CORP_ADDRESS

说明:企业的中文地址。

表示:C100。

语境:国家、地区、地址、位置信息管理。

3564 企业电话号码 CORP_TEL

说明:企业的联系电话号码,应包括所在地区电话号码的长途区号。

表示:C50。

语境:机构、人员等参与方信息管理。

3566 企业法人代表姓名 CORP_REP

说明:企业法人代表的姓名。

表示:C30。

语境:机构、人员等参与方信息管理。

3569 企业国际贸易标识代码 CORP_IE_CODE

说明:商务部系统关于我国国际贸易企业的标识代码,总长13位数字(参见 HFC/T 11—2014,1300)。

编号规则:4位企业所在地区的行政区划地区名称代码(取前4位)＋9位该企业的组织机构代码。

表示:C13。

同义名称:国际贸易企业代码。

语境:机构、人员等参与方信息管理。

3573 企业组织机构代码 CORP_ORGANIZE_ID

说明:国家为企业分配的组织机构代码,全国通用的、唯一标识代码。代码为9位数字字母混合的无含义代码,由8位本体码加1位校验码组成。详见 GB 11714《全国组织机构代码编制规则》。

表示:C9。

同义名称:机构代码。

语境:机构、人员等参与方信息管理。

3588 申报单位名称 AGENT_NAME

说明:对申报内容的真实性直接向海关负责的企业或单位的名称。

表示:C100。

语境:机构、人员等参与方信息管理。

3589 申报单位编号 AGENT_CODE

说明:申报单位在海关的注册号,即10位数字的经营企业编号。

表示:C10。

同义名称:海关注册编码。

值域:采用《经营企业编号》。

语境:机构、人员等参与方信息管理。

3592 申报口岸名称 DECLARE_PORT_NAME

说明:申报口岸海关的关区简称。

表示:C8。

值域:采用 GB/T 15514《中华人民共和国口岸及相关地点代码》中的中文名称。

语境:机构、人员等参与方信息管理。

3790 原产厂商名称 COMPANY_NAME_CN

说明:进口货物的原产厂商的中文名称。

表示:C100。

同义名称:原产厂商中文名称。

语境:机构、人员等参与方信息管理。

3792 原产厂商英文名称 COMPANY_NAME_EN

说明:进口货物的原产厂商的英文名称。

表示:C100。

语境:机构、人员等参与方信息管理。

3802 原产国(地区) ORIGIN_COUNTRY_NAME

说明:进口货物的生产、开采或制造的国家或地区的中文名称。

表示:C32。

同义名称:原产国。

值域:采用《国家(地区)代码》中的中文名称。

语境:国家、地区、地址、位置信息管理。

3803 原产国(地区)代码 ORIGIN_COUNTRY_CODE

说明:进口货物的生产、开采或制造的国家或地区的标识代码。

表示:C3。

同义名称:原产国代码。

值域:采用《国家(地区)代码》中的2字母代码。

语境:国家、地区、地址、位置信息管理。

3593 申报口岸代码 DECLARE_PORT_CODE

说明:申报口岸海关的关区代码。

表示:C4。

语境:机构、人员等参与方信息管理。

3970 境外口岸名称 OUTSIDE_PORT_NAME

说明:中国境外的港口口岸名称。

表示:C50。

语境:通用。

3971 境外港口编号 OUTSIDE_PORT_CODE

说明:中国境外的港口编号。

表示:C10。

语境:通用。

3972 境外地市/区 OUTSIDE_CITY

说明:中国境外地市/地区名称。

表示:C40。

语境:通用。

3973 境外地市编码 OUTSIDE_CITY_CODE

说明:中国境外地市编码。

表示:C30。

语境:通用。

3974 通关港口 PORT_NAME

说明:中国境内的港口名称。

表示:C40。

语境:通用。

3975 通关港口编码 PORT_CODE

说明:国内港口的编码。

表示:C30。

语境:通用。

3976 国内港口所属地市 PORT_CITY

说明:国内港口所属的地市编码。

表示:C30。

语境:通用。

3977 进口企业名称 IMPORT_COMPANY_NAME

说明:进口食品的企业中文名称。

表示:C100。

语境:通用。

3978 进口企业编号 IMPORT_COMPANY_CODE

说明:海关以企业(或单位)在所属地区主管海关的注册登记号作为企业的标识代码,即经营企业编号,总长为10位数字:4位企业所属地区的行政区划地区名称代码(取前4位)+1位该地区的经济区划性质代码+1位该单位的机构代码+4位顺序号。

表示:C10。

同义名称:经营企业编号。

语境:机构、人员等参与方信息管理。

3980 联系电话 TELEPHONE

说明:参与追溯的企业联系人电话号码。

表示:C32。

语境:通用。

3981 企业邮箱 EMAIL

说明:进口企业的电子邮箱地址。

表示:C620。

语境:通用。

3982 风险发生地 RISK_ADDRESS

说明:从网络中采集到的食品风险信息中提及关于风险食品发生的所在地,可以是国家、地区、地市。

表示：C50。

语境：通用。

3983 企业英文名称　FULL_COMPANY_EN

说明：海关备案中企业英文名称。

表示：C255。

语境：通用。

3983 统一社会代码　SOCIAL_CREDIT_CODE

说明：统一社会信用代码。

表示：C18。

语境：通用。

11.7.1.2　风险数据表

　　针对国际贸易食品风险数据体量大、来源广以及更新快的特点,采用大规模分布式并行(列式存储)数据模型,在具备高兼容、高通用、高延展性的同时,可为大数据管理提供性能优越的通用计算平台,支撑国际贸易食品风险大数据仓库系统。传统的行式存储数据库在查询功能上存在较大局限性,当数据规模较大时,查询速度慢、耗时长,而列式存储数据库更适合处理大规模复杂数据,在哈希键的指引下可实现高速查询,优势明显。表11.3和表11.4展示(节选)了在国际贸易食品风险数据分析库中,根据海关业务流程的需求所构建的数据表以及每张数据表所对应的具体结构。

表11.3　国际贸易食品风险数据表清单

序号	表　　名	中　文　名
1	w_201444at0008metal	［201444at0008重金属］
2	w_20223701cf2463_pb	［20223701cf2463铅］
3	w_ability_plan	［能力验证计划］
4	w_ability_plan_record	［能力验证记录］
5	w_ability_plan_sub	［能力验证明细］
6	w_allow_import	［准入名单］
7	w_auto_process	［受理机审］
8	w_auto_process_log	［自动受理开关日志］
9	w_auto_sendreport	［自动发证］
10	w_auto_sr_log	［自动发证开关日志］
11	w_bzp_kc	［标准品库存］
12	w_bzp_kc_mx	［标准品库存明细］
13	w_churufangan_1	［出入方案］
14	w_custom_code	［关区代码］
15	w_custom_lab_relation	［监管部门与风控实验室对应关系］

序号	表　　名	中　文　名
16	w_customs_biz_hscode	［食品实时态势信息共享－商品编码］
17	w_customs_biz_warn	［食品实时态势信息共享］
18	w_customui	［自定义ui］
19	w_cyclamate_report	［甜蜜素结果报告］
20	w_cyclamate_sample_info	［甜蜜素样品信息］
21	w_cyclamate_yxspy	［液相色谱仪甜蜜素］
22	w_cycybk	［查验抽样布控］
23	w_dcb	［调查表］
24	w_decl_info	［委托登记］
25	w_decl_report	［检测报告］
26	w_decl_send	［实验室受理］
27	w_doclabel	［文档标签］
28	w_document	［文档］
29	w_drdccs	［导入导出测试］
30	w_e_cyclamate_report	［e甜蜜素结果报告］
31	w_e_cyclamate_sample_info	［e甜蜜素样品信息］
32	w_e_cyclamate_yxspy	［e液相色谱仪甜蜜素］
33	w_e_machine_laboratory_status	［e实验室仪器状态］
34	w_e_machine_test_result	［e仪器测试结果］
35	w_e_pesticide_report	［e液相色谱仪兽药残留结果报告］
36	w_e_pesticide_sample_info	［e兽药残留样品信息］
37	w_e_regular_expression	［e_pdf报告识别规则］
38	w_e_t_icpmas_result_item	［e_icp-ms仪器测试结果］
39	w_e_yxspy	［e液相色谱仪兽药残留］
40	w_expert_weight	［专家权重］
41	w_food_hs	［食品分类编码］
42	w_gnjks	［国内进口商］
43	w_gnjks_copy1	［国内进口商］
44	w_goods_info	［货物信息］
45	w_gpy_record	［光谱仪检测记录表］
46	w_gpy_reourd_sub	［标准溶液配制］
47	w_gq_address	［关区地址］
48	w_gzjl	［工作经历］

续表

序号	表　　名	中　文　名
49	w_hardware_info	［硬件情况］
50	w_hccz	［核查处置］
51	w_hjjk	［环境监控］
52	w_hs_to_type	［税号类别对应关系］
53	w_hxldfb	［课题2_化学类打分表］
54	w_hxldfb_temp	［课题2_化学类打分表］
55	w_hxlffzb	［课题2_化学类方法指标］
56	w_icpmas_result_item	［icp-ms仪器测试结果明细］
57	w_incheck	［国内抽检数据］
58	w_instrument_attachment	［仪器设备_附件管理］
59	w_intellect_choose	［智能选择］
60	w_junzhong_lyjl	［菌种领用记录］
61	w_junzhong_lyjl_add	［菌种领用记录_新增］
62	w_junzhong_syhjdjl	［菌种使用和鉴定记录表］
63	w_jyjl	［教育经历］
64	w_lab_info	［实验室信息］
65	w_lab_seal	［实验室印章管理］
66	w_lcxq	［流程详情］
67	w_lib_decl	［实验室受理］
68	w_machine_analyse_data	［仪器数据解析］
69	w_machine_analyse_setting	［仪器数据分析配置项］
70	w_machine_auto_setting	［自动提取数据设置项］
71	w_machine_bak	［仪器设备］
72	w_machine_base_data	［仪器原始数据］
73	w_machine_info	［仪器设备信息］
74	w_machine_laboratory_status	［实验室仪器状态］
75	w_machine_plan	［仪器设备校准方案］
76	w_machine_report	［仪器检测结果］
77	w_machine_result	［检定校准结果单］
78	w_machine_test_result	［仪器测试结果］
79	w_machine_use	［仪器设备使用登记］
80	w_method_metrics	［课题2_生物类方法指标］
81	w_micro_insp	［微生物检验记录表］

续表

序号	表　名	中　文　名
82	w_micro_insp_sub	［微生物检验子表］
83	w_micro_insp_sub1	［微生物检验子表1］
84	w_micro_insp_sub2	［微生物检验子表2］
85	w_micro_insp_sub3	［微生物检验子表3］
86	w_micro_std	［微生物档案］
87	w_model_drink_question	［酒精饮料调查表］
88	w_model_fish_question	［水产品调查表］
89	w_model_meat_question	［肉制品调查表］
90	w_model_milk_question	［乳制品调查表］
91	w_model_optimization	［模型优化］
92	w_model_possibility	［专家评审可能性］
93	w_model_seriousness	［专家评审严重性］
94	w_new_cyan	［新一代查管_查验］
95	w_new_method	［课题2_新建方法］
96	w_new_std_method	［检验方法验证］
97	w_nucleic_acid_test	［检测信息］
98	w_outcontroll	［国外风控因素］
99	w_pdf_template	［PDF模板设置］
100	w_person_auth	［授权书］
101	w_person_edu	［教育经历］
102	w_person_info	［人员基本信息］
103	w_person_work	［工作经历］
104	w_personnel_files	［人员技术档案］
105	w_personnel_training	［人员培训记录］
106	w_pesticide_report	［液相色谱仪农药残留结果报告］
107	w_pesticide_sample_info	［农药残留样品信息］
108	w_processes	［报关单流程］
109	w_product_qualification	［产品合格判定］
110	w_pxjl	［培训经历］
111	w_qc_project	［质控项目］
112	w_qlctgfx	［通关放行］
113	w_qmcs	［签名测试］
114	w_quality_control	［质量控制］

序号	表　名	中　文　名
115	w_quality_control_sub	[质量控制活动记录]
116	w_quality_monitor	[质量监控]
117	w_quality_monitor_sub	[质量监控记录]
118	w_qxsp_record	[气相色谱检验记录表]
119	w_qysjbkxx	[取样送检布控信息]
120	w_regular_expression	[PDF报告识别规则]
121	w_requirement_analysis	[需求分析]
122	w_risk_level	[风险等级]
123	w_risk_point_out	[风险提示信息2]
124	w_rsdd_1	[人事调动方案]
125	w_select_option	[选择原则]
126	w_sfyy_flow	[示范应用全流程]
127	w_sign_images	[印章管理]
128	w_standard_compare	[标准比对]
129	w_std_class_one	[一级标准溶液]
130	w_std_class_three	[三级标准溶液]
131	w_std_class_three_detal	[三级标准溶液明细]
132	w_std_class_two	[二级标准溶液]
133	w_std_class_two_detail	[二级标准溶液明细]
134	w_std_files	[标准品档案]
135	w_std_files_record	[验收记录表]
136	w_std_insp_fat_record	[检验记录表脂肪]
137	w_std_insp_fat_sub	[检验记录明细]
138	w_std_insp_record	[检验记录表]
139	w_std_insp_sub	[检验记录明细]
140	w_std_insp_yxsp_record	[检验记录表液相色谱]
141	w_std_insp_yxsp_sub	[检验记录]
142	w_swldfb	[课题2_生物类打分表]
143	w_system_files	[体系文件]
144	w_system_info	[信息系统基本情况调查表]
145	w_szhdyb	[海关食品检验检测机构数字化调研表]
146	w_tb_info	[预警信息]
147	w_test_item	[检测项目]

续表

序号	表 名	中 文 名
148	w_test_result	［实验室检测数据］
149	w_test_std	［检测标准］
150	w_test_subtable	［树形子表测试］
151	w_tgfx	［通关放行］
152	w_topcontacts	［常用联系人］
153	w_trade_chls_bk_req	［贸易渠道布控需求］
154	w_train_plan	［培训计划］
155	w_train_plan_sub	［培训记录表］
156	w_warn_info	［预警信息］
157	w_wjtest	［测试］
158	w_wsw_kc	［生物类库存］
159	w_wsw_kc_mx	［微生物库存明细］
160	w_xzjcff	［选择检测方法］
161	w_yjtbwz	［预警通报相关网站］
162	w_yxspy	［液相色谱仪］
163	w_zb	［子表］
164	w_zksj	［质控数据］

表 11.4 风险数据表结构

主键	字 段 名	字段描述	数据类型	长度	可空	备注
✓	ID_	主键	varchar	64		主键
	REF_ID_	外键	varchar	64	✓	外键
	PARENT_ID_	父ID	varchar	64	✓	父ID
	F_YPBH	样品编号	varchar	50	✓	样品编号
	F_ANALYTE	元素	varchar	50	✓	元素
	F_INTENSITY	含量	varchar	50	✓	含量
	F_CONC1	浓度1	varchar	50	✓	浓度1
	F_UNITS1	单位1	varchar	50	✓	单位1
	F_STDDEV1	标准差1	varchar	50	✓	标准差1
	F_CONC2	浓度2	varchar	50	✓	浓度2
	F_UNITS2	单位2	varchar	50	✓	单位2
	F_STDDEV2	标准差2	varchar	50	✓	标准差2
	F_RSD	相对标准差	varchar	50	✓	相对标准差

主键	字 段 名	字段描述	数据类型	长度	可空	备注
	INST_ID_	流程实例ID	varchar	64	✓	流程实例ID
	INST_STATUS_	状态	varchar	20	✓	状态
	TENANT_ID_	租户ID	varchar	64	✓	租户ID
	CREATE_TIME_	创建时间	datetime		✓	创建时间
	CREATE_BY_	创建人ID	varchar	64	✓	创建人ID
	UPDATE_BY_	更新人	varchar	64	✓	更新人
	UPDATE_TIME_	更新时间	datetime		✓	更新时间
	GROUP_ID_	组ID	varchar	64	✓	组ID

11.7.2 应用系统

基于国际贸易食品风险数据动态分析库的构建,可支撑更高一级的系统对分析库的数据进行进一步的应用。海关涉及食品监管以及实验室业务管理的数据系统众多,多数在前文已提及,这些系统的数据彼此孤立,未能集中汇总起来开展有机的分析,导致数据利用率很低,应用价值得不到挖掘。同时各口岸的数据无法交换共享,使得各口岸成为一个个数据孤岛,这就导致各口岸的食品监管只能各自为战、被动执行,缺乏整体宏观的视野和主动预警的意识。国际贸易食品风险数据动态分析库的智能集成驯化和调试功能不仅可以实现海关国际贸易食品监管以及国际贸易食品实验室业务管理数据的大集成、大串联,还为各口岸数据的共享提供了技术基础,为海关食品安全监管的一体化部署、食品安全大数据的一体化管理提供了理想的应用模型。

11.7.2.1 系统功能模块

如表11.5所示,根据海关业务需求的具体应用场景,系统主要分为构建产品标准和限量标准、查询国际贸易食品检测项目和检测结果、海关风险信息的预警通报、面向用户的境外企业和国内进口商的服务以及HS编码8个主要数据管理功能模块。

11.7.2.2 系统界面展示

在国际贸易食品风险数据动态分析库的应用系统中,各数据的功能模块具体展示如图11.22至图11.29所示。

表 11.5　国际贸易食品风险数据动态分析库应用系统功能

功能类别	功能名称、标识符	描　　述
产品标准	产品标准数据导入	提供相关产品标准数据维护的功能
	产品标准数据导出	
	产品标准数据增删改查	
限量标准	限量标准数据导入	提供相关检测项目限量标准维护的功能
	限量标准数据导出	
	限量标准数据增删改查	
检测项目	检测项目数据导入	提供相关检测项目数据维护的功能
	检测项目数据导出	
	检测项目数据增删改查	
检测结果	检测结果数据导入	提供相关检测结果数据维护的功能
	检测结果数据导出	
	检测结果数据增删改查	
预警通报	预警通报数据导入	提供相关预警通报数据维护的功能
	预警通报数据导出	
	预警通报数据增删改查	
境外企业	境外企业数据导入	提供相关境外企业数据维护的功能
	境外企业数据导出	
	境外企业数据增删改查	
国内进口商	国内进口商数据导入	提供相关国内进口商数据维护的功能
	国内进口商数据导出	
	国内进口商数据增删改查	
HS 编码	HS 编码数据导入	提供食品四大类 HS 编码数据维护的功能
	HS 编码数据导出	
	HS 编码数据增删改查	

图 11.22　产品标准模块

图 11.23　限量标准模块

图 11.24　检测项目模块

图11.25　检测结果模块

图11.26　预警通报模块

图11.27　境外企业模块

图11.28　国内进口商模块

图11.29　HS编码模块

小结

国际贸易食品风险数据动态分析库创新性地开发了海关智慧实验室检测应用接口数据库。数据库针对实验室检测活动中的"人、机、料、法、环"等多个关键控制点的管理要求开展了设计,并以功能模块化的形式展现于系统中,数据模块包含了人员管理、质量控制、设备及标物管理、方法适用性评价和选择、结果报告等管理内容,为海关智慧实验室提供了统一、标准的体系管理模式,实现了检验流程可追溯、检测活动数字化、质量管理规范化的效果。

国际贸易食品风险数据动态分析库以海关智慧实验室需求为导向,创新性运用数字化手段,实现了优化配置实验室检测资源以及实验室体系管理的目标,具有良好的可操作性和实用性,为数字化实验室以及风险监控的其他海关数字化示范应用提供了数据支撑。

国际贸易食品风险数据动态分析库将海关与进口食品监管相关的各类数据库进行了高度的集成整合,如"国际贸易食品化妆品安全抽样检验和风险监测管理系统""食品化妆品不合格信息系统""实验室管理系统eLab""实验室管理系统eLab2.0""实验室资源管理系统"。

同时,在整合的基础上又创新引入了大量国际贸易食品实验室应用数据,比如:口岸食品侦查技术评价数据库、食品安全法规与标准数据库、海关智慧实验室检测应用接口数据库与海关智慧实验室质量体系管理数据库以及海关外其他监管职能部门和国内外食品安全相关机构的互联网数据。该数据库是目前包含环节最多、信息种类最齐全的数据库,为推进国际贸易食品监管数据资源整合与开放共享,实现主动收集动态信息,快速反应、精准防御,提高国际贸易食品安全风险预警能力提供了数据应用基础。

在应用与成果中,国际贸易食品风险数据动态分析库还针对海关智慧实验室食品安全侦查体系存在的检测标准繁多且杂乱,可靠性和适用性不强的突出问题,创新性引入国际贸易食品侦查技术评价数据库,数据库汇聚了各海关智慧实验室检测肉制品、乳制品、水产品、酒精饮料的主要使用的各种检测标准的评价数据,各海关智慧实验室可根据自身资源配置情况通过该数据库实现对检测标准的优化选择。

参考文献

[1] 黄宗兰,黄婷,张文中,等.实验室信息管理系统在食品检验检测机构中的应用分析[J].食品安全质量检测学报,2020,11(19):7130-7134.
[2] 蔡伊娜,郑文丽,程立勋,等.口岸食品实验室风险态势感知捕捉模型研究[J].实验技术与管理,2023,40(2):210-216.
[3] WOOD G, RYTTING M.One hot counter proxy:US11040556[P].US20060236148A1[2023-6-8].
[4] 王振,杨国锋,陈天池.基于深度学习的长文本分类[J].中国新通信,2019,21(6):91-93.
[5] 翟俊海,赵文秀,王熙照.图像特征提取研究[J].河北大学学报(自然科学版),2009,29(1):7.
[6] 刘伟峰,韩崇昭,石勇.修正 Gibbs 采样的有限混合模型无监督学习算法[J].西安交通大学学报,2009,43(2):5.
[7] 谭晓,李辉,许海云.基于多维数据知识内容和关联深层融合的知识发现研究综述[J].科技情报研究,2021,3(4):58-68.
[8] 红霞.人工智能的发展综述[J].甘肃科技纵横,2007,36(5):2.

第12章 国际贸易食品风险捕捉模型与应用

　　随着我国经济社会的蓬勃发展,人们追求美好生活的呼声越来越高,对于食品安全质量要求也变得越来越高,国际贸易食品已成为我国消费者重要的食品来源,因此,进口食品需求量逐年递增。同时,当前食品供应链愈加复杂、更加国际化,风险环节和责任主体更加复杂;全球性食品安全问题频发,非传统食品安全问题突显;非洲猪瘟、牛海绵状脑病、高致病性禽流感等境外疫病疫情形势仍然严峻,这都给我国食品安全和国家安全带来重大挑战。如何构建进口食品安全监管体系以保证进口食品安全问题已成为社会关注点之一。加快信息化管理体系的建设,完善进口食品风险管理体系信息化管理,实现风险信息与业务流程的有机衔接是构建现代化进口食品安全监管体系的重要手段。

　　同时,随着大数据、5G、云计算、移动计算、人工智能、物联网等技术的快速发展,包括食品安全在内的相关数据量日益增加,这些数据都蕴藏着丰富的使用价值,而如何将这些海量数据充分集成,打破不同系统间的信息壁垒,怎么样以更少的投入发挥更大的作用,从而更好地服务上层业务系统是相关研究及业内人员关注的重要问题。

　　2018年4月20日,按照国务院统一部署,关检业务正式合并,新海关工作业务进一步拓展,此后海关总署主管全国国际贸易食品安全监督管理工作。2019年1月17日全国海关工作会议指出:海关将把构建新型监管机制作为重点工作之一,包括实施新海关全面深化业务改革2020框架方案,持续深化重点领域和关键环节改革;加快建立健全科学随机抽查与精准布控协同分工、优势互补的风险统控机制;完善一体化作业流程,实施进口"两步申报"通关模式,实行入境安全风险防范"两段准入"和口岸分类提离;改革完善邮寄、快递渠道通关监管;深化加工贸易监管改革等。在具体的"两步申报""两段准入""两轮驱动""两类监管"以及"两区优化"措施中,"两轮驱动"更加明确提出加大随机抽查和人工风险分析布控的协调工作机制,实现精准打击和全面覆盖的新工作目标任务。学习借鉴国际先进经验,实现将中国海关打造成世界先进海关的奋斗目标。今后,海关还将继续严把国际贸易食品安全关,完善进口食品准入管理,强化口岸食品检验把关,开展进口重点敏感食品专项治理,加强国际贸易食品的监管,加大对违法行为处罚力度,严格贯彻习近平总书记提出的"四个最严"要求(即最严苛的标准、最严格的监管、最严厉的惩戒、最严肃的追责),做好入境食品的口岸监管工作,确保进口食品安全。

　　《中华人民共和国进出口食品安全管理办法》规定,国际贸易食品安全工作坚持"安全第一、预防为主、风险管理、全程控制、国际共治"的原则,海关运用信息化手段提升国际贸易食品安全监督管理水平。

　　因此,构建国际贸易食品风险捕捉模型及其应用系统,有利于提高食品安全风险点识别的灵活性和精准度,实现食品安全风险及时捕捉和智能分析。这也是实施科技兴关、应用大数据与人工智能技术,为国际贸易食品安全风险管理决策提供数据支持、实现风险防控和精准布控、加快提高通关速度的现实需求。

本章将从口岸现场、检测实验室以及互联网三个具体的应用场景,对国际贸易食品风险捕捉模型进行详细技术阐释,并根据国际贸易食品风险捕捉模型构建了应用系统,介绍在国际贸易食品风险预警场景下的应用示范。

12.1　需求分析与模型设计

12.1.1　业务需求

12.1.1.1　进口食品口岸监管工作的实际需要

为持续深化全国通关一体化改革,构建新海关安全准入风险防控体系,健全协同优化的新海关风险管理机制,按照《海关全面深化业务改革 2020 框架方案》,海关总署制定了《海关"两轮驱动"改革实施方案》,主要内容如下。

12.1.1.1.1　总体思路

落实总体国家安全观,实施以科学随机抽查和精准分析布控为主要内容的"两轮驱动"模式,以科学随机抽查掌控安全风险防控覆盖面,以精准分析布控靶向锁定安全风险目标,构建科学随机抽查与精准布控协同分工、优势互补的风险统一防控机制,促进风险管理全链条的整体、高效、协同运作,维护国门安全。

12.1.1.1.2　工作内容

在贸易渠道实施风险防控的"两轮驱动",对接"两步申报"和"两段准入",实现风险布控一次甄别、一次下达。一方面通过研究制定抽查方案、改进抽样标准及方法、建立科学随机抽查决策机制,推动实现科学随机抽查对安全风险防控整体面上的驱动;另一方面通过优化人工分析作业流程,实现精细化管理、拓展信息来源、扩大风险分析视角、强化关联性分析能力、科学评定风险等级、建立"大数据+智能分析"模式,用好智能分析手段等措施,提升精准布控在安全风险防控关键点上的驱动。

1. 实施科学随机抽查

科学随机抽查是借鉴统计学理论及科学抽样标准确定抽样检查的方法。科学随机抽查结合口岸、国别、航线、企业等有关要素,对不同的风险防控对象实施聚类,确定随机抽查率,实现抽查全覆盖,保持对伪瞒报等违法行为的威慑力。海关业务风险防控协同领导小组负责科学随机抽查方案的决策。

(1)抽查方法

依据口岸、国别、航线、企业等有关要素,对不同的风险防控对象实施聚类;按照统计学原理,借鉴参考相关抽样国家标准的原理和方法,拟定抽查率;统筹企业信用等级和信用评估结果、科学随机抽查布控量、人工精准布控量及口岸查验能力等因素,调整抽查率;抽查实施后,根据查获情况统筹实施加严、放宽或其他后续处置机制。

(2) 抽查方案

风险管理司定期对历史数据进行统计分析和评估,并考虑口岸查验能力、随机抽查覆盖面等客观因素,必要时根据各方面因素变化情况对随机抽查比例提出调整意见,形成新的科学随机抽查方案。

(3) 抽查决策

科学随机抽查方案的决策内容包括随机抽查的合理性、科学随机抽查与人工精准布控占比、科学随机抽查匹配口岸查验能力的调整及其他需重点协调的事项。

科学随机抽查方案有重大调整时,应提交海关业务风险防控协同领导小组决策后实施。紧急情况下通过协调机制,经风险管理司会商有关部门后决定和下达科学随机抽查规则。

2. 提升精准布控水平

精准布控是风控人员通过获取的情报或相关信息进行关联性分析后,作出的具有针对性的布控,包括对具体货物、交通工具、企业,或符合某种风险类型特征的某类货物、交通工具、企业的全面或重点布控。

(1) 布控构成

精准布控包括人工自主分析布控、模型自动布控两类。人工自主分析布控指分析人员根据情报、风险信息、大数据模型甄别结果、各部委通过口岸安全风险联合防控机制提出的精准布控需求等,利用海关内外部数据及分析工具,对风险分析对象开展深化分析作业后实施的布控;模型自动布控,指经大数据模型甄别后自动实施的布控。

(2) 提升措施

① 优化人工分析作业流程,实现精细化管理。进一步完善海关风险管理机制,形成风险信息收集、风险评估(包括风险识别、风险分析和风险测量)、风险预警发布、风险处置(包括科学随机抽查和人工分析处置)、监控、绩效评估、反馈的风险管理闭环。建立风险管理档案,对流程中各阶段的风险管理工作进行记录、保管,便于检索。按照风险管理作业流程开展人工分析作业,通过优化作业流程中的重点环节,实现人工分析的科学化精细化管理。

② 拓展信息来源,扩大风险分析视角。通过整合内部信息、拓展外部信息、采集公共信息、强化情报转化等方式,最大化汇集相关信息,为风险分析提供保障。整合内部信息,各业务领域信息资源要及时与风险防控部门共享;拓展外部信息,通过国际、部际合作,开展与国外海关和各部委信息共享;采集公共信息,通过合作协议、购买服务等方式,获取境内行业协会、商会和服务咨询机构的有关数据,并探索应用网络爬取和现场实时监控等技术手段搜索采集相关数据;强化情报转化,与缉私部门建立"共同研判、分类处置、及时反馈"的情报转化机制,为精准研判提供情报支撑。

③ 强化关联性分析能力,科学评定风险等级。改变基于以报关单数据为主的单一信息来源风险分析模式,充分运用情报、信息、大数据等综合评估手段,逐步实现对不同类型、不同来源信息之间的关联性分析,扩展风险特征元素,制定合理的风险类型分类和分层标准。

④ 建立"大数据+智能分析"模式,用好智能分析手段。完善大数据池建设,对入池数

据进行清洗、加标签,实施分级、分类管理,完善数据表间关联关系,增强数据实用性;在保障数据安全的前提下,推广大数据通用分析平台(即"云擎"),为风险分析人员开展大数据探索、分析、展示,提供精准搜索、自主建模、分析研判等服务支撑;借助大数据和人工智能技术,深化海关大数据应用成果,开发自动布控和辅助人工分析模型。

3. 强化风险协同防控

建立科学随机抽查布控与人工分析布控协同机制,发挥科学随机抽查布控在风险识别方面的功能作用,将科学随机抽查结果作为人工分析的重要参考,强化对未知风险、新生风险及风险转移的快速反应。人工分析发现的具有普遍性的风险及典型案件,及时通报相关业务司局,为科学随机抽查转化提供支持,强化对系统性风险的防控。

此外,对于政策类布控,可参考借鉴科学随机抽查方案,或者根据各业务司局风险防范、惩戒要求的不同,应用大数据分析手段或使用其他的科学抽样方案,对不同类型的政策类布控分别制定和提出规则。

4. 优化"两轮"评估反馈机制

(1)科学随机抽查

对科学随机抽查重点评估其合理性、覆盖面等。

(2)精准布控

对精准布控重点评估风险防控部门下达布控规则的查获率及查获成效等。风险防控部门加强对本单位下达布控规则的运行情况评估,并及时优化调整布控规则。

12.1.2　模型架构

根据业务需求分析,国际贸易食品风险捕捉模型的总体设计见图12.1。

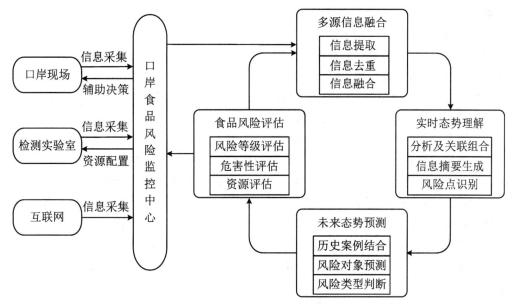

图12.1　国际贸易食品风险捕捉模型

在该模型中,国际贸易食品风险监控中心从口岸现场、检测实验室、互联网等渠道捕捉进口食品安全风险点信息,开展多源信息融合、实时态势理解、未来态势预测和食品风险评估,实现对重要进口食品进行高通量风险信息采集和风险评估,以提高对进口食品已知风险点及潜在风险点精准捕捉和智能化分析能力。

12.2　口岸现场风险态势感知捕捉技术

随着贸易全球化和我国经济社会发展水平的不断提高,进口食品已经成为我国消费者重要的食品来源。据WTO数据统计,2011年我国已经成为全球第一大食品农产品进口市场。进口食品对于缓解资源压力、调节市场平衡、满足消费者的多样性需求具有举足轻重的地位。同时,进口食品供应链的跨国化、贸易伙伴的差异化、风险因子的复杂化等因素给进口食品安全管理带来巨大挑战。

在对进口食品"进口前""进口时""进口后"各环节的检验监管过程中,口岸现场的查验是事中监管的一个重要的环节。在该环节中,检验监管人员在单证审核合格的基础上根据系统布控的要求,对需要查验的食品在指定查验场所开展现场查验工作。现场查验工作既是为了进一步落实单证审核环节涉及的各项制度,也是落实输华食品口岸检验检疫监管制度的组成部分。以进口猪肉为例,一方面,检验监管人员通过现场查验确定企业实际进口的货物和申报材料上所体现的货物是否货证一致,如装载进口猪肉的集装箱上的铅封号、进口猪肉外包装上的生产日期、生产批号、国外生产企业等信息是否和国外官方证书、合格证明材料上的信息一致,检查是否存在瞒报、漏报、谎报等情况。另一方面,在现场查验环节,检验监管人员对进口猪肉货物本身及装载工具、包装材料等可能影响进口肉类质量安全的因素开展查验,其中,对进口猪肉货物本身的现场检验又包括对猪肉的气味、色泽、猪肉的形态等的感官检查。在此环节中,发现猪肉有明显异味、杂质、腐烂等情况,可以直接对该批货物做出不合格的判定。同时,对于系统布控的进口食品,检验监管人员在完成对该批货物现场查验合格后,还要对其进行抽采样,并将样品送实验室进行检测,实验室检测按照检测项目的类别和任务来源将其分为检验检测、检疫检测及风险监测。除提供查验和采样环境外,口岸现场还承担相关进口食品放行前的暂存等工作。

根据海关总署发布的相关信息,2021年未准入境的肉制品、水产品、乳制品和酒精饮料等四大类进口食品共计1 120批,主要不合格原因包括滥用食品添加剂、标签不合格、证书不合格、微生物污染、货证不符、未获检验检疫准入、包装不合格、重金属超标、检出有毒有害物质、检出动物疫病、感官检验不合格等。其中,主要由口岸现场检出的感官检验不合格、标签不合格、包装不合格、证书不合格、货证不符、未获检验检疫准入等问题的697批,占检出不合格四大类进口食品总批次的62.2%;主要由实验室检出的滥用食品添加剂、微生物污染、重金属超标、检出动物疫病等问题的423批,占检出不合格四大类进口食品总批次的37.8%。

进口食品的安全风险可产生于农场到餐桌的任何环节,本节主要聚焦于口岸现场可能检出的风险。经过多年努力,进口食品口岸监管部门按照"预防在先、风险管理、全程管控、国际共治"的原则,构建了"进口前、进口时、进口后"各个环节的进口食品安全全过程管理体系。口岸现场作为事中监管的重要组成部分,本节提出口岸现场风险态势感知捕捉技术,从"制度文件、场地布局和设施设备、监控设施、查验平台、技术用房、配套冷库、人员队伍情况、检测能力情况、不合格信息上报"等9个维度对口岸现场信息进行多源信息融合、实时态势理解、未来态势预测和风险态势评估,及时感知口岸现场的风险态势,对发现的风险及时提出处置方案并采取有效的应对措施,旨在消除进口食品在口岸现场可能存在的安全风险,为我国进口食品的安全保驾护航。

12.2.1　感知内容

12.2.1.1　"制度文件"要素

为确保口岸现场(进口肉类查验场地)的安全运行,应对此类场地的相关制度文件及执行情况进行监测与采集,判断相关制度文件是否符合如下要求:

① 地方政府应建立检疫风险联防联控制度,国门生物安全、食品安全保障机制,重大动物疫病、重大食品安全事件等的应急处理工作机制;

② 主管海关应制定的相关制度:进口肉类检验检疫作业指导书、冷链查验和储存一体化设施监管制度、现场查验制度、日常监管制度、防疫消毒制度、样品抽采样管理制度、视频监控管理制度、不合格货物处理制度、定期工作督查制度、突发事件应急预案、廉政管理制度以及相关的记录表格;

③ 场所经营单位应制定的相关制度:进口肉类食品安全管理制度、食品安全员制度、冷链查验和储存一体化设施日常管理制度、卫生管理制度(包括防疫消毒、卫生清洁和病媒生物防控制度)、温度监测制度、产品出入库管理制度、货物堆放制度、视频档案管理制度、废弃物管理制度、应急处置制度、安全风险定期自查和主动报告制度、记录档案管理制度等;

④ 主管海关和直属海关实验室CNAS认可项目清单。

12.2.1.2　"场地布局和设施设备"要素

对口岸现场(进口肉类查验场地)的场地布局和设施设备情况进行监测与采集,判断是否符合如下要求:

① 场地周边3 km范围内不得有畜禽等动物养殖场、屠宰加工厂、兽医院、动物交易市场等动物疫病传播高风险场所;

② 场地周围50 m内不得有有害气体、烟尘、粉尘、放射性物质及其他扩散性污染源;

③ 查验区内应建有查验平台,紧邻查验平台应建有储存冷库以及用于食品检验检疫的专用技术用房;

④ 查验平台和技术用房建有新风系统,能有效净化有害异味气体,满足整体作业环境需求;新风系统应由送风系统和排风系统组成,可实现室内正压或负压状态并可调节,防止外界污染物与查验产品交叉污染,疫情应急处置时保持负压状态;

⑤ 废弃物暂存设施建在查验区的下风位置,应相对封闭且不易泄漏,同时应便于清洗和消毒;

⑥ 设有防盗、污水排放、垃圾存储与处理、清洗等设施;

⑦ 查验区内设有待检区和扣留区,标识明确;

⑧ 配置集装箱吊卸设备以及专用电源设施;

⑨ 查验区或其所在口岸设有检疫处理区,能够满足对进口肉类包装和运输工具进行检疫处理的要求;

⑩ 具有大型集装箱/车辆检查设备、辐射探测设备;

⑪ 场所具有防鼠防虫设施,无病媒生物孳生地;

⑫ 有存放暂不放行货物的仓库或者场地。

12.2.1.3 "监控设施"要素

对口岸现场(进口肉类查验场地)的监控设施情况进行监测与采集,判断是否符合如下要求(其中监控摄像机应监控到以下地点):

① 场所、仓库、暂不放行货物仓库/场地、装卸场地;

② 卡口、围网;

③ 人员进出场地通道、出入口;

④ 施/解封区域、检疫处理区、超期货物存放区;

⑤ 检疫处理区、先期机检作业区、人工检查作业区;

⑥ 消毒区;

⑦ 技术用房;

⑧ 监控范围应覆盖实施查验作业的区域和查验位,摄像头视角应能监控查验货物的堆存情况、产品外观情况、对应停靠点停放集装箱/厢式货车的箱/车底情况以及查验作业全过程;满足24小时监控需要,视频监控系统与海关联网,视频记录至少保留3个月。

12.2.1.4 "专用查验平台"要素

对口岸现场(进口肉类查验场地)的专用查验平台情况进行监测与采集,判断是否符合如下要求:

① 查验平台应相对封闭,配备遮盖封闭设施,墙体材料及建造应满足安全、保温要求;顶部结构应采用防水性能好、有利排水的材料或者构件建设,一般应设置不小于2%总面积的采光带;

② 查验平台地面应平整、坚固、硬化、耐磨、防滑,防冻、用耐腐蚀的无毒材料修建,不渗水、不积水、无裂缝、易于清洗消毒并保持清洁,地面排水的坡度应为1%～2%;

③ 查验平台配备有制冷设备及自动温控设施,温度应控制在12 ℃以下;应当设有温度自动记录装置,平台靠近门入口洞处应当配备非水银温度计,并应经过符合资质的计量部门予以校准并在有效期内;

④ 查验平台应设立固定的货物包装、标签、标识整改区,并与其他区域相对隔离;

⑤ 配置移动查验工作台及查验工具,能满足对食品查验作业需求;

⑥ 查验区域上方的照明设施应装有防护罩;

⑦ 配备工作防护设备(包括防寒服、口罩、手套、鞋套、防砸鞋、眼罩和眼镜等装置)。

12.2.1.5 "专业技术用房"要素

对口岸现场(进口肉类查验场地)的专业技术用房状况进行监测与采集,判断是否符合如下要求:

① 技术用房应紧邻查验平台,按照工作流程合理设置,能保障人流和物流完全分开,地面和墙面应便于清洗消毒;

② 专业技术用房至少包括样品预处理室、感官检验室、采样室、样品存储室、防疫应急处置室、应急设备存放室、药械存放室、设施设备清洗消毒室、信息设备机房或具有集合以上功能的房间;

③ 设有与技术用房相连接的更衣室、卫生间,设施和布局不得对产品造成污染;

④ 设置供水装置,设置带有水槽的工作台,配备药剂存储柜、工具柜及防护设备存放柜,配备消毒喷洒设施,能满足查验过程对作业场地防疫消毒和紧急防疫处置的需求;

⑤ 应配备满足无菌采样要求的采样室,采样室还应设置带有水槽的取制样工作台,配备锯骨机、分样器、刀具、电子秤、不锈钢盘、镊子、手套、密封袋等采样工具;配备无菌取样设施设备、空气消毒、产品外包装消毒等设备;

⑥ 应配备样品暂存、留样存放用房。根据产品性质分区存放,配置冷冻冰柜、冷藏冰箱等样品存放设施,配置样品(保温)周转箱等送样设施;

⑦ 能对查验废弃物品进行无害化处理,配置大型高压灭菌锅等无害化处理设备或其他等效无害化处理设施;

⑧ 配置防护设备(包括防护服、口罩、手套、鞋套、防砸鞋、眼罩和眼镜等装置);

⑨ 现场查验专业技术用房在合理距离范围内,采样室应在一体化设施内部或与之相连,应标识明确并与进口查验业务需求相匹配。

12.2.1.6 "配套冷库"要素

对口岸现场(进口肉类查验场地)的配套冷库情况进行监测与采集,判断是否符合如下要求:

① 冷库内地面用防滑、坚固、不透水、耐腐蚀的无毒材料修建,地面平坦、无积水并保持清洁;墙壁、天花板使用无毒、浅色、防水、防霉、不脱落、易于清洗的材料修建;库房密封,有防虫、防鼠、防霉设施;

② 冷库按存储温度分为冷藏库和冷冻库,冷冻库库房温度应能达到−18 ℃以下;冷藏库库房温度应能达到4 ℃以下,有应对特殊温度要求的还应设立特殊的存储场所;

③ 冷库内保持无污垢、无异味,环境卫生整洁,布局合理,不得存放有碍卫生的物品,保持过道整洁,不准放置障碍物品;

④ 冷库内不同种类货物应分库存放,防止串味和交叉污染;

⑤ 冷库库房应定期消毒,定期除霜;

⑥ 冷库应当设有温度自动记录装置,库内应当配备非水银温度计,并应经过符合资质

的计量部门予以校准并在有效期内。

12.2.1.7 "人员队伍情况"要素

对口岸现场(进口肉类查验场地)的人员队伍情况进行监测与采集,判断是否符合如下要求:

① 场地应配备适当数量的食品安全员和辅助查验人员,经培训上岗并经海关备案;

② 主管海关应配备2名及以上签证兽医官;

③ 主管海关应配备3名及以上动物检疫现场普通查验岗位资质人员;

④ 主管海关应配备专门的食品安全风险管理队伍,建立并执行检疫防疫和食品安全相关管理制度、工作规范和应急预案等。

12.2.1.8 "检测能力情况"要素

对口岸现场(进口肉类查验场地)对口检测实验室的检测能力情况进行监测与采集,判断是否符合如下要求:

① 主管海关或直属海关应具备开展常规病原微生物、理化和一般残留物质检验项目初筛的检测能力,并通过中国合格评定国家认可委员会评审认可;

② 主管海关或直属海关应具备疫病病原检测能力和残留检测确证技术手段;

③ 场地应配备良好的样品保存和传递工具,保证样品送达实验室后的检测结果不受影响。

12.2.1.9 "不合格信息上报"要素

口岸现场应按要求将检出的不合格进口食品信息通过"国际贸易食品化妆品不合格信息管理系统"等平台进行上报。对口岸现场(进口肉类查验场地)检出的不合格进口食品信息上报情况进行监测与采集,判断是否符合如下要求:

① 上报的不合格食品信息应完整、准确,应包含检验检疫编号(含货物序号)、产品名称、HS编码、食品分类、生产企业及进口商信息、金额、重量、不合格项目及分类、判定依据等信息。

② 上报起点时限:应在出具"检验检疫处理通知书"后两个工作日内上报不合格信息,即确定进口食品不予以进口就可上报;对于被上级部门审核退回的不合格信息,应在5个工作日内重新核查并反馈给上级部门;

③ 审核时限:每级审核原则上不超过2个工作日,对于实施复验的进口食品,应在作出不合格复验结论后2个工作日内上报不合格信息。

12.2.2 技术架构

为优化口岸现场管理,以"进境肉类指定监管场地"为例,参考《海关指定监管场地管理规范》(海关总署公告2019年第212号)等资料,本研究提出口岸现场(进口肉类查验场地)风险态势感知捕捉模型,如图12.2所示。该模型从"制度文件、场地布局和设施设备、监控设施、查验平台、技术用房、配套冷库、人员队伍情况、检测能力情况、不合格信息上报"等9个维度出发,对口岸现场信息进行多源信息融合、实时态势理解、未来态势预测和风险态势评估。

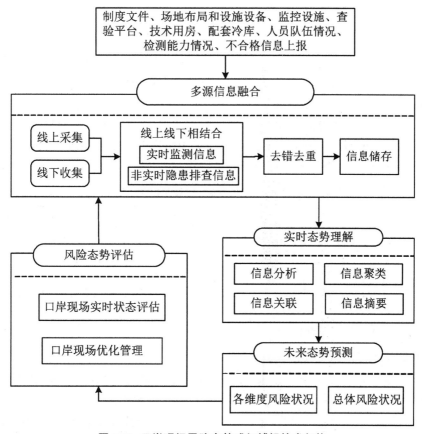

图12.2　口岸现场风险态势感知捕捉技术架构

1. 多源信息融合

通过增强线上线下全面搜索能力,广泛采集口岸现场中这9个维度的信息,将相关数据融合到数据库中。

2. 实时态势理解

以捕捉口岸现场风险防控为导向,将采集到的9个维度的信息实时与数据库内的规范要求项目进行自适应匹配,并按风险类型进行聚类,生成口岸现场风险预警信息摘要。

3. 未来态势预测

根据9个维度的历史数据与当前数据,可分别判断口岸现场每个维度的风险情况或总体风险状况的变化及发展趋势,据此可制定针对性的应对措施。

4. 风险态势评估

在对当前口岸现场内9个维度的信息与规范要求进行逐项比对的基础上,采用专家打分等方法确定9个维度的权重和赋值,进行综合评估以确定风险状况,结合最优风险处置方案形成应对措施。最后将应对措施和事件处置结果实时形成样本,更新至模型数据库中,形成一个不断感知风险并及时处置的动态过程。

12.2.3　实例分析

12.2.3.1　实例结果

通过对口岸现场的风险态势感知与捕捉,对相关口岸现场的风险状况进行及时监测与综合评估,对发现的风险问题及时提出处置方案并采取有效的应对措施,消除口岸现场存在的安全风险。

为分析口岸现场态势感知模型的有效性和可行性,以海关某口岸进口肉类查验场地为实验对象,以该模型应用前后的数据进行对比,采用信息采集覆盖率、风险捕捉量、风险感知时长作为主要评价指标,得到的结果如表12.1所示。

表12.1　口岸现场风险点捕捉模型应用前后结果对比

评价指标	2021年7—9月	2022年7—9月
信息采集覆盖率	79.63％	98.75％
风险捕捉量(项)	3	9
风险感知时长(项/天)	6.28	2.13

12.2.3.2　主要评价指标分析

1. 信息采集覆盖率与风险捕捉量

在口岸现场风险管理中,信息采集越全面越及时,风险捕捉越精确。通过拓宽信息采集渠道,随着口岸现场"制度文件、场地布局和设施设备、监控设施、查验平台、技术用房、配套冷库、人员队伍情况、检测能力情况"8个维度的风险信息持续性获取,结合线下实践、资源的持续更新迭代,口岸现场信息采集覆盖率得到了极大的提高,从79.63％上升至98.75％。与此同时,随着信息采集覆盖率的提高,口岸现场风险捕捉量也同步增长,同比增长124.01％。因此,通过这些数据表明该模型能持续稳定地为数据库提供全面、准确、有效的口岸现场信息,提高口岸现场风险防范能力。

2. 风险感知时长

在口岸现场安全管理中,及时识别风险、捕捉风险,将潜在风险降至最低,最有利于口岸现场的正常运行。由表12.1可知,在模型应用后,口岸现场风险感知平均时长从6.28天/项下降至2.13天/项,极大程度缩短了风险感知时长,实现风险感知及时化,提高了口岸现场风险管理水平。

12.3 实验室风险态势感知捕捉技术

态势感知是风险监测的手段之一,通过识别动态数据,精准预测风险,实现实时风险预警,具有全面性、及时性、精确性等特点。近年来,态势感知被广泛应用在军事、航天航空、网络等众多领域。因此,态势感知是实现风险捕捉的重要技术之一。

一直以来,中国是食品生产大国,也是食品贸易大国。随着我国国际贸易食品消费需求持续强劲,智慧实验室的工作量也随之激增,加强风险监测、提高检测效率成为智慧实验室的工作重点。为建设高效的智慧实验室,国内外学者除了对实验室环境、实验室管理系统、检测方法等进行深入研究,还致力于提升实验室风险管理水平。He Yueyang 等[1]通过URANS(Unsteady Reynolds-averaged Navier-Stokes)对实验室的通风策略进行研究,提出以安全和能耗均衡化为前提的最佳模型,消除实验室环境安全风险。屈泳等[2,3]将危害分析与关键控制点理念与实验室安全管控相结合,从实验人员、实验药品、仪器设备、实验室环境和实验废弃物等5个方面构建实验室安全风险排查与监管体系,提高实验室安全管理水平。黄瑛等[4]采用工作危害分析法,从法律风险、技术运作风险、安全风险等方面识别、分析食品实验室的风险,有针对性地提出相应的风险防范措施,完善实验室管理体系。

然而目前智慧实验室风险防控体系存在局限性,实验室信息采集较为片面,在一定程度上影响了检测工作的进行;检测条件更新与利用的速度不相互适应匹配,无法实现信息的高效利用;仅能在风险处于发生的临界点或已经发生时进行报警,无法真正实现风险预控等。

针对以上问题,本节提出将态势感知引入智慧实验室管理体系中,构建智慧实验室风险态势感知捕捉技术,其分为多源信息融合、实时态势理解、未来态势预测和风险态势评估4个阶段。多源信息融合阶段基于拓展线上、线下多源信息采集渠道,实现信息采集全面性;态势理解阶段通过实时分析风险特征信息,映射至关联数据库,提高信息利用率;未来态势预测阶段以历史资源为导向,对异常信息与风险点精准捕捉,实现实验室风险监控;风险态势评估阶段从风险防控的角度出发,为每个风险态势寻求最优处置方案,降低实验室风险,优化实验室环境。

12.3.1 感知内容

在智慧实验室的基本建设原则中,"人、机、料、法、环"是最为基础的考虑因素,其含义分别为实验室人员(包括操作人员和管理人员等)、机器设备(包括多种型号与功能)、实验物料(包括试剂、耗材、样品等)、实验方法(包括检测方法、管理办法、操作规范等)和实验室环境。以下将从这5个方面梳理国际贸易食品风险捕捉模型在实验室场景下的态势感知内容。

12.3.1.1 "人"要素的态势感知

人(Man)即为实验室人员,包括检测人员、管理人员、辅检人员等,对口岸食品检测工作质量起着至关重要的作用,对检测结果形成直接影响,"人"要素的态势感知流程如图12.3所示。

基于实验室人员安全风险管理,以应采尽采为原则,全方位采集实验室人员信息,如教育背景、工作经历、专业资格、培训记录等,加工处理后储存在数据库中。以风险特征信息在数据库中进行关联性检索,将相关信息进行聚类之后,与优良实验室规范(Good Laboratory Practice,以下简称GLP)等实验室管理制度关于人员要求和职责等进行比对分析,识别异常情况,映射出其风险类型。建立实验室人员风险布控方案优选层级结构,其中目标层是实验室人员风险态势,准则层项目是人员结构、人员操作和人员管理等。人员结构的指标层项目是专业背景、人员数量和团队组成等;人员操作的指标层项目是熟练程度、规范程度和工作时长等;人员管理的指标层是人才分布、岗位职能和专业培训等。根据历史案例、专家意见、异常情况等要素设计风险处置方案,当实验室人员存在多项异常情况时,优先处理人员结构类风险,其次处理人员操作类风险,接下来处理人员管理类风险等。以风险处置时长作为风险分析指标,应用专家打分法设计目标层、准则层、指标层和方案层的权重,确定"人"要素的风险指数,根据风险指数推导出最优风险处置方案,结合现场风险评估,得出实验室人员风险处置结果。

对智慧实验室开展"人"要素的态势感知,提高实验室人员的风险安全意识,形成良好的实验室安全氛围,保障智慧实验室安全高效运行。

12.3.1.2 "机"要素的态势感知

机(Machine)即为仪器设备,是智慧实验室开展检验工作的重要前提,消除仪器设备的风险能够有效提升检测数据的处理效率,提升实验室检测水平,"机"要素的态势感知流程如图12.4所示。

在"机"要素的多源信息融合阶段,通过线上、线下多渠道采集,如仪器设备的型号规格、适用范围、耗材配件、技术参数、使用记录、安全隐患等,进行技术处理后保存至数据库中。根据仪器设备风险特征信息在数据库中开展关联性检索,将该仪器设备的风险特征信息进行聚类。随后将整合后的信息与仪器设备具体操作说明及要求等进行分析对比,识别异常情况,映射出其风险类型。使用模糊层次分析法进行风险预测,建立实验室仪器设备风险布控方案优选层级结构,其中目标层是实验室"机"要素的风险态势,准则层项目是采购风险、使用风险和管理风险等。采购风险的指标层项目是技术参数、供应商资质、采购经费及采购需求等;使用风险的指标层项目是先进性、精准度、体系规范、运行情况及科学价值等;管理风险的指标层项目是维修情况、保养记录及技术革新等。综合考虑其异常情况,结合历史案例和专家意见等要素设计风险处置方案,当监测到众多项仪器设备风险时,优先处理仪器设备采购风险,其次处理仪器设备使用风险,最后处理仪器设备管理风险等。以风险影响程度作为风险分析指标,应用专家打分法设计目标层、准则层、指标层和方案层的权重,确定"机"要素的风险指数,根据风险指数计算出最优风险处置方案,结合实时风险评估,得出实验室仪器设备风险处置结果。

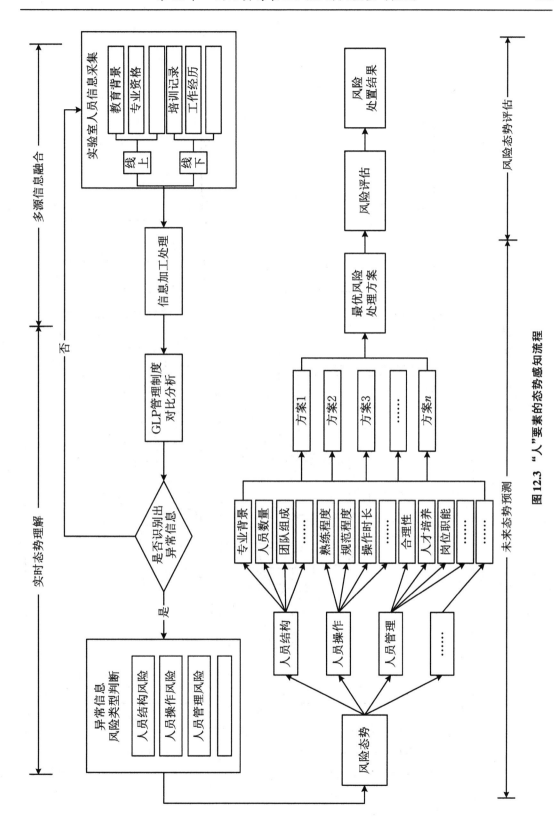

图 12.3　"人"要素的态势感知流程

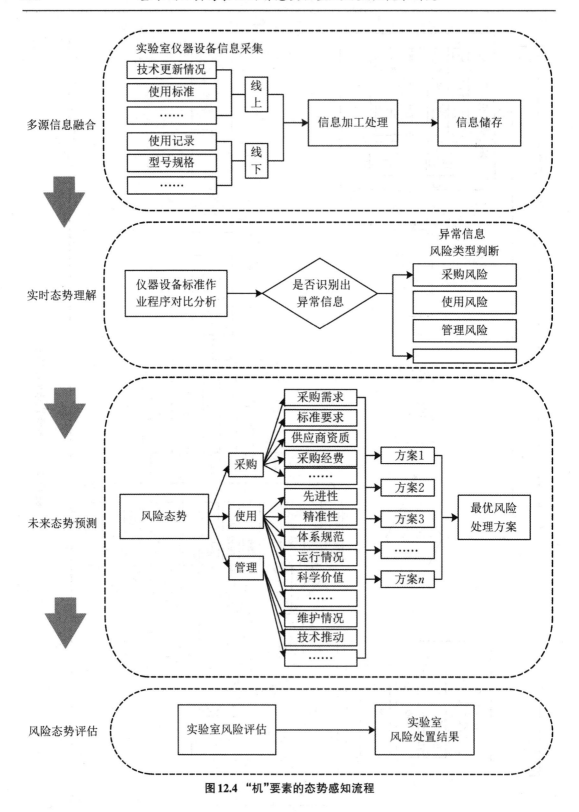

图12.4 "机"要素的态势感知流程

对智慧实验室开展"机"要素的态势感知,能够及时捕捉实验室内仪器设备的风险,实现对仪器设备的使用及维护等情况进行实时跟踪监测,有效地提高检测结果的准确率。

12.3.1.3 "料"要素的态势感知

料(Material)包括试剂、耗材、样品等实验室物资,是口岸食品检测工作的基础,能够直接影响检测结果的可靠性和正确度,贯穿于整个检测流程中,"料"要素的态势感知流程如图12.5所示。

在"料"要素的多源信息融合阶段,通过线上、线下全面采集实验室物料信息,如试剂的使用标准、产品信息、供应商资质、运输方式、贮存条件、使用频率等,通过对信息加工处理,实现信息采集优化,随后将信息储存至数据库中。通过"料"元素风险特征信息在数据库中开展关联性检索并进行聚类处理,与相关管理规范比对分析,识别异常情况,映射出其风险类型。进入未来态势预测阶段,建立"料"元素风险布控方案,优选层级结构,其中目标层是实验室"料"元素的风险布控,准则层项目是物料采购、物料运输、物料使用和物料贮存等。物料采购的指标层项目是技术参数、供应商资质、采购经费、采购需求等;物料运输的指标层项目是运输时长、运输条件和使用周期等;物料使用的指标层项目是产品指标、使用情况及操作规范等;物料贮存的指标层是贮存环境、出入库记录和消防措施等。参考历史案例、专家意见等要求设计风险处置方案,当态势预测出多项物料风险时,优先处理物料的采购风险,其次处理物料运输风险,随后处理物料使用风险,最后处理物料贮存风险等。以风险处置效益作为分析指标,设计目标层、准则层、指标层和方案层的权重,明确"料"要素的风险指数,根据风险指数得出最优风险处置方案,结合实验室实际进行风险评估,最后得到口岸实验室"料"要素的风险处置结果。

对智慧实验室开展"料"要素的态势感知,能够通过捕捉"料"的风险,促进智慧实验室质量管理工作水平不断提升,保证检测结果的质量,提高检测效率。

12.3.1.4 "法"要素的态势感知

法(Method)即为标准方法,包括检测方法、实验室安全管理要求、实验室操作规范等,是为确保检测结果的准确性、高效性而运维的"法"要素体系,"法"要素的态势感知流程如图12.6所示。

在"法"要素的多源信息融合阶段,对实验室标准方法信息开展具有全面性的采集工作,如检测方法的适用对象、实验条件等,自适应挖掘风险因子,自动保存于数据库中。以"料"元素风险特征信息在数据库中进行关联性检索并聚类,识别异常情况形成风险信息摘要,映射出其风险类型。在未来态势预测阶段使用模糊层次分析法开展风险预测,建立实验室"法"要素的风险布控方案优选层级结构,其中目标层是实验室"法"要素的风险布控,准则层项目是选择和执行等。"法"要素的选择对应的指标层项目是适用性、实时性、规范性和检测难易等;"法"要素的执行对应的指标层项目是建设情况、受控状态和自查情况等。根据历史案例、专家意见、异常情况等要素设计风险处置方案,当实验室存在多项标准方法的风险,优先处置"法"要素的选择风险,再处置"法"要素的执行风险等。以风险处置时长作为分析指标,对目标层、准则层、指标层和方案层予以赋权,明确"法"要素的风险指数,根据风险指数

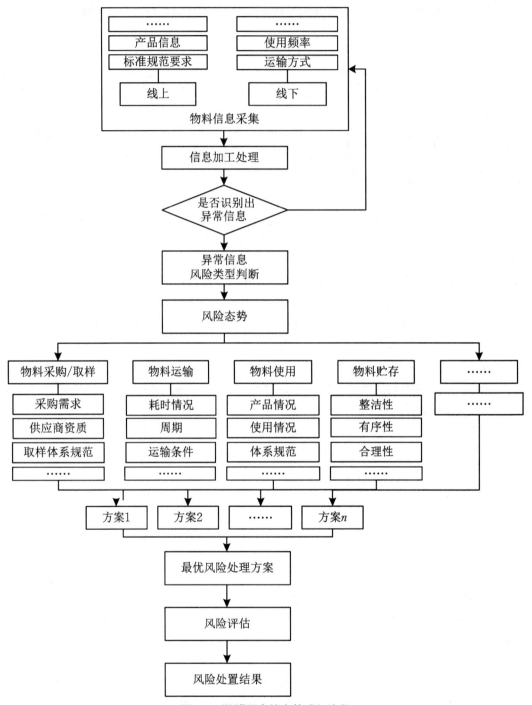

图12.5 "料"要素的态势感知流程

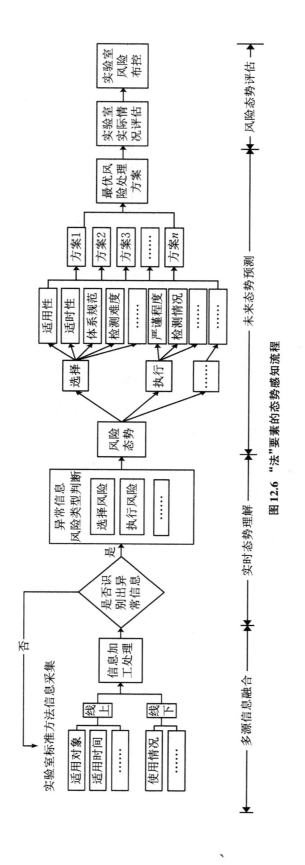

图 12.6 "法"要素的态势感知流程

得出最优风险处置方案,结合实验室实际进行风险评估,最后得到口岸实验室"法"要素的风险处置结果。

对智慧实验室开展"法"要素的态势感知,能够通过捕捉"法"要素的风险因子,形成"法"要素的最优范本,为实验数据的准确性提供有力支撑。

12.3.1.5 "环"要素的态势感知

环(Environment)即实验室环境,是口岸食品检测工作的正常开展的有力保障,"环"要素的态势感知流程如图12.7所示。

在"环"要素的多源信息融合阶段,通过线上、线下全方位采集实验室环境信息,如实验室环境的温湿度、通风设备、供水与排水、供电等信息,对信息进行加工处理后储存至数据库中。通过实验室环境风险特征信息,在数据库中展开关联性检索之后,进行聚类,并与实验室环境管理制度等实验室规范比对分析,识别异常情况,映射出其风险类型[5]。建立实验室"环"要素的风险布控方案优选层级结构,其中目标层是实验室"环"要素的风险控制,准则层项目是环境布局和环境管理等。环境布局对应的指标层项目是区域职能、基础设施及标准要求等;环境管理对应的指标层项目是维护情况、运营情况及监测情况等。参考历史案例、专家意见分析环境异常情况,设计风险处置方案,当实验室环境存在多项异常情况时,优先处理实验室环境布局类风险,再处理环境管理类风险等。以风险处置效率作为分析指标,计算各准则层权重,明确"环"要素的风险指数,根据风险指数得出最优风险处置方案,结合实验室实际进行风险评估,最后得到口岸实验室"环"要素的风险处置结果。

对智慧实验室开展"环"要素的态势感知,能够通过捕捉"环"要素的风险因子,不断优化口岸实验室的检测环境。

12.3.2 技术架构

为优化智慧实验室建设,本节提出实验室风险态势感知捕捉技术,如图12.8所示。该模型从"人、机、料、法、环"5个维度出发,对实验室信息进行多源信息融合、实时态势理解、未来态势预测和风险态势评估。

该技术通过多源信息融合阶段,增强线上、线下全面搜索能力,广泛采集智慧实验室中"人、机、料、法、环"5个维度的风险信息,然后进行数据清洗、去错、去重,将符合要求的数据融合至数据库中。在实时态势理解阶段,以捕捉智慧实验室风险为导向,实时与数据库内的风险特征信息进行自适应匹配,并按风险类型进行聚类,生成实验室风险预警信息摘要。在未来态势预测阶段,建立风险布控方案优选层级结构,由目标层、准则层、指标层和方案层4部分构成,根据各维度的具体情况而设定,应用专家打分法确定"人、机、料、法、环"5个维度的风险指标的权重,得到最优风险处置方案。在风险态势评估阶段,对当前智慧实验室的现状进行综合评估,结合最优风险处置方案形成风险布控指令,为口岸监管部门执法决策提供科学有效的依据。最后将应对措施和事件处置结果实时形成历史样本,更新至模型数据库中,形成一个不断感知风险并及时处置的动态过程。

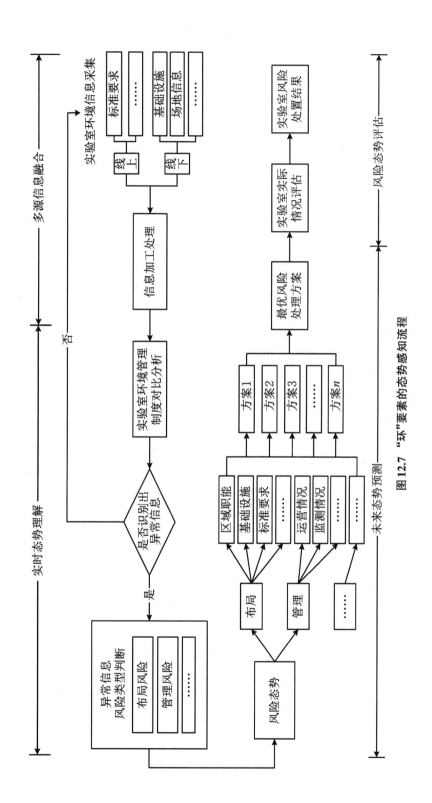

图 12.7 "环"要素的态势感知流程

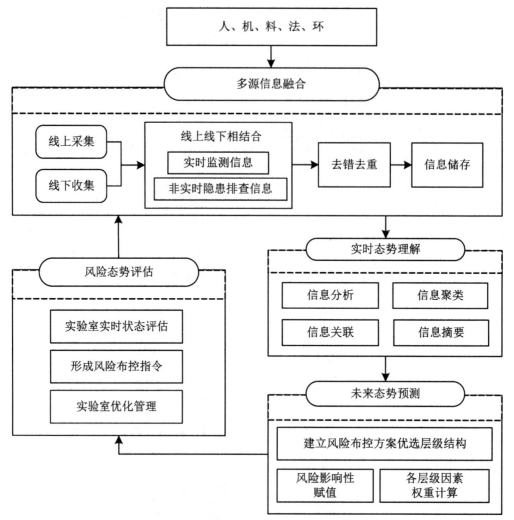

图12.8 实验室风险态势感知捕捉技术架构

12.3.3 实例分析

12.3.3.1 实例结果

为分析智慧实验室风险态势感知技术的有效性和可行性,以海关某智慧实验室为实验对象,以该模型应用前后的数据进行对比,采用信息采集覆盖率、信息利用率、风险感知时长、风险捕捉量和智慧实验室平均检测时长作为主要评价指标,得到的结果如表12.2所示。

表 12.2　实验室风险态势感知捕捉技术应用前后实验结果对比

评价指标	2021年1—3月	2022年1—3月
信息采集覆盖率	78.32%	98.65%
风险捕捉量(项)	17	42
信息利用率	69.89%	93.58%
风险感知时长(天/项)	5.18	2.13
样品平均检测时长(天/件)	4.18	3.31

12.3.3.2　主要评价指标分析

1. 信息采集覆盖率与风险捕捉量

在实验室风险管理中,信息采集越全面越及时,风险捕捉越精确。通过拓宽信息采集渠道,随着互联网上关于实验室"人、机、料、法、环"5个维度的风险信息持续性获取,结合线下实践、资源的持续更新迭代,智慧实验室信息采集覆盖率得到了极大的提高,从78.32%上升至98.65%。与此同时,随着信息采集覆盖率的提高,实验室风险捕捉量也同步增长,同比增长147.06%。因此,通过这些数据表明该模型能持续稳定地为数据库提供全面、准确、有效的实验室信息,提高了实验室风险防范能力。

2. 信息利用率与样品平均检测时长

随着互联网蓬勃发展,实验室信息量与日俱增,极大地增加识别风险的难度,也影响了检测效率。该模型将风险识别前置,将多源风险信息加工处理后实时更新至数据库内,使实验室人员在等待样品接收、制备、标识、流转、检测等环节时能快速从数据库内查询所需的检测信息,将信息利用率提高至93.58%。同时,随着信息利用率的提高,样品平均检测时长也缩短至3.31天/件,表现出该模型的高效信息利用性能,可提高实验室检测效率。

3. 风险感知时长

在实验室安全管理中,及时识别风险、捕捉风险,将潜在风险降至最低,最有利于实验室的正常运行。由表12.2可知,在模型应用后,实验室风险感知平均时长从5.18天/项下降至2.13天/项,极大缩短了风险感知时长,实现了风险感知及时化,提高了智慧实验室风险管理水平。

通过分析现有智慧实验室风险监控体系的局限性,结合态势感知技术,给出智慧实验室风险态势感知捕捉技术,从"人、机、料、法、环"5大维度综合分析,在不同维度中运用态势感知技术提出口岸实验室风险管理的指导意见,最后通过实例验证该模型具有良好的风险预控性能,实现了信息采集全面化、信息利用高效化和风险感知及时化,有效规避风险,提高了智慧实验室检测效率。但该模型在一些方面仍然有待改善,如在数据采集方面,由于各口岸食品检测项目千差万别,若采用动态评估权重赋权法进行风险分析将更能满足实际需求;在模型应用方面,若应用于全国多个智慧实验室,将有助于持续性发现新态势,积累新数据,降低新风险。

12.4　互联网场景下风险态势感知捕捉技术

随着贸易全球化,进口食品已逐渐成为人们生活中不可缺少的商品,与此同时,人们愈发重视进口食品质量安全,为了提高食品安全水平,国内外学者做了大量的研究。章德宾等建立基于监测数据和BP(Back Propagation)神经网络的食品安全预警模型,以实际食品安全监测数据训练,使模型能有效识别、记忆食品危险特征,筛选不合格食品,但该模型的及时性欠缺[6]。罗季阳等研究我国国际贸易食品风险管理的一般运行机制,对食品风险制定了管理办法[7]。梁辉等提出基于最邻近距离空间分析法的食品安全风险监测方法,能分析目标食品的空间分布模式,但该方法主要应用于已确定的目标对象上[8]。现有的模型虽然能够在一定程度上解决食品安全问题,但是对如何系统、精确感知问题食品的研究较少。

态势感知最早由美国空军提出,用以分析空战环境和未来发展形势,随着国内外学者对态势感知的研究和发展,逐渐开始应用于智能电网[9]、煤矿安全[10]、配电网[11]和网络安全[12]等领域。随着互联网的兴起,网络舆情态势感知也随之蓬勃发展,网络舆情态势感知源于情报感知,国内外学者对舆情情报感知进行大量的研究。杨峰等开展基于情景相似度的突发事件情报感知实现方法的研究,使信息感知更加及时[13]。李金泽等建立舆情事件情报感知模型,基于朴素贝叶斯、支持向量机、K-近邻3种算法提高信息感知的精确度[14]。张思龙等提出了基于情报感知的网络舆情研判与预警系统架构,强调对于情报感知的网络舆情研判与预警需要系统化[15]。

因此,本节提出将网络舆情态势感知应用于国际贸易食品风险捕捉中,构建风险感知及时、精确、具有系统性的互联网场景下风险态势感知捕捉技术。通过分析传统模型对国际贸易食品风险监控的局限性,首先构建了在互联网场景下风险态势感知捕捉技术,并详细阐述该模型的实现方法,包括Web页面信息抽取技术、BP神经网络等[16-20]进行细致分析。最后对模型效果进行分析后得出该模型在互联网场景下能实现国际贸易食品风险态势感知,实现维护国内食品市场秩序,保障国际贸易食品安全的目的。

12.4.1　感知内容

互联网场景下的风险态势感知主要针对的是互联网上有关于国际贸易食品的公开风险信息,信息数据来源较为统一,因此可按照国际贸易食品风险捕捉模型的基本框架:信息融合、态势理解、态势预测以及风险评估的基本流程对互联网食品风险信息进行分析。

12.4.1.1　互联网多源信息融合

在多源信息融合阶段,利用Web页面信息抽取技术访问由微信、微博、Twitter、instagram等众多社交软件平台构成的动态媒体库,根据"抽取与食品相关的信息,且页面内容相同则不重复抽取"的抽取规则采集网络媒体对食品的搜索、发布、交流和咨询等内容,获取具有实效性和指向性的舆情信息,将采集所得的信息进行去重后按食品原产地分类储存于数据信息库中。互联网多源信息融合过程如图12.9所示。

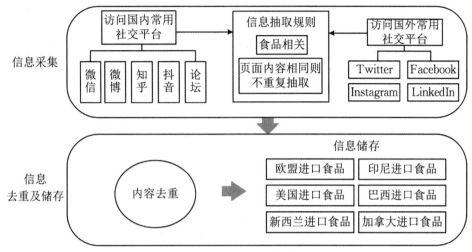

图12.9　互联网多源信息融合

12.4.1.2　实时态势理解

在实时态势理解阶段,根据国际贸易食品风险捕捉的需要,分析数据信息库内信息,以食品为导向,与时间、产地、原料、包装、运输方式和品牌名称等多方面建立关联规则,形成的关联信息根据内容聚类至食品原料、食品加工方式、食品运输方式、食品储存方式四大类中,并生成格式为"某品牌在某时间于某地方用某原料制成某包装的食品,以某种运输方式运送至口岸"的信息摘要。互联网的实时态势理解流程如图12.10所示。

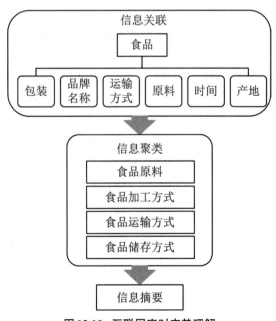

图12.10　互联网实时态势理解

12.4.1.3　未来态势预测

在未来态势分析阶段,结合科学技术资料、相关技术法规标准和实时新闻报道等信息,分析信息摘要,识别国际贸易食品风险点,通过BP(Back Propagation)神经网络分析其风险。通过分析相关的历史案例,从境外通报召回信息、口岸退运信息,获得历史风险食品名单,结合风险相关的口岸食品事故报告、口岸查验不合格信息、实验室检测不合格信息,挖掘不合格食品和风险点之间存在的潜在关系,构建预测模型。如图12.11所示,进入未来态势预测阶段,对口岸单位进口货物报关单上的商品名称、数量、原产国等信息进行分析,将分析所得的风险点导入预测模型中,对口岸食品未来态势进行预测。

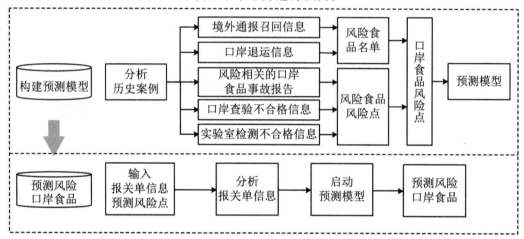

图12.11　互联网未来态势预测

12.4.1.4　食品风险评估

在食品风险评估阶段,根据风险进口食品及其风险点的预测结果,采用风险矩阵对进口食品中的生物、化学和物理风险因素进行风险等级评定及确定风险应对措施。首先,通过风险矩阵确定进口食品风险影响程度的等级评价标准,该评价标准从食品特点、消费者食用该食品后的健康状况和政府、媒体和消费者的关注度这三方面进行评估,从高到低进行赋值,食品风险影响程度等级标准设定见表12.3。然后,明确风险发生概率的等级评价标准,该评价标准从检测不合格情况、过往该进口食品安全事件状况和媒体报道信息三方面分析,根据风险可能性赋值,食品风险影响概率等级评价标准设定见表12.4。根据食品风险影响程度、食品风险发生影响概率评估其风险,在此基础上结合整体进口食品风险状况、监管检测资源等综合因素确定该风险进口食品的查验比例、抽样比例、检测项目等口岸现场和口岸实验室的应对措施,并提前对各级主体进行资源优化配置;口岸单位应根据风险评估结果和实验室检测结果,加强风险食品的监督抽检工作;企业则根据口岸单位的要求,落实风险处置的相关工作。

表12.3　食品风险影响程度等级标准

等　级	赋　值	等级条件(满足以下条件一项及以上)
影响严重	5	① 产量很大、消费量很高,几乎每天食用; ② 导致消费者死亡; ③ 引起政府、媒体、消费者高度关注
影响较重	4	① 产量较大、消费量较高,经常食用; ② 导致消费者出现损伤、中毒等急性伤害,或导致癌症、致畸等严重慢性伤害; ③ 引起政府、媒体、消费者较大关注
影响一般	3	① 产量一般、消费量一般、有时食用; ② 不会导致急性伤害,但对消费者健康可能产生一般性影响; ③ 引起政府、媒体、消费者一般关注
影响较低	2	① 产量较小、消费量较低、偶尔食用; ② 对消费者健康产生影响很小; ③ 政府、媒体、消费者很少关注
不影响	1	① 产量很小、消费量很低、很少食用或几乎不食用; ② 对消费者健康无影响; ③ 政府、媒体、消费者不关注

表12.4　食品风险影响概率等级评价标准

等　级	赋　值	等级条件(满足以下条件一项及以上)
很可能	5	① 过去一年被检验检疫部门检出不合格12次以上(含12次)的; ② 以往在国外出现过重大食品安全事件; ③ 频繁有报道显示该进口食品某风险发生
可能	4	① 过去一年被检验检疫部门检出不合格6~12次的; ② 以往在国外出现过食品安全事件; ③ 有报道显示该进口食品某风险发生
一般	3	① 过去一年被检验检疫部门检出不合格1~5次的; ② 以往在国外未出现过食品安全事件; ③ 无相关风险食品报道
不太可能	2	① 过去一年未被检出不合格的; ② 以往在国外未出现过食品安全事件; ③ 无相关风险食品报道
不可能	1	① 过去两年未被检出不合格的; ② 以往在国外未出现过食品安全事件; ③ 无相关风险食品报道

12.4.2　技术架构

为提高口岸食品的安全水平,本节提出在互联网场景下构建互联网场景下风险态势感知捕捉技术,对互联网的舆情信息进行多源信息融合、实时态势理解、未来态势预测和食品风险评估,如图12.12所示。在多源信息融合阶段,通过访问微信、微博、知乎等网络平台采集与口岸食品相关的舆情信息,随即对冗余部分进行去重处理,并保存至数据信息库中。在实时态势理解阶段,从国际贸易食品安全的角度分析库内信息,寻找信息之间的因果和时间等潜在关联,形成聚类信息,最后生成格式一致的摘要指导后续态势预测。在未来态势预测阶段,根据目标食品的未来态势预测,关注预测风险对象及其潜在风险点的动态,以协助后续根据风险性质制定相应的应对措施。在食品风险评估阶段,对目标对象的情况进行评估,结合评估结果制定应对措施,指导口岸单位、企业等各级主体优化资源,并形成历史案例反馈于互联网中,形成一个动态感知风险并实时处置风险的循环过程。

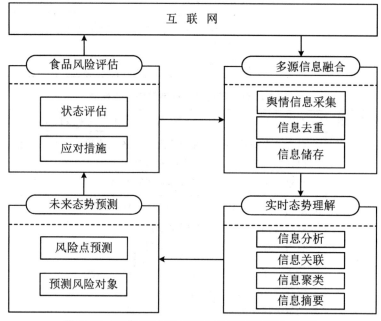

图12.12　互联网场景下风险态势感知捕捉技术架构

12.4.3　实例分析

将本节提出的互联网场景下风险态势感知捕捉技术与传统技术在国际贸易食品风险捕捉上进行比较时,其效果分析有以下几个方面。

12.4.3.1　各级主体相互协同

国际贸易食品风险捕捉过程离不开各级主体的参与,包括各级口岸单位、第三方检测机构、社会大众、企业以及网络平台等。立足进口食品风险捕捉模型,从网络平台中搜集进口食品的舆情信息,企业向口岸单位提交相关食品报关信息及相应的第三方检测报告等多源信息融合,各级主体间的相互协同始终贯穿其中,形成信息采集、信息传递、信息去重,并实现风险态势理解、预测及感知,有助于各级主体发挥优势,提高国际贸易食品风险的应对效率。

12.4.3.2　及时预测风险等级

不合格食品会给生命安全和社会环境造成难以弥补的损失,面对进口食品,口岸的首要工作就是从监管和预防的角度去严防不合格食品流入。通过互联网场景下风险态势感知捕捉技术,从网络平台获取进口食品相关的舆情信息,不断更新舆情信息库,及时从舆情信息库中识别风险点并对风险进口食品进行干预,可以实现风险口岸食品的及时准确识别,提前形成合理的应对措施,优化配置口岸现场和口岸实验室的资源进行应急响应。

12.4.3.3　实时监控进口食品

口岸风险监控中心对进口风险食品进行监督管理,当进口食品存在风险时,该机构根据风险评估结果及时采取相关措施。在国际贸易食品风险态势感知捕捉技术中,利用 Web 页面抽取技术对进口食品舆情信息进行采集,可以更及时、更广泛、更全面、更细致地进行捕捉风险,为及时感知风险食品提供信息支撑。

12.4.3.4　风险感知精确化

网络舆情通常具有传播迅速、范围广、更替快、指向性强等特点,对与进口食品风险相关的舆情信息,互联网场景下风险态势感知捕捉技术能够实时更新进口食品信息。传统模型在进口食品信息采集中缺乏对网络舆情信息的采集,在一定程度上存在信息滞后性,这就要求互联网场景下风险态势感知捕捉技术克服该困难,在模型运行时力求捕捉网络舆情信息,及时将其融合至进口食品风险预测中,利用网络舆情信息的实时动态提高风险感知的精确度。

12.5　模型应用系统

通过优化国际贸易食品风险捕捉模型,建立重要进口食品风险评价体系,开发了国际贸易食品风险捕捉模型应用系统,集成开发多源信息融合、实时态势理解、食品风险评估、态势分析预测等功能并开展应用,实现食品风险自动分级,应用于口岸智能监控,促使食品风险因子从计划监管模式到动态监管模式的转变,利用科技手段助力提升重要进口食品安全监管水平和通关效率[21-26]。

12.5.1　业务模式

国际贸易食品风险捕捉模型系统主要从多个渠道(口岸现场、检测实验室、互联网等)对进口食品风险信息的采集和记录,通过多源信息融合,根据食品类别、食品风险类型等对相关信息进行特征提取和归类,形成包含有相关进口食品实时风险信息的风险动态数据库。在此基础上开展实时态势理解、未来态势预测和食品风险评估,实现对重要进口食品进行高通量风险信息采集和风险评估,得出相关进口食品的高风险项目、高风险地区等预警信息(图12.13)。

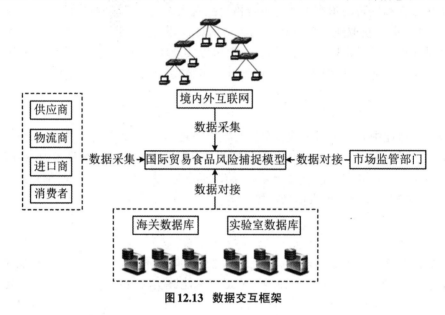

图12.13　数据交互框架

12.5.2　设计原则

1. 总体设计原则

为确保应用系统的建设成功与可持续发展,在建设与技术方案设计时遵循了如下原则:

(1) 统一设计原则

统筹规划和统一设计系统架构,尤其是应用系统建设结构、数据模型结构、数据存储结构以及系统扩展规划等内容,均需从全局出发,从长远的角度考虑。

(2) 先进性原则

软件构成必须采用成熟、具有国内先进水平,并符合国际发展趋势的技术、软件产品和设备。在设计过程中充分依照国内、国际上的规范、标准,借鉴国内外目前成熟的主流网络和综合信息系统的体系结构,以保证系统具有较长的生命力和扩展能力。在保证先进性的同时还要保证技术的稳定性和安全性。

(3) 高安全性原则

在软件设计和数据架构设计中充分考虑了系统的安全性和可靠性。

（4）标准化原则

各项技术遵循了国际标准、国家标准、行业和相关规范。

（5）成熟性原则

软件采用了国际主流、成熟的体系架构来构建,可实现跨平台应用。

（6）适用性原则

保护已有资源,急行先用,在满足应用需求的前提下,尽量降低了建设成本。

（7）可扩展性原则

软件设计考虑到了业务未来发展的需要,尽可能设计得简明,降低各功能模块耦合度,并充分考虑兼容性;系统能够支持对多种格式数据的存储。

（8）系统单独运行原则

软件可独立运行,满足业务流程需要。

（9）闭环管理原则

软件可绑定固定IP地址,限授权人在固定电脑端操作。

（10）互联互通原则

软件可从其他相关系统获取数据,可开放双向数据接口。

2. 业务应用支撑平台设计原则

业务应用支撑平台的设计遵循了以下原则:

（1）遵循相关规范或标准

平台的设计遵循了J2EE,XML,JDBC,EJB,SNMP,HTTP,TCP/IP,SSL等业界主流标准。

（2）采用先进和成熟的技术

采用了三层体系结构,使用XML规范作为信息交互的标准,充分吸收国际厂商的先进经验,并且采用先进、成熟的软硬件支撑平台及相关标准作为系统的基础。

（3）可灵活地与其他系统集成

采用了基于工业标准的技术,便于与其他系统的集成。

（4）快速开发的原则

提供了灵活的二次开发手段,在面向组件的应用框架上,能够在不影响系统情况下快速开发新业务、增加新功能,同时提供方便地对业务进行修改和动态加载的支持,保障应用系统应能够方便支持集中的板块控制与升级管理。

（5）具有良好的可扩展性

支持硬件、软件系统、应用软件多个层面的可扩展性,能够实现快速开发/重组、业务参数配置、业务功能二次开发等多个方面使得系统可以支持未来不断变化的特征。

（6）平台无关性

适应多种主流主机平台、数据库平台、中间件平台,具有较强的跨系统平台的能力。

（7）安全性和可靠性

能够保证数据安全一致,高度可靠,提供多种检查和处理手段,保证系统的准确性。针对主机、数据库、网络、应用等各层次制定相应的安全策略和可靠性策略保障系统的安全性和可靠性。

（8）用户操作方便的原则

提供统一的界面风格，可为每个用户群，包括客户，提供一致的、个性化定制的和易于使用的操作界面。

（9）应支持多CPU的SMP对接多处理结构

3. 安全保障体系设计原则

（1）全面考虑、重点部署、分步实施

安全保障体系是融合设备、技术、管理于一体的系统工程，需要全面考虑；同时，尽量考虑到涉及网络安全的重点因素，充分考虑可扩展性和可持续性，从解决眼前问题、夯实基础、建设整个体系等方面出发做好安全工作。

（2）规范性、先进性、可扩展性、完整性并重

安全防护涵盖的对象较多，涉及管理、技术等多个方面，包括系统定级、安全评测、风险评估等多项环节，是一项复杂的系统工程。为保证平台和各业务系统安全防护工作的有效性和规范性，相关工作应按照国家有关标准实施。系统应采用成熟先进的技术，同时，网络安全基础构架和安全产品必须有较强的可扩展性，为安全系统的改进和完善创造条件。

（3）适度性原则

安全是相对的概念，没有绝对的安全。安全建设需要综合考虑资产价值、风险等级，实现分级适度的安全。平台及系统的安全防护工作应始终运用等级保护的思想，制定和落实与环保网络和系统重要性相适应的安全保护措施要求，要坚持运用风险评估的方法，提出相应的改进措施，对网络和系统进行适度的安全建设。

（4）经济性原则

充分利用现有投资，采取有效的措施和方案尽量规避投资风险。

（5）分级分域的安全防护原则

根据信息安全等级保护的相关要求，结合网络特点，网络安全设计应遵循分级分域的安全防护策略，保障物理层、网络层、系统层、数据层、应用层的安全性。

（6）技术和管理并重原则

安全保障体系是融合设备、技术、管理于一体的系统工程，重在管理。在技术体系建设的同时，需要加强安全组织、安全策略和安全运维体系的建设。

4 技术标准与管理规范体系设计原则

（1）科学性

科学性是标准化的基本原则，是应用系统和技术系统安全、可靠、稳定运行的根本保障。

（2）完整性

将平台建设所需的各项标准分门别类地纳入相应的体系表中，并使这些标准协调一致，相互配套，构成一个完整的框架。

（3）系统性

系统性是标准体系中各个标准之间内部联系和区别的体现，即恰当地将系统涉及的各类标准安排在相应的专业序列中，做到层次合理、分明，标准之间体现出相互依赖、衔接的配套关系，并避免相互间的交叉。

（4）先进性

平台系统的标准体系所包括的标准，应充分体现等同采用或修改采用国际标准的精神，

保证平台系统的标准与国际、国家标准的一致性或兼容性。

(5) 预见性

在编制平台系统标准体系时,既要考虑到目前的信息技术水平,也要对未来信息技术的发展有所预见,使标准体系能适应食品追溯和预警信息系统对各项应用技术的迅猛发展。

(6) 可扩充性

应考虑平台系统建设的发展对标准提出的更新、扩展和延伸的要求。信息化标准体系的内容并非一成不变,它应能随着国资委业务、信息技术的发展和相关国际标准、国家标准、行业标准的不断完善而进行充实和更新。

12.5.3 系统架构

12.5.3.1 总体技术架构

国际贸易食品风险捕捉模型的应用系统是基于 Spring Cloud 微服务架构,集合多种主流的开源技术,提供一个可扩展的、可靠的、高性能的软件平台(图12.14)。

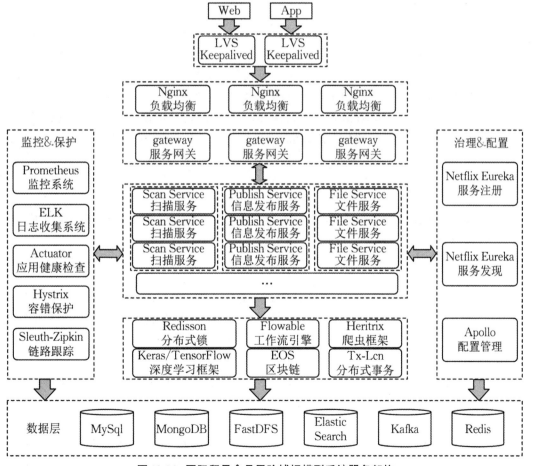

图12.14 国际贸易食品风险捕捉模型系统服务架构

本系统采用多层软件架构方式,将整个平台分成3个层次:数据访问层、业务逻辑层(领域层)、展示层。

多层的软件架构模式,将界面交互、业务逻辑处理、数据存储访问等进行了分层处理,并且在每个层次内部,又进行了多个更细粒度的划分,这样就使得软件功能都被封装成一个个小的部件,一旦需求发生变更,只要修改受影响的那个小部件,然后替换即可,而不影响整个系统其他部分的功能,这样就能够让系统非常具备灵活性和扩展性。

为了满足复杂应用环境的使用需求,软件采用了B/C架构。基于J2EE标准的软件资源和硬件资源多层的分布式架构,采用"平台+组件"的开发模式,在实现了跨操作系统、跨浏览器、跨数据库、成熟稳定的同时,具有良好的扩展性。

同时,该应用系统依托大数据、人工智能技术的结合,从生产到流通环节整条供应链上数据的采集、整合,由积累得到的数据,进行数据分析、建模,为进口食品安全分析、安全预警提供线索数据支持,智能预警,及时防控国际贸易食品安全问题。

所有联动接口组织成面向SOA架构的组件,其职能是负责所有的跨系统平台请求调用、数据获取、服务联动统一开放式平台。

12.5.3.2　数据资源整合

从数据处理角度来分析,国际贸易食品风险捕捉模型系统按照数据层、数据处理层、业务分析层和应用层4层架构进行设计。数据层提供基础数据采集及管理服务;数据处理层提供数据清洗过滤处理的功能,为业务层提供主题结果;业务层提供各种业务模型分析服务以及算法预测服务;应用层为用户提供系统交互、数据呈现、安全预警功能。

数据整合服务建设提供对来源数据的整合,包括对结构化数据、非结构化数据、半结构化数据的采集、清洗、转换和加载入库,同时对数据进行封装,提供查询服务接口,为上层指挥应用提供数据服务支撑。

12.5.3.2.1　数据来源

将各类不同来源的数据资源,采集进入海关内网后,进行统一、有序地汇入数据中心和文件中心,主要分为以下几种(表12.5)。

12.5.3.2.2　数据抽取

数据抽取由数据采集工具实现对海关外网数据的采集、清洗、转换和入库工作。采用分布式架构设计,多节点独立运行,当节点不够时可以横向扩展,通过多线程方式,将数据定时同步抽取。

1. 多结构数据支撑

满足结构化、非结构化数据加工处理能力;可配置脚本输出数据库目标,以便将脚本查询结果输出到关系数据库。

2. 任务调度

定时任务按配置的周期和时间或根据事件触发启动流程,执行任务。通过流程引擎控制任务之间的依赖关系,允许任务并行执行和串行执行。将任务执行结果保存到配置的输出文件或数据库中。

表 12.5 　系统数据来源及整合方式

数据来源名称	整 合 方 式	数 据 流 向
生产商及相关进口商(代理商)信息	ETL方式抽取	结构化数据首先入资源库再到标准库。非结构化数据接入云文件中心
口岸查验出的不合格进口食品数据		
口岸抽样检测及风险监测检测数据		
国内市场监督机构抽检的相关进口食品的实验室检测数据		
进口食品风险预警数据		
进口食品警示通报数据		
进口食品通报召回数据		
境外与重要进口食品相关的疫情疫病数据	通过手工拷贝、网络爬虫等方式先到海关内网翻译,再通过清洗抽取工具清筛	
其他社会资源数据	通过手工拷贝、网络爬虫等方式先到海关内网翻译,再通过清洗抽取工具清筛	

12.5.3.2.3 　数据处理流程调度

任务调度模块负责所有数据处理任务的调度及顺序逻辑控制,其具有如下功能:

1. 任务触发

当任务的启动条件满足用户预先设定的条件时,自动加载任务并运行。任务触发条件包括时间条件和任务条件两种:

(1) 时间触发

指定任务在特定时间开始运行。

(2) 事件触发

发生特定的事件后任务自动运行,比如接口处理任务要在其依赖的接口文件全部到达后自动启动。时间和事件结合多个条件组合都满足后自动运行任务。

2. 任务排序

对数据处理流程的先后顺序进行排序,具体体现在如下方面:

(1) 依赖关系

任务之间具有逻辑上绝对的先后关系,一个任务的启动必须依赖于其前置任务的成功完成。

(2) 优先级

如果两个或多个任务同时满足启动条件,任务执行的先后顺序可以通过任务的优先级来决定,具有较高优先级的任务将先执行。

3. 全局任务同步

对于运行在不同机器和系统上的任务,调度模块可以对其进行同步。

并行执行:同时允许多个任务并行执行;可以设置各类任务的并行度。

并行度有两个层次：

① 不同机器任务之间的并行；

② 同一机器内部任务的并行。

4. 任务管理

允许用户灵活地添加新任务、设置任务的触发条件、依赖关系等，能方便地重置任务状态，重启和结束任务运行等。

12.5.3.2.4　数据同步

1. 全量抽取

将来源数据第一次全部进行全量抽取，结构化数据按数据量大小进行存储，非结构化文本数据存入GFS/FastDFS中。

全量抽取是指将来源中所有的数据一次性全部加载到目标库中。全量抽取的逻辑简单，但一次性处理的数据量非常大。因此，全量抽取适用于第一次数据同步或数据量较小且抽取频率不高的情况。

2. 增量抽取

将来源数据中有更新的数据，增量抽取只抽取自上次抽取以来数据库中要抽取的表中新增或修改的数据。捕获变化的数据有两点要求：

① 准确性，能够将业务系统中的变化数据按一定的频率准确地捕捉到；

② 性能，不能对业务系统造成太大的压力，影响现有业务。

12.5.3.2.5　数据加载

将转换和加工后的数据装载到目标库中。装载数据的方法包括以下两种装载方式：

① 直接SQL语句进行insert，update，delete；

② 采用批量装载方法，如bcp、bulk关系数据库特有的批量装载工具或api。

12.5.3.2.6　数据存储方式

1. 选择数据存储方式的考虑因素

基于国际贸易食品风险数据的特性，数据存储方式的选择因素分为以下几类：

(1) 数据是否具有明显的结构化特性

结构化数据以文字、数字数据为典型，具有典型的属性结构，每一个属性由基本的数据类型构成；而非结构化数据以图片、文档、音视频文件等为典型代表，不具备属性结构，其内部往往含有大量信息，需要特殊的处理及分析手段。

(2) 数据的量级

大数据平台的数据资源量级从几千、几万到几百亿条，一些组织机构、单位数量级通常在几千到几万条，食品、食品安全信息数据量级长年累月的积累可能达到几十亿到几百亿条。

(3) 数据的访问需求

食品数据资源通常要进行多个字段的条件查询；关联库的主数据资源则需要与大量数据进行关联查询等操作，且对并发能力要求较高；而一些资料文档数据的访问频次往往较低。

2. 数据存储方式的设计方案

依据以上原则,针对具体数据情况,数据库物理存储结构设计方案如下:

(1)结构化数据

多种数据库混合存储:食品安全信息等更新频率较高,记录数较多的数据,应采取分布式列式数据库、数据仓库、关系型数据库以及共同存储的方式。

(2)半结构化数据

涉及的半结构化数据主要包括文本报告报单、海关内网和外网的互联网信息,采用分布式列式数据库汇聚存储;对于关键词等特征描述信息,采用结构化的方式进行管理和存储;对于数据种类繁多、总量大,如互联网信息等,在海关内网汇聚存储时,采用分布式列式数据库;对于数据来源、内容项目、关键词等特征描述信息,采用结构化方式进行定义存储,为关联整合提供基础支撑。

(3)非结构化数据

从海关系统采集的非结构化数据主要包括食品申报、通关、安全信息以及食品安全事件相关的视频、音频、照片、电子笔录、执法记录通等各种多媒体信息,采用分布式列式数据库;对于视频、照片等信息,结合其数据规模,可以采用结构化方式进行描述和存储,为与结构化数据的关联整合做好准备,非结构化数据本身采用GFS/FastDFS相结合方式进行存储。

12.5.3.2.7　数据标准管理

数据标准化建设在数据整合、管理及共享服务方面发挥着重要作用:在数据整合阶段,其能够有效消除数据冗余;在数据共享方面,能够降低数据共享的复杂性,减少系统接口间的数据转换,实现系统和数据的高效融合。通过数据标准化工作,能够从根本上提升数据的整合、管理及共享服务能力,为构建高层次的信息应用系统,支持高效的数据处理、数据深度分析及信息资源共享,打造坚实的数据基础。

1. 数据标准基础库建设

建设形成汇集社会信息、海关信息、互联网等信息资源数据库,并同步建立相对应的标准模型和规范,从数据汇集、整合处理、更新维护、管理的全流程设计资源路径,满足资源服务体系的灵活应用需求;并建立全局统一的数据标准体系。

2. 数据标准管理模块

建设数据标准管理模块,用于标准的发布、标准检索、执行情况反馈、统计分析以及支持相关人员考核工作。

3. 制定数据标准

标准规范体系是建设海关国际贸易食品的管理基础,是推动海关食品信息资源共享应用的基础和核心工作。

标准规范体系是在参考国家标准、行业标准、地方标准以及国际标准的基础上,采用直接引用和自行制定相结合的办法提供一套可供信息资源标准化服务平台建设的标准、规范和切实可行的管理办法,用以保障平台顺利建设和平台运行环境的形成。通过实施全方位的标准规范体系建设,将海关食品信息资源采集、加工、整合、交换共享、应用和管理等各个环节业务有机地连接起来,为海关食品信息资源数据共享和信息服务提供技术准则和指导。

标准规范建设主要包括以下几方面的内容:

(1) 标准规范体系建设

建设平台统一的标准规范体系,明确标准体系建设的指导思想、主要流程以及标准内容等。

(2) 数据标准的建设

基于国家及公安行业有关标准,结合实际需求和业务特点,通过规范、完整的信息资源描述逻辑,形成信息资源的元数据、国际贸易食品数据元、标准代码、资源目录、数据交换等标准,支持全面描述各类信息资源的信息。

(3) 服务标准建设

以国际上通用的 Web 服务相关技术规范为指导,结合海关现有业务系统技术构成、对外提供的服务类型和服务功能,形成平台对外提供的服务标准规范。

(4) 管理标准建设

为了保证系统建设过程中的规范化管理,需要制定项目管理标准规范体系,包括软件工程管理规范、平台运维管理规范、验收与监理制度、软件开发标准、系统测试和评估等标准。同时为了保证信息的安全管理和使用,需要采纳和制订一系列安全标准规范,包括信息安全基础规范、物理安全标准、系统与网络安全标准、应用安全标准、安全管理标准。

为了开展数据标准化建设,首先需要建立本地数据标准体系,标准体系的建设按照海关食品数据的管理体系进行规划和设计。

(5) 元数据标准

在遵循海关对国际贸易食品管理的相关标准的基础上,根据本地数据实际情况,形成本地的元数据标准。本系统的元数据规范和标准主要包括业务元数据、技术元数据和数据元数据三类。元数据主要记录数据的名称、资源标识、描述等基本信息以及数据更新信息、数据来源信息、数据处理流程、相关业务系统等。

(6) 数据资源目录标准

对结构化数据与非结构化数据统一进行资源编码,针对资源名称、资源标识码、数据表名、描述信息、字段信息等建立统一的标准,最终将所有数据资源汇总到一个数据资源目录中,并按应用需求建立专题资源目录。

(7) 分类代码标准

结合海关对食品数据元标准建立相应的分类代码标准,并与各数据资源中相应的字段进行关联,约束字段的取值范围,控制数据的质量。

12.5.3.2.8　数据服务

数据服务主要用于解决服务整合共享问题,通过服务治理形式有效地改善现有系统之间服务共享调用的网状关系,使得系统之间的关系更加可视化以提高管控能力,它的高性能、高可靠、高扩展和业务化给使用者带来高管控性、高运营性等便利,从而为提高服务质量和服务深度提供可能。

数据服务是基于信息化建设、分布式计算、应用集成能力的认识和技术积累而推出的服务整合产品,支持接入适配、授权管理、访问控制、路由调度和日志分析等功能。

1. 接入适配

提供 Rest、API 等应用接入适配方法,实现服务请求方、服务提供方与资源服务总线的对接。

2. 授权管理

发布人员指定服务的授权范围,未经授权的用户无法通过服务目录查看、申请该资源;对于获得授权的用户,通过平台申请服务使用权限并经审核通过后才有资格调用该服务;审核流程可通过平台灵活配置。

3. 访问控制

验证接入总线的服务请求和服务接口的身份合法性,检查服务请求方发出的请求权限,拒绝越权访问。访问控制既包括对具体应用的权限检查,也包括对具体用户的权限检查。

4. 路由调度

通过代理访问模式实现服务请求和服务接口之间的信息交互。

5. 日志分析

对服务资源的注册、授权和访问三类行为进行日志的采集和分析。

12.5.4　界面展示

1. 登录页面

登录页面如图 12.15 所示。

图 12.15　登录页面

2. 软件首页

软件首页如图12.16所示。

图12.16 软件首页

3. 主菜单

软件主菜单如图12.17所示。

图12.17 主菜单

4. 术语映射表

（1）食品名称映射

通过食品名称与不同国家、术语间的称呼名词进行关联映射,使每一条预警舆情信息的食品名称能够被提取出来,便于后续对预警数据进行归并、整合、统计、分析(图12.18)。

图12.18　食品名称映射列表

(2) 危害物质映射

对于风险名称无法提取的预警风险信息,通过风险名称映射功能进行关联映射,使每一条预警舆情信息的风险名称能够被提取出来,便于后续对预警数据进行归并、整合、统计、分析(图12.19)。

图12.19　危害物质映射列表

5. 多源信息融合

(1) 国家地区字典

国家地区字典是为了管理、维护系统中涉及国家、地区的数据选择,确保信息的一致性和统一性(图12.20)。

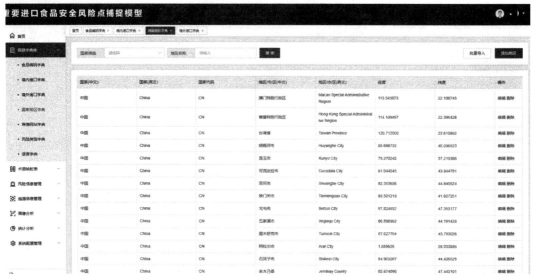

图12.20　国家地区列表

(2)舆情网站字典

舆情网站字典是对风险预警舆情信息采集的网站数据进行管理(图12.21)。

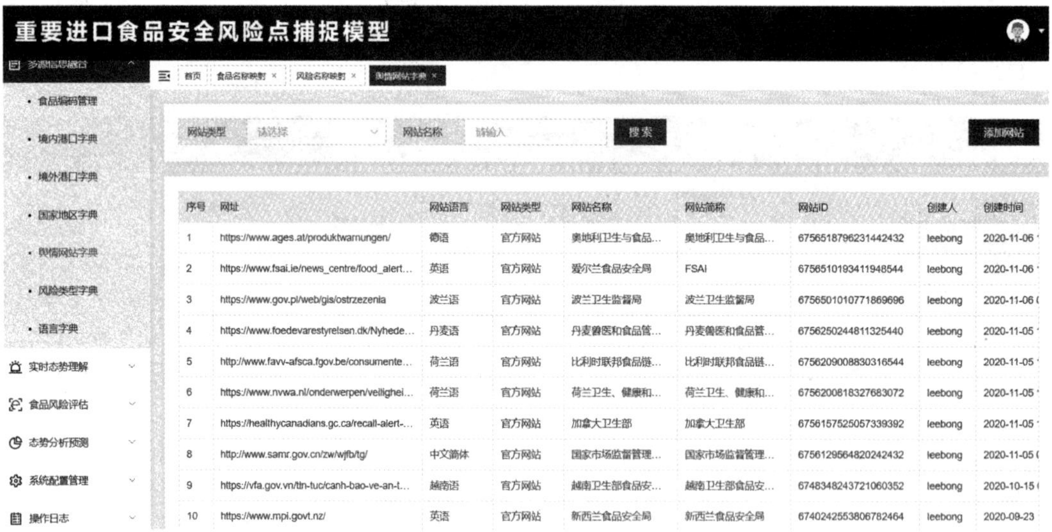

图12.21　舆情网站列表

(3)风险类型字典

风险类型字典是对食品不合格原因进行分录入、管理,便于后续风险信息提炼、查询、分析、统计使用。选择对应风险,展示出该风险的下级风险数据列表,用户可在列表上方搜索框输入风险名称对列表数据进行条件查询(图12.22)。

图12.22　风险类型列表

6. 实施态势理解

风险信息研判:输入食品名称、风险名称、国家/地区、发布时间等风险预警关键特征词,通过定向分析模式或比对分析模式研判工具,生成风险信息研判结果,可根据研判结果综合考虑是否发起风险隐患预警(图12.23、图12.24)。

图12.23　定向分析模式

图12.24　比对分析模式

7. 食品风险评估

食品安全画像:食品安全画像对进口食品及进口国家在一定的时间范围内风险热区、风险发展趋势、风险食品 TOP、风险项 TOP、风险等级占比、食品流通情况等维度进行画像展示。

8. 态势分析预测

预警信息统计:可通过时间、食品、风险等条件组合对预警信息统计进行查询(图12.25)。

图12.25　预警信息统计

12.6　模型应用场景

12.6.1　海关风险情报感知

海关风险情报要实现实体化运作,需要形成一套科学合理的管理制度,并具备明确的作业运行模式。一般来说,完善的风险情报工作流程应包括收集、加工分析与应用等三个方面,海关风险情报感知重点要解决风险情报来源、收集原则以及收集方法等问题。

12.6.1.1　风险情报来源

风险情报来源十分广泛,从海关监管的全过程和所有领域延伸至海关外部渠道与环节。按照海关内部和海关外部对风险情报来源来分,主要有以下几个方面:

1. 海关内部来源

包括海关管理依据、海关管理过程、海关管理结果所产生的风险情报。

2. 海关外部来源

海关外部风险情报分为外部执法信息和社会信息。外部执法信息指国内司法机关执法信息和行政机关及其依法委托的组织实施行政管理中产生的信息以及通过国际执法合作和行政互助所获取的信息;社会信息指除外部执法信息以外的其他信息。

12.6.1.2　风险情报收集原则

风险情报收集有以下 4 个方面的原则,这些原则是保证风险情报收集质量最基本的要求。

1. 可靠性原则

可靠性原则指收集的风险情报是真实对象或环境产生的,风险情报来源是可靠的,收集的风险情报能反映真实的状况,可靠性是风险情报收集的基础。

2. 完整性原则

完整性原则是指收集到的风险情报在风险情报要素上是完整无缺的,收集的风险情报能反映事物的全貌,完整性是风险情报应用的基础。

3. 实时性原则

风险情报收集的实时性是指能及时获取所需的风险情报,一般有两层含义:一是指风险管理部门开展某一工作亟须某一风险情报时能够很快收集到该情报,谓之及时;二是指收集某一任务的全部风险情报所花去的时间,花的时间越少谓之越快。实时性原则保证了风险情报采集的时效。

4. 实用性原则

实用性原则是指收集到的风险情报具有实战效能,可以服务于领导决策、精准施策、有效防控。

12.6.1.3　风险情报收集方法

风险信息情报的收集,按照确定收集目标、制定收集计划、明确收集方式和方法、提交收集成果的流程展开。

1. 现代开源情报收集法

采用态势感知技术,通过使用关键词搜索、智能数据挖掘等方法对门户网站、网络媒体、社交媒体发布、传递或存储的开源情报进行数据采集和智能分析。互联网开源情报收集可以使用人工收集,也可以使用科技手段进行自动收集。

基于态势感知技术的风险情报捕捉模型见图12.26。

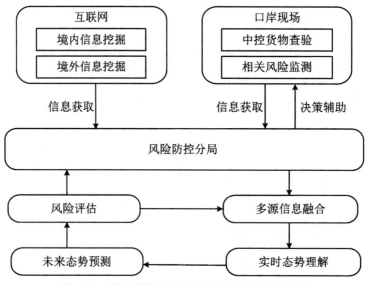

图12.26　基于态势感知技术的风险情报捕捉模型

2. 内部工作平台收集法

根据各业务部门通过内部工作平台(如HZ2001,HF2020)报送的风险信息进行采编。

3. 接受举报法

风险情报联络员直接向风险管理部门提供的情报线索以及海关接受举报部门通过内部移交的群众举报信息。

4. 调查法

通过开展实地调研或专项调查获取风险情报,可以根据实际需要使用拜访调查法、电话采访法、问卷调查法。

5. 共享情报法

通过与外部单位进行情报交流来获取风险情报,既可以通过与国内其他行政机构或部门如公安、国安、市场监管、外管、行业协会等开展境内情报交换与交流,也可以通过与国际组织、国家(地区)海关及政府部门开展境外情报交换与交流。

12.6.2　海关风险情报捕捉

海关风险情报捕捉的核心是风险情报分析,即针对某一目的,对搜集到的大量信息进行挑选、核实、分类、整理、对比、分析直至产出情报成果的逻辑归纳推理活动过程。

风险防控部门应当对风险情报的真伪、价值等情况及时组织甄别和详细评估,对初步收集的风险情报完善标签化处理,并运用有关技术手段对风险情报进行整合梳理,根据梳理评估结果开展相关后续工作。

12.6.3　海关风险情报实战

以下是风险情报在海关监管工作中的实战应用实例。

12.6.3.1　建立口岸风险态势感知捕捉模型

引入态势感知技术,构建互联网等场景下的口岸风险态势感知捕捉模型,对互联网舆情信息开展多源信息融合、实时态势理解、未来态势预测和风险评估等,实现口岸货物风险捕捉。该模型能够及时感知网络舆情发展态势,智能捕捉口岸货物安全的潜在风险点,评估风险等级,为风险分析布控提供技术支撑,其中按照某地风控分局的要求通过互联网捕捉到的与食品相关的部分风险信息,见表12.6。

表 12.6　从互联网上捕捉到的部分食品风险信息

序号	风　险　名　称	风险产品	发布日期	信息来源	具体源信息
1	《这些人玩起了深港跨境美食团购》	食材	2021年4月24日	网易	https://www.163.com/dy/article/G8CJ8PKQ0524BQA8.html
2	《中国禁令下,澳洲龙虾通过灰色渠道进入中国》	澳大利亚龙虾	2021年6月4日	网易	https://www.163.com/dy/article/GBKG812905199N88.html
3	《广西北海海警局查获总案值约150万元(人民币)涉嫌走私洋酒案》	洋酒	2021年9月22日	新浪	http://k.sina.com.cn/article_1784473157_6a5ce64502002b7d9.html
4	《12 000 只走私大闸蟹被查获》	大闸蟹	2021年10月26日	香港特区政府一站通	https://sc.isd.gov.hk/TuniS/www.info.gov.hk/gia/general/202110/26/P2021102600613.htm
5	《香港水警查获450 t疑似走私冻肉》	走私冻肉	2021年11月6日	新浪	https://cj.sina.com.cn/articles/view/6145283913/m16e49974902001ip1n
6	《香港海关水警检总值1 700万(人民币)走私海参》	海参	2021年12月31日	大公网	http://www.takungpao.com/news/232109/2021/1231/672143.html

12.6.3.2 通过网络获取某地港口"跨境外卖"情报

1. 情报来源

某地风控分局2021年4月份通过网络舆情发现,新冠肺炎疫情下,A地人员无法自由往来B地,有团购平台趁机大搞"跨境外卖"生意,每日直送肉蛋、火锅、蔬菜水果等B地"美食"前往A地,就连生牛肉和生鱼亦可选购。当时至少有3个网上平台,通过微信内置小程序"XX团"提供跨境团购服务,其中"优XX"最受欢迎。该平台运作极具规模,送货地点包括A地全区域。送货前一晚,微信群会公布各取货点及提货时间,食物由客货车送到提货点,全用"优XX"塑料袋包装,司机称所有货物凌晨由B地运至A地。

2. 情报分析

为验证信息情报的真实性,情报分析人员先是通过微信添加"XX鲜"企业微信号。该企业微信号随即询问情报分析人员在A地的居住地,情报分析人员回复居住地为"A地新界××××花园2座",该企业微信号随即把情报分析人员拉进名为"某小区专送"的微信群,该微信群的成员达到163人。进入到微信群后就可以通过微信群内发布的小程序链接进行购物,进入小程序的购买页面可以看到,"XX鲜"的成员超过2万人,跟团人次超过2万人。情报分析人员通过浏览小程序内容及模拟购买等方式,发现"XX鲜"有以下特点:该平台采用团购模式;该平台通过微信小程序搭建,使用人民币结算,使用港币时会按系统汇率实时折算;该平台出售商品既包括生鲜产品,也包括网红餐厅的熟食,还包括网红冷饮;此微信群周一、周四送货,送货前一天群内会公布各地点的大概派送时间;派送前司机会联系买家。

3. 情报处置

某地风控分局立即将相关情况梳理后报送总署风险管理司。风控分局还根据网络媒体发布的照片,发现车牌为***的A地车辆涉嫌"跨境外卖",已对车实施风险布控验证;同时结合情报加强对清晨出口菜车布控。到8月为止,控获非法输入、输出食品相关事件25起,拦截物品49.72 t。

12.6.3.3 查获澳大利亚走私龙虾

1. 情报来源

某地风控分局通过网络舆情发现,2021年6月份以来国外网络媒体开始出现澳大利亚龙虾走私进入中国的报道,澳大利亚广播公司(ABC)2021年6月3日报道,澳大利亚商品如龙虾等正通过非正常报关渠道进入中国,典型的手法是先把这些龙虾运到A地,然后再由A地通过伪瞒报或非设关地走私等方式流入内地。

2. 情报分析

为验证信息情报的真实性,某地风控分局开展了实地调查。某主要进口龙虾企业负责人林某向情报分析人员表示,据他判断目前国内应有澳大利亚龙虾走私现象,主要理由如下:一是今年有人向B地海鲜批发市场推销澳大利亚龙虾,表明有人手中有澳大利亚龙虾的货源;二是今年以来在龙虾进口量大幅下降的情况下,国内龙虾价格并未出现上涨,表明市场上有充足的龙虾供应,这些龙虾只能来源于走私;三是C地和D地的海鲜市场上公开售卖澳大利亚龙虾。

B 地最大的海鲜批发市场为某海鲜批发市场,情报分析人员在该市场实地调查时发现,该市场有一家海鲜档口公开售卖澳大利亚龙虾。店主明确表示该店出售的就是澳大利亚龙虾,并告知情报分析人员现在澳大利亚龙虾是很难进来,但还是有人有办法把澳大利亚龙虾弄进国内。

3. 情报处置

多条线索指向非设关地走私是澳大利亚龙虾非法进入中国的主要渠道,综合缉私情报、业内人士消息以及相关查获情况反映,目前澳大利亚龙虾非设关地走私主要分为西线和东线:西线,即 A 地机场——B 地——某江江口附近海域;东线,即 A 地——E 码头等 B 地东部沿海非设关地。某地风控分局立即将相关情况报送总署风险管理司,建议总署通报缉私部门,由缉私部门牵头联合海防打私办开展专项打击。

小结

风险管理是现代管理学的一项重要的系统性工程,可助力管理成本的节约和管理效能提高。国际贸易食品生产、供给过程复杂,要实现贯穿整个食品供应链的全过程管理,必须基于风险评估,并根据风险等级统筹分配监管资源,进口监管制度的设计和实施应与日常监管实际相符的风险评估为基础。食品法典委员会(CAC)《进口食品控制体系指南》进一步指出,进口食品的监管计划应基于食品的安全风险,监管的方式及频率应与目标食品的风险相匹配。在确定目标食品风险时应考虑产品及其包装本身的风险、产品来源地、合格史、出口法律政策及其执行效果、目标消费群体、产品再加工的工艺及程度等多种因素。对于无相关合格数据或以往合格情况不佳的产品,可以设定较高的取样频率;对于历史数据良好的产品,取样频率可降低。监管机构应定期评估食品风险并以此为依据,调整监管方式和频率。

各国/各地区针对进口食品设置的市场准入条件、进口查验方式方法及后续监管措施,处处都渗透着风险管理的理念。特别是在确定进口食品口岸查验方面,各国/各地区普遍采取了基于风险评估的管制措施。例如,日本针对违规可能性不同的进口食品设置了常规监控检查、强化监控检查、命令检查等不同强度的查验措施。监控检查抽样比例仅在 3% 左右,抽样后可直接放行;如在常规监控检查中发现违规,则可以实施抽样比例为 30% 左右的强化监控检查,抽样后仍可直接放行;然而,若在监控检查中发现多次违规,则可以实施批批检测的命令检查,且在检测结果出来前货物不得通关;美国对于低风险进口食品的抽查比例一般为 3%~5%,未被抽检的产品可直接放行;对于违规可能性较大的产品,美国实施批批检验的"自动扣留"措施,实施"自动扣留"的进口产品必须经 FDA 认可的实验室进行批批检测,合格后方能放行。

如前所述,根据风险高低确定进口食品的检验方式和检验频率是各发达国家/地区普遍的做法,也是 CAC 倡导的重要理念。多年来,为解决进口食品快速增长带来的监管资源缺口问题,我国进口食品监管部门进行了大量有益的探索,以风险分析为基础建立进口食品口岸分级查验制度。之前我国进口食品监管部门对进口食品的抽样及送实验室检测项目的确定所采用的主要模式是,提前组织相关领域的专家根据以往的历史数据、进口食品安全风险评估报告、对我国国民经济的影响、进口数量、产品风险等级等综合因素对不同种类进口食品进行综合评价,确定每类食品对应的风险等级、总抽检率、布控查验率和布控实验室送检率以及实验室安全检测项目等,作为下一年度各口岸对相关进口食品进行监管、检测的计划和依据。

但这种模式带有明显的计划性,且存在数据来源单一、风险感知不够及时、风险点识别缺乏精确性以及风险评判标准不统一等问题,与高效、精确监管以及快速通关等要求尚有差距。在大数据时代背景下,我国可借鉴他国经验,全方位收集进口食品安全信息,在对进口食品安全风险监测、风险评估及风险预警的基础上,建立起科学、高效的进口食品口岸分级监管制度,对安全问题较多的国家/地区、企业、食品种类加强监管,反之亦然。而优化风险点捕捉模型、建立重要进口食品风险评价体系,利用云计算、大数据和人工智能技术,实现进口食品风险自动分级和高风险实验室检测项目的自动选择,可使食品风险因子由计划监管模式向动态监管模式转变,提高进口食品已知及潜在风险点的精准捕捉和智能化分析能力。此措施一方面可以减少不必要的重复检验,降低监管成本;另一方面针对风险问题突出的食品或企业进行监管,有的放矢,有助于保障进口食品质量安全水平并提高通关效率。

参考文献

[1] HE Y Y, HII D J C, WONG N H, et al. Unsteady RANS simulations of laboratory ventilation with chemical spills and gas leakages-toward balanced safety and energy effectiveness[J]. Building and Environment, 2021, 191:107576.

[2] 屈泳,赵洋,阮小军.理科实验室安全风险排查与监控体系的研究[J].实验技术与管理,2020,37(11):290-293.

[3] QU Y, ZHAO Y, YUAN X J. Research of safety risk investigation and monitoring system in science laboratoty[J]. Experimental Technology and Management, 2020,37(11):290-293.

[4] 黄瑛,徐永安,何晟煜.以风险思维管理食品检测实验室[J].食品安全质量检测学报,2020,11(18):6304-6310.

[5] 王承林,王蕾,刘钊,等.实验室环境安全检测控制系统的设计应用[J].实验技术与管理,2020,37(8):284-288.

[6] 章德宾,徐家鹏,许建军,等.基于监测数据和BP神经网络的食品安全预警模型[J].农业工程学报,2010,26(1):221-226.

[7] 罗季阳,李经津,陈志锋,等.国际贸易食品安全风险管理机制研究[J].食品工业科技,2011,32(4):327-330.

[8] 梁辉,王博远,邓小玲,等.最邻近距离空间分析法在食品安全风险监测中的应用[J].华南预防医学,2017,43(4):317-321.

[9] 周俊宇,李伟,吴海江,等.基于态势感知技术的智能电网网络态势评估模型及感知预测研究[J].电子设计工程,2021,29(10):134-137,142.

[10] 李爽,李丁炜,犹梦洁.煤矿安全态势感知预测系统设计及关键技术[J].煤矿安全,2020,51(5):

244-248.

[11] 葛磊蛟,李元良,陈艳波,等.智能配电网态势感知关键技术及实施效果评价[J].高电压技术,2021,47(7):2269-2280.

[12] 李景龙,孙丹,肖雪葵.基于大数据的网络安全态势感知技术研究[J].科技创新导报,2019,16(30):119,121.

[13] 杨峰,张月琴,姚乐野.基于情景相似度的突发事件情报感知实现方法[J].情报学报,2019,38(5):525-533.

[14] 李金泽,夏一雪,张鹏,等.突发舆情事件的情报感知模型研究[J].情报理论与实践,2021,44(10):119-128.

[15] 张思龙,王兰成,娄国哲.基于情报感知的网络舆情研判与预警系统研究[J].情报理论与实践,2020,43(12):149-155.

[16] 仇岗,杨琴.Web数据挖掘技术的探讨与应用[J].电子世界,2015(16):131-132.

[17] 姚明海,李劲松,王娜.基于BP神经网络的高校学生成绩预测[J].吉林大学学报(信息科学版),2021,39(4):451-455.

[18] 盛瑞堂.运用风险矩阵方法开展食品安全风险监测与评估[J].首都食品与医药,2016,23(8):17-19.

[19] 廖鲁兴,王进喜.风险矩阵方法在国际贸易食品安全风险评估中的应用[J].检验检疫学刊,2013,23(6):62-67.

[20] JONGMO K,JUNSIK K,MYE S,et al. Layered ontology-based multi-sourced information integration for situation awareness[J].The Journal of Supercomputing,2021,77:9780-9809.

[21] 吕煜昕,池海波.我国食品进口贸易与质量安全现状研究[J].中国食品安全治理评论,2019(2):174-187,196-197.

[22] 马钟鸣,葛宁涛,马云杰,等.进口食品安全的现状与查验风险探讨[J].检验检疫学刊,2017,27(5):71-75.

[23] 张飞.国际贸易食品安全风险监测计划的制定[J].现代食品,2018(10):88-90.

[24] 李建军,徐海涛,韦晓群.国际进口食品安全管理的主要经验及对我国的启示[J].中国食品卫生杂志,2014,26(6):584-587.

[25] 刘吉念.新时期我国进口食品安全监管的面临的新挑战[J].法制博览,2018(21):161-162.

[26] 周烽,严颖鹏,苏日娜,等.跨境电商进口食品质量安全风险评估模型的构建与运用[J].经济师,2021(5):21-22,24.